工业添加剂生产与应用技术丛书

建筑用化学品生产与应用技术

宋小平　韩长日　主编

中国石化出版社

内 容 提 要

本书介绍了人造建筑石材、水泥混凝土外加剂、建筑防水材料、建筑用高分子材料、建筑用涂料、建筑用胶黏剂和其他建筑用化学品的生产与应用技术。对每个品种的名称、性能、生产原理、工艺流程、工艺配方、生产工艺、质量标准、用途等都作了全面系统的阐述。是一本内容丰富、资料翔实、实用性很强的技术操作工具书。

本书对从事精细化工产品特别是建筑用化学品研制开发的科技人员、生产人员，以及高等院校应用化学、精细化工等专业的师生都具有参考价值。

图书在版编目(CIP)数据

建筑用化学品生产与应用技术/宋小平，韩长日主编．
—北京：中国石化出版社，2013.10
（工业添加剂生产与应用技术丛书）
ISBN 978 - 7 - 5114 - 2436 - 5

Ⅰ．①建… Ⅱ．①宋… ②韩… Ⅲ．①建筑化工材料 - 生产工艺
Ⅳ．①TU53

中国版本图书馆 CIP 数据核字（2013）第 242644 号

中国石化出版社出版发行
地址:北京市东城区安定门外大街58号
邮编:100011　电话:(010)84271850
读者服务部电话:(010)84289974
http://www.sinopec-press.com
E-mail:press@sinopec.com
北京科信印刷有限公司印刷
全国各地新华书店经销
*
787×1092 毫米 16 开本 25.5 印张 641 千字
2014 年 1 月第 1 版　2014 年 1 月第 1 次印刷
定价:58.00 元

前　言

　　随着精细化工的发展，各种工业添加剂对提高产品质量和扩展产品性能有着越来越重要的作用。我国许多工业产品与国外知名产品的质量差距并不在于缺少主要原料，而在于缺少高性能的添加剂。添加剂能赋予产品以特殊性能、延长其使用寿命、扩大其适用范围、提高加工效率、提升产品质量和档次。添加剂产品的技术进步，影响着许多产业，尤其是化工、轻工、纺织、石油、食品、饲料、建筑材料和汽车等产业的发展。

　　添加剂（additives）又称助剂，是在工业材料和产品的加工和生产过程中为改善加工性能和提高性能及使用质量而加入的药剂的总称。添加剂品种多，产量少，作用大，具有特定功能，附加价值高，广泛用于各种工业生产中，对提高生产效率、改善性能、提升产品质量具有极其重要的作用。添加剂的种类繁多，相关的作用机理、生产应用技术也很复杂，全面系统地介绍各类添加剂的品种、性能、生产原理、生产工艺、质量标准和应用技术，将对促进我国工业添加剂的技术发展，推动精细化工产品技术进步，加快我国工业产品的技术创新和提升工业产品的国际竞争力，以及满足国内工业生产的应用需求和适应消费者需要都具有重要意义。为此，在中国石化出版社的策划和支持下，我们组织编写了这套《工业添加剂生产与应用技术》丛书。

　　本书为建筑用化学品分册，介绍了人造建筑石材、水泥混凝土外加剂、建筑防水材料、建筑用高分子材料、建筑用涂料、建筑用胶黏剂和其他建筑用化学品的生产与应用技术。对每个品种的名称、性能、生产原理、工艺流程、工艺配方、生产工艺、质量标准、用途等都作了全面系统的阐述。是一本内容丰富、资料翔实、实用性很强的技术操作工具书。本书对从事精细化工产品特别是建筑用化学品研制开发的科技人员、生产人员，以及高等院校应用化学、精细化工等专业的师生都具有参考价值。本书在编写过程中，参阅和引用了大量国内外专利及技术资料，书末列出了一些参考文献，部分产品中还列出了相应的原始的研究文献，以便读者进一步查阅。

　　应当强调的是，在进行建筑用化学品产品的开发生产时，应当遵循先小试，再中试，然后进行工业性试产的原则，以便掌握足够的生产经验和控制参数。同时，要特别注意生产过程中的防火、防爆、防毒、防腐以及生态环境保护等相关问题，并采取相应有效的防范措施，以确保安全顺利地生产。

本书由宋小平、韩长日主编，参加本书编写的有宋小平、韩长日、陈文豪、杜金凤、陈辉、莫峥嵘等。

本书在选题、策划和组稿过程中，得到了中国石化出版社、国家自然科学基金（21166009、81160391）、科技部"973"前期研究专项课题（2011CB512010）、海南师范大学著作出版基金和海南科技职业学院著作出版基金的支持和资助，许多高等院校、科研院所和同仁提供了大量的国内外专利和技术资料，在此一并表示衷心的感谢。限于编者水平，疏漏和不妥之处在所难免，恳请广大读者和同仁提出批评与建议。

目 录

Ⅰ

第1章 人造建筑石材

1.1 高强度免烧瓷砖

这种高强度的免烧瓷砖使用水泥、无机非金属矿制造。采用浇注和振动成型法成型。这种瓷砖强度高，具有耐火、耐热性能。材料内部形成网络结构，使其不易翘曲和变形。

1. 工艺配方

氧化铝水泥	180	硅砂	60
寒水石粉	60	碳酸钙	56
硅酸钠	5.2	二氧化钛	16
碳酸锂	2.8	玻璃纤维	20

2. 生产方法

采用浇注和振动成型法成型。先将粉状硅砂、寒水石粉、碳酸钙三者均匀混合，然后加入调节剂氧化铝水泥，并充分搅拌。再加入预先混合好的二氧化钛、碳酸锂和硅酸钠，混匀。添加碱性玻璃纤维（切成长 5~20mm 的小段），混匀。最后加入占固体成分质量30% ~ 50%的水，经过充分搅拌后，装入预先准备好的不锈钢模内，振动，放置 2h，脱模即得瓷砖。

3. 用途

用作建筑物内外装修材料，还能用于塑像、工艺品、纪念碑、公园设施等。

参 考 文 献

[1] 韦尚明. 免烧高强度瓷砖制作技术[J]. 农村新技术，2007，27303：32.
[2] 吴自强. HB-940 型高强度免烧瓷砖[J]. 化学建材，1995，05：227.

1.2 微孔轻质彩色饰面砖

这种饰面砖装饰效果好，生产成本低，艺术感强，也可制成仿石艺术浮雕等建筑装饰材料。中国发明专利申请87105426。

1. 工艺配方

硅石灰	54	塑性黏土	33
石英砂	9	玻璃粉	156
颜料	适量	滑石粉	18
水	30		

2. 生产方法

以上原料经混合搅拌后，以 14.7MPa（150atm）的压力成型，脱模干燥后将坯放入窑内以

2～4℃/min 的速度升温，达到 950℃时保温 15min 左右，然后以 1～5℃/min 的速度冷却降温，即得彩色建筑装饰面砖。

3. 用途

用于建筑装饰。

参 考 文 献

[1] 阎启玲. 免烧室内彩色饰面砖[J]. 现代技术陶瓷, 1996, (02): 31.
[2] 曹万智, 王洪镇, 邵继新, 刘国强. 多功能微孔轻质混凝土复合砌块的研制开发[J]. 新型建筑材料, 2003, (07): 24.
[3] 曹万智. 纤维增强微孔轻质混凝土夹芯砌块的研究[D]. 西安建筑科技大学, 2006.
[4] 李英丁, 李江伟, 张铬, 徐迅. 聚合物改性的彩色饰面砂浆[J]. 墙材革新与建筑节能, 2009, (11): 56.

1.3 免烧砖制品

免烧砖制品由胶黏料和填料(集料)组成，其耐久性能、抗冻性能(抗风化性能)、力学性能、吸水率等指标必须符合标准要求。免烧砖制品是节能建筑材料。

工艺配方(份):

(1)配方一

氯化镁溶液(相对密度 1.19～1.21)	10
轻质氧化镁	120
锯末	50
涂料胶水	适量
颜料	适量

生产方法: 将轻质氧化镁加入到氯化镁溶液中，搅拌均匀。然后加入预先混合好的涂料胶水和颜料的混合物，混匀。然后拌入锯末至可用手抓成团时即可。随后灌入涂好脱模剂的模具中，整平阴干，脱模即得免烧砖。

(2)配方二

高铝水泥	90	大理石粉	30
钛白粉	8	砂	30
硅酸钠	2.6	玻璃纤维	10
石灰石粉	28	碳酸锂	1.4

生产方法: 将上述原料充分混合，加入适量水，混匀后，注入模具中静置，脱模、干燥即得免烧砖。

(3)配方三

氧化铝水泥	90	硅酸钠	2.6
寒水石粉	30	硅砂	30
钛白色粉	8	碳酸钾	1.4

| 碳酸钙 | 28 | 玻璃纤维 | 10 |

生产方法：先将硅砂、寒水石粉、碳酸钙混合均匀，再添加氧化铝水泥混匀，继续加入硅酸钠、钛白粉、碳酸锂的混合物(预先混合)充分分散，然后加入 5～20mm 的玻璃纤维混匀，最后用水调至固体为 30%～50% 后完全拌合，倒入模具中，静置 2h，自然干燥，脱模即得免烧砖。

参 考 文 献

[1] 邢国，杨家宽，侯健，肖波．赤泥粉煤灰免烧砖工艺配方研究[J]．轻金属，2006，(03)：24.

[2] 梅元杰，赵鑫．免烧砖替代烧结黏土砖的可行性研究[J]．大众科技，2006.

[3] 杨家宽，侯健，齐波，刘伟，郭怀胜，肖波．铝业赤泥免烧砖中试生产及产业化[J]．环境工程，2006，(04)：52.

1.4　免烧瓷砖

这种免烧瓷砖具有成本低、耐火、耐热、耐高温的特点，除了用于建筑物内外装饰以外，还可用于纪念碑、塑像、公共设施、广告装饰等处。

1. 工艺配方

碳酸钙	1.4	硅砂	1.5
寒水石粉	1.5	铝胶结料(调节剂)	4.5
抗碱性玻璃纤维(增强剂)	0.5	钛白粉	0.4
碳酸锂	0.07	硅酸钠	0.13

2. 生产方法

先将碳酸钙、硅砂和寒水石粉在不加水条件下搅匀，再添加铝胶结料搅拌，使之形成骨料混合物，最后添加增强剂，搅拌至成固体混合物。将该固体混合物加水(水量为固态物重的 30%～35%)，搅拌均匀后，注入模具，经轻轻晃动后放置 2h 即可脱模，再静置 24h，便得到表面光洁的瓷砖。

3. 用途

用作建筑物内外装修材料。

参 考 文 献

[1] 硅酸钠免烧高强瓷砖[J]．中小企业科技信息，1994，03：18.

[2] 吴自强．HB—049 高强度免烧瓷砖[J]．新型建筑材料，1995，01：36.

[3] 免烧高强度浴盆、洗菜地、洗脸盆及仿大理石彩釉墙地砖系列产品[J]．中国乡镇企业信息，1994，(02)：8.

1.5　轻质耐火砖

这种轻质耐火砖由于添加了氧化镁，提高了毛坯的强度，可以在脱模后直接进入下一道工序，固化时间减少到 10～120min，提高了模具的周转速度，同时耐火砖的机械强度也得到提高。英国专利 2143517。

1. 工艺配方

颗粒烧结氧化镁	3～14	耐火基材	916～967
羟基氧化铝	30～70		

2. 生产方法

将各组分混匀后，发泡铸模，随后即可干燥，入窑烧成，得到轻质耐火砖，其密度为 0.4～1.8g/cm³。

3. 用途

与一般耐火砖相同。

参 考 文 献

[1] 倪文，汪海霞，张春燕. 钙长石结合莫来石轻质耐火砖的研究[J]. 耐火材料，1999，(02)：18.
[2] 倪文，刘凤梅. 改进刚玉 – 莫来石轻质耐火砖性能研究[J]. 耐火材料，2000，(04)：200.
[3] 田怡. 一种新型轻质耐火砖[J]. 建材工业信息，1987，(13)：13.
[4] 鲁一元，黄伯贤. 多晶氧化铝纤维及轻质耐火砖在电瓷窑炉中的应用试验[J]. 电瓷避雷器，1990，(01)：9.
[5] 郭海珠. 辊道窑用轻质耐火砖的选择依据[J]. 建材工业信息，1994，(06)：5.
[6] 张遵饮. 高强度轻质耐火砖改造老式电阻炉的节能分析[J]. 福建能源开发与节约，1995，(03)：28.

1.6　彩釉地砖着色剂

工艺配方(份)

(1)配方一

硼砂	200	三氧化二铝	156
三氧化二铬	216		

该配方为地毯砖釉料配方。

(2)配方二

羧甲基纤维素溶液(羧甲基纤维素 0.16 + 乙二醇 13 + 水 47)	60
釉熔剂	100
色料	适量

该配方为釉内墙砖调料。

(3)配方三

阿克拉邦浆	24	釉熔剂粉	118
甘油水溶液(甘油 10 + 水 50)	58	色料	适量

该配方为釉内墙砖色料(1120～1150℃)。

(4)配方四

甘油	136	羧甲基纤维素溶液(10%)	96
釉熔剂	168	色料	适量

该配方为釉地面砖色料(1100～1120℃)。

参 考 文 献

[1] 方久华，左明扬，杨峰. EXCEL 平台设计彩釉着色剂配方与可见光谱[J]. 中国陶瓷工业，2009，
    (04)：18 - 20.
[2] 赵立上. 彩釉地砖无光面釉的研制[J]. 陶瓷工程，1994，(02)：9 - 11.

1.7　水泥代用品

用高炉炼钢矿渣制成的水泥代用品，类似于传统水泥生产工艺制造的上述建材，具有足够强度。这种水泥代用品的静弹性系数与压缩强度曲线接近于传统混凝土与轻量混凝土的之间，耐磨性、压缩强度比传统混凝土高 20MPa 以上，实际施工中，与现有各种建材相比，同样容易控制。

1. 工艺配方

粒状高炉矿渣	5.6	炉灰	3.0
石灰石	0.3	硅酸盐水泥	0.7
石膏	0.3	氯化钡	0.1

2. 生产方法

将上述物料混合，碾磨细即可。

3. 用途

与一般水泥相同。

参 考 文 献

[1] 曹福永. 用钢渣制造水泥代用品[J]. 冶金设备，2003，(04)：70.
[2] 朴应模. 无熟料高炉矿渣水泥的抗压强度[J]. 延边大学学报(自然科学版)，2002，04：288 - 290.

1.8　彩色水泥

彩色水泥用于制作彩色水泥混凝土装饰砌块和彩色混凝土地面砖。彩色装饰砌块和地面砖不管怎样着色，都要求表面着色均匀，色彩艳丽，起到五彩缤纷的装饰作用。这种彩色水泥是在水泥生料中加入 0.1% ~2% 的过渡金属氧化物，经煅烧后，得到不同色彩的水泥。

1. 工艺配方(份)

(1) 蓝色配方

三氧化二锰	2
水泥生料	100

(2) 灰色配方

二氧化钛	0.1
水泥生料	100

(3) 浅黄色配方

二氧化钛	0.5 ~1.0

水泥生料	100

（4）银灰色到绿色配方

五氧化二钒	2.0
水泥生料	100

（5）浅黄色配方

二氧化锆	2.0
水泥生料	100

2. 生产方法

按配方比例混合原料后加入炉内煅烧，出炉后，即得到相应颜色的水泥。

3. 用途

用于制作彩色水泥混凝土装饰砌块和彩色混凝土地面砖。

参 考 文 献

［1］ 李华强，费逸伟，胡役芹，冯雷．彩色水泥白霜形成机理及抑霜技术研究[J]．水泥工程，2005，
（05）：6.

［2］ 刘华章．提高彩色水泥制品色彩质量的措施[J]．建筑砌块与砌块建筑，2003，（06）：11.

［3］ 黄少文，吴波英，徐玉华，彭礼云．彩色水泥的色彩匹配及其稳定性控制[J]．江西建材，2004，
（03）：3.

［4］ 王海燕，刘华章．影响彩色水泥制品色彩质量的因素及治理措施[J]．建材工业信息，2005，（02）：37.

1.9 隔音胶乳水泥

胶乳水泥的主要组成是水泥和橡胶胶乳，此外还可以加入辅助剂如乳化沥青等，用来改善性能和降低造价。胶乳水泥和一般水泥相比透水性小，弹性变形能力好，在受冲击的条件下不发脆，与混凝土、钢材、木材、砖等有优良的黏着力，并且有一定的防化学腐蚀能力、耐磨、隔音、保温。

1. 工艺配方

425号硅酸盐水泥	200	天然胶乳（干计）	100
酪素溶液（15%）	60	软水粉	100
水	100		

2. 生产方法

天然胶乳用水稀释至40%～50%后，加入酪素溶液，然后加入水泥、软水粉和水，调成胶乳水泥浆。有时为降低成本，可加入各种填充剂。

3. 用途

随配随用。施工方法与一般水泥浆相同。

参 考 文 献

［1］ 路俊刚，郭小阳，杨香艳，郑友志．胶乳水泥体系的室内研究[J]．西部探矿工程，2006，（02）：78.

［2］ 郭济中．氯丁胶乳水泥的配制与应用[J]．中国建材科技，1995，01：36－37.

1.10 地板用胶乳水泥

胶乳水泥是经过聚合物(胶乳)改性的新型建筑材料，具有强度高、耐冻结、耐化学腐蚀、耐冲击、耐磨等综合优点。胶乳水泥与一般水泥相比，具备透水性小、强韧而富有弹性、防震、耐反复冲击、不剥离或崩裂，与混凝土、钢材、木材、砖的黏着力优良等特点。

1. 工艺配方

425 号硅酸盐水泥	640	石棉	20
天然胶乳(以干胶计)	100	酪素(15%)	60
水	100		

2. 生产方法

天然胶乳用水稀释至40%～50%后加入酪素溶液(15%，作稳定剂)，然后与其余物料调合均匀得到地板用胶乳水泥。

3. 用途

用于地板，施工方法同一般水泥浆。

参 考 文 献

[1] 路俊刚，郭小阳，杨香艳，郑友志. 胶乳水泥体系的室内研究[J]. 西部探矿工程，2006，(02)：78－80.

[2] 李国，郭小阳，路俊刚，郑友志. 硅藻土改善胶乳水泥性能的室内研究[J]. 西南石油学院学报，2006，(05)：80.

[3] 赵荒. 胶乳水泥用于化工建筑防腐蚀[J]. 中州建筑，1994，(03)：47.

1.11 防水胶乳水泥

防水胶乳水泥是目前一种新型的天然胶乳改性的新型建筑材料。防水胶乳水泥制作的水泥砂浆，具有较高的抗拉、抗弯强度，具有良好的黏结、防水、耐冻融性能，干燥收缩小，有一定的弹性，耐磨和耐腐蚀性好。由于胶乳水泥具有较多优点，稍加改进生产配方，便可满足不同建筑需要。防水胶乳水泥主要用于地下工程和水利工程的防水层等。

1. 工艺配方

高铝水泥	1500～2000	天然胶乳(以干胶计)	100
乳化沥青(含固量50%)	100	硫黄	1.5
促进剂 2DC	1	氧化锌	1.5
防老剂 D	1.5	水玻璃	4～8
硅氟酸钠	1.0	水	4～8

2. 生产方法

天然胶乳加入高铝水泥和水后，加入硫黄、促进剂 ZDC、氧化锌、防老剂 D 及其余物料，研磨混匀后即可使用(不宜久放)。

3. 用途

防水胶乳水泥主要用于地下工程和水利工程的防水层等。

参 考 文 献

[1] 肖鹏，徐敏. 掺聚合物胶乳水泥稳定碎石材料路用性能研究[J]. 公路，2009，(04)：234.

1.12　预制胶乳水泥

在水泥预制件的生产配方中，添加适量的天然橡胶乳，可有效提高预制件的物理性能和质量，如降低透水性，提高强韧性，增加混凝土防震和耐冲击性能等。

1. 工艺配方

425 号硅酸盐水泥	100	砂	100
天然胶乳(以干胶计)	12	水玻璃	0.9
酪素	0.96	水	适量

2. 生产方法

天然胶乳用水稀释后加入酪素，然后向水泥、砂的混合料中加入水、水玻璃和胶乳，拌合均匀即得到预制件用胶乳水泥浆。

3. 用途

用于预制件，施工与一般方法相同。

参 考 文 献

[1] 路俊刚，郭小阳，杨香艳，郑友志. 胶乳水泥体系的室内研究[J]. 西部探矿工程，2006，(02)：78.
[2] 李国，郭小阳，路俊刚，郑友志. 硅藻土改善胶乳水泥性能的室内研究[J]. 西南石油学院学报，2006，(05)：80.
[3] 赵荒. 胶乳水泥用于化工建筑防腐蚀[J]. 中州建筑，1994，(03)：47.
[4] 肖鹏，徐敏. 掺聚合物胶乳水泥稳定碎石材料路用性能研究[J]. 公路，2009，(04)：234.

1.13　天然胶乳水泥

天然胶乳水泥因其致密性，故有良好的隔音和防水效果。

工艺配方：

(1)配方一

水泥(标号425)	100	软水粉	50
天然胶乳(干胶计)	50	15%酪素溶液	30
水	50		

生产方法：将天然胶乳用水烯释至 40% ~50%，加入稳定剂 15% 的酪素溶液搅拌均匀。最后，加入水泥、软水粉和水，调成胶乳水泥浆。可用于隔音建筑使用。

(2)配方二

水泥(标号425)	150	酪素	1.44
砂	150	水玻璃	1.35
天然胶乳(以干胶计)	18	水	适量

生产方法：将天然胶乳用水烯释至 40% ~ 50% 后加人酪素并搅拌均匀，后将胶乳、水玻璃、水加入到水泥和砂的混合好的料中搅拌均匀，得胶乳水泥砂浆。可用于水管制件等。

（3）配方三

高铝水泥	36	硫黄	0.3
天然胶乳（以干胶乳计）	20	氧化锌	0.3
防老剂 D	0.3	乳化沥青（含固量 5% ）	20
促进剂 2DC	0.2	硅氟酸钠	0.2
水玻璃	1.0 ~ 1.5	水	1 ~ 1.5

生产方法：将硫黄、促进剂 2DC、氧化锌、防老化剂 D、水玻璃、硅氟酸钠，研磨并混合均匀。待天然胶乳、高铝水泥、水搅拌混合后，加入研磨好的配料，搅拌均匀即得防水剂胶乳水泥。

参 考 文 献

[1] 路俊刚，郭小阳，杨香艳，郑友志. 胶乳水泥体系的室内研究[J]. 西部探矿工程，2006，(02)：78.
[2] 李国，郭小阳，路俊刚，郑友志. 硅藻土改善胶乳水泥性能的室内研究[J]. 西南石油学院学报，2006，(05)：80.
[3] 赵荒. 胶乳水泥用于化工建筑防腐蚀[J]. 中州建筑，1994，(03)：47.
[4] 肖鹏，徐敏. 掺聚合物胶乳水泥稳定碎石材料路用性能研究[J]. 公路，2009，(04)：234.

1.14 水硬成型材料

这种可铸造的水硬成型材料，是由含氧化锆的耐碱玻璃纤维、硅灰石纤维和铝酸钙水泥制成。该材料在高温烧结时不会开裂，强度高，隔热性能好，可制造耐高温成型工件，机械加工性能好。原联邦德国专利 3715650。

1. 工艺配方

玻璃纤维（含 17% ZrO_2，直径 15μm，长 3mm）	5
铝酸钙水泥（Al_2O_3 74% ；CaO 23% ）	300
硅石灰纤维（平均长 250μm）	195
水（成型时加）	200

2. 生产方法

将上述物料混合，加水捏合均匀后成型，硬化 24h，在 100℃下干燥 1h，以 100℃/h 的速度升温至 700℃，并保温 3h。制得的成型材料（具体依模型而定）密度 1.42g/cm²，抗弯强度 7.6MPa，收缩率 0.32% 。

3. 用途

用作耐高温材料。

1.15 耐酸水磨石

耐酸水磨石由水玻璃、氟硅酸钠、辉绿岩粉和石英粉组成，具有良好的耐酸性，广泛用于化工建筑及实验台面中。

工艺配方

（1）配方一

水玻璃	100	石英粉	7.5
石英砂	190～207	粗石英砂	250～243
氟硅酸钠	1.5	辉绿岩粉	7.5

（2）配方二

水玻璃	100	辉绿岩粉	50～80
石英粉	50～80	氟硅酸钠	15

（3）配方三

水玻璃	100	石英粉	60
氟硅酸钠	15.5	氟石	413.2
辉绿岩粉	60		

参 考 文 献

[1] 徐向华，许尧芳．施工时如何控制水磨石的质量[J]．山西建筑，2009，（06）：243.

[2] 季萍，胡爱宇，梅涛．水磨石地面质量控制措施探讨[J]．山西建筑，2009，（07）：225.

[3] 李志涛．水磨石质量通病的治理及预防[J]．中国建设信息，2006，（14）：23.

1.16　玻璃纤维增强半波板

玻璃纤维增强半波板由硫铝酸盐水泥、抗碱玻璃纤维、河砂、减水剂等组成。该半波板具有良好的抗气蚀、抗冲击性能。

工艺配方（份）

（1）配方一

525 号硫铝酸盐 I 型水泥	200
10% 聚乙烯醇缩甲醛（107 胶）	12
DH - 3 缓凝减水剂	1.8
河砂	100
ER - 13 抗碱玻璃纤维	17
水	82

（2）配方二

425 号硫酸铝盐早强水泥	200
3FG - 2 缓凝减水剂	3.6
河砂	100
羧甲基纤维素钠	10
ER - 13 抗碱玻璃纤维无捻粗纱	17.8
水	80

生产工艺：用直接喷射成型法将水泥砂浆和切短的玻璃纤维喷射汇合落在半波型模具

上，经模压、平整、养护等工序后，脱模就得喷射成型的玻璃纤维增强水泥半波型板，简称GRC半波板。

（3）配方三

425号硫酸铝盐Ⅰ型低碱水泥	200
3T缓凝减水剂	1.6
河砂	100
羧甲基纤维素钠	10
ER-13抗碱玻璃纤维	16.4
水	66

（4）配方四

硫铝酸盐水泥	50	河砂	25
抗碱玻璃纤维	3.95	甲基纤维素	0.75
木质素磺酸钠	0.5	沸石	1
水	24		

生产工艺：将各物料按配方比例混合后投入砂浆混合机中，搅拌均匀后，放入砂浆挤压泵内，经由胶管输送到砂浆喷头，利用空气压缩机将水泥浆从喷枪嘴吹出，成雾化状。连续的无捻玻璃纤维纱引至玻纤喷枪，经切短成2~5cm长的短玻璃纤维后，利用空气压缩机送来的压力将其吹散。喷化的水泥砂浆与切短的玻璃纤维汇合后落在模型内，经压实、抹平、养护等工序后，脱模即得直接喷射法成型的玻璃纤维增强的水泥半波型板。

参 考 文 献

[1] 于崇明. 抗碱玻璃纤维增强低碱度水泥半波板[J]. 建材工业信息，1986，（17）：13.

1.17 泵送砂浆

泵送砂浆具有很强的流动性，可通过泵送灌浆，能有效提高生产效率。

1. 工艺配方（份）

（1）配方一

水泥	560	木钙	0.171
粉煤灰	124	FDN扩散剂	3.42
砂	1556	石	2200
水	360		

（2）配方二

水泥	53.6	木钙	0.134
砂	170.8	水	38.4
石（5~40mm）	217.2		

（3）配方三

水泥	62~74	木钙	0.155~0.198

11

| 砂 | 156～165 | 石 | 208～216 |
| 水 | 38.4～40.4 | | |

2. 用途

与一般混凝土相同。

参 考 文 献

［1］ 阮晓光. 砂浆泵泵送机构的研究［D］. 西安建筑科技大学，2003.
［2］ 刘竞，郑新国，韩志强，林茂，曾志，翁智财，崔鑫，张景辉. 无砟轨道水泥乳化沥青砂浆泵送施工技术的研究与应用［J］. 施工技术，2011，（23）：61.
［3］ 蔡俊. 混凝土、砂浆泵送堵管的原因分析及预防措施［J］. 陕西建筑，2011，（04）：28.

1.18 补偿收缩混凝土

补偿收缩混凝土又称膨胀混凝土，是公认的优质抗裂防渗混凝土，其补偿收缩能力取决于有效膨胀。它不仅能够避免或减少混凝土的开裂，而且具有抗渗性、早期强度高等优点，常用于防裂要求较高的建筑物和防水要求较高的屋面板、桥面板、道路路面、水道建筑物、水槽、游泳池、贮水池，地下结构物质、飞机跑道等工程。

1. 工艺配方（份）

（1）配方一

石膏矾土膨胀水泥	100
石子	390
砂	185

该混凝土的压缩强度：1 天为 30.1MPa，3 天 32.5MPa，7 天 33.6MPa，28 天 36.2MPa，1 年 39.8MPa。水灰比为 0.50。坍落度为 5～7cm。

（2）配方二

| 石膏矾土膨胀水泥 | 50 |
| 石英砂 | 100 |

该混凝土的压缩强度：1 天为 29.4MPa，3 天 33.9MPa，7 天 35.2MPa，28 天 42.2MPa，1 年 51.3MPa。水灰比为 0.35。坍落度为 2～4cm。

（3）配方三

| 明矾石膨胀水泥 | 1 | 石子 | 2.83 |
| 中砂 | 1.84 | 三聚氰胺甲醛树脂 | 0.504 |

水灰比为 0.44。压缩强度：3 天为 10.12MPa，28 天 31.36MPa，1 年 2 个月为 53.0MPa。

2. 生产工艺

将各物料混合，加入一定量水拌合，灌浆。

3. 用途

常用于防裂要求较高的建筑物和防水要求较高的屋面板、桥面板、道路路面、水道建筑物、水槽、游泳池、贮水池，地下结构物质、飞机跑道等工程。

［1］　陈志城，阎培渝．补偿收缩混凝土的自收缩特性［J］．硅酸盐学报，2010，（04）：568．

［2］　阎培渝，廉慧珍，覃肖．使用膨胀剂配制补偿收缩混凝土时需要注意的几个问题［J］．硅酸盐学报，2000，（S1）：42．

［3］　阎培，渝覃肖．大体积补偿收缩混凝土与延迟钙矾石生成［J］．混凝土，2000，（06）：18．

［4］　游宝坤，李光明，韩立林．大体积补偿收缩混凝土的结构稳定性问题［J］．混凝土，2001，（05）：7．

1.19　泡沫混凝土

在水泥浆或水泥砂浆（以下简称砂浆）中引入适量细小的气泡，搅拌均匀再浇筑硬化后的混凝土称为泡沫混凝土。泡沫混凝土与普通混凝土在组成材料上的最大区别在于泡沫混凝土中没有普通水泥混凝土中使用的粗集料，同时含有大量气泡。因此，与普通混凝土相比，无论是新拌泡沫混凝土浆体，还是硬化后的泡沫混凝土，都表现出许多与普通混凝土不同的特殊性能，从而使泡沫混凝土有可能被应用于一些普通混凝土不能胜任的具有特殊性能要求的场合。泡沫混凝土是一种多功能多用途的符合现代建筑特点和要求的环境友善型材料。

1. 工艺配方（份）

（1）配方一

| 水泥 | 100 | 泡沫剂 | 2.8 |
| 水 | 50 | | |

其中泡沫剂由水胶、松香、氢氧化钠配制而成，泡沫剂的配方为：

| 水胶 | 5 | 松香 | 2.5 |
| 氢氧化钠（50%） | 2.5 | 水 | 90 |

水胶由皮胶或骨胶粉碎后，用水浸泡24h，然后水溶液加热熬制1～2h，制得胶液。松香粉碎后，过100号细筛。将50%的氢氧化钠水溶液加热至70～80℃，搅拌下加入松香，加料完毕，熬制2～4h，制得松香碱液，并冷至50℃。将50℃的胶液于快速搅拌下加入松香碱液中，搅拌到表面漂浮有小泡为止，即得泡沫剂。

将泡沫剂用适量水稀释，加入水泥浆中。得到的混凝土干容重为500kg/m³，抗压强度为0.8～1.5MPa。可用于保温层施工，每次浇灌厚度不宜超过50cm。

（2）配方二

水泥	35	石灰	50
细砂	295	泡沫剂	10.64
水	144		

该泡沫混凝土容重为80kg/m³。

（3）配方三

水泥	50	石灰	50
细砂	295～470	水	158～205
泡沫剂	11.06～16.0		

该泡沫混凝土容重为80～120kg/m³。

2. 用途

泡沫混凝土中没有重质粗集料，而且相当部分体积由气泡占据，使其表现出显著的轻质特性，因而泡沫混凝土特别适用于高层建筑的内墙材料和其他非承重结构材料，以有效地减少高层建筑物的自重。泡沫混凝土内包含的大量气泡，赋予其低的导热系数和良好的隔音性能，从而特别适用于录音棚、播音室及影视制品厂房等对隔音要求较高的场合；泡沫混凝土是一种多孔轻质材料，具有良好的隔热性，热导率为 0.15 ~ 0.21W/(m·K)，则使其特别适用于寒冷地区或炎热地区房屋建筑的墙体或屋顶材料，以提高能量效率。泡沫混凝土中大量气泡的引入还显著改善了新拌泡沫混凝土浆体的流动性，使其表现出远远优于普通混凝土的性能。泡沫混凝土的这种高流动特性使其特别适用于大体积现场浇筑和地下采空区的填充浇筑工程。此外，硬化泡沫混凝土的多孔低强和低弹性模量特性，使其能保持与周围邻接材料间的整体接触，很好地吸收和分散来自外来负荷产生的应力，因而特别适宜于用作高速公路路基或大型土木构筑物之间的填充材料。

参 考 文 献

[1] 刘佳奇，霍冀川，雷永林，李娴. 发泡剂及泡沫混凝土的研究进展[J]. 化学工业与工程，2010，(01)：73.

[2] 张磊蕾，王武祥. 泡沫混凝土的研究进展及应用[J]. 建筑砌块与砌块建筑，2010，(01)：38.

[3] 王武祥. 泡沫混凝土绝干密度与抗压强度的相关性研究[J]. 混凝土世界，2010，(06)：50.

[4] 陈兵，刘睫. 纤维增强泡沫混凝土性能试验研究[J]. 建筑材料学报，2010，(03)：286.

1.20 磁铁矿石防护混凝土

磁铁矿石防护混凝土又称防辐射混凝土，主要由磁铁矿石、水泥等组成，能防止 X 射线、γ 射线及中子辐射。为防止环境中的各种射线对人体伤害，在建造有辐射源建筑时，一般需设置防辐射材料以屏蔽各种射线。防辐射混凝土材料是目前使用最为广泛的防辐射材料，主要用于教育、科研、医疗机构有辐射源建筑以及核反应堆内外壳防护。

1. 工艺配方（份）

（1）配方一

硅酸盐水泥	50	磁铁矿砂子	200
磁铁矿碎石	220	水	8.5

该磁铁矿防护混凝土的容重为 3.3 ~ 3.8t/m³；能防止 X 射线、γ 射线及中子辐射。

（2）配方二

硅酸盐水泥	100	磁铁矿碎石	264 ~ 440
磁铁矿砂子	136 ~ 400	水	17 ~ 56

（3）配方三

硅酸盐水泥	100	磁铁矿粗细集料	500 ~ 760
水	50 ~ 73		

（4）配方四

硅酸盐水泥（425 号）	100	磁铁矿砂	422 ~ 582

| 普通砂 | 200～236 |

水灰比为 0.14～0.52。压缩强度：1天 12.3MPa，3天 25.4MPa，28天 56.6MPa；拉伸强度：1天 0.9MPa，3天 2.4MPa，7天 3.0MPa，28天 4.0MPa。该防护混凝土容重为 3139～341kg/m³，用于制作抗穿透性辐射的围护结构。

（5）配方五

| 钡水泥（425号） | 100 | 磁铁矿块（7～25mm） | 338 |
| 普通矿（<5mm） | 116 | | |

该凝混凝土压缩强度：1天为 4.6MPa，3天 11.9MPa，7天 21.9MPa，28天 31.6MPa。拉伸强度：1天为 0.2MPa，3天 0.7MPa，7天 1.4MPa，28天 2.1MPa。

该磁铁矿钡水泥防护混凝土容重为 3285kg/m³，水灰比为 0.32。用于制作抗穿透性辐射的防护结构。

（6）配方六

| （425号）钡水泥 | 350 | 磁铁砂块（7～25mm） | 135 |
| 磁铁矿砂（<5mm） | 85 | | |

该混凝土压缩强度：1天为 10.2MPa，3天为 22.9MPa，7天为 34.9MPa，28天为 43.1MPa；拉伸强度：1天为 0.4MPa，3天为 1.3MPa，7天为 2.0MPa，28天为 3.1MPa。水灰比为 0.26，容重为 3626kg/m³；用于制作抗穿透性辐射的围护结构。

2. 用途

主要用于教育、科研、医疗机构有辐射源建筑以及核反应堆内外壳防护。

参 考 文 献

[1] 陈清己．重晶石防辐射混凝土配合比设计及其性能研究[D]．中南大学，2010．
[2] 刘霞，赵西宽，李继忠，王兴辉．重晶石防辐射混凝土的试验研究[J]．混凝土，2006，（07）：24．
[3] 邹传学，鞠文忠，肖杰．大体积防辐射混凝土结构施工技术[J]．青岛建筑工程学院学报，2005，（04）：110．
[4] 石诚，麦启明．重晶石防辐射混凝土在医疗建筑工程中的应用[J]．工程建设与设计，2009，（10）：115．
[5] 许良权，季培俊．浅谈防辐射混凝土的裂缝控制[J]．安徽建筑，2010，（06）：70．

1.21 重晶石防辐射混凝土

在建造有辐射源建筑时，一般需设置防辐射材料以屏蔽各种射线，配制防辐射混凝土，其所用胶凝材料有普通硅酸盐水泥、高铝水泥、钡水泥、含硼水泥、锶水泥等。高铝水泥有早期强度高、耐高温、耐化学腐蚀等特点。钡水泥相对密度较普通水泥高，可与重质集料配制成均匀、密实屏蔽 C 射线混凝土，但其热稳定性差，只适合于制作不受热辐射的防护墙。含硼水泥早期强度高，硼元素吸收热中子，大量减少俘获辐射和屏蔽层发热，结合水中氢元素有慢化快中子作用，适用于快中和热中子防护屏蔽工程。锶水泥屏蔽性能较钡水泥差。水泥品种对防辐射混凝土屏蔽 C 射线和中子射线的效果有一定影响。

重晶石防辐射混凝土由硅酸盐水泥、重晶石砂和重晶石碎石组成，它能屏蔽 α、β、γ、

X 射线和中子的辐射,是原子能反应堆、粒子加速器及其他含放射源装置常用的防护材料。

工艺配方

(1)配方一

石灰	20	重晶石粉	70
硅酸盐水泥	18		

该混凝土容重为 2.5t/m³,能抗 X 射线、γ 射线及中子辐射。

(2)配方二

硅酸盐水泥	50	重晶石砂	170
重晶碎石	227	水	25

这种防辐射混凝土的容重为 3.2~3.8t/m³,能抗 X 射线、γ 射线及中子辐射。

(3)配方三

水泥	50	重晶石砂	125
重晶石粉	12.5	普通砂	50

该防辐射混凝土容重为 2500kg/m³,能抗 X 射线、γ 射线及中子辐射。

(4)配方四

普通硅酸盐水泥(425 号)	50	重晶石块(7~20mm)	214
硼镁铁矿砂(<5mm)	94.5		

该防辐射混凝土正常养护 7 天后,不同温度处理后的压缩强度:常温 30.6MPa,50℃ 30.5MPa,100℃ 33.8MPa,200℃ 36.6MPa,300℃ 37.9MPa,500℃ 40.1MPa。压缩强度: 3 天 30.4MPa,7 天 40.1MPa,28 天 45.6MPa。拉伸强度为:3 天 2.4MPa,7 天 2.8MPa,28 天 3.0MPa。

该混凝土水灰比为 0.45,容重为 3020kg/m³,用于制作抗透性辐射的围护结构。

(5)配方五

石膏矾土水泥(325 号)	50	磁铁矿块(5~40mm)	421.55
重晶石砂(<5mm)	171.5		

该混凝土的水灰比为 0.70。正常养护 7 天后,不同温度处理后的压缩强度:常温 25.2MPa,50℃27.8MPa,100℃22.5MPa,300℃14.4MPa,500℃12.8MPa。

压缩强度:3 天 20.5MPa,7 天 21.8MPa,28 天 23.6MPa,拉伸强度:28 天 1.7MPa。 容重为 3600kg/m³。用于制作抗透性辐射的围护结构。

(6)配方六

石膏矾土水泥(325 号)	50	重晶石块(5~40mm)	950
重晶石砂(<5mm)	150		

该混凝土的压缩强度:3 天 15.2MPa,7 天 15.4MPa,28 天 18.3MPa,拉伸强度:28 天 1.4MPa。正常养护 7 天后,不同温度处理后的压缩强度,常温 17.3MPa,50℃21.3MPa,100℃ 15.5MPa,300℃10.2MPa,500℃9.8MPa。该混凝土的水灰比为 0.70。容重为 3400kg/m³。能 抗 X 射线、γ 射线及中子辐射。

(7)配方七

含硼水泥(325 号)	50	重晶石块(7~20mm)	245

重晶石砂(<5mm)　　　　　　165

该混凝土的压缩强度：1天28.2MPa，3天29.5MPa，7天29.8MPa，28天32.2MPa。。拉伸强度：1天0.2MPa，3天11.9MPa，7天2.0MPa，28天2.1MPa。正常养护7天后，不同温度处理后的压缩强度：常温32.5MPa，50℃30.3MPa，100℃30.3MPa，200℃35.1MPa，300℃35.1MPa，500℃为36.8MPa。该混凝土的水灰比为0.45。容重为3364kg/m³。能抗X射线、γ射线及中子辐射。

参 考 文 献

[1] 陈清己.重晶石防辐射混凝土配合比设计及其性能研究[D].中南大学，2010.
[2] 刘霞，赵西宽，李继忠，王兴辉.重晶石防辐射混凝土的试验研究[J].混凝土，2006，(07)：24.
[3] 石诚，麦启明.重晶石防辐射混凝土在医疗建筑工程中的应用[J].工程建设与设计，2009，(10)：115.

1.22　树脂混凝土

树脂混凝土又称聚合物胶接混凝土，是以不饱和聚酯或环氧树脂、呋喃树脂等热固性树脂加上适量的固化剂、增韧剂、稀释剂及填料作为胶黏剂，以砂、石作为骨料，经混合、成型、固化而成的一种复合材料。由于其具有良好的耐蚀、耐磨、耐水、抗冻性能和力学性能，弥补了水泥混凝土抗拉强度低、抗拉应变小、抗裂性小、脆性大等缺点。固化后的环氧树脂混凝土对大气、潮湿、化学介质、细菌等都有很强的抵抗力，因此，大多应用在较为恶劣的环境中。

1. 工艺配方(份)

(1)配方一

不饱和聚酯树酯	180~220	引发剂	2.0~4.0
促进剂	0.5~2.0	石英粉	350~400
黄砂	700	碎石	1000~1100

(2)配方二

糠醛	1.5
A单体(糠醛和丙酮的单体化合物)	8~14
苯磺酸	3~4
建筑用砂	82~88

(3)配方三

环氧树脂	180~220	碎石	1000~1100
石粉	350~400	砂	700~760
溶剂	36~44	乙二胺	8~10

(4)配方四

| 不饱和聚酯树脂 | 20.0 | 卵石(4.8~200mm) | 66 |
| 碳酸钙 | 24 | 玻璃碎块(12.7mm) | 适量 |

| 细砂(0.1~0.8mm) | 40 | 粗砂(0.8~41.8mm) | 50 |
| 过氧化物 | 适量 | 促进剂 | 适量 |

2. 用途

主要用于路面、桥梁面层、化工厂地面以及灌注结点或其他有特殊用途的制品。

参 考 文 献

[1] 周梅,刘书贤.填料品种和用量对树脂混凝土强度的影响[J].新型建筑材料,2001,(03):4.

[2] 屈涛.树脂混凝土机床床身的动静态特性研究[D].昆明理工大学,2010.

[3] 方珠芳,卢波,段京虎,翁泽宇.树脂混凝土构件动态特性的有限元模态分析[J].制造技术与机床,2009,(01):69.

1.23　聚合物水泥混凝土

聚合物混凝土是设法将聚合物掺入混凝土中而形成的混杂复合材料。由于少量聚合物的掺入,填充了混凝土内部的孔隙和微裂缝,甚至在水泥浆体中形成连续的聚合物膜,这样,在以水泥为胶凝材料的刚性无机的空间骨架内,有机的、弹性的聚合物以绞点及膜的形式像空间网络一样相互穿插,所以聚合物混凝土结合了普通混凝土和有机聚合物的各自优点,使混凝土的性能得到显著提高。聚合物通常有橡胶胶乳、聚酯、环氧树脂等。

1. 工艺配方(份)

(1)配方一

水泥	100
软煤沥青[针入度30(1/10mm)]	40
邻苯二甲酸二丁酯	20
E-44环氧树脂	200
丙酮	30
乙二胺	28
二甲苯	30
聚酰胺树脂(650号)	60

生产工艺:先将软煤沥青加热熔化脱水,在160℃时把环氧树脂和聚酰胺树脂加入容器中搅拌均匀,温度降到100℃时加入丙酮、二甲苯和二丁酯,充分混合均匀,再加入水泥和乙二胺搅拌混合均匀,得到聚合物水泥砂浆。

(2)配方二

普通硅酸盐水泥	130	吐温-80	160
邻苯二甲酸二丁酯	120	丙酮	160
聚氨酯预聚体	200	三乙胺	9

(3)配方三

矾土水泥	51~76	苯胺	0.6~2.0
二水石膏	19~34	氯化钙	0.9~1.8
糠醇	3.5~11.2		

18

按配比将各组分混合均匀得呋喃树脂水泥混凝土。

（4）配方四

| 硅酸盐水泥（425 号） | 100 | 丙烯酸聚合物 | 20～30 |
| 石英砂 | 300 | | |

该配方为路面用聚合物水泥砂浆．

（5）配方五

水泥	100	碳酸钙	15
脂肪酸	10	有机硅乳液	0.1～2.5
石膏	25		

将碳酸钙用脂肪酸处理，得到的防水物与水泥和石膏混合，再与有机硅乳液混合均匀，得到的水泥浆可作为层项瓦用材料。

（6）配方六

| 普通硅酸盐水泥 | 4～5 | 细砂、石粒等集料 | 8～10 |
| 聚乙酸乙烯乳液 | 3～4 | 水 | 2～3 |

该配方为聚乙酸乙烯水泥砂浆，按配比将全部物料混合，搅拌均匀即成。

（7）配方七

石油裂解妥尔油残渣油	0.25～0.98
水泥	90～180
填料	700～850
亚硫酸盐酵母液	0.16～0.66
磺烷油	0.008～0.034
苯乙烯分馏残渣	0.08～0.33
水	210～300

将配方中各物料混合均匀即可。

（8）配方八

水泥（600 号）	50	细砂	50
氯化钙	0.5	50% 聚乙酸乙烯酯	25～50
水	适量		

生产工艺：将水泥/聚乙酸乙烯及氯化钙混合均匀，加入砂子再用水调合即得聚乙酸乙烯酯水泥混凝土。

2. 用途

聚合物水泥砂浆或混凝土主要能改善混凝土的耐磨性、延伸能力、耐腐蚀性等性能，可以作为结构材料。

参 考 文 献

[1] 戴剑锋，刘晓红，龚俊，王青，剡昌锋．聚合物水泥混凝土的制备[J]. 甘肃工业大学学报，2001，
（02）：85.

[2] 肖力光，周建成．聚合物水泥混凝土复合材料结构形成机理及性能[J]. 吉林建筑工程学院学报，

2001, (03): 33.

[3] 陈玲琍, 巫辉, 蒋建华. 聚合物水泥混凝土复合材料的研究[J]. 武汉理工大学学报, 2001, (09): 23.

[4] 熊剑平, 申爱琴, 魏越强, 祁秀林. 聚合物水泥混凝土的路用性能[J]. 长安大学学报(自然科学版), 2007, (06): 24.

[5] 熊剑平, 申爱琴. 聚合物水泥混凝土施工控制因素[J]. 交通运输工程学报, 2008, (01): 42.

1.24 聚合物浸渍混凝土

聚合物浸渍混凝土以已硬化的耐酸混凝土为基材, 经干燥抽出内部孔隙中的空气后, 浸入有机单体或树脂, 然后再用加热或辐照的方法使渗入混凝土孔隙内的单体聚合, 从而使聚合物和混凝土形成一个整体。

常用的聚合物(或单体)有环氧树脂、聚苯乙烯、聚甲基丙烯酸甲酯、苯乙烯等。

1. 工艺配方

(1)配方一

水泥	40	细砂	40
卵石	20	邻苯二甲酸二丁酯	4
乙二胺	0.6	环氧树脂	18

生产工艺: 将水泥、砂和卵石制得的混凝土加热处理脱水, 冷却至室温后浸入其余组分的混合物, 然后加热至 120~150℃, 固化 1h 即得环氧树脂浸渍混凝土。

(2)配方二

| 废聚苯乙烯泡沫塑料 | 30 | 甲苯 | 60 |
| 汽油 | 75 | 乙醇 | 3 |

生产工艺: 将全部物料在密闭容器中混合放置 1~2 天, 使其完全溶解成为透明淡黄色液体, 即可用来浸渍经加热抽气处理后的混凝土制品。

(3)配方三

水泥	120	细砂	120
过氧化苯甲酰	3.2	苯乙烯	28
不饱和聚酯树脂	48		

生产工艺: 将水泥和细砂制得的混凝土加热 200℃处理 1h, 冷却后用其余组分混合液浸渍, 然后加热至 80~120℃, 固化 300min, 即得不饱和聚酯浸渍混凝土制品。

2. 用途

聚合物浸渍混凝土具有高强、耐蚀、抗渗、耐磨、抗冲击等优良物理性能, 可用作高效能结构材料, 用于海洋建筑及腐蚀介质中的建筑结构材料。

参 考 文 献

[1] 邓建良, 何有彬. 负压常温聚合物浸渍工艺及其在混凝土修补防渗防腐工程上的应用[J]. 混凝土, 1996, (03): 35.

[2] 杨学超. 冷却制度及聚合物浸渍对高温作用后混凝土渗透性的影响[D]. 北京交通大学, 2009.

[3] 张广照, 冼安如, 何泳生, 叶林宏. 聚合物浸渍混凝土法在屋面防水中的应用[J]. 施工技术, 1995, (11): 26.

1.25　树脂增强耐酸混凝土

这种树脂增强耐酸混凝土具有优良的抗拉、抗折、抗裂、抗疲劳强度等性能。

工艺配方：

（1）配方一

水玻璃	50	氟硅酸钠	7.5
粗骨料	67.5	细骨料	125
辉绿岩粉	150	糠酮单体	2.5

（2）配方二

水玻璃	50	粗骨料	160
细骨料	125	氟硅酸钠	7.5
糠醇单体	2.5	辉绿岩粉	90
盐酸苯胺	0.1		

（3）配方三

水玻璃	50	粗骨料	160
细骨料	115	氟硅酸钠	9
木质素磺酸钙	1	辉绿岩粉	105
水溶性环氧树脂	1.5		

（4）配方四

水玻璃	50	细骨料	130
粗骨料	165	氟硅酸钠	50
辉绿岩粉	92.5	多羟醚化三聚氰胺	4

参 考 文 献

[1]　刘其山，谷典，吴迪，武力萍．浅谈耐酸混凝土[J]．混凝土，2005，（06）：99.

[2]　汪丽梅，窦立岩．高吸水树脂在混凝土中的应用现状分析[J]．科技信息，2012，05：12.

[3]　胡峥峥，刘国权，杨大峰，马栋良．树脂基透波混凝土材料的研究[J]．兵器材料科学与工程，2012，03：42－45.

1.26　水玻璃耐酸混凝土

水玻璃耐酸混凝土常用于浇筑整体地面结构、设备基础、化工、冶金等工业中的大型设备（如贮存酸池、反应塔等）及构造物外层和内衬等防腐工程，尤其在具有酸性污水（pH <7）的河流、桥梁结构下部的设计与施工中。该混凝土主要由水玻璃、氟硅酸钠、石英砂等组成。

1. 工艺配方

（1）配方一

水玻璃	50	氟硅酸钠	7.5
石英粉	80	石英砂	110

| 石英石 | 160 | | |

该配方为贮酸槽用混凝土，其压缩强度为15.0MPa。

（2）配方二

水玻璃	50	花岗岩砂	119
氟硅酸钠	7.5	花岗岩	160
辉绿岩粉	11.0		

该配方为酸洗池用混凝土，其压缩强度为23.0MPa。

（3）配方三

水玻璃（模数2.3，相对密度1.39~1.41）	29.5~33.0
砂子	45~60.4
碎石（5~25mm）	89.4~120.0
氟硅酸钠	4.95~4.35
粉料	45~54.3

该耐酸混凝土的压缩强度为19.0、22.0MPa。

（4）配方四

水玻璃	50	辉绿岩粉	30.5
氟硅酸钠	7.5	花岗石砂	120
花岗岩	180	石英粉	46

该配方为耐酸地坪垫层混凝土，其压缩强度为14.6MPa。

（5）配方五

水玻璃	1	辉绿岩石	1.14
氟硅酸钠	0.15	石英石	5
石英粉	0.76		

该配方为耐酸地坪面层混凝土，其压缩强度为15.0MPa。

2. 用途

用于浇筑整体地面结构、设备基础、化工、冶金等工业中的大型设备及构造物外层和内衬等防腐工程。

参 考 文 献

[1] 双秀梅. 水玻璃耐酸混凝土质量控制分析[J]. 中国新技术新产品，2009，（14）：146.
[2] 李增江. 水玻璃耐酸混凝土性能的技术研究与应用[J]. 交通世界（建养. 机械），2010，（06）：300.

1.27 磷酸盐硅质耐火混凝土

磷酸盐硅质耐火混凝土由废硅砖料、镁砂粉、磷酸盐（或磷酸）硅石粉等组成。耐火度1650~1750℃。

工艺配方（份）：

（1）配方一

| 废硅砖骨料 | 130 | 磷酸镁 | 38 |

| 废硅砖粉料 | 70 | 镁砂粉 | 1.5 |

该磷酸镁硅质耐火混凝土的显气孔率：110℃为18%，1200℃为22%；密度为1.830g/cm³。耐火度为1750～1770℃。荷重软化温度：开始点为1690℃，变形4%时的温度为1700℃；20～1200℃膨胀系数为12.92×10⁻⁶/℃。

烧后压缩强度：110℃为29.0MPa，500℃为26.5MPa，800℃为23.5MPa，1200℃为25.5MPa，1400℃为27.0MPa，1550℃为42.0MPa；烧后线变化率：500℃为-0.59%，1200℃为-0.92%，1400℃为-1.12%。

（2）配方二

| 废硅砖骨料 | 120 | 硅石粉 | 80 |
| 磷酸镁 | 38 | 镁砂粉 | 1.3～1.6 |

该配方为磷酸镁质耐火混凝土，其耐火度为1750～1770℃；荷重软化温度：开始点为1720℃，变形4%时的温度1730℃。显气孔率：110℃为26.7%，1200℃28%；密度为1.733g/cm³。烧后压缩强度：110℃为21.5MPa，500℃为19.5MPa，800℃为18.5MPa，1200℃为20.0MPa，1400℃为21.5MPa，1550℃为19.0MPa。

（3）配方三

| 废硅砖骨料 | 120 | 磷酸铝 | 36 |
| 硅石粉 | 80 | 镁砂粉 | 3.0 |

该配方为磷酸铝硅质耐火混凝土，其显气孔率：110℃为21.7%，1200℃为23.0%；密度为1.857g/cm³。耐火度为1750℃；荷重软化温度：开始点为1660℃，变形4%为1680℃；烧后线变化：500℃为1.15%，1200℃为-0.38%，1400℃为-0.31%；20～1200℃的膨胀系数为19.29×10⁻⁶/℃。

烧后压缩强度：110℃为25.0MPa，500℃为19.5MPa，800℃为16.5MPa，1200℃为25.5MPa，1400℃为16.0MPa，1550℃为29.0MPa。

（4）配方四

| 废硅砖骨料 | 65 | 废硅砖粉料 | 35～50 |
| 磷酸 | 32～36 | 镁砂粉 | 2～3 |

该配方为磷酸盐耐火混凝土，其显气孔率：110℃为19.3%，1200℃为19.3%；密度为1.847g/cm³。耐火度为1750～1770℃；荷重软化温度：开始点为1680℃，变形4%时为1695℃；烧后线变化500℃为2.98%，1200℃为-0.62%，1400℃为-0.27%；20～1200℃膨胀系数为10.7×10⁻⁶/℃。

烧后压缩强度：110℃为50.5MPa，500℃为37.0MPa，800℃为40.5MPa，1200℃为48.5MPa，1400℃为44.5MPa，1500℃为46.0MPa。

（5）配方五

| 废硅砖骨料 | 140 | 磷酸铝 | 24 |
| 废硅砖粉料 | 60 | 矾土水泥 | 4 |

该配方耐火混凝土的耐火度为1670℃；荷重软化温度：开始点为1510℃，变形4%时为1530℃。显气孔率：110℃为26.4%，1100℃为28.0%。密度为1.750g/cm³。

烧后压缩强度：110℃为5.0MPa，500℃为5.5MPa，700℃为3.0MPa，1100℃为

15.0MPa，1300℃为13.5MPa。

(6)配方六

废硅砖骨料	120	磷酸	32
硅石粉	80	镁砂粉	2

该配方为磷酸盐耐火混凝土，其显气孔率：110℃、1200℃均为24.7%；密度为1.793g/cm³。耐火度为1750~1770℃；荷重软化温度：开始点为1675℃，变形4%为1685℃；烧后线变化：500℃为3.21%，1200℃为-0.32%，1400℃为0.89%；膨胀系数(20~120℃)为11.95×10⁻⁶/℃。

烧后压缩强度：110℃为17.0MPa，500℃为15.0MPa，800℃为20.0MPa，1200℃为25.0MPa，1400℃为28.0MPa，1500℃为28.0MPa。

参 考 文 献

[1] 李天镜. 用磷酸盐耐火混凝土捣筑铅鼓风炉炉缸的实践[J]. 有色冶炼，2000，(05)：18.
[2] 陈国凡. 用磷酸盐耐火混凝土快修设备基础[J]. 设备管理与维修，1995，(05)：9.

1.28 方镁石耐火混凝土

方镁石耐火混凝土由镁砂、方镁石水泥和镁盐溶液组成，最高使用温度1600~1800℃。

工艺配方(份)：

(1)配方一

方镁石水泥	25	冶金镁砂(10~5mm)	30
铬渣	11	冶金镁砂(5~2.5mm)	15
硫酸镁溶液(相对密度1.12)	10	冶金镁砂(<2.5mm)	19

生产工艺：该混凝土的成型方法为振动成型。堆积密度为2.8g/cm³，最高使用温度为1600℃。烘干压缩强度为72.0MPa；烧后压缩强度：300℃为80.0MPa，500℃为51.0MPa，800℃为9.0MPa，1000℃为9.5MPa，1200℃为6.6MPa，1400℃为11.0MPa。

荷重软化温度，开始点为1440℃，变形4%为1499℃；烧后线变化，300℃为-0.04%，500℃为-0.08%，800℃为-12%，1000℃为-0.04%，1200℃为-0.05%，1400℃为-0.06%。

(2)配方二

方镁石水泥	120	冶金镁砂(3~2mm)	90
电熔镁砂(2~1mm)	90	硫酸镁溶液(相对密度1.24)	24

生产工艺：该混凝土密度为2.97g/cm³；最高使用温度为1800℃。烘干压缩强度为67.0MPa；荷重软化温度，开始点为1480℃，变形4%为1800℃。

参 考 文 献

[1] 邓洋，邓敏，莫立武. 熟料方镁石与轻烧MgO膨胀剂对水泥浆体膨胀性能的影响[J]. 混凝土，2012，27610：57-59，62.
[2] 钢包用电熔方镁石质耐火材料的新配方[N]. 世界金属导报，2005-04-26009.

1.29 六偏磷酸盐镁质耐火泥

六偏磷酸盐镁质耐火泥由镁砂、促凝剂(矾土水泥)和六偏磷酸盐溶液组成。耐火度大于1800℃。

工艺配方(份):

(1)配方一

镁砂骨料(<5mm)	65	矾土水泥(促凝剂)	5
镁砂粉料	30	六偏磷酸钠溶液(外加)	9

耐火度>1830℃;荷重软化温度:开始点为1330℃,变形4%时为1450℃。显气孔率:110℃为15.3%,1000℃为18.9%。烘干容重为2910kg/m³。热震稳定性:25次空气冷热循环后,剩余强度为46.0MPa,质量损失为2.26%。烧后压缩强度:110℃为103.0MPa,1000℃为35.5MPa,1400℃为37.5MPa。

(2)配方二

镁砂骨料(<5mm)	130	黏土粉	4
镁砂粉料	56	六偏磷酸钠溶液(外加)	20
矾土水泥(促凝剂)	10		

耐火度>1830℃;荷重软化温度:开始点1300℃,变形4%为1400℃。这种六偏磷酸盐胶结的镁质耐火泥的显气孔率:110℃时为16.5%,1000℃时为19.7%;烘干容重为2780kg/m³。热震稳定性:25次水冷热循环后,质量损失为3.15%。

(3)配方三

镁砂骨料(<5mm)	130	镁砂粉料	70
六偏磷酸铝溶液(外加)	18		

该耐火泥配方中未加促凝剂,其耐火度为>1830℃;热震稳定性:25次空气冷热循环后,剩余强度为21.0MPa,质量损失为2.15%。荷重软化温度:开始点为1320℃,变形4%时为1405℃。烧后压缩强度:110℃为93.0MPa,1000℃为19.5MPa,1400℃为35.0MPa。显气孔率:110℃为16.2%,1000℃为18.3%;烘干容重为2820kg/m³。

(4)配方四

镁砂骨料(<5mm)	65	镁砂粉料	30
六偏磷酸钠溶液(外加)	10	铁磷	2
矾土水泥(促凝剂)	5		

耐火度>1830℃;热震稳定性:25次水冷热循环后,质量为损失为2.73%。显气孔率:110℃为17.9%MPa;1000℃为19.4%;烘干容重为2850kg/m³。荷重软化温度:开始点为1320℃,变形4%为1440℃。烧后压缩强度为:110℃为98.0MPa,1000℃为30.0MPa,1400℃为33.0MPa。

参 考 文 献

[1] 高宏适.添加MgO对高炉出铁口耐火泥特性影响[N].世界金属导报,2012-08-14B01.

[2] 刘光彬,暴彦民.高强泥浆耐火泥的化学成分分析[J].玻璃,1994,05:39-42.

[3] 王资江，李靖华，高瑞平，彭达岩，赵凤华. 非水性热固性耐火泥[J]. 适用技术市场，1998，11：22.

[4] 汪培初. 镁质耐火材料的生产及应用结构[J]. 国外耐火材料，1995，(11)：29.

1.30　耐火混凝土

随着一些新材料、新工艺、新技术在建筑领域中的广泛应用，建筑构件的性能也变得越来越复杂，但是混凝土以其优越的性能和低廉的价格成为大量基础设施必不可少的首选材料。使用耐火混凝土更是经济有效解决火灾事故中由于建筑物耐火等级低而造成巨大财产损失和人员伤亡问题的有效方法之一。

耐火混凝土是在长期高温下具备优良的高温物理力学性能的混凝土，一般由耐火集料（或粉料）和胶结料等组成。应用耐火混凝土，使特殊造型及施工繁难的热工设备的砌造过程简化为浇筑浇灌过程，可有效降低成本，提高工效。

1. 工艺配方（份）

（1）配方一

矿渣水泥（400 号）	76	废耐火黏土砖粉	24
废耐火黏土砖块	178	耐火黏土砖砂	136
水	6		

该矿渣水泥耐火混凝土适宜于温度不超过 700～800℃的中、低温非工作层，或非要害热工部位。

（2）配方二

普通硅酸盐水泥（425 号）	50	黏土熟料（粗骨料）	190
黏土熟料（细骨料）	130	黏土熟料（粉料）	50
水	40		

该混凝土湿容重为 230kg/m³，最高使用温度 1200℃。

（3）配方三

铝 - 60 水泥	30	一级矾土熟料	150
二级矾土粉	20		

该配方为铝 - 60 水泥耐火混凝土，其烘干压缩强度为 35.5MPa；常温下压缩强度：1 天后为 38.0MPa，3 天后为 43.0MPa，7 天后为 51.0MPa。该混凝土烘干密度为 2270kg/m³。

烧后压缩强度：800℃烧后为 32.0MPa，1000℃烧后为 25.4MPa，1200℃烧后为 20.0MPa，1400℃烧后为 34.0MPa。

荷重软化温度：开始点为 1310℃；耐火度为 1710℃；1400℃烧后线变化为 - 0.32%；201～1200℃膨胀系数为 5.1×10^{-6}/℃。

（4）配方四

低钙铝酸盐水泥	60	二级矾土熟料粉	60
二级矾土砂料（<15mm）	140	二级矾土熟料（<6mm）	140
水（外加）	44		

该配方为低钙铝酸盐水泥耐火混凝土，其干容重为 2450kg/m³，显气孔率为 17%。

耐火度为 1790℃；1400℃烧后线变化为 - 0.41%；20～1200℃膨胀系数为 5.2×10^{-6}/℃；

常温热导率为 1.005W/(m·K)；热震稳定性：850℃水冷次数 >50；荷重软化温度：开始点为 1300℃，变形 4% 时为 1400℃。

常温 3 天压缩强度为 20.0MPa；蒸养后压缩强度为 35.0MPa；110℃烘干后压缩强度为 34.0MPa；烧后压缩强度 400℃ 为 27.0MPa，800℃ 压缩强度为 24.5MPa，1200℃ 为 18.0MPa，1400℃ 为 26.0MPa；高温压缩强度，1000℃ 为 20.0MPa，1200℃ 为 10.0MPa。

（5）配方五

磷酸(40%~60%)	15~18	高铝矾土熟料(<5mm)	70~75
高铝矾土熟料粉	25~30		

该配方为磷酸铝耐火混凝土，湿容重为 2700kg/m³；1400℃显气孔率为 29%，最高使用温度为 1400~1500℃；20~1200℃膨胀系数为 $(5.0~6.8) \times 10^{-6}$/℃；1400℃烧后线变为 +0.1%；热震稳定性：800℃水冷次数为 >80；高温压缩强度：1200℃ 为 6~10MPa。

（6）配方六

方镁石水泥	50	冶金镁砂(10~50mm)	60
冶金镁砂(5~2.5mm)	30	冶金镁砂(<2.5mm)	60
硫酸镁溶液(相对密度1.12)	24		

该配方为方镁石水泥耐火混凝土，其容重为 2.72g/cm³，最高使用温度为 1600℃。采用振动成型。烘干压缩强度为 61.0MPa；烧后压缩强度，300℃ 为 83.0MPa，500℃ 为 45.0MPa，800℃ 为 17.0MPa，1000℃ 为 3.5MPa，1200℃ 为 4.0MPa，1400℃ 为 12.5MPa。

烧后线变化，300℃ 为 -0.01%，500℃ 为 -0.11%，800℃ 为 -0.15%，1000℃ 为 -0.22%，1400℃ 为 -0.3%；荷重软化温度：开始点为 1430℃，变形 4% 时为 1570℃。

（7）配方七

矾土水泥	100	镁砂骨料	1300
镁砂粉料	600	铁磷(外加)	4
六偏磷酸钠溶液	200		

该配方为磷镁铝耐火混凝土。烘干容重 2.81g/cm³，变形 4% 时为 1455℃。热震稳定性：25 次气冷热循环后，剩余强度为 40.5MPa，质量损失为 2.40%。烧后压缩强度：110℃ 为 89.5MPa，1000℃ 为 33.5MPa，1400℃ 为 36.5MPa。显气孔率：110℃ 为 15.6%，1000℃ 为 20.8%。

（8）配方八

纯铝酸钙水泥	90	电熔刚玉	420
氧化铝粉	90	水	66

该配方为纯铝酸钙水泥耐火混凝土。荷重软化温度：开始点为 1570℃，变形 4% 为 >1630℃；1400℃烧后线变化为 +0.31%，显气孔率为 20%；烘干容重为 2850kg/m³。烧后压缩强度：110℃ 为 40.0MPa，1000℃ 为 28.0MPa，1300℃ 为 31.0MPa；1400℃ 为 38.0MPa；高温压缩强度：1000℃ 为 28.5MPa，1300℃ 为 29.5MPa；烧后弯曲强度：1000℃ 为 5.5MPa，1300℃ 为 6.0MPa。

2. 用途

用于重点防火领域的建筑物。

参 考 文 献

[1] 潘莉莎，钱波. 耐火混凝土的研究进展[J]. 混凝土，2007，21105：27－29.
[2] 谢晓丽，严云，胡志华. 快硬轻质耐火混凝土的研究[J]. 混凝土，2008，21901：32－35.
[3] 吴耀臣. 新型耐火混凝土的生产和前景展望[J]. 混凝土，1999，06：40－41.

1.31 硫酸铝耐火混凝土

硫酸铝耐火混凝土主要由硫酸铝、矾土熟料、矾土水泥等组成，是优良的不定形耐火材料，其高温力学性能优良，与磷酸盐耐火混凝土相似（只是中温压缩强度降低略大些）。

工艺配方（份）：

（1）配方一

三级矾土熟料	70	结合黏土	14～14.5
二级矾土熟料	30～35	矾土水泥（促凝剂）	3～4

（2）配方二

二级矾土熟料	60
结合性黏土	9.9～10
二级矾土熟料	30～30.1
硫酸铝溶液（相对密度1.25）	12～15

（3）配方三

二级矾土熟料	70	硫酸铝（相对密度1.3）	13
二级矾土熟料	25	矾土水泥（促凝剂）	2.5

（4）配方四

矾土水泥含钙材料	6.0
三级矾土熟料	140.0
二级矾土熟料	60.0
硫酸铝溶液（相对密度1.25）	29.0

硫酸铝耐火混凝土的常温抗压强度：1天后为0.7MPa；烧后压缩强度：110℃为15.0MPa，1000℃为20.0MPa，1200℃为25.0MPa，1400℃为29.0MPa，高温压缩强度：800℃为22.0MPa，1000℃为33.0MPa，1200℃8.1MPa，1400℃为4.5MPa；烧后弯曲强度：1000℃为3.1MPa；1400℃为7.3MPa。

说明：

硫酸铝耐火混凝土土宜采用机械搅拌，达到拌和均匀，绝不允许在搅拌好的耐火混凝土内任意加水或胶结料，否则将严重影响耐火混凝土的强度，已初凝的耐火混凝土不得浇注。耐火混凝土中的钢筋必须选用耐热钢筋，否则易碳化膨胀（受高温影响），导致混凝土剥裂、脱落，实际施工中耐热钢筋，且钢筋表面不得有污垢，并应涂以约0.5mm厚的沥青层。

参 考 文 献

[1] 谢晓丽，严云，胡志华. 快硬轻质耐火混凝土的研究[J]. 混凝土，2008，21901：32－35.

[2] 瞿劲动，王发现．锅炉前后拱矾土水泥耐火混凝土施工实践[J]．安徽建筑，2000，03：67.
[3] 时淑颖．耐火混凝土配合比选择[J]．混凝土，1992，01：29-30.

1.32 聚合氯化铝耐火混凝土

聚合氯化铝耐火混凝土主要成分为聚合氯化铝、耐火骨料和结合黏土粉，该耐火混凝土耐火度大于1750℃。

1. 工艺配方（份）

耐火骨料（7~3mm）	30~25
结合黏土粉（<0.088mm）	5
耐火骨料（3~0.1mm）	30~40
聚合氯化铝液（相对密度1.235，外加）	10~12
耐火骨料（0.1mm）	25~35

2. 生产工艺

混凝土成型方法为振动成型。1350℃高温弯曲强度为1.55MPa；1350℃烧后线变化率为0.11%；耐火度为>1790℃。

1350℃热处理3h后性能，显气孔率为31.7%；密度为22.7kg/cm³；压缩强度为17.9MPa；烧后弯曲强度为7.54MPa。

参 考 文 献

[1] 钟健．耐火混凝土技术[N]．中华建筑报，2003/07/15007.
[2] 吴耀臣．新型耐火混凝土的生产和前景展望[J]．混凝土，1999，06：40-41.
[3] 李井海．耐火混凝土用掺合料的选择[J]．建筑技术，1990，11：36-38.

1.33 高铝磷酸盐耐火混凝土

高铝磷酸盐耐火混凝土，主要成分为磷酸（或磷酸盐）和含铝矾土，具有良好的高温物理力学性能，广泛用于热工设备中。

工艺配方

（1）配方一

磷酸（相对密度1.28~1.32）	12~14
矾土熟料（<1.2mm）	30
矾土水泥（促凝剂）	2~3
矾土熟料（10~15mm）	40
矾土熟料（5~1.2mm）	30

该混凝土烘干容重为2852kg/m³；显气孔率为20.6%。最高使用温度用为1450℃；耐火度>1800℃；荷重软化温度：开始点1310℃，变形4%为1480℃；20~1200℃膨胀系数为6.1×10⁻⁶/℃；烧后线变化：1400℃为-0.15；热震稳定性，800℃水冷次数为>50。

烘干压缩强度为32.5MPa；烧后压缩强度：1000℃为37.0MPa，1200℃为48.0MPa，1400℃为39.MPa；高温压缩强度：1000℃为33.0MPa，1200℃为11.0MPa。

（2）配方二

| 磷酸（40%~60%） | 6.5~18 | 矾土熟料（5~1.2mm） | 30~40 |
| 矾土熟料（<0.088mm） | 25~30 | 矾土熟料（<1.2mm） | 35~40 |

该混凝土烧后压缩强度，1200℃为30~40MPa，1400℃为30~40MPa；1350℃高温压缩强度为10~15MPa，1200℃高温压缩强度为6~13MPa。最高使用温度为1400~1500℃；耐火度>1800℃，荷重软化温度，开始点为1300~1350℃，变形4%为1400~1500℃；20~1200℃膨胀系数为(5.6~6.8)×10⁻⁶/℃；1400℃烧后线变化为-0.1%~1.0%；热震稳定性：800℃水冷次数为50~80。

（3）配方三

| 磷酸铝（42.5%） | 13 | 一级矾土熟料（粉料） | 30 |
| 矾土水泥（促凝剂） | 2 | 一级矾土熟料（粗骨料） | 70 |

该混凝土的烘干容重为2400kg/m³。耐火度为>1770℃。荷重软化温度：开始为1190℃，变形4%为1470℃；20~1200℃膨胀系数为6.07×10⁻⁶/℃；1400℃烧后线变化率为0.52%；热导率800℃为0.9838W/(m·K)1000℃为1.2353W/(m·K)，1200℃为1.437W/(m·K)；热震稳定性，800℃水冷次数>50。

3天压缩强度为16.6MPa；烘干压缩强度为28.1MPa；烧后压缩强度：1000℃为26.3MPa，1200℃为35.4MPa，1400℃为30.4MPa；高温压缩强度：1000℃为30.8MPa，1200℃为9.0MPa。

（4）配方四

| 磷酸铝（40%） | 6.5~14 | 矾土熟料（2~1.2mm） | 30~40 |
| 矾土熟料（<0.088mm） | 25~30 | 矾土熟料（<1.2mm） | 35~40 |

该混凝土压缩强度，1200℃为40~50MPa，1400℃为40~43MPa，最高使用温度为1400~1500℃；荷重软化温度：开始点为1300~1350℃，变形4%为1400~1500℃。热震稳定性：800℃水冷次数>20。

（5）配方五

| 磷酸（42.5%） | 24 | 一级矾土熟料或二级矾土熟料 | 140 |
| 二级矾土 | 60 | |

该混凝土的烘干容重为2640kg/m³，显气孔率为23.6%，常温3天压缩强度为13.4MPa；烘干压缩强度为34.3MPa；烧后压缩强度，1000℃为31.4MPa，1200℃为43.7MPa，1400℃为36.9MPa；；高温压缩强度，1000℃为32.1MPa，1200℃为9.0MPa。此混凝土的耐火度>1790℃；荷重软化温度：开始为1230℃，变形4%为1440℃；20~1200℃膨胀系数为6.48×10⁻⁶/℃；1400℃烧后线变化率1400MPa为-0.32%；热导率：800℃为1.196W/(m·K)，1000℃为1.464W/(m·K)，1200℃为1.816W/(m·K)；热震稳定性：800℃水冷次数>50。

（6）配方六

| 磷酸（43.5%） | 24 | 二级矾土熟料块 | 144 |
| 二级矾土 | 56 | |

该混凝土的烘干容重为2370kg/m³，显气孔率为18.4%，耐火度为1740℃；荷重软化

度，开始为 1180℃，变形 4% 为 1400℃；20～1200℃膨胀系数为 $5.82×10^{-6}/℃$；1400℃烧后线变化率为 0.65%；热导率：800℃为 $0.8785W/(m·K)$，1000℃为 $1.1368W/(m·K)$；1200℃为 $1.433W/(m·K)$；热震稳定性：800℃水冷次数 >50。

3 天压缩强度为 17.1MPa；烘干压缩强度为 24.9MPa；烧后压缩强度：1000℃为 24.9MPa，1200℃为 33.6MPa，1400℃为 35.8MPa；烘干压缩强度为 29.9MPa；高温压缩强度：1000℃为 29.5MPa，1200℃为 9.3MPa。

参 考 文 献

[1] 李天镜. 用磷酸盐耐火混凝土捣筑铅鼓风炉炉缸的实践[J]. 有色冶炼，2000，(05)：18.
[2] 孙洪梅，王立久，曹明莉. 高铝水泥耐火混凝土火灾高温后强度及耐久性试验研究[J]. 工业建筑，2003，(09)：60.

1.34 铝酸盐水泥耐火混凝土

铝酸盐水泥耐火混凝土主要由低钙铝酸盐水泥，矾土熟料组成。耐火度 1750～1790℃。具有耐火度高、热膨胀系数小，热震稳定性好等特点。可用于回转窑内衬、砖窑及加热炉系统的高温段。

1. 工艺配方(份)

(1)配方一

低钙铝酸盐水泥	28	一级矾土熟料	20
二级矾土熟料(5～15mm)	80	水(外加)	20

该配方混凝土耐火度为 >1790℃；显气孔率为 18%；烘干容重为 $2680kg/m^3$。1400℃。烧后线变化率为 -0.20%；20～1200℃膨胀系数为 $4.7×10^{-6}/℃$；常温热导率为 $1.068W/(m·K)$；荷重软化温度：开始点为 1320℃，变形 4% 时为 1410℃；热震稳定性：850℃水冷次数 >50。

常温 3 天后，压缩强度为 17.0MPa；蒸养后抗压强度：110℃为 30.0MPa。烘干后压缩强度为 31.0MPa；烧后压缩强度：400℃为 26.0MPa，800℃为 34.0MPa，1200℃为 18.0MPa，1400℃为 23.5MPa。高温压缩强度：1000℃为 19.0MPa，1200℃为 13.0MPa。

(2)配方二

低钙铝酸盐水泥	24	铬渣(<5mm)	72
铬渣粉	24	铬渣(5～15mm)	82
水(外加)	18		

该配方为铝酸盐水泥耐火混凝土，其烘干容重为 $2800kg/m^3$；显气孔率为 16%。耐火度为 >1790℃；1400℃烧后线变化为 0.26%；20～1200℃膨胀系数为 $5.2×10^{-6}/℃$；常温热导率为 $1.07W/(m·K)$。热震稳定性：850℃水冷次数 >50。荷重软化温度：开始点为 1410℃，变形 4% 时为 1650℃。

常温 3 天压缩强度为 15.0MPa。蒸养后压缩强度为 29.0MPa，110℃烘干后压缩强度为 37.0MPa；烧后压缩强度：400℃为 33.0MPa，800℃为 26.0MPa，1200℃为 17.0MPa，1400℃为 24.0MPa；高温压缩强度：1000℃为 14.0MPa，1200℃为 9.0MPa。

（3）配方三

低钙铝酸盐水泥	30	二级矾土砂料（<15mm）	140
二级矾土熟料粉	30	水（外加）	22

该混凝土耐火度为1790℃；显气孔率为18%；烘干容重为2680kg/m³。1400℃烧后线变化为 -0.20%；20~1200℃膨胀系数为4.7×10^{-6}/℃；常温热导率为1.068W/(m·K)；荷重软化温度：开始点为1320℃，变形4%时为1410℃；热震稳定性：850℃水冷次数>50。

常温3天后，压缩强度为17.0MPa；蒸养后抗压强度为30.0MPa。110℃烘干后压缩强度为31.0MPa，800℃为34.0MPa。1200℃为18.0MPa，1400℃为23.5MPa；高温压缩强度：1000℃为19.0MPa，1200℃为13.0MPa。

配方中的140份二级矾土的砂料（<15mm）也可由80份二级矾土砂料（<15mm）和60份二级矾土熟料（<6mm）代替，得到的铝酸盐水泥耐火材料的耐火度为1740℃，荷重软化温度（开始点）为1270℃，1400℃烧后线变化为 -0.36%。

（4）配方四

低钙铝酸盐水泥	12~15
高铝矾土熟料	35~40
高铝矾土的熟料砂（0.15~15mm）	30~35
高铝矾土的熟料	15

该配方为铝酸盐水泥耐火混凝土，其耐火度为1750~1790℃。高温压缩强度，900℃下为150~200MPa；1300℃下为100~150MPa；20~1200℃膨胀系数为(4.5~6.0)×10^{-6}/℃；1400℃烧后线变化为0.6%~0.9%；常温热导率为0.93~W/(m·K)；荷重软化温度（开始点）为1300~1400℃；热震稳定性：850℃水冷次数>25。

2. 用途

铝酸盐水泥耐火混凝土中 Al_2O_3 含量高，因此，具有耐火度高、热膨胀系数小、热震稳定性好等特点，可用于建造砖窑、电炉盖、炉门、烧嘴、真空吸嘴、回转窑内衬及加热炉系数的高温段。

参 考 文 献

[1] 铝酸盐水泥耐火混凝土高温强度性能的试验研究[J]. 技术简讯, 1973, (05): 1.
[2] 马维华, 李婕. 铝酸盐水泥及其在耐火材料中的应用[J]. 内蒙古科技与经济, 2012, (19): 104.

1.35　铝-60水泥耐火混凝土

铝-60水泥（Al_2O_3 59%~61%，CaO 27%~31%）耐火混凝土主要由铝-60水泥、钢土料等组成，耐火度大于1700℃，具有良好的热震稳定性，热膨胀系数小，广泛用作耐火材料。

工艺配方（份）：

（1）配方一

铝-60水泥	30	一级矾土熟料	140
二级矾土粉	30		

该配方为铝 - 60 水泥耐火材料，其荷重软化温度（开始点）为 1310℃。耐火度为 1770℃，烘干容重为 2650kg/m³。烘干压缩强度为 31.0MPa；800℃烧压缩强度为 27.0MPa；1000℃烧后压缩强度为 23.0MPa，1200℃烧后压缩强度为 16.0MPa，1400℃烧后压缩强度为 225.0MPa。

（2）配方二

铝 - 60 水泥	31.0
高铝矾土熟料粉	17.0
高铝矾土熟料砂（0.15～5mm）	92
高铝矾土熟料块（5～20mm）	60
产品质量	
耐火度/℃	>1700
热震稳定性	1400℃下水冷次数为 8
荷重软化温度/℃	1330

（3）配方三

铝 - 60 水泥	30	二级矾土（<15mm）	60
二级矾土粉	30	二级矾土（<6mm）	60
一级黏土熟料（<15mm）	80		

该耐火材料的荷重软化温度为 1270～1380℃；耐火度为 1730～1750℃，1400℃烧后变化为 -0.36%；热震稳定性，850℃水冷次数 >50。

（4）配方四

铝 - 60 水泥	30
一级黏土熟料	170

该耐火材料荷重软化温度为 1300～1380℃（开始点约 4% 变形）；耐火度为 1710℃；20～1200℃膨胀系数为 $5.6×10^{-6}$/℃；烘干容重为 2550kg/m³。常温压缩强度：1 天后为 31.0MPa，3 天后为 38.0MPa，7 天后为 44.0MPa。

1400℃烧后线变化为 -0.49%。烘干压缩强度为 30.0MPa；800℃烧压缩强度为 28.0MPa；1000℃烧后压缩强度为 24.0MPa，1200℃烧后压缩强度为 18.0MPa，1400℃烧后压缩强度为 28.0MPa。

参 考 文 献

[1] 马维华，李婕．铝酸盐水泥及其在耐火材料中的应用[J]．内蒙古科技与经济，2012，(19)：104．
[2] 吴耀臣．高铝水泥在低水泥耐火混凝土中的应用[J]．混凝土，2000，(02)：46．

1.36 高铝水泥耐火混凝土

高铝水泥（$Al_2O_3$72%～78%）又称矾土水泥，其组成以铝酸钙为主。以石灰石和铁铝氧石或矾土为主要原料，在 1250～1350℃燃烧制得。高铝水泥一般可分为两类：一类是以铁矾土为原料，采用熔融法生产，其 Fe_2O_3 + FeO 含量高达 10% 以上。另一类是以铝矾土为原料，采用烧结法生产，它的化学组成中 Fe_2O_3 + FeO 含量 <2%，耐火度较高。当 CaO 含量

为 32% ~ 34%，SiO_2 为 5 ~ 7% 时，大约含有 30% ~ 45% 的铝酸一钙（CA）和 20% ~ 35% 的二铝酸一钙（CA2）矿物。CA 是低水泥耐火混凝土最理想的结合剂，它有比较快的水化速度和正常的凝结时间，CA2 是一种水化速度慢的矿物，当水泥用量很低时，不能使混凝土尽快产生理想的结合强度。高铝水泥早期强度高，耐热性能好，常用于制备耐火、耐热、耐蚀混凝土。

工艺配方（份）：

(1) 配方一

高铝水泥	24	铝铬渣粉	24
铝铬渣	152		

其中铝铬渣含 Al_2O_3 80% ~ 85%，Cr_2O_3 9% ~ 10%，该配方为高铝水泥耐火混凝土。

产品质量

耐火度/℃   1500 ~ 1600

(2) 配方二

高铝水泥	6 ~ 12
高铝矾土熟料粉	15
高铝矾土熟砂（0.15 ~ 5mm）	30 ~ 35
高铝矾土熟块（5 ~ 20mm）	35 ~ 40

产品质量

耐火度/℃	>1400
热震稳定性	850℃ 水冷次数 50 次以上

(3) 配方三

高铝水泥	15	耐火黏土砖粉	10 ~ 15
二级矾土	10 ~ 15	焦宝石熟料（<15mm）	75

这种耐火混凝土最高使用温度可达 1400℃。

(4) 配方四

高铝水泥	15	高铝质熟粉（<5mm）	35
高铝矾土熟料	12	高铝质熟料（15 ~ 5mm）	43
水（外加）	8 ~ 9		

(5) 配方五

高铝水泥	15	2 级矾土（5 ~ 15mm）	35
黏土石熟料	15	焦宝石熟料（<5mm）	35
水（外加）	11 ~ 12		

该高铝水泥耐火混凝土耐火度为 1300 ~ 1350℃。

(6) 配方六

高铝水泥	30	2 级矾土（<15mm）	80
耐火黏土砖粉	30	水（外加）	20
二级矾土（<6mm）	60		

产品质量

| 耐火度/℃ | >1300 | 热震稳定性 | 850℃水冷次数50次以上 |

参 考 文 献

[1] 孙洪梅，王立久，曹明莉. 高铝水泥耐火混凝土火灾高温后强度及耐久性试验研究[J]. 工业建筑，2003，(09)：60.

[2] 吴耀臣. 高铝水泥在低水泥耐火混凝土中的应用[J]. 混凝土，2000，02：46-47.

1.37　纯铝酸钙水泥耐火混凝土

纯铝酸钙耐火水泥是以工业氧化铝粉和优质石灰石按一定比例配制，经粉碎磨细，压制成荒坯，高温煅烧合成，然后再破碎细磨而成的一种胶凝材料。由于该水泥中的主要矿物组成为二铝酸一钙(CA2)和少量的铝酸一钙(CA)及六铝酸一钙，还有 $\alpha - Al_2O_3$ 等，水泥中的 Al_2O_3 含量高，钙及杂质相应含量减少，耐火度在1690℃以上。纯铝酸钙水泥耐火混凝土，由纯铝酸钙水泥、矾粉或铝铬渣组成，具有优良的高温物理学性质。

工艺配方(份)：

(1)配方一

| 纯铝酸钙水泥 | 26 | 特级矾土熟料 | 140 |
| 氧化铝粉 | 34 | 水 | 24 |

该耐火材料荷重软化温度：开始点为1400℃，变形4%为1590℃；1500℃烧后线变化为-0.6%；显气孔率为19%；烘干容重为2800kg/m³。3天常温压缩强度为27.0MPa：烧后压缩强度：110℃为35.0MPa，100℃为24.0MPa。1400℃为31.0MPa。

(2)配方二

| 纯铝酸钙水泥 | 30 | 铝铬渣 | 150 |
| 铝铬渣粉 | 20 | 水 | 20 |

其中铝铬渣中 $Al_2O_3\%$ 含量为80%，Cr_2O_3 9%~10%，耐火度可达1900℃。

该耐火材料荷重软化温度：开始点为1400℃，变形4%为>1620℃；1500℃烧后线变化为0.42%；显气孔率为21%；烘干容重为1820kg/m³。3天常温压缩强度为28.0MPa；烧后压缩强度为：110℃为35.0MPa，1000℃为26.0MPa，1400℃为20.0MPa。烧后弯曲强度1300℃为5.5MPa。

(3)配方三

矾土熟料(0~5mm)	40~45	矾土熟料(<0.5mm)	20
纯铝酸钙水泥	15~20	水	9~10
氧化铝粉	20		

该耐火材料的荷重软化温度，开始点为1400℃，变形4%为1600℃。

参 考 文 献

[1] 刘汉绪，刘云芳. 纯铝酸钙耐火水泥混凝土的试验[J]. 水泥，1992，05：21-23.

[2] 王秀山. 纯铝酸钙耐火水泥及应用[J]. 建材工业信息，1990，07：13.

[3] 曾宪金. 优质纯铝酸钙水泥的生产技术[J]. 河南建材，1999，(02)：19.

1.38 轻集料耐火混凝土

轻集料耐火混凝土又称轻骨料耐火混凝土,其容重不大于 $1900kg/m^3$。轻集料混凝土用耐火轻集料和耐高温胶结料配制而成,是建筑材料发展到一定阶段而产生的一种新型功能性建筑材料。轻集料混凝土能有效地减轻结构自重,并且具有良好的隔热和隔声效果,从而降低建筑的基础造价和总造价。

工艺配方(份)

(1)配方一

矾土水泥	100	轻质高铝砖砂	25
轻质高铝砖粉	62	轻质高铝砖块	63

该轻集料混凝土的水灰比为 0.56。其湿容重为 $1690kg/m^3$;最高使用温度为 1300℃;烘干或烧后压缩强度:110℃ 为 5.8MPa,500℃ 为 8.8MPa;烧后线变化,500℃ 为 -0.07%。可用于隔热部位。

(2)配方二

矾土水泥	59.5	蛭石块	12.5
蛭石粉	28.0	水灰比为	1.12

该轻集混凝土湿容重为 $1230kg/m^3$;最高使用温度为 800℃;烘干或烧后压缩强度:110℃ 为 2.4MPa,300℃ 为 1.8MPa,500℃ 为 1.9MPa;烧后线变化:300℃ 为 -0.20%,500℃ 为 -0.29%。可使用在隔热部位。

(3)配方二

矾土水泥	36.63	轻质黏土砖砂	12.09
轻质黏土砖块	39.19	黏土砖粉	12.09

使用时水灰比为 0.77。该混凝土湿容重为 $1700kg/m^3$;最高使用温度为 1300℃;烘干或烧后压缩强度:110℃ 为 12.9MPa,500℃ 为 6.8MPa;烧后线变化:500℃ 为 0.01% ~ 0.11%。可用于隔热部位。

(4)配方四

矾土水泥	20	陶粒	23
陶粒砂	18		

使用时水灰比为 0.57。该混凝土湿容重为 $1500kg/m^3$;最高使用温度为 900℃。烘干或烧后压缩强度:110℃ 为 17.6MPa,300℃ 为 13.4MPa,500℃ 为 14.8MPa;烧后线变化:300℃约为 0.13%。500℃ 为 -0.09%。可用于隔热承重部位。

(5)配方五

纯铝酸钙水泥	40	氧化铝空气球	114
氧化铝粉	46		

使用时水灰比为 13%(外加)该混凝土的最高使用温度为 1600℃,烘干或烧后压缩强度,110℃ 为 27.4MPa。可用于隔热部位。

参 考 文 献

[1] 肖昌松. 新型轻集料混凝土配合比实验研究[J]. 四川建材, 2013, 02: 29 - 30.
[2] 邹小卫. 我国轻集料混凝土之发展状况[J]. 科技视界, 2012, 34: 5, 98.
[3] 胡维新, 孙伟, 秦鸿根. 高效能轻集料混凝土的研制与应用[J]. 混凝土, 2012, 07: 1 - 2.
[4] 王发洲. 高性能轻集料混凝土研究与应用[D]. 武汉理工大学, 2003.

1.39　水玻璃耐火混凝土

水玻璃耐火混凝土由水玻璃、氟硅酸钠、耐火骨料(如耐火黏土料、镁砂、黏土熟料或白砂石等)组成。耐火度1500~1650℃。

工艺配方(份):

(1)配方一

水玻璃(模数3.0, 相对密度1.38)	30~70
耐火黏土砖(细骨料)	60~70
耐火黏土砖(粗骨料)	80~90
氟硅酸钠	3~4.3
石英石粉	40~50

该水玻璃耐火混凝土的湿容重为2300~2370kg/m³。耐火度1500~1600℃。

(2)配方二

水玻璃(模数3.0, 相对密度1.38)	48
镁砂(细骨料)	176
镁砂(粗骨料)	132
氟硅酸钠	4.8
镁砂粉	132

该水玻璃耐火混凝土的湿容重为2460kg/m³。

(3)配方三

水玻璃(模数2.6, 相对密度1.38)	76
叶蜡石(细骨料)	98
叶蜡石(粗骨料)	184
氟硅酸钠	9
叶蜡石(粉料)	92

该水玻璃耐火混凝土的湿容重为2490kg/m³。耐火度>1600℃。

(4)配方四

水玻璃(模数2.4~2.9, 相对密度1.36~1.38)	29~31
黏土熟料(粉料)	38~41
黏土熟料(细骨料)	57~62
黏土熟料(粗骨料)	77~83
氟硅酸钠	2.9~3.75

该水玻璃耐火混凝土湿容重为2200～2300kg/m³。

（5）配方五

水玻璃（模数2.9，相对密度1.38）	62
白砂石（细骨料）	126
白砂石（粗骨料）	165
氟硅苯钠	7.4
白砂石（粉料）	84

该水玻璃耐火混凝土的湿容重为2200kg/m³。

（6）配方六

水玻璃（模数2.6，相对密度1.38）	90～120
氟硅酸钠	100～120
硅石（砖）粉	250～300
废旧硅砖（<5mm）	200～250
硅石骨料（10～5mm）	450～500

该水玻璃耐火混凝土湿容重为2.029kg/cm³，显气孔率为20.6%，耐火度1690℃，荷重软化温度：开始点为1560℃，1450℃。烧后线变化为4.25%，烘干压缩强度为27.0MPa，烧后压强为19.0MPa，1250℃为21.0MPa，1400℃为18.5MPa。

参 考 文 献

[1] 潘莉莎，钱波. 耐火混凝土的研究进展[J]. 混凝土，2007，(05)：27.
[2] 邱树恒，罗必圣，冯阳阳，刘守吉. 水玻璃基混凝土养护剂的制备与应用研究[J]. 混凝土，2012，10：139－143.

1.40 矿渣水泥耐火混凝土

矿渣水泥耐火混凝土由400号以上矿渣水泥、矿渣等骨料组成，耐火度700～800℃。

工艺配方（份）：

（1）配方一

矿渣水泥（500号）	33～35	废耐火黏土砖粉	11～33
粗骨料	76～92	细骨料	62～70
水	32～32.9		

该配为矿渣水泥耐火混凝土，适宜使用温度700～800℃。

（2）配方二

矿渣水泥（400号）	68	废红砖	170.6
耐火黏土砖砂	128.6	水	134

（3）配方三

矿渣水泥（400号）	360	矿渣（粗骨料）	1120
矿渣	750	矿渣（细骨料）	750

| 水 | 180 |

该耐火水混凝土适宜用于 700～800℃ 的中、低温非要害热工部位，如烟道底板、高炉基础等。

参 考 文 献

[1] 汤拉娜. 制备无熟料矿渣水泥混凝土的初步研究[J]. 山西建筑, 2008, 09: 216-217.
[2] 史才军. 碱矿渣混凝土的配合比设计[J]. 硅酸盐建筑制品, 1989, 02: 38-40.

1.41 普通硅酸盐水泥耐火混凝土

该耐火混凝土由普通硅酸盐水泥、黏土熟料或白砂石组成，一般湿容重 2030～2500kg/m³。最高使用温度 1000～1200℃。

工艺配方（份）：

（1）配方一

硅酸盐水泥（500 号）	25～30	废黏土熟料（粗骨料）	69～73
废黏土熟料（粉料）	25～30	废黏土熟料（细骨料）	48～56
水	23～25		

该耐火混凝土的湿容重为 2030～2050kg/m³，最高使用温度为 1000℃。

（2）配方二

硅酸盐水泥（500 号）	60	白砂石（粉料）	60
白砂石（细骨料）	112	白砂石（粗骨料）	168
水	46.6		

该硅酸盐水泥耐火混凝土的湿容重为 2250kg/m³，最高使用温度为 1200℃。

（3）配方三

普通硅酸盐水泥（500 号）	60	黏土熟料（粉料）	60
黏土熟料（细骨料）	114	黏土熟料（粗骨料）	170
水	48		

这种耐火混凝土湿容重为 2200kg/m³，最高使用温度为 1200℃。

（4）配方四

普通硅酸盐水泥（400 号）	60	叶蜡石（粉料）	30
叶蜡石（细骨料）	126	叶蜡石（粗骨料）	234
水	42		

该耐火混凝土的湿容重为 2510kg/m³，最高使用温度为 1200℃。

参 考 文 献

[1] 陈业明. 用普通硅酸盐水泥配制 100MPa 以上特高强混凝土[J]. 四川建筑科学研究, 1991, (03): 53-54.
[3] 潘莉莎, 钱波. 耐火混凝土的研究进展[J]. 混凝土, 2007, (05): 27.

1.42 耐热陶粒混凝土

陶粒是人造建筑轻集料的简称，其原料来源广泛，根据原料的不同可分为黏土陶粒、页岩陶粒、煤矸石陶粒和粉煤灰陶粒。按容重可分为一般容重陶粒（>400kg/m³）、超轻容重陶粒（400~200kg/m³）和特轻容重陶粒（<200kg/m³）。按颗粒大小可集分为陶粒（>5mm）和陶砂（<5mm）。陶粒轻集料混凝土具有自重轻，保温隔热、耐火性能、弹性变形良好，耐久性能好等特点。

经高温焙烧得到粉煤灰陶粒，表面坚硬，并具有良好的耐热性和稳定的化学成分，可作为轻集料用于配制使用温度不高于1200℃的耐热混凝土。

工艺配方（份）

（1）配方一

陶粒	144	耐火砂	100
耐火泥	50	水泥	100
水	58		

该配方为400号耐热陶粒混凝土，使用温度小于1200℃。

（2）配方二

陶粒	166	水泥	100
耐火泥	50	耐火砂	120
水	62		

该配方为400号耐热陶粒混凝土，湿容重1980kg/m³。

（3）配方三

陶粒	150	水泥	100
耐火砂	100	耐火泥	50
水	59		

该耐热陶粒混凝土湿容重1975kg/m³，使用温度低于1200℃。

（4）配方四

陶粒	146~168	水泥	100
耐火砂	100~1200	耐火泥	50
水	58~62		

该配方为400号陶粒混凝土基本配方，可用于温度小于1200℃的环境，能承受高温辐射，不会引起基础开裂。

参 考 文 献

[1] 吴小琴，陈柯柯，徐亚玲. 轻质陶粒混凝土的性能及应用研究综述[J]. 粉煤灰，2012，06：43-46.
[2] 陈苓. 陶粒轻集料混凝土发展现状及应用前景[J]. 福建建材，2012，06：8-9.
[3] 黄波，石从黎，宋开伟. 高强预拌陶粒混凝土的配制与施工[J]. 商品混凝土，2012，08：65-67.

1.43 轻集料混凝土

轻集料中孔隙的存在降低了集料的容重，一般为 800～1950kg/m³。作承重结构用的轻集料的容重为 1400～1950kg/m³，比普通混凝土约小 20%～30%，而相应抗压强度可达到 3.5～40MPa。

轻集料混凝土按其所用原材料和生产工艺不同可分为天然轻集料混凝土、工业废料轻集料混凝土和人造轻集料混凝土。天然轻集料有多种：浮石、火山渣、自然煤矸石、火山灰质硅藻岩、硅藻土、天然非金属矿、膨胀珍珠岩、膨胀蛭石、天然烧变岩。工业废料轻集料是由煤矸石、煤渣、矿渣及粉煤灰等工业废料经加工而成。人工轻集料主要以黏土和页岩为主要原料，经加工烧制而成。

工艺配方（份）：

（1）配方一

北京页岩陶粒	118	普通砂	116
水泥（425 号）	80	水	36

该配方为轻骨料混凝土（200 号混凝土），容重为 1630kg/m³。

（2）配方二

黑龙江浮石粒	538	膨胀珍珠岩砂	383
水泥（425 号）	183	水	137

该配方为 100 号混凝土，容重为 1270kg/m³。

（3）配方三

天津粉煤灰陶粒	134	水泥（425 号）	64
普通砂	134	水	30

该配方为 300 号混凝土，容重为 1650kg/m³。

（4）配方四

页岩陶粒	1314	陶砂	1611
水泥（325 号）	1000	水	582

该配方为 100 号全轻混凝土。其中页岩陶粒表观密度为 620kg/m³，陶砂表观密度为 760kg/m³，陶粒吸收水率为 3%。该混凝土干密度不大于 1400kg/m³。

（5）配方五

矿渣硅酸盐水泥（425 号）	900	粉煤灰陶粒	2262
普通河砂	1590	水	720

该配方为 200 号轻骨料混凝土。其中粉煤灰陶粒吸水率为 15.5%，粉煤灰陶粒表观密度为 680kg/m³，普通河砂表观密度为 1450kg/m³。该混凝土干密度不大于 1800kg/m³，可用于居民住宅空心楼板。

参 考 文 献

[1] 邹小卫. 我国轻集料混凝土之发展状况[J]. 科技视界，2012，34：5.

［2］　龚洛书. 轻集料混凝土技术的发展与展望［J］. 混凝土世界, 2012, 02: 16-18.
［3］　胡维新, 孙伟, 秦鸿根. 高效能轻集料混凝土的研制与应用［J］. 混凝土, 2012, 07: 1-2.
［4］　刘丹. 高性能轻集料混凝土力学性能和最佳配比研究［J］. 郑州大学学报（工学版）, 2012, 05: 57-60.

1.44　轻质人造大理石

人造大理石的制造方法很多, 主要原料是黏合剂和填料等。黏合剂是决定人造大理石质量的最重要因素。轻质人造大理石采用轻质填料和不饱和聚酯树脂制得, 填料主要选用燃煤热电厂排放出来的的粉煤灰, 经筛选、干燥、分选出来的球形微粒, 树脂与填料的质量比为1:2~1:3。同时, 掺入一定量的助剂。

1. 工艺配方（份）

（1）配方一

不饱和聚酯树脂	100	粉煤灰空心微珠	100~150
过氧化环己酮糊	4~5	增强助剂	40~50
环烷酸钴	2~3	色料	适量

（2）配方二

不饱和聚酯树脂	50	玻璃微珠	50
过氧化环己酮糊	2	增强助剂	25
萘酸钴	1	色料	适量

（3）配方三

不饱和聚酯树脂	50	稻壳粉	25
膨胀珍珠岩粉	50	过氧化环己酮糊	2.5
增强助剂	20	萘酸钴	1
色料	适量		

（4）配方四

不饱和聚酯树脂	50	膨胀珍珠岩粉	15
麦秸细粉	40	过氧化环己酮糊	1.5
增强助剂	25	环烷酸钴	1
色料	适量		

（5）配方五

不饱和聚酯树脂	50	过氧化环己酮糊	2
增强助剂	15	环烷酸钴	1.5
粉煤灰空心微珠	50	膨胀珍珠岩粉	30
钛白粉	1	色料	适量

2. 用途

用于建筑物地面、墙面装饰。

参 考 文 献

［1］　陈冀渝. 高性能水泥基人造大理石的制作工艺［J］. 石材, 2009, 02: 12-14.

[2] 王宁森. 透光人造大理石及其制造方法[J]. 技术与市场, 2009, 02: 78.

[3] 储凌, 张华, 金江. 利用石材废料生产聚酯型人造大理石[J]. 广东建材, 2010, 03: 22 – 24.

[4] 张丹, 余海军, 李三喜. 聚酯型人造大理石的制备[J]. 辽宁化工, 2007, 02: 86 – 87.

1.45 新型人造大理石

天然大理石材高雅、美观、装饰性强，是高档建筑和民居装修的主要装饰材料之一。但是天然大理石出板率较低而价格较贵，且天然高档石材资源有限。人造大理石实际上是一种"塑料混凝土"，是一种新型的建筑材料，人造大理石不仅可以达到天然大理石的质感和美感，而且能够克服天然石材色泽不均和裂隙较多的缺点。另外，它还有便于造形，适合于制作复杂型材和器具的优势，因此人造大理石必将有较大的发展空间。

1. 工艺配方

（1）配方一

不饱和聚酯树脂（196号）	100kg
环烷酸钴苯乙烯溶液	3L 左右
过氧化环己酮浆	4L 左右
酒精	60L
（以上为胶料）	
石粉（填料）	胶料的3倍（质量）
聚乙烯醇水溶液（脱模剂）	适量

（2）配方二

环氧树脂	100kg
酒精	60L
酚醛树脂	20kg
乙二胺	6kg
邻苯二甲酸二丁酯	3kg
（以上为胶料）	
粉煤灰（填料）	胶料的2倍（质量）
甘油（或液体石蜡脱模剂）	适量

2. 生产方法

按生产配方计量后，将胶料的各种原料混合调匀。将填料与配好的胶料立即混匀，倒入涂了脱模剂的模型内，振动，使其均匀紧实、无隙，并行调花，平整后让其静置固化。脱模后进行修边、磨光、抛光即成。

说明：①固化剂乙二胺可改用苯二甲胺，后者毒性小，但用量需15份左右。②模型最好选用抛光不锈钢模。③调花料一般用轻质碳酸钙粉末。④可用500号水泥和细砂与水调匀作人造大理石的填料，或作人造大理石的底层（板）和里层等。水泥与河砂的质量比为1:2。

3. 用途

用于高档建筑及家具装饰等。

参 考 文 献

[1] 毕春波，黄海涛．人造大理石研究进展[J]．石材，2008，05：17－22．
[2] 刘建平．人造大理石生产技术问题及对策[J]．石材，2008，09：41－42＋5．
[3] 梁志刚．人造大理石配方研究[D]．哈尔滨工程大学，2003．
[4] 王浔，张秉坚．人造大理石研究进展[J]．石材，2000，04：9－11．
[5] 胡遇明．人造大理石的技术综述[J]．芜湖联合大学学报，1998，03：25－27．

1.46 卫生洁具用人造大理石

大理石是高档建民居装修的主要装饰材料之一。天然大理石因云南大理苍山所产而得名，它是由各种碳酸盐类岩石(石灰岩、白云岩化石灰岩、白云岩等)再结晶而成。人造大理石由胶结树脂(不饱和聚酯树脂)、固化剂和填料组成。卫生洁具用人造大理石的生产配方和生产方法与石质人造大理石基本相同。

工艺配方(份)

(1) 配方一

大理石粉	700	不饱和聚酯树酯	200
过氧化环己酮	8	环烷酸钴	4
色糊	1~3		

生产工艺：将各组分混匀后，经浇注或喷射成型，固化脱模，整型后固化即成。本品密度为 1.9~2.1g/cm³，弯曲强度 >19.6MPa，压缩强度 >78.4MPa，吸水率 <0.1%，具有韧性好、强度高、耐磨、耐腐蚀和易加工等优点，并可按需随意着色，制成色彩鲜艳、美观大方的产品。

(2) 配方二

不饱和聚酯树脂	200	过氧化环己酮糊	8
环烷酸钴	4	氢氧化铝	20
石粉	400	粉煤灰空心微珠	80
钛白粉	4	色料	适量

(3) 配方三

不饱和聚酯树脂	200	过氧化环己酮糊	20
萘酸钴	8	石粉	200
中铬黄	10	耐晒绿	6
钛白粉	40		

(4) 配方四

不饱和聚酯树脂	200	过氧化甲乙酮	8
环烷酸钴	4	石英粉	200
粉煤灰	200	矿渣粉	200
色料	适量		

生产工艺：混合均匀后，灌浆于洁具模型中，固化即得。

说明:

原材料树脂的选择是生产高质量人造大理石卫生洁具的关键。一般不饱和聚酯树脂用于生产人造大理石卫生洁具时，其收缩变形率、耐磨性、流动性等均不理想。

参 考 文 献

[1] 师全忠. 人造大理石卫生洁具[J]. 建材工业信息，1998，03：16.
[2] 赵军. 人造大理石卫生洁具面临的问题[J]. 建材工业信息，1987，01：9-10.

1.47 人造花纹大理石

这种花纹图案的人造大理石，可随意引入人们喜爱的花纹，且具有天然若成之美。

1. 工艺配方

①带色水泥12份和粒状大理石12份干混，再以水调成稠浆；

②无色白水泥12份和粒状大理石12份干混，再以水调成稠浆；

③水泥50份和粉碎成砂子大小的石头75份干混；

④水泥50份和粉碎成砂子大小的石头75份及砂子75份。

2. 生产方法

将①组分倒入模型，再将②组分倒在①的上面，两者混合就产生纹理状，接着再加③和④组分，在200~250atm下成型，压成的块或板保持20天。以后用100号碳化硅磨光，10天以后再用300号碳化硅磨光。

参 考 文 献

[1] 韩全卫. 人造大理石的立体浮印法[J]. 建材工业信息，1986，01：16.
[2] 郭立凯. 多彩花纹人造大理石[J]. 化学建材，1997，02：83.

第2章 水泥混凝土外加剂

2.1 萘系减水剂

减水剂是一种能保持混凝土工作性能不变而显著减少其拌和水量的外加剂。自1962年成功研制以 β - 萘磺酸盐甲醛缩合物为主要成分的萘系减水剂以来，世界各地得到广泛应用。近几年，虽然相继研制了一系列的高效减水剂，但截至目前，萘系减水剂仍占主导地位。萘系减水剂具有减水率高、对混凝土的强度不产生有害影响且成本低的优点，因此，从性价比上，萘系高效减水剂仍有不可替代的优点。萘系减水剂通常在混凝土中掺合量占水泥重的0.2%～1.5%，在保持混凝土流动性不变的情况下，可减少水的拌和量5%～25%，并可提高混凝土强度，能满足大规模泵送混凝土的新施工工艺要求；在保持强度不变的情况下，可以降低水泥用量5%～20%。

1. 工艺配方

（1）配方一

氯化钠	0.5%	亚硝酸钠	1%
三乙醇胺	0.05%	扩散剂 N	1%

（2）配方二

扩散剂 N	0.75%	三乙醇胺	0.02%
硫酸钠	0.5%		

（3）配方三

亚甲基二萘磺酸钠	1%	三乙醇胺	0.03%
元明粉	0.5%		

（4）配方四

纸浆废液	0.3%
亚甲基二萘磺酸钠	0.8%

2. 生产方法

各配方均为占水泥质量的百分数，将各配方的各组分混合均匀即得。

3. 用途

将混合好的成品加入拌和水中。

参 考 文 献

[1] 王磊. 离心混凝土专用复合萘系高效减水剂的配制[J]. 广东建材, 2012, 10: 16 - 18.

[2] 朱宗君, 卢新华, 王开友. 低温磺化萘系减水剂工艺研究[J]. 安徽建筑, 2012, 05: 183.

[3] 官梦芹, 方云辉, 郑飞龙. 萘系高效减水剂接枝改性研究[J]. 新型建筑材料, 2012, 11: 29 - 31.

[4] 郑广军, 邰炜, 纪晓辉, 袁明华. 萘系改性减水剂的配制与性能研究[J]. 新型建筑材料, 2012, 08: 25 - 27.

[5] 王素娟, 严云, 胡志华, 黄智. 缓释型萘系减水剂的合成及性能[J]. 精细化工, 2009, (02): 197.
[6] 李春梅. 萘系高效减水剂工艺参数优化研究[J]. 山东水利职业学院院刊, 2011, 02: 24-27.

2.2 扩散剂 CNF

扩散剂 CNF(diffusion agent CNF) 又称分散剂 CNF(dispersing agent), 是苄基萘磺酸与甲醛的缩合物。结构式为:

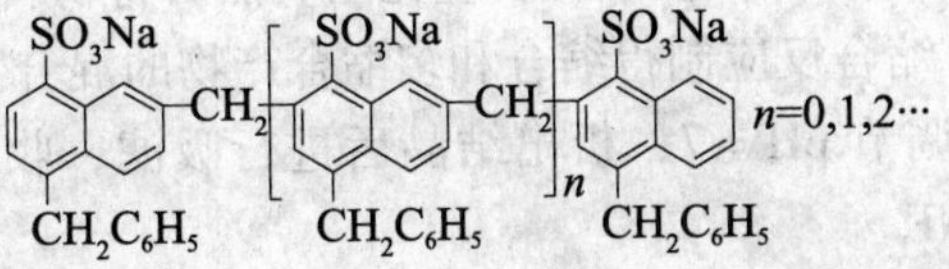

1. 性能

属阴离子表面活性剂。褐棕色粉末。易溶于水。有吸湿性。1% 水溶液 pH = 6.4。可与其他阴离子型、非离子型表面活性剂混用。具有优良的扩散性、无渗透性和起泡性, 耐酸、耐碱、耐硬水、耐无机盐、热稳定剂与分散剂 MF 相仿, 比分散剂 NNO 高。

2. 生产方法

氯化苄与萘在少量酸催化下发生 Friedel – Crafts 反应, 生成苄基萘。苄基萘再与浓硫酸作用, 发生磺化反应, 生成苄基萘磺酸, 再与甲醛缩合, 制得分散剂 CNF。

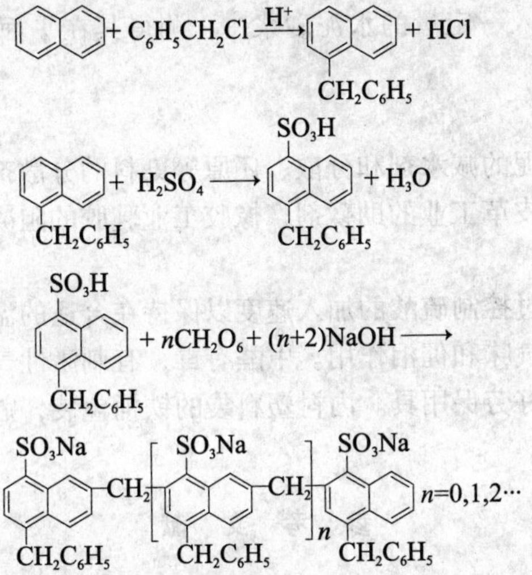

3. 工艺流程

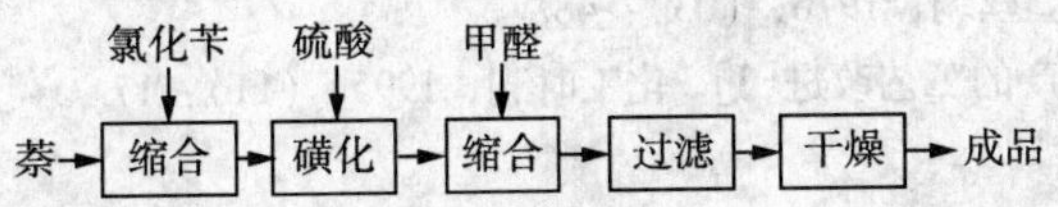

4. 工艺配方(质量份)

精萘(工业品)	30.0	甲醛(30%)	12.0
氯化苄(工业品)	29.6	发烟硫酸(SO_3 含量20%)	10.0
硫酸(98%)	20.0	液碱(30%)	33.4

5. 主要设备

反应釜、氯化氢吸收塔、吸滤装置、干燥箱、粉碎机、贮槽。

6. 生产工艺

在带有搅拌装置的反应釜中投入精萘 30kg，加热升温，搅拌熔化。加入少量硫酸，将温度保持在 110℃ 左右，缓慢加入氯化苄 29.6kg。反应放出热量，为控制温度，应注意热量的引出。反应放出的氯化氢气体，用尾气处理装置吸收得到副产物盐酸。氯化苄加完后，继续保温 110℃ 左右，搅拌反应数小时，直至反应体系中无氯化氢气体放出，制得苄基萘。接着向物料中缓缓加入硫酸和发烟硫酸的混合物 30kg，反应放出热量，将温度控制在 160 ~ 165℃。加完酸后，再保温反应 2h，使磺化反应完全。然后将物料冷却到 136 ~ 140℃，加入甲醛 12kg，保温反应 2h。缩合反应制得缩合和多缩合产物的混合物。反应完成后加入碱液，中和磺酸基。再用石灰乳调节 pH = 7，析出结晶后进行吸滤，收集滤饼，烘干，粉碎后磨细，即制得成品扩散剂 CNF。

7. 质量标准

外观	米棕色粉末	pH 值(1% 水溶液)	7 ~ 9
扩散力	≥100%		

8. 质量检验

（1）pH 值测定

取样品配成 1% 水溶液，然后用广范 pH 试纸测定，或用 pH 计测定。

（2）扩散力测定

将一定量的扩散剂掺入一定量的水泥砂浆中，测得其在平面的展开直径，与标准品比较，计算其百分比。

9. 用途

主要用作建筑工业水泥的减水剂和分散、还原等染料的分散剂填。还可作印染工业染料工业的匀染剂。另还可作皮革工业的助鞣剂，橡胶工业乳胶的阻凝剂。

10. 安全与贮运

在磺化反应中，要通过控制硫酸的加入速度以保持在合适的温度下顺利反应。原料氯化苄有毒，有较强的刺激性气味和催泪作用。甲醛有毒，有刺激性气味。车间应保持良好的通风状态，操作人员应穿戴好劳保用具。内衬塑料袋的铁桶包装，贮于通风，干燥处，注意防潮。贮存期一年。

参 考 文 献

[1] 新型扩散剂 MF、CNF 的合成及应用试验[J]. 上海化工，1975，(05)：9.

[2] 扩散剂 CNF 和 MF[J]. 丝绸，1976，(03)：48.

[3] 江耀田. MF 扩散剂生产的工艺改进[J]. 化工时刊，1995，(11)：17.

2.3 FDN – 2 缓凝高效减水剂

缓凝高效减水剂是一种阴离子表面活性剂，通过表面活性剂的吸附分散作用和润湿作用，使水泥浆体絮凝性结构变成均匀的分散结构，絮凝结构解体，包裹的游离水被释放出来，从而有效地增加了混凝土拌合物的流动性。FDN – 2 缓凝高效减水剂（FDN – 2 water reducing retarding agent）的化学成分为 β – 萘磺酸盐甲醛缩合物，分子式 $C_{11n-1}H(SO_3Na)_n$（$n = 9 \sim 11$），相对分子质量 2100 ~ 2700，结构式为：

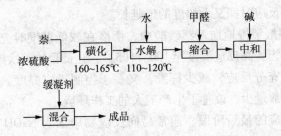

1. 性能

棕褐色粉末。水泥高效减水剂。在同配合比、同坍落度条件下，掺量为 0.5%～1.2% 时，减水率为 14%～25%。在合理掺量范围内，可延缓混凝土的凝结时间 4～12h。在同配合比、同坍落度条件下，可使混凝土 3 天，7 天强度提高 30%～50%，28 天强度可提高 20% 以上。可使混凝土内部温升有所下降，延缓温峰出现。

2. 生产方法

萘在 160～165℃下与浓硫酸了生磺化，得到的 β－萘磺酸与甲醛缩合，最后用碱中和成盐，得高效水剂，加入缓凝剂，得到 FDN－2 缓凝高效减水剂。

3. 工艺流程

```
                   水      甲醛     碱
                   ↓       ↓       ↓
萘   ┌──────┐   ┌──────┐  ┌──────┐  ┌──────┐
浓硫酸─→│ 磺化 │─→│ 水解 │─→│ 缩合 │─→│ 中和 │
     └──────┘   └──────┘  └──────┘  └──────┘
      160~165℃   110~120℃

   缓凝剂
    ↓
  ┌──────┐
  │ 混合 │─→ 成品
  └──────┘
```

4. 生产工艺

高效减水剂合成中的原料配比不仅影响最终产品的性能，并且还影响合成工艺。通常原料配合摩尔比为：工业萘:浓硫酸:甲醛 = 1:(1.3～1.42):(0.7～1.0)。浓硫酸既是磺化剂又是缩合反应的催化剂。提高浓硫酸的比例，有利于磺化反应的进行，可缩短缩合反应的时间。但是，浓硫酸用量增大，不但增加了产品的成本，还会使成品中硫酸钠含量有所增加，而影响产品的减水率。因此，在满足工艺要求的前提下，应尽量地降低硫酸的用量。为提高劳动生产效率，宜将合成总时间压缩至 10h 之内，提高反应速度可以通过提高反应物浓度来实现。考虑到反应过程中甲醛挥发带来的甲醛损失，决定适当提高甲醛的用量。这样，既保证反应物浓度，又可缩短反应时间。一般原料配合比(摩尔比)为：工业萘:浓硫酸:甲醛 = 1:1.36:1。

磺化的目的是取代芳香环上的氢而形成磺基(—SO₃H)。磺化后，在萘环上原来直接与碳原子相连的 1 个氢原子被磺酸基所取代而形成磺酸衍生物。在萘分子中由于有 2 个苯环相连接，所以 α 位电子云密度更大些，也比较活泼。萘的磺化是可逆反应，且磺酸基进入的位置与反应条件有关。在较低温度磺化时，易产生 α－萘磺酸；而在较高温度磺化时，主要产生 β－萘磺酸。

磺化温度对减水剂的性能影响较大。155～160℃合成品引气量较大，水泥净浆的流动性差，这是由于生成了大量的 α－萘磺酸所致。磺化温度为 160～170℃的产品质量最好。磺化温度进一步提高至 166～170℃，则高效减水剂的性能又开始降低，其原因是磺化生成了二萘磺酸和多萘磺酸。因此，选择最佳磺化温度为 160～165℃。

磺化反应时间一般在 2～3h。如果磺化时间为 1.5h，则后继缩合阶段反应得较慢，达到最佳效果的缩合时间约为 4～5h，而磺化时间超过 2h，后继反应非常顺利，滴加完甲醛后，反应物在较短时间内便有稠的现象，缩合反应时间较短；将磺化时间从 0.2h 增加到 3.0h，合成的高效减水剂的性能差异不大，缩合反应时间大约缩短了 0.5h。在 161～165℃下的最佳磺化时间为 2.5h。

尽管磺化反应在较高温度下进行，但仍不可避免地生成一部分 α - 萘磺酸。α - 萘磺酸的存在会影响产品性能，必须除去。在 120℃ 左右加水，α - 萘磺酸会水解成萘，而 β - 磺酸却会稳定存在。传统合成工艺的水解温度为 100 ~ 120℃，水解时间为 0.5h。这样，磺化反应物从 165℃ 的高温降到 100 ~ 120℃，需要的时间较长，会影响工业生产周期。水解温度设在 130℃ 左右。β - 萘磺酸在 130 以下℃，短时间与水共存较稳定。水解温度设在 130℃ 左右合成的高效减水剂与 110℃ 时进行水解的产品性能基本没有差异。

萘磺酸与甲醛的反应是一个复杂的羰基加成取代反应。缩合反应温度高，反应速度快，可以缩短反应时间。但是，高温缩合，在工业生产中不易控制。因为在反应釜中，如果要将大部分反应物的温度控制在 110 ~ 120℃，则与反应釜内壁相接触的部分反应温度大于 120℃。局部的高温，导致缩合反应易生成聚合度 n 大于 13 的高聚物，影响产品的性能。而且，在高温下反应，甲醛易挥发，不但影响后继反应，而且影响合成品的质量。如果缩合成反应温度过低，则缩合反应时间又大幅度的地延长。

在 95℃ 下，厂将甲醛缓慢地加入萘磺酸中，甲醛在较低温度时充分反应生成甲醛萘磺酸的低聚物，然后再适当提高反应温度至 100 ~ 105℃，让低聚物再次缩合成 n 为 5 ~ 11 的缩聚物。这样，既让甲醛充分反应、减少挥发，又易于控制反应温度，同时合成的产品性能好，而且生产时甲醛排放量少，改善了生产工人的工作环境。

中和反应是合成反应的最后阶段。通常是向反应物中加入 NaOH 溶液，使反应生成的 β - 萘磺酸甲缩合物和残余硫酸形成相应的钠盐。中和反应控制反应物的 pH 值为 9 ~ 11。

得到的减水剂与缓凝剂混合，或在中和反应用时加入缓凝剂，则得到 FDN -2 缓凝高效减水剂。

FDN -2 缓凝高效减水剂合成工艺参数范围如下：

原料配合化（摩尔比）：硫酸/工业萘 =1.3 ~ 1.42，甲醛/工业萘 =0.7 ~ 1.0。

磺化反应：反应温度最低的为 130 ~ 140℃，最高的为 163 ~ 165℃，磺化时间一般为 2 ~ 3h。

水解反应：时间均为 0.5h，水解温度变化较大，为 100 ~ 120℃。

缩合反应：与反应物酸度、温度、反应压力和反应时间有关，不同厂家差异较大。缩合反应时间最短的不足 2h，最长时间的可达 5 ~ 6h。

5. 质量标准（GB 8076—97《混凝土外加剂》）

	一等品	合格品
减水率/%	≥12	≥10
泌水率比/%	≤90	≤95
含气量/%	≥3.0	≥4.0
凝结时间差/min		−90 ~ +120
抗压强度比%		
1 天	≥140	≥130
3 天	≥130	≥120
7 天	≥125	≥115
28 天	≥120	≥110
收缩率比		≤135

对钢筋锈蚀作用	对钢筋无锈蚀危害
含固量或含水量	
液体外加剂	应在生产厂控制值的相对量3%之内
固体外加剂	应在生产厂控制值的相对量5%之内
密度	应在生产厂控制值的±0.2g/cm³之内
水泥净浆流动度	应在不小于生产厂控制值的95%
细度(0.315mm筛)	筛余小于15%
pH值	应在生产厂控制值的±1之内
表面张力	应在生产厂控制值的±1.5之内
还原糖	应在生产厂控制值的±3%
总碱量	应在生产厂控制值的相对量5%之内
Na₂SO₄	应在生产厂控制值的相对量5%之内
泡沫性能	应在生产厂控制值的相对量5%之内
砂浆减水率	应在生产厂控制值的±1.5%之内

6. 用途

适用于配制大体积混凝土，可广泛应用于基础工程、矿山、码头、商品混凝土等。

FDN-2的适宜掺量为0.5%~1.0%，适合配制中高标号混凝土。使用FDN-2时，可采取与水泥、骨料同掺或略滞后拌合水0.5~1.0min加入，或在拌合好后一段时间再加入二次搅拌。

参 考 文 献

[1] 黄宇琳，李庆春，秦英. 缓凝高效减水剂的开发及应用[J]. 房材与应用，2003，(04)：13.

[2] 张翼. 缓凝高效减水剂在防水混凝土工程上的应用[J]. 混凝土，2004，(01)：70-71.

[3] 张师恩. JN-3B缓凝高效减水剂研制及应用[J]. 混凝土，2004，(09)：54-55.

2.4　无色透明减水剂

该减水剂属三聚氰胺甲醛树脂磺化物类减水剂。

1. 工艺配方

三聚氰胺	56	水杨酸	69
氨基磺酸	128	37%甲醛	295
氢氧化钾(固体)	71	水	150

2. 生产方法

在反应釜中加入大部分氨基磺酸、水杨酸、水和部分氢氧化钾，然后加入三聚氰胺和甲醛，生成透明的溶液，在80℃下加热反应2h，用余下的氨基磺酸调反应液的pH值至5.5，在85℃下再加热反应2h。冷却到20℃，将余下的氢氧化钾调pH值至9，即得无色透明减水剂。

3. 质量标准

一等品	合格品

外观		无色透明稠状液体
固含量/%		≥55
减水率/%	≥12	≥10
泌水率比/%	≥100	≥100
含气量/%	<4.5	<4.5
凝结时间差/min	−90 ~ +12	
抗压强度比%		
1 天	≥140	≥130
3 天	≥130	≥120
7 天	≥125	≥115
28 天	≥120	≥110
收缩率比	≤135	
对钢筋锈蚀作用	对钢筋无锈蚀危害	
含固量或含水量	液体外加剂应在生产厂控制值的相对量3%之内	
密度	应在生产厂控制值的±0.2g/cm³之内	
水泥净浆流动度	应在不小于生产厂控制值的95%	
pH 值	应在生产厂控制值的±1之内	
表面张力	应在生产厂控制值的±1.5之内	
还原糖	应在生产厂控制值的±3%	
总碱量	应在生产厂控制值的相对量5%之内	
Na₂SO₄	应在生产厂控制值的相对量5%之内	
泡沫性能	应在生产厂控制值的相对量5%之内	
砂浆减水率	应在生产厂控制值的±1.5%之内	

4. 用途

用作混凝土减水剂。

参 考 文 献

[1] 张恂，顾丽瑛. 国内减水剂用两亲性聚合物的研究进展[J]. 胶体与聚合物，2006，02：39-41.
[2] 王筱平，余兆祥，李志明. 混凝土高效减水剂的应用与发展方向[J]. 精细石油化工，1996，05：51-55.

2.5 FDN-900 高效减水剂

该减水剂不仅具有减水率高、引气量低、基本不影响混凝土的凝结时间和可增加混凝土强度等特点，而且因原料工业价格低廉，资源充足，因此，已在世界各国得到广泛应用。FDN-900 高效减水剂（FDN-900 high range water reducing agent）的主要化学成分为 β-萘磺酸钠甲醛缩合物。分子式 $C_{11n-1}H_{7n}(SO_3N_a)_n$（$n = 9 \sim 11$），相对分子质量 2100~2700。

1. 性能

具有良好的扩散性、大流动性、减水率高、引气量低，基本不影响混凝土的凝结时间。掺量为 0.5% ~1.2% 时，减水率为 15% ~30%。对混凝土有早强和增强作用，3h 坍落度基本无损失。提高密实性、匀质性、延迟、降低水泥水化热。在同配合比、同水灰比条件下，可使混凝土坍落度由 1～3cm 提高到20cm 以上，在合理掺量范围内，可保证大流动性的混凝土坍落度在 2～4h 内，其损失值小于3cm 或基本无损失。3 天、7 天强度可提高30%～80%，28 天强度可提高25%。在正常掺量范围内，可延缓混凝土凝结时间 2～10h。

2. 生产原理

在 160～165℃下，萘与浓硫酸发生磺化，得到的 β - 萘磺酸与甲醛在酸催化下发生缩合，缩合物用碱中和，同时加入保塑剂，得到 FDN -900 高效减水剂。

3. 生产流程

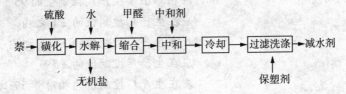

4. 生产工艺

将萘与98%硫酸投入反应釜中，在 150～175℃下磺化 2～6h。得到 β -萘磺酸，反应结束后降温至 90℃，加水进行水解 20min，在 85℃以下，1h 内慢慢滴加甲醛，然后升温，在95～110℃下进行缩合反应，缩合结束后 70℃以下加中和剂进行中和反应，中和至 pH 值为7～9，冷却至 10℃，过滤除去无机盐，所得滤液加入保塑剂，即得 FDN -900 液体高效剂。

说明：

由于 FDN 萘系高效减水剂的主要成分为由 n 个萘磺酸甲醛缩合物钠盐组成的聚合物，其结构式中的 n 值为 9～21。因磺酸盐易溶于水，溶解后即可离解成有机阴离子和金属钠阳离子，属阴离子表面活性剂。因离解后的阴离子具有两亲性，即离子一端的磺酸基属亲水基团，极性很强，有较强的亲水性；另一端的有机烷链属憎水基团，，随着烷链的加长，FDN在水中的溶解度也随之变差。FDN 分子中的萘环借助于分子间的引力和水泥颗粒的作用，使它平铺地吸附于水泥颗粒的表面。而 FDN 作为一种分子链较长的聚合物电解质，其水溶液是亲液溶胶。该亲液溶胶达到一定浓度后，就会形成网络结构，最基本的特性是随着 pH值的增加，黏度会成千百倍地增加，即由流动性变为凝胶状。当水泥颗粒吸附足够的减水剂后，借助于磺酸基与水分子中氢键的缔合作用，再加上水分子间的氢键缔合，可使水泥表面形成一层溶胶膜。由于水泥本身具有较强的碱性，FDN 随水加入到水泥中后，在碱性的作用下，网络结构的 FDN 溶胶膜产生结构黏性，形成了具有较强稳定性的溶胶膜，可大幅度降低水泥颗粒间的结合，生成更加稳定的分散体系，有效地阻碍了水泥颗粒间的凝聚。这样，只需要少量的水能将水泥拌和均匀，从而达到减水的目的。

5. 质量标准

指标名称	一等品	合格品
减水率/%	≥12	≥10
泌水率比/%	≤90	≤95
含气量/%	≥3.0	≥4.0
凝结时间差/min	-90～+12	
抗压强度比/%		
1 天	≥140	≥130

3 天	≥130	≥120
7 天	≥125	≥115
28 天	≥120	≥110
收缩率比	≤135	
对钢筋锈蚀作用	对钢筋无锈蚀危害	
含固量或含水量	液体外加剂应在生产厂控制值的相对量3%之内	
密度	应在生产厂控制值的 ±0.2g/cm³ 之内	
水泥净浆流动度	应在不小于生产厂控制值的95%	
pH 值	应在生产厂控制值的 ±1 之内	
表面张力	应在生产厂控制值的 ±1.5 之内	
还原糖	应在生产厂控制值的 ±3%	
总碱量	应在生产厂控制值的相对量5%之内	
Na₂SO₄	应在生产厂控制值的相对量5%之内	
泡沫性能	应在生产厂控制值的相对量5%之内	
砂浆减水率	应在生产厂控制值的 ±1.5% 之内	

6. 用途

适于配制 C30～C60 及以上各强度混凝土，可广泛应用高层建筑、码头、市政等工程。FDN－9000 掺用范围为 0.5%～1.2%，配制 C40 或以下混凝土时，可选用 0.5%～0.7% 掺量，配制 C50 或以上混凝土及需要延长凝结时间增加保塑效果时可选择 0.7%～1.2% 掺量。掺加方法有：①同掺法；②滞水法加入；③粉剂与混凝土拌好并作二次搅拌。

为保证得到最佳使用效果，建议使用本产品时，应根据水泥品种，牌号和工程要求及具体条件，选择适量掺量，掺加方法及搅拌时间作配合比实验。

参 考 文 献

[1] 陈文军．FDN 高效减水剂在水泥中的作用机理初探[J]．四川冶金，2003，(03)：34.
[2] 朱华雄．FDN 萘系高效减水剂的合成与应用[J]．河南化工，2000，(03)：7.
[3] 何浩孟．FDN－5R 缓凝高效减水剂的研制及性能[J]．混凝土，2002，(04)：11.
[4] 李中原，尹刚．FDN－1 高效减水剂的性能和应用[J]．山西建筑，2006，(24)：148.

2.6　亚甲基双萘磺酸钠

亚甲基双萘磺酸钠又称扩散剂 NNO(dispersant NNO)、扩散剂 N、二萘甲烷二磺酸钠。分子式 $C_{21}H_{14}Na_2O_6S_2$，相对分子质量为 472.45。结构式为：

$$NaO_3S \quad \text{—} \quad CH_2 \quad \text{—} \quad SO_3Na$$

1. 性能

米黄色或米棕色粉末。易溶于水，1% 水溶液 pH 值为 7～9。能耐酸、耐碱、耐盐、耐硬水。相对密度 1.165～1.167。属阴离子表面活性剂，具有优良的扩散性，且不产生泡沫。对蛋白质及聚酰胺纤维有亲和力，对棉、麻等纤维无亲和力。可与其他阴离子或非离子表面活性剂拼混使用。

54

2. 生产方法

精萘与发烟硫酸磺化后与甲醛缩合，得到亚甲基双萘磺酸用氢氧化钠中和，得到亚甲基双萘磺酸钠。

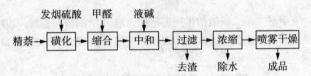

3. 工艺流程

发烟硫酸　甲醛　液碱

精萘 → 磺化 → 缩合 → 中和 → 过滤 → 浓缩 → 喷雾干燥

去渣　除水　成品

4. 工艺配方（kg/t）

精萘（>98%）	550
甲醛（37%）	220
发烟浓硫酸（含 SO₃ 20%）	180~200
烧碱（30%）	590
硫酸（98%）	450

5. 主要设备

磺化反应釜、贮槽、压滤机、干燥箱、粉碎机。

6. 生产工艺

将 450kg 精萘投入磺化反应釜中，加热熔化。搅拌继续升温至 135℃，逐渐加入由 300kg 98% 硫酸和 150kg 含 SO₃20% 的发烟硫酸组成的发烟硫酸，缓慢加热至 155~165℃，搅拌下保温反应 2h。降温，于搅拌下加水 180L，再搅拌 10min，取样检验，总酸度达 25%~27%。冷却至 95~100℃，一次性加入 37% 甲醛 180kg，密闭下搅拌反应，自然升温升压。控制压力 0.15~0.20MPa、温度 125~135℃，保持该条件下反应 2h。缩合反应完毕加入 500kg 30% 液碱，搅拌下中和，最后用石灰乳调 pH=7，得到的浆状物，经过滤，得到的滤液经浓缩、干燥、粉碎得成品 850kg 左右。也可喷雾干燥得成品。

7. 质量标准

指标名称	一级品	二级品
外观	米黄色固体粉末	
扩散力（为标准品的）	≥100%	≥85%
pH 值（1% 水溶液）	7~9	7~9
硫酸钠	≤3%	≤5%

| 不溶于水杂质 | ≤0.1% | ≤0.2% |
| 细度(过60目筛余量) | ≤5% | ≤5% |

8. 用途

本品可用作水泥混凝土的减水剂和橡胶工业乳胶的稳定剂，分散染料、活性染料、还原染料的扩散剂和匀染剂，混纺、交织织物染色助剂，皮革工业助鞣剂，还可用作增强剂以及航空喷雾农药的分散剂。

9. 安全与贮运

生产中使用的浓硫酸、烧碱等具有腐蚀性，萘有毒，工作场所最大容许浓度为0.001%。生产设备应密闭，防止萘蒸气粉末外逸。操作人员应穿戴劳保用品，操作现场强制通风。

衬塑铁桶或编织袋包装。贮于阴凉干燥通风处，贮存期两年。

参 考 文 献

[1] 张岗锋，张凌芳. 亚甲基二萘二磺酸钠生产工艺的改进[J]. 润滑与密封，2011，(10)：119.
[2] 何孟文，廖列文. 我国混凝土高效减水剂的现状和展望[J]. 混土，2002，(11)：16.

2.7　BW 高效减水剂

BW 高效减水剂(BW high efficient water reducer)的化学成为萘磺酸甲醛缩合物。结构式为：

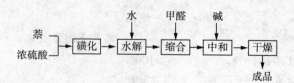

1. 性能

水泥高效减水剂。BW 的适宜掺量为水泥质量的 0.5% ~1.5% ，减水剂为 12% ~25% 。用 525 号水泥，掺 1% 以上的 BW，可稳定地配制 80% ~100% 混凝土。与基准混凝土相比，保持水泥用量、坍落度相同，掺入 BW 的混凝土由于泌水率大大降低，强度、抗冻、抗渗、弹性模量等各项硬化混凝土性能均有明显改善。保持混凝土后期强度和坍落度相近，掺加 BW 高效减水剂可节约水泥 10% ~20% 。保持混凝土配合比不变，掺加 0.5% ~0.7% 的 BW 高效减水剂，新拌混凝土坍落度可提高 10cm 以上，混凝土稍加振捣即可密实。

2. 生产方法

萘经磺化后得到 α - 萘磺酸和 β - 萘磺酸，然后在 120℃ 水解，除去 α - 萘磺酸。β - 萘磺酸在酸催化下与甲醛缩合，最后用碱中和得 BW 高效减水剂。

3. 工艺流程

萘
浓硫酸 → 磺化 → 水解(水) → 缩合(甲醛) → 中和(碱) → 干燥 → 成品

4. 生产工艺

①磺化反应：工业萘或萘渣经过浓硫酸磺化后，在萘环上的氢原子被磺酸基所取代，形

成磺酸衍生物，如 α – 萘磺酸，β – 萘磺酸、二磺酸及多酸等。萘的磺化是可逆反应，且磺酸基进入萘的位置与反应条件有关。在较低温度，如 35 ~ 60℃ 磺化时，易生成 α – 萘磺酸；而在较高温度，如 160 ~ 165℃ 磺化时，则主要生成较为稳定的 β – 萘磺酸。

萘完全熔化后，开始加入硫酸时的温度对磺化效果的影响也较大，加酸温度高些较好，一般控制在 155 ~ 160℃ 的范围。磺化时间 2.5h，磺化温度控制在 160 ~ 163℃。

②水解反应：磺化反应会生成二磺酸，水解的目的就是要将二磺酸中的 α – 萘磺酸经水解除去。水解反应是一个可逆平衡反应，水解用水量越多，越有利于反应向正向进行，但水解反应后的缩合反应需要一定的酸度，若水解加水量过多，势必会降低酸度，不利于缩合反应的进行。还应考虑的是水解反应的温度不宜过高，水解反应的加水量为每摩尔萘水解用水 20g，反应温度 100 ~ 105℃ 之间，为了缩短生产周期及节约能源，水解时间为 0.5h。

③缩合反应：由于萘磺酸与甲醛的缩合反应是亲电反应，而磺酸基是一种吸电子基团，它会降低萘环的反应活性，不利于缩合反应的进行。

缩合反应是由 β – 萘磺酸与甲醛在酸性介质中，通过烷基将 β – 萘磺酸连接成为含有 2 个或多个萘环混合物的过程。为了得到长链型减水剂，甲醛与 β 萘磺酸的物质的量之比应尽可能接近 1:1。缩合反应需要在一定酸度下进行，故在缩合初期补加浓硫酸，最好是发烟硫酸，所补加酸的量为每摩尔萘添加 0.25mol 酸，温度对缩合过程影响不太明显，缩合温度控制在 105 ~ 110℃ 之间为宜。缩合时间为 3h。

④中和反应：在磺化和缩合过程中均有过量的未反应的硫酸，这些残余硫酸在合成的最后阶段需要采用碱液将它们中和成盐类。中和是用液碱（NaOH）或生石灰水与萘磺酸甲醛缩合产物及过量的硫酸反应，分别生成 β – 萘磺酸盐缩合物及硫酸盐。中和至 pH = 7 ~ 9。由于 NaOH 价格较贵，可考虑用廉价纯碱代替或部分代替 NaOH 进行中和。

BW 高效减水剂的生产工艺参数：

加酸	磺化	水解	缩合	
温度/℃	155 ~ 160	160 ~ 163	100 ~ 105	105 ~ 110
时间/min	20 ~ 30	150	30	180

原料的配比（物质的量之比）

萘:浓硫酸:甲醛:水解用水:碱液 = 1:1.3:1:1.1:1.51

5. 质量标准

指标名称	一等品	合格品
减水率/%	≥12	≥10
泌水率比/%	≤90	≤95
含气量/%	≥3.0	≥4.0
凝结时间差/min	−90 ~ 12	
抗压强度比%		
1 天	≥140	≥130
3 天	≥130	≥120
7 天	≥125	≥115
28 天	≥120	≥110
收缩率比	≤135	

对钢筋锈蚀作用	对钢筋无锈蚀危害
含固量或含水量	
液体外加剂	应在生产厂控制值的相对量3%之内
固体外加剂	应在生产厂控制值的相对量5%之内
密度	应在生产厂控制值的±0.2g/cm³之内
水泥净浆流动度	应在不小于生产厂控制值的95%
细度(0.315mm 筛)	筛余小于15%
pH 值	应在生产厂控制值的±1之内
表面张力	应在生产厂控制值的±1.5之内
还原糖	应在生产厂控制值的±3%
总碱量	应在生产厂控制值的相对量5%之内
Na_2SO_4	应在生产厂控制值的相对量5%之内
泡沫性能	应在生产厂控制值的相对量5%之内
砂浆减水率	应在生产厂控制值的±1.5%之内

6. 用途

用作混凝土添加剂、水泥减水剂。适宜于配制早强、高抗渗、高耐久性混凝土。配制大流动性自密实混凝土、泵送混凝土和商品混凝土等；配制自流灌浆材料。适宜于气温在0℃以上的现浇混凝土施工蒸养混凝土制品，该产品对钢筋无锈蚀危害，可用于钢筋混凝土和预应力钢筋混凝土。

可将粉状的外加剂配制成溶液，与拌合水一起加入混凝土拌合物中。也可直接将干粉掺入水泥中先干拌，再加水与砂、湿拌、搅拌时间不宜小于3min。必须按工地实际采用水泥、砂、石条件进行试拌，选择 BW 减水剂适宜的掺量(一般为05% ~ 1%)方可正式使用。为使混凝土早强、高强、高抗渗、高耐久，使用 BW 减水剂时应按减水率和扣除一定的用水量方能达到预期效果。由于 BW 减水剂与其他高效减水剂一样，坍落度损失较不掺者快。因此，掺 BW 减水剂的混凝土要注意缩短运输和放置时间。

粉状 BW 减水剂产品在搬运及保存应防止包装破损受潮，包装破损产品受潮时，应测定粉剂含水量，测算加入量方可使用。

参 考 文 献

[1] 胡红梅等.萘系高效减水剂的优化合成与改性[J].武汉理工大学学报，2005，27(9)：38.
[2] 韩长日.水泥减水剂 FDN 原料代用品研究.化学工程师，1989，(2)：10.

2.8 改性萘系减水剂

萘系减水剂主要成分是萘磺酸甲醛缩合物，它是一种极性分子，其中的磺酸基是强亲水基团。改性萘系减水剂是在 β – 萘磺酸与甲醛缩合的反应中，同时加入异氰酸三(2 羟乙基)酯参与反应，得到高效减水剂。

1. 工艺配方

萘	230	异氰酸三(2 – 羟乙基)酯	2

浓硫酸	230	甲醛(37%)	146
水	200		

2. 工艺流程

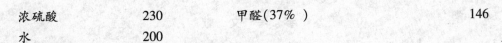

3. 生产工艺

将萘加入反应器中，升温到 120 ~ 130℃后，缓慢加入浓硫酸并同时搅拌。加完后，在 1h 内升温到 160℃，保持温度在 155 ~ 160℃之间，进行磺化反应 4h。磺化反应完成后，温度降至 100℃时，开始添加异氰酸三酯，然后保持温度在 80 ~ 90℃添加甲醛，时间 2h，随后通入氮气，使温度升到 115 ~ 120℃，压力为 30 ~ 50kPa，反应 7h，同时搅拌。当反应液黏稠时，适当加水烯释。直至反应完全，加水(约 100g)降低反应器压力至常压，去除游离硫酸盐后，加水得到固体含量为 42% 的改性萘系高效减水剂。

4. 质量标准

指标名称	一等品	合格品
减水率/%	≥12	≥10
泌水率比/%	≥100	≥100
含气量/%	<4.5	<4.5
凝结时间差/min	−90 ~ +12	
抗压强度比%		
1 天	≥140	≥130
3 天	≥130	≥120
7 天	≥125	≥115
28 天	≥120	≥110
收缩率比	≤135	
对钢筋锈蚀作用	对钢筋无锈蚀危害	
密度	应在生产厂控制值的 ±0.2g/cm³ 之内	
水泥净浆流动度	应在不小于生产厂控制值的 95%	
pH 值	应在生产厂控制值的 ±1 之内	
表面张力	应在生产厂控制值的 ±1.5 之内	
还原糖	应在生产厂控制值的 ±3%	
总碱量	应在生产厂控制值的相对量 5% 之内	
Na₂SO₄	应在生产厂控制值的相对量 5% 之内	
泡沫性能	应在生产厂控制值的相对量 5% 之内	
砂浆减水率	应在生产厂控制值的 ±1.5% 之内	

5. 用途

用作混凝土减水剂，用量为水泥质量的 0.5% 左右。

参 考 文 献

[1] 齐亚非，高俊刚. 改性萘系减水剂的合成与性能表征[J]. 新型建筑材料，2003，03：28－30.
[2] 赵平，严云，胡志华，王田堂. 改性萘系减水剂对水泥基材料性能的影响[J]. 混凝土与水泥制品，2011，11：6－10.

2.9　NF 高效减水剂

NF 高效减水剂（high efficient water reducing NF for concrete）的化学成分 β－萘磺酸甲醛缩合物钠盐。

1. 性能

NF 高效能减水剂属萘系磺酸盐高效减水剂，其主要成分 β－萘磺酸甲醛缩合物钠盐，是一种非引气型阴离子型表面活性剂，国际上称超塑化剂。它早期强度提高快，R_3 比空白砼提高 60% 以上。增强效果明显，期 R_{28} 提高 15%～28%℃。对砼的抗渗、抗冻、徐变和弹性模量等物理力学性能起到改善作用。

2. 生产方法

在一定温度下萘与浓硫酸发生磺化反应，再用一定量的水使生成 α－萘磺酸水解，得到 β－萘磺酸，然后再加入预先用一定量硫酸酸化的甲醛与 β－萘磺酸反应生成甲醛缩合物，最后用碱中和，得到萘的磺化甲醛缩合物的钠盐和硫酸钠的混合物即 NF 高效减水剂。

3. 工艺流程

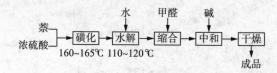

4. 生产工艺

在反应器中加入萘，装上搅拌器、温度计、分液漏斗、电热套，加热到 160℃ 左右，滴加完浓硫酸后，于 160～163℃ 磺化 2.5～3h，降温至 110℃，加入水进行水解，然后在搅拌下滴加 36%～38% 甲醛水溶液，于 95～105℃ 下缩合 3h 后，冷却。掺适量水稀释反应液，加入 NaOH 中和，加入碳酸钙粉末，生成硫酸钙沉淀，过滤，滤液蒸发至干，得到棕黄色固体 NF 高效减水剂。

说明：为提高 β－萘磺酸收率，可选用以下的工艺参数：硫酸浓度小于 98%，投酸温度为 130℃，投酸的时间至少为 30min，投酸方式滴加（避免引起温度剧上升），反应温度为 160～165℃，恒温时间为 2.5～3h，料液酸度在 25%～30% 之间。

尽管在磺化时严格控制了反应条件，仍有可能在 α－位发生磺化。水解的目的就是将 α 位的磺化物去掉，有利于以后缩合反应的进行。水解温度为 110～120℃，水解 0.5h 后，降温到 90～95℃，滴加用浓硫酸酸化的甲醛，2h 之内滴加完毕，在 90～105℃ 缩合保温 3～4h。在 60℃ 用 NaOH 中和，控制 pH 值为 7～9。在 100℃ 条件下干燥得产品 NF 高效减水剂。

5. 质量标准

外观	棕黄色粉末
减水剂/%	15～28

pH 值	8 ~ 13
表面张力/(MN/m)	$(71 \pm 1) \times 10^{-5}$
氯离子含量/%	≤1
硫酸钠含量/%	≤25
比空白混凝土强度增长率/%	
3 天	>50
28 天	15 ~ 25
节约水泥率	>10%
掺用量/%	0.5 ~ 1.5
不锈蚀钢筋	

6. 用途

混凝土添加剂，水泥减水剂适用于工业与民用建筑、水利、港口、交通、能源等工程建设中的预制及现浇混凝土，预应力钢筋混凝土的外加剂。适用于成型后需加热养护的混凝土预制件。作为基础组分，复配用于商品混凝土和泵送混凝土的外加剂。

宜与早强剂和抗冻剂复合使用，应用于冬季工程施工。适用于早强、高强和大坍落度混凝土。在保证设计强度的情况下，可节约 10% ~20% 的水泥。掺量为 0.5% ~1.5%，按配比将粉剂溶于水中，完全溶解后配入混凝土中即可，混凝土用水量中应扣除溶解粉剂水解。为提高使用效能，则采用后掺法为佳。

参 考 文 献

[1] 李方，付勇坚等. 高聚合度萘系减水剂的合成新工艺. 化学建材，2001，(3)：18.
[2] 胡相红，王洋. 以工业萘和粗甲基萘为主要原料合成萘系高效减水剂. 化学研究与应用，2001，13 (4)：465.

2.10 KR – FDN 高效减水剂

KR – FDN 高效减水剂(KR – FDN high efficient water reducing agent for concrete)的主要成分为 β – 萘磺酸甲醛缩合物钠盐。结构式为：

式中的 R 为烷基，n 越大，减水剂对水的分散能力越强，混凝土的减水增强效果越好。

1. 性能

具有高分散性、低起泡性和减水、增强作用。本品对各种水泥和外加剂适应性强，属于高分子阴离子表面活性剂。由于含有极性基，定向吸附于水化的水泥颗粒表面，形成双电层使水泥颗粒之间的排斥力增强，促使水泥浆体中形成的絮凝状结构分散解体，从而可以降低水胶比，达到减水目的，从而改善混凝土内部结构，提高混凝土的流动性。对水化热有延时、降温作用，减少混凝土温度应力，提高混凝密度，可起抗渗、防裂等性能。掺量为水泥用量的 0.15% ~1.0%。可减少拌合用水量 14% ~30%，1 天、3 天混凝土强度可以提高

50%~120%，7 天混凝土强度提高 3%~60%，28 天可提高 20%~50% 以上。在标号强度不变下，掺本品可节约水泥 10%~25%。在相同水灰比下，可使混凝土坍落度提高 3 倍以上。

2. 生产方法

萘于 160~165℃ 下与浓硫酸磺化，经水解分去 α - 萘磺酸，得到的 β - 磺酸缩合，缩合物用碱中和得 KR - FDN 高效减水剂。

3. 生产流程

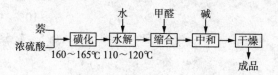

4. 生产工艺

萘的磺化是可逆性亲电取代反应，磺化时，萘环上的氢原子被磺酸基取代而得萘磺酸。由于萘的磺化反应比较复杂，当反应温度与磺化剂浓度等反应条件不同时，萘磺酸异构体生成物的比例也随之不同。理论上，在 60℃ 进行磺化反应时，生成物为 α - 萘磺酸，α - 萘磺酸的异构体高达 96%；当温度升到 165℃，磺化反应的产物主要是 β - 萘磺酸，β 位异构体高达 85%；为了使萘充分反应，一般应加入浓度为 98% 的浓硫酸，但不宜过量，否则会生成萘二磺酸。所以，必须严格控制磺化反应条件，才能获得较高比例的萘磺酸。

为了使萘能够充分磺化，加入的浓硫酸应过量 10% 左右。随时对磺化产物进行酸度的检测，以控制反应的酸度，延长磺化反应时间，尽可能提高反应物的转化率，并严格控制反应温度在 160~165℃ 之间。

在萘进行磺化反应过程中，尽管严格控制反应条件，但仍不可避免地产生 α - 萘磺酸。由于 α - 萘磺酸的活性较大，它的存在会影响接着进行的缩合反应。萘磺酸在 120℃ 极易水解，而 β - 萘磺酸在此温度下比较稳定。因此可利用水解反应将 α - 萘磺酸除去。

缩合反应必须先在酸作催化剂的条件下，先将甲醛转化为反应性很强的羰离子，再与 β - 萘磺酸发生亲电缩合反应。羰离子加成萘环上，萘再逐步发生亲电取代反应，最后生成萘系磺酸甲醛缩合物，缩合物反应是合成高效减水剂的关键反应。

缩合反应是在常温常压下进行的，温度对反应的影响不十分明显，但总体上讲缩合反应速度较慢。为保证一定的反应速率，温度应控制在 110℃ 左右，为了使反应完全和提高产品质量还可适当延长反应时间，及加入过量的甲醛（约过量 10% 左右），以保证缩合物的聚合度。

在整个反应过程中，均保持有一定的酸度。且缩合反应中还可以加适量 H_2SO_4 作为缩合反应的催化剂，因此，在反应结束后需要加入 NaOH 中和溶液中过量的酸，同时使产物变为易溶于水的钠盐，以使增强减水剂的水溶性。

$$H_2SO_4 + 2NaOH \longrightarrow Na_2SO_4 + 2H_2O$$

说明：中和反应后生成的硫酸钠对减水剂有许多负面效应，且影响混凝土的耐久性。上述中和反应发生后，产物中硫酸钠占有 25% 左右。采用物理降温与过滤技术使减水剂中的硫酸钠的结晶析出，使其含量大幅度降低，获得了高浓度高减水率的高效减水剂。

在中和反应时，为避免生产过多的硫酸钠，先加入适量的 NaOH，然后再加入适量石灰乳，使 $Ca(OH)_2$ 与中和釜中过量的硫酸反应生成不溶于水的 $CaSO_4$。沉淀，经匀质槽静置沉降，过滤除去 $CaSO_4$。生产中经过滤而被除去的 $CaSO_4$ 杂质约占减水剂质量的 15% 左右。

5. 质量标准

指标名称	一等品	合格品
减水率/%	≥12	≥10
泌水率比/%	≥100	≥100
含气量/%	<4.5	<4.5
凝结时间差/min	−90 ~ +12	
抗压强度比%		
1 天	≥140	≥130
3 天	≥130	≥120
7 天	≥125	≥115
28 天	≥120	≥110
收缩率比	≤135	
对钢筋锈蚀作用	对钢筋无锈蚀危害	
含固量或含水量		
液体外加剂	应在生产厂控制值的相对量3%之内	
固体外加剂	应在生产厂控制值的相对量5%之内	
密度	应在生产厂控制值的±0.2g/cm³之内	
水泥净浆流动度	应在不小于生产厂控制值的95%	
细度(0.315mm 筛)	筛余小于15%	
pH 值	应在生产厂控制值的±1之内	
表面张力	应在生产厂控制值的±1.5%之内	
还原糖	应在生产厂控制值的±3%	
总碱量	应在生产厂控制值的相对量5%之内	
Na_2SO_4	应在生产厂控制值的相对量5%之内	
泡沫性能	应在生产厂控制值的相对量5%之内	
砂浆减水率	应在生产厂控制值的±1.5%之内	

6. 用途

适用于基础混凝、大体积混凝土、流态混凝土、泵送混凝土、蒸养混凝土、预制构件、高强混凝土施工等。

加入方式可采用同掺法或滞水法，并适当延长搅拌时间。对减水剂掺量、拌和时间和掺加方法，可做必要实验试配，严格控制好减水剂和拌和水的用量。

参 考 文 献

[1] 宁宇平，蔡颖 等．NFG 高效减水剂合成工艺探讨．内蒙古石油化工，2002，27：16．.

[2] 韩长日．水泥减水剂 FDN 原料代用品研究．化学工程师，1989(2)：10.

[3] 刘潮霞，郑文嫣，黄丹丹，宋冶．新型萘系减水剂的合成与性能研究[J]．化学建材，2007，05：53−55.

2.11 扩散剂 MF

扩散剂 MF(dispersant MF)又称亚甲基双甲基萘磺酸钠、甲基萘磺酸钠甲醛缩合物。结构式为:

$$\left[\underset{NaO_3S}{\overset{CH_3}{\bigcirc\!\bigcirc}}\!-\!CH_2\!-\!\underset{SO_3Na}{\overset{CH_3}{\bigcirc\!\bigcirc}} \right]_n$$

1. 性能

本品属阴离子表面活性剂,具有优良的乳化分散性,可与阴离子表面活性剂混合使用。外观为棕色至深棕色粉末,易溶于水,易吸潮。耐酸、碱及硬水。1% 水溶液 pH 值为 8.5 左右。

2. 生产方法

甲基萘与硫酸磺化,与甲醛缩合,中和后喷雾干燥

$$\underset{}{\overset{CH_3}{\bigcirc\!\bigcirc}} + H_2SO_4 \xrightarrow{\triangle} \underset{}{\overset{CH_3}{\bigcirc\!\bigcirc}}\!SO_3H$$

$$2n\,\underset{SO_3H}{\overset{CH_3}{\bigcirc\!\bigcirc}} + HCHO \longrightarrow HO_3S\!\underset{}{\overset{CH_3}{\bigcirc\!\bigcirc}}\!CH_2\!\underset{SO_3H}{\overset{CH_3}{\bigcirc\!\bigcirc}}\Big|_n$$

$$\xrightarrow{2n\,NaOH} NaO_3S\!\underset{}{\overset{CH_3}{\bigcirc\!\bigcirc}}\!CH_2\!\underset{SO_3Na}{\overset{CH_3}{\bigcirc\!\bigcirc}}\Big|_n$$

3. 工艺流程

甲基萘 → 磺化 → 缩合 → 中和 → 喷雾干燥 → 成品
（硫酸）（甲醛）（液碱）

4. 工艺配方(kg/t)

甲基萘(工业品)	650	甲醛(37%)	300
硫酸(98%)	650	液碱(30%)	680

5. 主要设备

磺化反应釜、贮料槽、喷雾干燥塔。

6. 生产工艺

将 650kg 甲基萘投入磺化釜,加热熔化,搅拌升温至 130℃,逐渐从高位槽向反应釜加入硫酸,注意控温于 155℃ 以下。加完 650kg 硫酸后,保温 155～160℃ 磺化反应 2h。然后加入 210L 水,再搅拌 10min。冷却至 90～100℃,一次性加入甲醛(37%)300kg,反应自然升温升压,不断搅拌,控制反应温度 130～140℃、压力 0.1～0.2MPa,反应 2h 以上。缩合完毕,加入 30% 液碱约 680kg,中和至 pH=7。后处理有两种方法:其一是喷雾干燥;另一种方法是吸滤后,烘干、粉碎。

7. 质量标准

指标名称	一级品	二级品

外观		棕色至深棕色粉末
扩散力(为标准品的)	≥100%	≥90%
1%水溶液 pH 值	7.0~9.0	7.0~9.0
硫酸钠含量	5%	8%
不溶于水杂质	0.1%	0.2%
耐热稳定性	130℃	120℃
起泡性	≤250mm	≤290mm
钙镁离子含量	≤2000mg/kg	≤5000mg/kg
沾污性(涤沾)	4 级	3 级
细度(过 60 目余量)	5%	5%

8. 用途

用作建筑业水泥的减水剂、染料的分散剂、匀染剂以及航空喷雾农药的分散剂。

9. 安全与贮运

生产中使用浓硫酸、烧碱等腐蚀性化学品,操作人员应穿戴劳保用品。内衬塑料的编织袋包装,贮于阴凉干燥通风处。贮存期两年。

参 考 文 献

[1] 曹泽环,许家琪. 扩散剂 MF 工艺技术改革的探索[J]. 青岛化工学院学报,1985,(01):16.
[2] 江耀田. MF 扩散剂生产的工艺改进[J]. 化工时刊,1995,(11):17.

2.12 MF 减水剂

MF 减水剂(MF water reducing agent)的化学成分为聚亚甲基甲基萘磺酸钠。结构式为:

$$\left[\begin{array}{c} CH_3 \\ | \\ -CH_2 \end{array}\right]_{n-1} H$$

（结构式：CH₃、SO₃Na 取代的萘环，经 —CH₂— 亚甲基桥连，n-1，末端为 H）

1. 性能

具有扩散性和减水性。属引气型减水剂,在适宜掺量下混凝土的各气量为 6%~8%,混凝土的抗渗性及耐久性均有所提高。对于混凝土的其他物理力学性能,如抗折强度、弹性模量略有提高,干缩率有所增加。对钢筋无锈蚀作用。

在保持相同的混凝土强度下,可节约水泥 10%~20%,混凝土拌合水量可降低 15%~20%。混凝土 1~3 天抗压强度提高 50%~100%,28 天抗压强度提高 8%~30%;2 年强度仍有不同程度的提高。混凝土的各个施工性能可得到改善,如提高和易性、减泌水率等,从而可以减轻操作工人的劳动强度,减少混凝土施工机具和设备的损耗,加快施工设备的周转,提高劳动生产率。

2. 生产方法

β-甲基萘与浓硫酸磺化后,水解脱 α-磺化物,再与甲醛缩合,缩合物经碱中和,得减水剂 MF。

3. 工艺流程

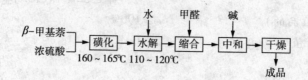

4. 生产工艺

β-甲基萘投入到反应釜中，升温，80℃时开始搅拌，150~160℃条件下，于40min内加完定量的浓硫酸，158~162℃间保温磺化2h。降温，120℃下加水水解30min。降温至85~95℃，2.5h内加完甲醛，恒温缩合2h，用液碱中和，即得MF高效减水剂。

5. 质量标准

指标名称	一等品	合格品
减水率/%	≥12	≥10
泌水率比/%	≥90	≥95
含气量/%	≤3.0	≤4.0
凝结时间差/min	−90 ~ +120	
抗压强度比/%		
1 天	≥140	≥130
3 天	≥130	≥120
7 天	≥125	≥115
28 天	≥120	≥110
收缩率比/%	≤135	
对钢筋锈蚀作用	对钢筋无锈蚀危害	

6. 用途

用作水泥高效减水剂，适用于高强混凝土，泵送混凝土。

参 考 文 献

[1] 刘潮霞，郑文嫣，黄丹丹，宋冶. 新型萘系减水剂的合成与性能研究[J]. 化学建材，2007，05：53-55.
[2] 郝聪林，朱卫中. 合成工艺参数对萘系减水剂引气性影响[J]. 低温建筑技术，2011，07：1-3.

2.13 ASR 高效减水剂

ASR 高效减水剂(ASR high efficient water reducing agent)属氨基苯磺酸酚醛树脂，基本结构为：

1. 性能

ASR 高效减水剂减水率高，能控制混凝土坍落度损失，使混凝土具有良好的工作性和耐久性，是当今最具有发展前途的新型高效减水剂之一。

2. 生产方法

对氨基苯磺酸钠、苯酚与甲醛缩合，经后处理得 ASR 高效减水剂。

3. 工艺流程

4. 生产工艺

首先，将水加入反应器中，并控制恒温水浴锅 50 ~ 60℃，再加入对氨基苯磺酸钠，并开动电搅拌器搅拌，待溶解完全，加入一定量的苯酚，反应 40min。控制升温到 68℃，滴加甲醛溶液，控制在 1 ~ 2h 内加完，后半段时间每 10min 滴加一次且量相应增多，这是因为甲醛反应剧烈，在滴加甲醛时搅拌速度要加快；滴加完后控制温度为 90 ~ 95℃，反应 4h；然后加入一定量的脲，控温 80℃反应 4h，降温，用 30% 的氢氧化钠调节 pH 值为 7 ~ 9，即为成品 ASR 减水剂。

最佳原料配比：n(对氨基苯磺酸钠)：n(苯酚) 为 1：1.16；n(甲醛)：n(对氨基苯磺酸钠 + 苯酚) 为 1.25：1。

说明：苯酚氨基磺酸钠甲醛缩合物主要是以氨基苯磺酸及苯酚主要原料，在含水条件下与甲醛加热聚合而成。在缩聚过程中加入尿素，这样一方面可以节约成本，同时可以有效地降低最终产品中的游离甲醛含量。对应产物的分子结构为：

苯酚的邻对位、对氨基苯磺酸钠的邻位及氨基、以及尿素中氨基对甲醛均有相当高的反应活性，所以苯酚除了线性缩聚外，还有网状缩聚物，因此，氨基磺酸系减水剂分子实际上是多支链甚至网状结构，分支多、疏水基分子链短、极性较强是其主要特点。由于分支多，氨基磺酸钠分子一般在混凝土粒子表面呈立式吸附，这种立体效应可以使混凝土在较长的时间的内保持其坍落度及流动性。但分子中疏水基分子链短、极性较强的结构却决定了其应用于混凝土时保水性能差、容易泌水。由于加入尿素的量仅占反应物总量的 2%。在反应过程中只起吸收过量甲醛的作用，一般不会影响分子结构，且能保持好的混凝土性能。

①对于缩聚反应，在低浓度条件下，合成出的氨系高效减水剂比高效浓度条件下合成的氨系高效减水剂的初始流动度大，这是因为浓度影响反应体系中各单体之间的碰撞几率。在低浓度情况下，合成的产品相对分子质量较高浓度条件下合成的产品相对分子质量小。但这种小相对分子质量产品对水泥净浆的分散性能要大于其分量大的产品。

②在缩聚反应中，对氨基苯磺酸与苯酚的比例（简称酸酚比）显着影响产物性能。在甲

醛用量一定时，酸酚比从 1:1.0 增至 1:2.0，水泥净浆流动度逐渐增大，以 1:2.0 为最佳。继续增至 1:2.2 时，产物黏度较大，对水泥净浆基本无分散作用，对氨基苯磺酸是含有主导官能团磺酸基和非主导官能团氨基的共聚单体，苯酚中含非主导官能团羟基。从理论上说，磺酸基含量高，产物分散性好，但实际上，由于对氨基苯磺酸的反应活性不及苯酚，若在反应物中所占比例过大，造成分子链长不足；提高酚的用量，对增长链长有利，但若苯酚含量太高，易形成体型酚醛树脂，产物黏度很大且不溶性降低，这些结果，均使合成产物分散性变差。

③缩合反应的 $n(酸 + 酚):n$ 甲醛比在 1:1 ~ 1:1.5 范围内，产物分散性能较好，其中，以 1:1.25 为最佳。继续增加甲醛比例，产物分散性降低。因为，甲醛用量过大，使苯酚生成较多三元羟甲基酚，又使对氨基苯磺酸的氨基两邻位被羟甲基化，还可使氨氮原子上进行羟甲基化，这些带三官能团的中间体进行下一步缩合时，易形成体型聚合物，导致分散性能下降。但若甲醛用量过小，羟甲基化产物不足，缩合反应时分子链无法正常增长，同样导致产物分散性差。

④缩合反应体系的酸碱度对产品的性能影响明显，在酸性条件下产品的分散性能很差。这是由于在酸性条件下，三者极易发生缩合，生成相对分子质量很高的体型产物，而影响最终的性能，pH 值达到 7.5 时，分散性能显着提高；pH 值达到 8.5 以上时，增加不再明显。

反应的第一步为羟甲基化反应。虽然苯酚与甲醛在酸、碱催化下均可进行羟甲基反应，但在碱性条件下更易进行。对氨基苯磺酸只在氨基游离时才可能发生羟甲基化。因此，弱酸性条件下可能造成羟甲基中间体含量不足，难于进行下一步缩合反应。在强碱性条件下，苯酚与甲醛易生成多羟甲基酚，对氨基苯磺酸在氨基的两个邻位甚至氮原子上均可进行羟甲基化，造成过度羟甲基化，进行下一步缩合反应时易形成体型聚合物。所以，反应体系在适宜的 pH 值条件下进行，才可得到性能理想的产物。

⑤由于反应体中同时存在苯酚、氨基苯磺酸与甲醛的反应，因此反应物品加料顺序直接影响产物性能。反应初始是在酸性条件下，由于苯酚和甲醛容易缩合成线形酚醛树脂，所以单体苯酚和甲醛不宜同时投放。如果滴加苯酚，反应中甲醛过量，这样甲醛容易发生自聚，苯酚也容易在邻位和对位羟甲基化而交联，不能达到预期的分子结构，最终影响产物的性能，因此采用滴加甲醛溶液的方法。在滴加甲醛的过程中，苯酚相对过量，这样有利于苯酚和对氨基苯磺酸钠的充分缩合，较多地缩合成理想的线型分子结构。

⑥通常缩合成反应的相对分子质量的随反应时间的延长而增大，而减水剂的性能又与其相对分子质量密切相关，因此需要控制合适的缩合时间。通过对 $n(酸 + 酚):n$ 甲醛为 1:1.25 时的工艺研究结果表明，缩合反应时间增长，水泥净浆流动度增大；缩合时间控制在 4h 左右，产物的分散性能最好。

5. 质量标准

指标名称	一等品	合格品
减水率/%	≥12	≥10
泌水率比/%	≤90	≤95
含气量/%	≥3.0	≥4.0
凝结时间差/min	−90 ~ +12	
抗压强度比%		
1 天	≥140	≥130

3 天	≥130	≥120
7 天	≥125	≥115
28 天	≥120	≥110

收缩率比	≤135
对钢筋锈蚀作用	对钢筋无锈蚀危害
含固量或含水量	
液体外加剂	应在生产厂控制值的相对量3%之内
水泥净浆流动度	应在不小于生产厂控制值的95%
pH 值	应在生产厂控制值的±1之内
表面张力	应在生产厂控制值的±1.5之内
还原糖	应在生产厂控制值的±3%
总碱量	应在生产厂控制值的相对量5%之内
Na$_2$SO$_4$	应在生产厂控制值的相对量5%之内
泡沫性能	应在生产厂控制值的相对量5%之内
砂浆减水率	应在生产厂控制值的±1.5%之内

6. 用途

用作水泥减水剂, 广泛用于混凝土工程中。

参 考 文 献

[1] 张晓梅等. 氨基磺酸系高效减水剂合成及性能研究[J]. 安徽理工大学学报(自), 25(2): 59.

[2] 邱学青, 蒋新元, 欧阳新平. 氨基磺酸高效减水剂的研究现状与发展方向[J]. 化工进展, 2003. 22 (4): 336.

[3] 混凝土外加剂国家标准. 中华人民共和国国家标准 GB8076—1997.

[4] 于飞宇, 邱聪, 麻秀星, 等. 氨基磺酸系高效性能减水剂的研究开发[J]. 化学建材, 2004, (1): 54.

[5] 徐子芳等. ASR 氨基磺酸盐高效减水剂合成及性能研究. 化工进展, 2005, 24(10): 1181.

[6] 李红侠, 李建奎等. 氨其磺酸系高效减水剂合成工艺探讨. 河北化工, 2005(4): 45.

2.14 SAF 高效减水剂

SAF 高效减水剂(SAF water reducing agent)的化学成分为磺化丙酮 – 甲醛缩合物。

1. 性能

SAF 减水剂减水效果不受温度影响, 具有掺量小、硫酸钠含量小于1%、生产工艺简单、对环境污染小等优点。对水泥品种适应性优于萘系产品。

2. 生产方法

将磺化剂亚硫酸氢钠溶于一定量的水, 加入反应器中, 加入催化剂调至碱性。在常温下滴加丙酮, 温度不超过56℃。随着丙酮加入, 有白色不溶物出现, 直至滴加结束。在低温反应 2h 后, 滴加 37% 的甲醛, 白色不溶物逐渐溶解, 变为黄色, 最后成为深红色。在滴加过程中控制滴加速度, 使体系温度不超过70℃, 滴加甲醛结束后, 在 70～80℃ 反应 1h, 在较高的温度继续反应 4h, 即得固含量约为 32% 的深红色溶液, 即 SAF 减水剂。

说明： 甲醛与丙酮的摩尔比对 SAF 性能有直接影响。当甲醛与丙酮摩尔比在 2.0 附近时，SAF 黏度最大，分散性能达到最大值，进一步增大甲醛和丙酮的摩尔比，黏度和分散性能都降低。

磺化剂用量对 SFA 性能的影响，当磺化剂与丙酮的摩尔比为 0.45 时，水泥净浆流动度达到最大值，再增加磺化剂用量分散性能反而下降。同时摩尔比为 0.45 时，SAF 的黏度也达到最大量。当摩尔比为 0.55，产物的黏度反而下降，说明磺化剂用量不仅决定磺化缩聚物的水溶性，而且直接影响 SAF 的分散性能与产物的黏度。

反应温度是控制反应进程的关键因素之一，提高反应温度可以缩短反应时间，最佳温度为 70 ~ 80℃，不宜超过 80℃。

3. 质量标准

指标名称	一等品	合格品
固含量	≥30%	
硫酸钠含量	≤1%	
减水率/%	≥12	≥10
泌水率比/%	≤90	≤95
含气量/%	≥3.0	≥4.0
凝结时间差/min	−90 ~ +12	
抗压强度比/%		
1 天	≥140	≥130
3 天	≥130	≥120
7 天	≥125	≥115
28 天	≥120	≥110
收缩率比	≤135	
对钢筋锈蚀作用	对钢筋无锈蚀危害	
密度	应在生产厂控制值的 ±0.2g/cm³ 之内	
水泥净浆流动度	应在不小于生产厂控制值的 95%	
pH 值	应在生产厂控制值的 ±1 之内	
表面张力	应在生产厂控制值的 ±1.5 之内	
还原糖	应在生产厂控制值的 ±3%	
总碱量	应在生产厂控制值的相对量 5% 之内	
Na₂SO₄	应在生产厂控制值的相对量 5% 之内	
泡沫性能	应在生产厂控制值的相对量 5% 之内	
砂浆减水率	应在生产厂控制值的 ±1.5% 之内	

4. 用途

用作水泥减水剂。用量为水泥用量的 0.5% 左右。

参 考 文 献

[1] 赵晖，高玉武等．SAF 高效减水剂的合成分散性研究[J]．低温建筑技术，2005，(6)：10.

70

2.15　SM 减水剂

SMF 减水剂(SMF water reducing agent)的主要化学成分为磺化三聚氰胺树脂。SMF 是 1963 年由德国首次研制成功。

1. 性能

SMF 水泥减水剂，对水泥分散性好，减水率高，早强效果显著，基本不影响混凝结时间和含气量，在高性能混凝土中有着广阔的作途。另外还可用于石膏制品，彩色水泥制品及耐火混凝土等特殊工程中。

2. 生产方法

三聚氰胺与甲醛发生羟甲基化反应，再与亚硫酸氢钠发生磺化反应，最后缩合得到 SM 高效减水剂。

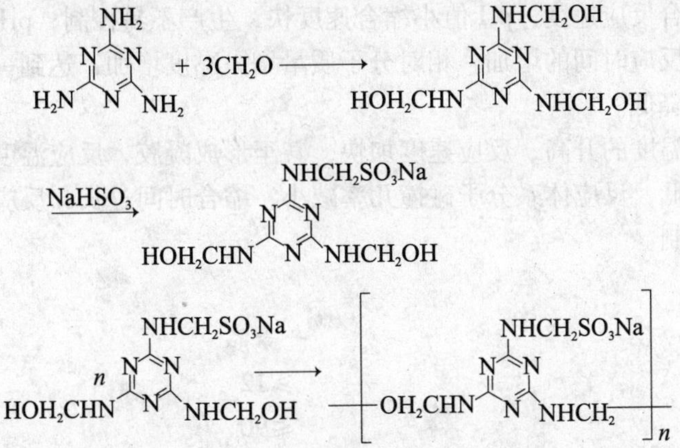

3. 工艺流程

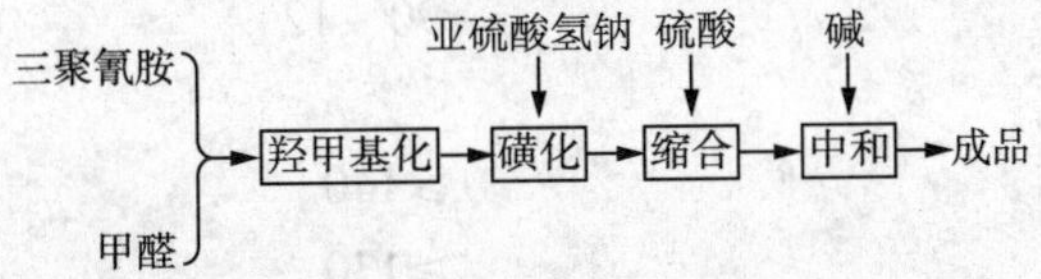

4. 生产工艺

在反应器中，按计量加入甲醛液，加碱调至碱性，升温，加入三聚氰胺，反应一段时间后，加亚硫酸氢钠进行磺化，然后加酸，并在此条件下反应 60min。最后调 pH 值为 7.5 ~ 9.5，冷却出料，得纯 SMF 树脂。

说明：羟甲基化反应是一个不可逆放热反应。影响羟甲基反应的主要因素有反应介质 pH 值、反应时间和投料比。

反应介质的 pH 值过低，易产生胶凝，pH 值过高甲醛会发生 Cannizzaro 歧化反应，歧化反应使甲醛转变为甲酸，引起体系 pH 值降低，影响羟基化数量，从而影响产物的缩合度。

反应时间短，羟甲基化不完全，甲醛残余量大，影响缩合和贮存稳定性。羟甲基反应非常迅速，十几分钟即接近平衡。

投料比影响三聚氰胺分子结构上羟甲基数量，从而影响产物的结构和缩合度，影响减水率和贮存稳定性。改变甲醛与三聚氰胺的摩尔比，对羟甲基数量影响非常大，当甲醛与三聚氰胺的摩尔比小于 3.0:1.0 时，三聚氰胺羟甲基物磺化后，无多余的活性基团以致不能发生缩合反应，当摩尔比小于5.0:1.0时，三聚氰胺羟甲基物磺化后，还有多余的活性基团，使缩合产物形成线性结构，减水率降低，甚至缩合过程发生交联。

磺化反应是一放热反应。反应介质的pH值过低时，由于$NaHSO_3$是酸性，易引起羟甲基化氰胺发生缩聚反应的发生，形成水不溶高分子物。磺化反应时间过短，溶液中会存在过多的磺化剂，磺化时间应大于90min。磺化不完全，将导致缩合阶段形成三维结构，SMF黏度高，减水率低，贮存稳定性差。磺化剂用量少，磺化不充分，SMF水溶性差，减水率低；用量多，反应不充分造成浪费。磺化剂与羟甲基化三聚氰胺摩尔化小于0.8时，SMF黏度大，减水率低，贮存稳定性差，进一步减水摩尔化，树脂了生交联，生成不溶于水的产物，这是由于磺化剂用量小，残留的羟甲基多，缩合反应时发生交联，形成三维结构。增大摩尔比，可能形成多磺化产物，也影响缩合反应进行。

磺化羟甲基化三聚氰胺的缩合反应是在酸性条件下，羟甲基氰胺酸钠通过羟基间脱水，生成线性分子聚合物。缩合反应是最关键的一步，直接影响减水剂的性能。缩合介质的pH值大小直接影响缩合反应速度，pH值小缩合速度快，生产不易控制；pH值缩合反应速度慢时间长。随着缩合反应时间的增加，相对分子质量增大黏度增加，达到一定时间，将会发生凝胶，减水率大大降低。

随着缩合反应温度的升高，反应速度加快，甚至形成凝胶，反应温度过低，反应时间很长。反应物浓度过低，反应体系分子碰撞几率减小，缩合时间过长；反应物浓度过高，缩合速度太快，不易控制。

5. 质量标准

指标名称	一等品	合格品
减水率/%	≥12	≥10
泌水率比/%	≤90	≤95
含气量/%	≥3.0	≥4.0
凝结时间差/min	−90~12	
抗压强度比%		
1天	≥140	≥130
3天	≥130	≥120
7天	≥125	≥115
28天	≥120	≥110
收缩率比	≤135	
对钢筋锈蚀作用	对钢筋无锈蚀危害	
含固量或含水量		
液体外加剂	应在生产厂控制值的相对量3%之内	
固体外加剂	应在生产厂控制值的相对量5%之内	
密度	应在生产厂控制值的±0.2g/cm³之内	
水泥净浆流动度	应在不小于生产厂控制值的95%	
细度(0.315mm筛)	筛余小于15%	
pH值	应在生产厂控制值的±1之内	
表面张力	应在生产厂控制值的±1.5之内	

还原糖	应在生产厂控制值的±3%
总碱量	应在生产厂控制值的相对量5%之内
Na_2SO_4	应在生产厂控制值的相对量5%之内
泡沫性能	应在生产厂控制值的相对量5%之内
砂浆减水率	应在生产厂控制值的±1.5%之内

6. 用途

适用于工业、民用、国防工程、预制、现浇、高强、超高或混凝土、蒸养混凝土、超抗渗混凝土。在高性能混凝土中有着广阔的作途。另外还可用于石膏制品，彩色水泥制品及耐火混凝土等特殊工程中。

参 考 文 献

[1] 卢艳霞，唐建平，王超 . SM 高效减水剂及锆英石对耐火浇注料性能的影响[J]. 耐火与石灰，2012，(04)：1.
[2] 卞荣兵，缪昌文，顾保生 . 三聚氰胺高效减水剂的合成研究[J]. 建筑技术开发，2000，27(2)：33.
[3] 李永德 . 三聚氰胺系高效减水剂的合成工艺研究[J]. 化学建材，2000，(5)：42.
[4] 杨华，舒子斌 . SM 高效减水剂的研制[J]. 四川师范大学学报(自然科学版)，1996，(04)：102.

2.16　JM 高效减水剂

JM 高效减水剂(JM high efficient water reducing agent)的化学成分为磺化三聚氰胺甲醛树脂。

1. 性能

JM 高效减水剂属于一种水溶性聚合物树脂，无色，热稳定性好，在混凝土拌和物中使用时，具有对水泥分散性好、减水率高、早强效果显著、基本不影响混凝土凝结时间和含气量的特点。JM 减水剂减水率效高，在掺量范围内，可达15%～25%。混凝土的耐久性能显著提高。由于具有引气组分，使加入该产品混凝土具有良好的抗渗、抗冻性能，由于不含氯盐，不会对钢筋产生腐蚀。早强效果明显，后期强度有效大幅提高。3天、7天强度增长迅速，与基准混凝土对比可提高20%～25%，28天强度与基准对比可达120～135%。

作为分散剂既能作用于硅酸盐水泥也可用于石膏制品，在彩色装饰混凝土、耐热防水混凝土及一些特殊工程中有很好的应用前景。

2. 生产方法

三聚胺与甲醛发生羟甲基化反应，再与亚硫酸氢钠发生磺化反应，最后缩合得到 SM 高效减水剂。

$$C_3H_6N_6 + 3CH_2O \longrightarrow C_3H_3N_6(CH_2OH)_3$$
$$C_3H_3N_6(CH_2OH) + NaHSO_3 \longrightarrow (CH_2OH)_2C_3H_3N_6—CH_2SO_3Na + H_2O$$
$$n(CH_2OH)_2C_3H_3N_6—CH_2SO_3Na \longrightarrow$$
$$\longrightarrow [O—CH_2—C_3H_3N_6(CH_2—SO_3Na)—CH_2]_n + nH_2O$$

①三聚氰胺与甲醛发生羟甲基化反应。

甲醛与三聚氰胺的亲核加成反应是由于甲醛对三聚氰胺的亲电进攻，借氨基提供的电子对而形成碳－氮键，生成羟甲基三聚氰胺。

羟甲基化的程度主要取决于三聚氰胺与甲醛的摩尔比。工业生产中两者的摩尔比控制在1:2.5~1:3之间。另外，三羟甲基三聚氰胺很容易进一步缩聚成树脂，在缩聚的初期树脂仍有水性溶性，随着时间的推移则树脂很快失去水溶性。因此，工业生产中通过控制反应温度、时间及体系的pH值使缩聚反应尽量不发生，反应停留在生成具有良好水溶性的羟甲基三聚氰胺阶段。

②羟甲基三聚氰胺与亚硫酸氢钠发生磺化反应。磺化反应发生在羟甲基的碳的原子与磺化剂亚硫酸根离子的硫离子之间。

引入的磺酸基是活性基团，因此，磺化反应程度对减水剂减水效果影响甚大，反应体系的pH值、反应温度及反应时间等是磺化反应进行完全的主要控制参数。

③缩聚反应是在酸性条件下进行的，缩聚反应是由低分子单体合成高分子化合物的重要反应。反应逐步进行，最终形成相对分子质量较大的缩聚产物。

在酸催化下，磺化三羟甲基三聚氰胺上的羟甲基之间发生缩聚，并通过甲醚键联接起来。反应速度随温度增加而增加，而且反应体系的pH值对反应速度也有很强烈的影响。聚合得到的低聚物可生成完全与水混合兼容的浆状树脂溶液，这种兼容性随缩聚反应进行而减少。进一步加热反应，一段时间后树脂开始出现液疏水性。继续加热反应，树脂疏水性渐增。体系冷却时分为水相和树脂相。若反应再继续进行下去，体系黏度会突然增大，出现"凝胶化"现象，此时的反应程称为凝胶点(P_c)，缩聚物完全丧失水溶性。因此，缩聚反应严格控制反应条件，必要时可采取突然降温的方式，使反应终止在反应物具有一定聚合度（$n = 9 ~ 100$）的水溶性阶段，防止发生凝胶。

3. 工艺流程

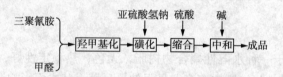

4. 生产工艺

在装有温度计、冷凝器和搅拌器的反应器中依次加入三聚氰胺、水、37%的甲醛溶液，搅拌下升温至60℃。开始时溶液为乳白色混浊状，反应20min后，溶液变为无色透明溶液，再反应20min后，羟甲基化反应结束。用30% NaOH溶液将体系的pH值调到10~11。在60℃时，三聚氰胺溶解度较低，溶液呈乳白色，当反应基本完成时，溶液变清。羟甲基化反应的影响因素有：三聚氰胺和甲醛摩尔比M/F，一般为3~5；介质pH值的影响，pH值为7~8，形成稳定的羟甲基三聚氰胺；反应温度，60℃为最佳。

将羟甲基化产物和亚硫酸氢钠投入反应器中，升温到80℃，维持溶液的pH值在10~11之间，反应2h。磺化反应目标是将—NH—CH$_2$OH转变化—NH—CH$_2$SO$_3$Na，在羟甲基化三聚氰胺分子中引入阴离子表面活性基团–SO$_3$Na。羟甲基化三聚氰胺磺化反应由在碱性介质中，体系中的过量甲醛在高pH值下会发生canizarro歧化反应，生成甲醇和甲酸，使反应体系pH值下降，易过早地发生羟甲基之间的缩聚反应，体系的黏度增大。为确保磺化反应的顺利进行，在反应过程中应不断地检测体系的pH值，及时地用30% NaOH溶液将体系的pH值调到10~11。

将反应体系的反应温度降低到50℃，用30%硫酸调整体系的pH值为5~6，低pH值缩合反应时间为1h。羟甲基化三聚氰胺单体分子虽然已引入阴离子表面活性基团—SO$_3$Na，但是仍然不具有分散能力。在酸性条件下，上述单体进行失水缩合反应，从而达到阴离子小分

74

子链增长和相对分子质量增加的目的。由于磺化羟甲基化三聚氰胺单体平均官能度为 2 左右，缩合反应的产物应为线形高分子，由于仍有少量未磺化的羟甲基化三聚氰胺单体参与反应，因而生成带支链的线形大分子。在 pH 值为 5~6 条件下得到的缩合物的活性基为磺酸基，用碱中和至 pH 值为 7~9，使之较变为阴离子表面活性剂。缩合反应也可在高 pH 值下进行。将反应体系温度升到 85℃，用 30% NaOH 溶液体系的 pH 值调到为 8~9，高 pH 值缩合反应维持 1h。pH 值缩合反应可以提高产品的贮存稳定性。

5. 质量标准

指标名称	一等品	合格品
减水率/%	≥12	≥10
泌水率比/%	≤90	≤95
含气量/%	≥3.0	≥4.0
凝结时间差/min	−90~+12	
抗压强度比%		
1 天	≥140	≥130
3 天	≥130	≥120
7 天	≥125	≥115
28 天	≥120	≥110
收缩率比	≤135	
对钢筋锈蚀作用	对钢筋无锈蚀危害	
含水量	液体外加剂应在生产厂控制值的相对量 3% 之内	
含固量	固体外加剂应在生产厂控制值的相对量 5% 之内	
密度	应在生产厂控制值的 ±0.2g/cm³ 之内	
水泥净浆流动度	应在不小于生产厂控制值的 95%	
细度(0.315mm 筛)	筛余小于 15%	
pH 值	应在生产厂控制值的 ±1 之内	
表面张力	应在生产厂控制值的 ±1.5 之内	
还原糖	应在生产厂控制值的 ±3%	
总碱量	应在生产厂控制值的相对量 5% 之内	
Na₂SO₄	应在生产厂控制值的相对量 5% 之内	
泡沫性能	应在生产厂控制值的相对量 5% 之内	
砂浆减水率	应在生产厂控制值的 ±1.5% 之内	

6. 用途

适用于工业、民用、国防工程、预制、现浇、早或、高强、超高或混凝土、蒸养混凝土、超抗渗混凝土、超 1000℃ 的耐高温混凝土、大体积及深层基础的混凝土以及利于布筋较密、立面、斜面浇注及炎热条件下施工的混凝土。

参 考 文 献

[1] 卞荣兵，缪昌文，顾保生. 三聚氰胺高效减水剂的合成研究[J]. 建筑技术开发，2000，27(2)：33.
[2] 王珩. 密胺树脂高效减水剂合成机理[J]. 化学工程师，2000，(6)：60.
[3] 李永德，高志强. 三聚氰胺系高效减水剂的合成工艺研究[J]. 化学建材，2000，(5)：42.

2.17 SM 高效减水剂

SM 高效减水剂(SM high range water reducing agent)的化学成分为磺化三聚氰胺甲醛树脂（suffocated melamine – formaldehyde resin）。结构式为：

$$\begin{array}{c} HOH_2CHN \quad \underset{N}{\overset{N}{\bigcirc}} \quad NHCH_2OH \\ N \quad N \\ NHCH_2SO_3Na \end{array}$$

1. 性能

SM 减水剂是磺化蜜胺树脂水溶性阴离子型高聚物。对水泥有强烈吸附、分散作用，具有减水率高，匀质性、触变性好，坍落度损失小等特点，可明显改善混凝土和易性，大幅度提高流动，有显著早强、增强效果，可节约水泥，可配制早强、高强、超高强混凝土和流动态泵送混凝土，用普通方法较易配制 50～80MPa 以上的抗压强度的混凝土，对多种水泥适应性好。可增加密实度，可提高抗渗性 2～6 倍，混凝土其他性能可大幅度改善。无毒、不燃烧，对钢筋无锈蚀。在适宜掺量下，可使沙浆混凝土 1 天强度提高 30%～60%，7 天强度超过空白的 28 天强度，28 天强度提高 30% 左右，1 年后强度仍有所提高，为 20% 左右。可使混凝土坍落度净增值 12～20cm，可节省水泥 15%～20%，双掺可节省水泥 20% 以上，可缩短蒸养周期 1/3，减水率可达 12%～25%。

用普通方法可配制 50～80MPa 的高度混凝土。掺 SM 减水剂产品用硫酸盐水泥可配制 1000℃ 以上的耐高温混凝土。

2. 生产方法

三聚氰胺与甲醛发生羟甲基化反应，再与亚硫酸氢钠发生磺化反应，最后缩合得到 SM 高效减水剂。

$$C_3H_6N_6 + 3CH_2O \longrightarrow C_3H_3N_6(CH_2OH)_3$$
$$C_3H_3N_6(CH_2OH) + NaHSO_3 \longrightarrow (CH_2OH)_2C_3H_3N_6—CH_2SO_3Na + H_2O$$
$$n(CH_2OH)_2C_3H_3N_6—CH_2SO_3Na \longrightarrow$$
$$\longrightarrow [O—CH_2—C_3H_3N_6(CH_2—SO_3Na)—CH_2]_n + nH_2O$$

3. 工艺流程

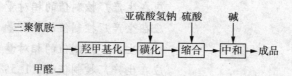

4. 生产工艺

将三聚氰胺、甲醛、水按照一定配比加入反应釜中，开动搅拌装置，逐渐加热至 65～75℃，保温 60min 左右。该反应是一个不可逆的放热反应，反应进程与介质的 pH 值有关。在酸性介质中可以非常快的速度生成树脂并同时产生凝胶化。在中性或碱性介质中反应生成羟甲基三聚氰胺。为了使反应容易控制在这个阶段，反应控制在弱碱性介质(pH = 8.5)中进行。

说明：反应介质酸碱度：pH 值过低，反应过快，易产生凝胶；pH 值过高，甲醛会发生 Cannizzaro 副反应。

反应时间：反应时间短、转化率降低，羟甲基化将不完全。

投料比例将影响羟甲基三聚氰胺的分子结构及后续工艺参数。

将羟甲基化产物和亚硫酸氢钠加入反应器中，搅拌下加热至 85～95℃，保温反应 2h，得到磺化的羟甲基三聚氰胺。

磺化反应时间：合成时间过短，溶液中会存在过多的磺化试剂。磺化剂的量：用量少，反应快转化率高；用量多，反应不充分。磺化介质 pH 值：pH 值过低，易缩聚交联而不能磺化。反应温度：温度低于 80℃，反应进行缓慢，转化率低；高于 95℃，易于发生副反应，减水剂率降低。

羟甲基三聚氰胺磺酸盐在酸性条件下，通过羟基间的脱水，发生缩合反应，生成高分子聚合物。缩合反应是合成工艺条件中最关键的一步，影响缩合反应的因素很多。通常加入一定量的浓 H_2SO_4 作为反应的催化剂，根据酸度的大小控制反应时间。

缩合反应温度超过 75℃一般均会凝胶，即使合成得到产品，减水率也很差，达不到高效减水剂的要求。反应温度通常控制在 50～60℃。

缩合反应体系随着反应时间的增加，体系黏度将增加；达到一定时间，将会发生凝胶，减水作用减弱甚至丧失。

反应物的浓度过低，反应体系的反应分子碰撞几率降低，反应时间很长；浓度过高，缩聚很快，极易凝胶，反应不易控制。

在缩聚反应产物中加入碱液中和，升温至 75～90℃，稳定 60～120min，调节 pH = 7～9。最后得到浓度为 40% 的水溶液产品，或者经真空胶水浓缩后，喷雾干燥得白色粉状产品。即 SM 减水剂。

5. 工艺条件

羟甲基化温度	65～75℃
磺化 pH 值	≥10
缩合温度	50～65℃
缩合反应 pH 值	≤6
缩合终点	无甲醛味
中和反应终点 pH 值	7～9

6. 质量标准

指标名称	一等品	合格品
减水剂	≥12	≥10
泌水率比/%	≤90	≤95
含气量/%	≥3.0	≥4.0
凝结时间 min	−90～+120	
抗压强度比/%		
1 天	≥140	≥130
3 天	≥130	≥120
7 天	≥125	≥115
28 天	≥120	≥110
收缩率比/%	≤135	
对钢筋锈蚀作用	对钢筋无锈蚀危害	
固体含量/%	20±1 或 40±2	

密度(常温)/(g/mL)	1.13±0.02
pH 值	7~9
黏度(固涂-4黏度计测)	10~14
表面张力/(N/m)	$(71.0\pm0.5)\times10^{-3}$
净浆流动度/mm(1%溶液)	220~240(无色或淡黄色)
稳定性	有效期1年以上

7. 用途

适用于工业、民用、国防工程、预制、现浇、早或、高强、超高或混凝土、蒸养混凝土、超抗渗混凝土、超1000℃的耐高温混凝土、大体积及深层基础的混凝土以及利于布筋较密、立面、斜面浇注及炎热条件下施工的混混凝土，SM型产品是高压电瓷环的有效胶结材，也是高级纸张、塑料、装板、涂料、胶黏剂、织物等以及人造花岗岩的高强分散光亮结晶剂。掺量为水泥量的0.3%~1.3%，配制高强混凝土掺量可适当放大。

SM型产品含固量为20%或40%两种，请按说明书计量换算。可直接掺入拌合水中，也可在拌合中或拌合后掺入，适当延长搅拌时间。

参 考 文 献

[1] 李永德. 三聚氰胺系高效减水剂的合成工艺研究[J]. 化学建材, 2000, (5): 42.
[2] 卞荣兵, 缪昌文, 顾保生. 三聚氰胺高效减水剂的合成研究[J]. 建筑技术开发, 2000, 27(2): 33.

2.18 WRDA 普通减水剂

WRDA 普通减水剂(WRDA water reducing agent)的主要成分为木质磺酸钙，相对分子质量2000~100000。其主要成分结构为：

1. 性能

属阴离子表现面活性剂，对混凝土中水泥颗粒有扩散作用，不含氯盐，无腐蚀性。WRDA对混凝土减水达15%。并保持混凝土良好的工作性，增加混凝土的强度，降低渗透性。提高耐久性。减水率高，易于振捣密实，易于浇注、抹光，增加混凝土的黏合性，降低分层，在标准掺量范围内，对初凝和终凝时间影响很小。提高混凝土各龄期的强度，优于常规外加剂。密度大，耐久性好。对多种水泥包括含有粉煤灰及高炉矿渣混合物水泥都起作用。

2. 生产方法

WRDA 普通减水剂是从纸浆废液中提取的木质素磺酸钙盐。制造人造纤维或造纸工业在高温高压下蒸煮木材时，加入亚硫酸盐使木材中的纤维素和非纤维分离，所得纤维素即为人造丝、人造毛、纸等的原料。溶解在溶液中的非纤维素以木质素磺酸盐为主，伴有少量糖分。这种溶液称为纸浆废液。从废液中提炼出酒精、醇母后，剩余物质木质素磺酸钙含量约为45%～50%左右，还原物质含量低于12%，即为木质素磺酸钙溶液，再经热风喷雾干燥后成棕色粉末，即为木质素磺酸钙粉。

3. 质量标准

指标名称	一等品	合格品
外观	深棕色液体	
对钢筋锈蚀作用	对钢筋无锈蚀危害	
相对密度(20℃)	1.15±0.01	
固含量/%	32～34	
减水率/%	8	5
含气量/%	≤3.0	≤4.0
泌水率比/%	95	100
收缩率比/%	28 天，≯135	
凝结时间差/min	−90～+120	
抗压强度比/%		
3 天	115	110
7 天	115	110
28 天	110	105
引气作用	取决配比及骨料，最大增加2%	
氯离子含量/%（占外加剂的质量分数）	0.2	
木质素磺酸钙/%	>55	
还原物/%	≤12	
水不溶物/%	≤2～5	
pH 值	4～6	
水分含量/%	≤9	

4. 用途

用作水泥混凝土减水剂。可用于预拌混凝土产品、预制混凝土构件、预应力构件、现场浇筑等使用的混凝土。

参 考 文 献

[1] 王玲，田培，白杰，高春勇．我国混凝土减水剂的现状及未来[J]．混凝土与水泥制品，2008，(05)：1.
[2] 郭登峰，刘红，刘准．混凝土减水剂研究现状和进展[J]．混凝土，2010，(07)：79.
[3] 李诚．木质素磺酸钙减水剂的改性研究[D]．济南大学，2007.

2.19　高效减水剂 PC

高效减水剂 PC（high efficient water reducing PC）的化学成分为甲基丙烯磺酸钠与丙烯酸

的聚合物的聚乙二醇的酯化物。

1. 性能

高效减水剂 PC 属聚羧酸系高性能减水剂。通过甲基丙烯磺酸钠与丙烯酸在一定条件下发生聚合反应成含有羧基、磺酸基的高分子主链 MAS－AA，然后再与一定相对分子质量的聚乙二醇发生酯化反应合成含有羧基、磺酸基、聚氧乙烯链侧链的高性能减水剂 PC。聚羧酸系高性能减水剂除具有高性能减水（最高减水率可达 35%）、改善混凝土孔结构和密实程度等作用外，还能控制混凝土的塌落度损失，更好地控制混凝土的引气、缓凝、泌水等问题。它与不同种类的水泥都有相对较好的相容性，即使在低掺量时，也能使混凝土具有高流动性，并且在低水灰比时具有低黏度及塌落度经时变化小的性能。

该减水剂具有高减水率，通过复配减水剂掺量为 0.08%（固含量）时，净浆流动度可达到 260mm。能有效地抑制坍落损失。

2. 生产方法

通常有先酯化后聚合或先聚合后酯化两种合成方法。采用先酯化合成大分子单体聚乙二醇单丙烯酸酯，然后再与一些含有活性基团的单体甲基丙烯磺酸钠共聚，得到减水剂。大分子聚乙二醇单丙烯酸酯的合成工艺还不成熟，直接影响了减水剂先酯化后聚合合成工艺的工业化应用。先用含有活性基团的单体甲基丙烯磺酸与丙烯酸合成高分子主链，再酯化接枝聚乙二醇侧链，先聚合后酯化合成工艺对合成条件要求不高，控制难度大为降低，适合工业化生产。

3. 生产工艺

在 78～82℃条件下，将丙烯酸、引发剂缓慢滴加到甲基丙烯磺酸钠溶液中，大约 1.5h 滴完，然后保温搅拌反应 7h，生成一定相对分子质量的主链 MAS－AA。在制得的聚合物 MASS－AA 中加入聚乙二醇与酯化催化剂，在 100±5℃条件下，搅拌酯化反应 10h，待反应完全后，加入适量水溶解，用氢氧化钠中和至 pH＝7，得到 30% 的聚羧酸系减水剂溶液。

4. 质量标准

指标名称	一等品	合格品
减水率/%	≥12	≥10
泌水率比/%	≤90	≤95
含气量/%	≥3.0	≥4.0
凝结时间差/min	−90～+12	
抗压强度比%		
1 天	≥140	≥130
3 天	≥130	≥120
7 天	≥125	≥115
28 天	≥120	≥110
收缩率比	≤135	
对钢筋锈蚀作用	对钢筋无锈蚀危害	
含固量或含水量		
液体外加剂	应在生产厂控制值的相对量 3% 之内	
水泥净浆流动度	应在不小于生产厂控制值的 95%	

80

pH 值	应在生产厂控制值的 ±1 之内
表面张力	应在生产厂控制值的 ±1.5 之内
还原糖	应在生产厂控制值的 ±3%
总碱量	应在生产厂控制值的相对量 5% 之内
Na_2SO_4	应在生产厂控制值的相对量 5% 之内
泡沫性能	应在生产厂控制值的相对量 5% 之内
砂浆减水率	应在生产厂控制值的 ±1.5% 之内

5. 用途

用作水泥减水剂，广泛用于混凝土工程中。

参 考 文 献

[1] 马军委，张海波，张建锋，谢正恒，李新锋. 聚羧酸系高性能减水剂的研究现状与发展方向[J]. 国外建材科技，2007，01：24-28.

[2] 王志来，李红双，张连臣. 聚羧酸系高性能减水剂的合成及适用性研究[J]. 粉煤灰综合利用，2009，02：44-46.

[3] 张桂祥，黄建国. 聚羧酸系高性能减水剂及其发展趋势[J]. 山西建筑，2010，12：160-161.

[4] 陈新秀. 聚羧酸系高性能减水剂的合成试验研究[J]. 福建建材，2011，08：17-18.

2.20　CRS 超塑化剂

超塑化剂可大幅度降低混凝土单位用水量，从而大大提高混凝土强度、改善混凝土工作性和耐久性，已成为现代混凝土中一种必不可少的组分，并在高性能混凝土的配制技术中发挥主导作用。CRS 超塑化剂（CRS type super plasticizer）的化学成分为氧茚树脂磺化物。结构式为：

1. 性能

CRS 超塑化剂属非引气型水泥高效减水剂，在普通混凝土中的掺量为 0.2% ~ 0.7%，减水率为 18% ~ 29%，CRS 在高混凝土中的掺量为 0.8% ~ 1.0%，减水剂率大于 30%，可节省水泥 10% ~ 20%。对钢筋锈蚀、混凝土干缩及徐变均无不良影响。可使混凝土坍落度由 3 ~ 5cm 增加到 20cm 左右。3 天强度可提高 40% ~ 130%，28 天强度可提高 20% ~ 65%。

2. 生产方法

氧茚树脂又称香豆酮 - 茚树脂、古马隆树、苯并呋喃 - 茚树脂，由煤焦油的 160 ~ 185℃馏分（主要含香豆酮和茚）经聚合而成。氧茚树脂经磺化、中和得氧茚树脂磺酸钠。

3. 工艺流程

4. 质量标准

指标名称	一等品	合格品
减水率/%	≥12	≥10
泌水率比/%	≤90	≤95
含气量/%	≥3.0	≥4.0
凝结时间差/min	−90 ~ +120	
抗压强度比/%		
1 天	≥140	≥130
3 天	≥130	≥120
7 天	≥125	≥115
28 天	≥120	≥110
收缩率比/%	≤135	
对钢筋锈蚀作用	对钢筋无锈蚀危害	

5. 用途

用作水泥减水剂，适用于混凝土/钢筋混凝土和预应力混凝土构件以及配制高强/早强及流态混凝土。

参 考 文 献

[1] 周科利. 新型聚羧酸系超塑化剂的合成与性能研究[D]. 安徽建筑工业学院，2011.

[2] 张师恩，卞葆芝，张云理. 氨基磺酸盐系超塑化剂研制[J]. 混凝土，2006，11：30－33.

[3] 左彦峰，王栋民，李伟，宋少民. 超塑化剂与水泥相互作用研究进展[J]. 混凝土，2007，12：79－83.

2.21　711 型速凝剂

水泥速凝剂是一种能促进水泥或混凝土快速凝结的化学外加剂，在矿山井巷、隧道等工程锚喷支护，以及堵漏和抢修工程中得到广泛应用。

1. 工艺配方

铝矾土	2.0	生石灰	1.2
碳酸钠	2.8		

2. 生产方法

将上述 3 种物料按配比混匀后，经高温 1290℃煅烧制得熟料。再按熟料：无水石膏为 3:1进行配料，经磨细过筛（4900 孔/cm^2）得粉状产品。

3. 用途

用于矿山井巷、隧道等工程锚喷支护以及堵漏和抢修工程中。该速凝剂初凝时间在 5min 内，终凝在 10min 以内。其 1 天后强度相当于不掺者的 2~6 倍。掺用量一般占水泥重的 4%。

参 考 文 献

[1] 潘志华，程建坤. 水泥速凝剂研究现状及发展方向[J]. 建井技术，2005，02：22－27.

[2] 张勇. 铝酸盐液体速凝剂的研究[D]. 西安建筑科技大学，2005.

[3] 肖国碧. 低碱液体速凝剂的研究[D]. 湖南大学，2011.

2.22 快干促凝剂

在建筑施工中，遇到施工场地基层潮湿或稍有渗水时，水泥不易干固凝结。使用本快干促凝剂，可加速水泥的凝结、硬化，以加快施工进度。

1. 工艺配方

硫酸铜	1	硫酸铬钾	1
硫酸亚铁	1	重铬酸钾	1
硅酸钠(水玻璃)	400	硫酸铝钾	1
水泥	适量	水	60

2. 生产方法

先将定量用水加热至100℃沸腾，再将硫酸铜(蓝矾)、硫酸铬钾(紫矾)、硫酸亚铁(绿矾)、硫酸铝钾(明矾)、重铬酸钾(红矾)依次放入沸水中，并不断搅拌，继续加热至5种矾盐完全溶解，停止加热，冷至30～40℃，将此溶液倒入定量的水玻璃中，搅拌均匀，放置30min后，即可与水泥配合使用。

3. 用途

用于矿山井巷、隧道等工程锚喷支护以及堵漏和抢修工程中。促凝剂与水配合比为0.6～1:1及适量水泥配成胶浆，沿基层表面纵横方向各涂刷一遍。如个别部位尚有渗水现象时，则继续涂刷几遍至不渗水为止。

参 考 文 献

[1] 彭志刚，王成文. 新型油井水泥促凝剂LT-A及其性能[J]. 天然气工业，2012，04：63-65.
[2] 芦令超，宋廷寿，张德成，丁振宇，常均，程新. 一种增强型水泥促凝剂的研究[J]. 水泥工程，1998，04：29-32.

2.23 J85 混凝土速凝剂

速凝剂是调节混凝土(或砂浆)凝结时间和硬化速度的外加剂，是混凝土锚喷支护工程中必不可少的一种外加剂。J85混凝土速凝剂(J85 type rapid setting admixture)的主要成分为偏铝酸钠，分子式为$NaAlO_2$。

1. 性能

该速凝剂为灰白色或深粉末。碱性小，低腐蚀性，具有微膨胀作用，可提高混凝土的抗渗、抗裂和抗冻性。黏性好，回弹率一般在35%左右。促凝效果好，对水泥适当性强。碱性弱，对锚喷作业人员危害小。混凝土后期强度损失少，具备微膨胀性能。掺量为3%～5%。凝结时间，初凝≤3min；终凝≤5min。

2. 生产方法

二氧化铝与烧碱或纯碱反应，得到偏铝酸钠。

$$Al_2O_3 + 2NaOH \longrightarrow 2NaAlO_2 + H_2O$$
$$Al_2O_3 + Na_2CO_3 \longrightarrow 2NaAlO_2 + CO_2 \uparrow$$

说明：J85 混凝土速凝剂所要求的细度和水泥一样。细度越细促凝效果越好。但细度过细会影响磨机产量。权衡技术和经济两方面的因素，细度控制在边长 0.008mm 方孔筛筛余小于 12% 是适宜的。

3. 质量标准

指标名称	一等品	合格品
净浆凝结时间/min		
初凝	≤3	≤5
终凝	≤10	≤10
1 天抗压强度	≥8MPa	≥7MPa
28 天抗压强度比	≥75%	≥70%
细度/%（筛余）	≤12	≤15
含水率/%	≤2	≤2

4. 用途

适用于喷射混凝土施工的各种工程，如矿山、井巷、铁路、随遂道以及要求速凝的混凝土工程。喷射混凝土是我国矿山、隧道建设过程中的较为经济的支护形式，速凝剂是喷射混凝土所必不可少的一种外加剂，速凝剂的质量直接关系喷射混凝土的工程质量。

参 考 文 献

[1] 宋颖，李功洲 . J85 混凝土速凝剂[J]. 化学建材，1994，03：107 - 111.
[2] 白培柱，陈斌洲 . J85 混凝土速凝剂的制备与性能[J]. 混凝土及加筋混凝土，1989，02：32 - 37.

2.24　防水促凝剂

防水剂是能提高混凝土防水性或抗渗性，而起防水作用的外加剂，同时具有防水和促进混凝土快速凝固的双重作用。

1. 工艺配方

硅酸钠	20.0	重铬酸钾	0.05
硫酸铜	0.05	水	3

2. 生产方法

将水加热至沸，加入重铬酸钾和硫酸铜，待溶解后。冷却至 30 ~ 40℃，然后将此溶液倒入硅酸钠（相对密度为 1.63）中，搅拌均匀，静置半小时后即可使用。

3. 用途

用作修补渗漏水中，配成促凝水泥浆（掺量占水泥重 1%）。快盛水泥砂浆（按 1:1 的比例将促凝剂与水混合，达到水灰比 0.45 ~ 0.5）、快凝水泥胶浆[水泥：促凝剂 = 1:(0.5 ~ 0.9)]，用于堵塞局部渗漏。

参 考 文 献

[1] 潘志华，程建坤 . 水泥速凝剂研究现状及发展方向[J]. 建井技术，2005，02：22 - 27.
[2] 王芳，孟赟 . 水泥基渗透结晶型防水材料的研制[J]. 中国建筑防水，2010，13：4 - 7.
[3] 刘克忠，王显斌，江云安，黄春江 . 堵漏材料的发展概况[J]. 施工技术，1997，04：10.

2.25 混凝土促凝剂

促凝剂是促进水泥混凝土快速凝结的外加剂。一般与水泥中矿物作用生成稳定的难溶化合物,加速水泥浆凝聚结构的生成。

工艺配方:

(1)配方一

偏铝酸钠	18	碳酸钠	60
硫酸钙	20		

生产方法:将各成分磨细混匀。

用途:直接加入混凝土拌和料中,用量为水泥重的 5% ~10% 。

(2)配方二

硫酸钠	22
氢氧化铝	5

生产方法:将各物料磨细混匀。

用途:用量为水泥重的 2.5% ~3.0% 。

参 考 文 献

[1] 芦令超,宋廷寿,张德成,丁振宇,常均,程新.一种增强型水泥促凝剂的研究[J].水泥工程,1998,04:29-32.

[2] 李玉寿.1小时推定混凝土强度的促凝剂[J].盐城工业专科学校学报,1994,(04):41.

2.26 混凝土硬化剂

混凝土硬化剂具有速凝、防水、防渗等性能。

工艺配方(份):

(1)配方一

白蜡	36.4	大豆油	6.6
精制亚麻仁油	8.4	三聚氧酸乙酯	适量
椰子油	8.4	二十六烷酸	3.2
硬脂酸	6.8	水	25

生产方法:将上述组分(除三聚氧酸乙酯外)混合,缓慢加热至白蜡烷解,反应温度保持在 80~83℃ ,然后加入三聚氧酸乙酯,保持反应温度,搅拌 2h ,乳化反应完全即得混凝土硬化剂。

(2)配方二

碳酸钠	120	偏铝酸钠	36
硫酸钙	44		

生产方法:将物料混合研磨均匀即成为速凝硬化剂。使用时直接加入混凝土拌和料中,掺入量为水泥用量的 0.5% ~1.0% 。

（3）配方三

| 硫酸铜 | 2 | 水玻璃（相对密度1.63） | 2 |
| 重铬酸钾 | 2 | 水 | 120 |

生产方法：将水加热至水沸，加入硫酸铜及重铬酸钾，搅拌使之溶解后，冷却至30~40℃，最后将此溶液倒入水玻璃中，搅拌均匀，放置30min后即成为速凝、防水剂硬化剂。

（4）配方四

| 氢氧化铝 | 100 |
| 硫酸钠 | 44 |

生产方法：将物料按配比混合研磨均匀，即得速凝剂硬化，用时直接与混凝土拌和料混合拌匀，掺入量为水泥用量的2.5%~3.0%。

（5）配方五

碳酸钠	4.2	氟化钠	0.1
硬脂酸	82.6	20%氨水	62
氢氧化钾	16.4	水	183.7

生产方法：将硬脂酸溶在水中，再加入其余组分混合搅拌均匀即成。本剂硬化具有速凝、防水、防渗、抗渗、抗冻等作用，可用于配制水泥砂浆，用于地下水管、水池、水塔等建筑工程。掺入量为水泥用量的4%左右。

参 考 文 献

[1] 项裹行，吴以聪，傅令莲. AN非氯型混凝土负温硬化剂[J]. 混凝土与水泥制品，1983，03：41－43.

[2] 蒋天涛，李如仙. YH－1多用混凝土表面硬化剂研究与应用[J]. 施工技术（建筑技术通讯），1988，02：44－46.

2.27　混凝土养护剂

在混凝土施工中混凝土养护是一个非常重要的环节。混凝土的强度来源于水泥的水化，而水泥水化只能在被水填充的毛细管内发生，因此，必须创造条件防止水分由毛细管中蒸发失去，才能使水泥充分水化，以保证混凝土的强度不断增长。如果混凝土在干燥的环境中养护，水泥水化作用会随着水分的逐渐蒸发而停止，并引起混凝土干缩裂缝及结构疏松，从而严重影响混凝土的强度和耐久性。化学养护法一般是在新浇注的混凝土表面涂抹养护剂，与传统的养护法相比，具有省工、省时、节水等优点。适用于公路、机场道坪、高层建筑、桥梁等工程的养护。对水源缺乏地区或无法采用常规方法养护的工程，更显示出其优越性。

该混凝土养护剂由油相成分、乳化剂和水组成。其中，煤油、石蜡、蒸煮松脂为油相成分，能在水泥颗粒表面形成疏水膜，防止水分蒸发，起养护作用。聚乙二醇、$C_{18~24}$伯脂醇为保湿成分，有利于水泥硬化有足够的水分 $C_{10~20}$脂肪醇聚氧乙烯醚为非离子型表面活性剂，起乳化作用。水为乳化液的水相成分。

1. 工艺配方

| 煤油 | 40~50 |

石蜡	0.5~1.5
聚乙二醇	0.004~0.01
$C_{18~24}$伯脂肪醇	4~5
蒸煮松脂	0.4~0.6
$C_{10~20}$脂肪醇聚氧乙烯醚	2~3
水	39~53

2. 生产方法

将油相混合加热,与溶有表面活性剂的水相混合乳化,即得混凝土养护剂。

3. 用途

用于公路、机场道坪、高层建筑、桥梁等混凝土工程的养护。

参 考 文 献

[1] 吴少鹏,张恒荣. 复合型混凝土养护剂的研制[J]. 新型建筑材料,2002,05:14-15.

[2] 贺晟. CLT型混凝土养护剂的研究与应用[J]. 山西建筑,2008,30:190-191.

[3] 王耿,范圣强,高阳,曹瑞军. 国内混凝土养护剂的最新研究进展[J]. 上海涂料,2005,03:16-20.

2.28 混凝土缓凝剂

缓凝剂(retarding agent)是一种能推迟水泥水化反应,从而延长混凝土的凝结时间,使新拌混凝土较长时间保持塑性,方便浇注,提高施工效率,同时对混凝土后期各项性能不会造成不良影响的外加剂。一般施工要求是日最低气温不低于5℃,不宜单独用于有早强要求的混凝土和蒸汽养护的混凝土工程。主要有木质磺酸盐、羟基羧酸、糖类及碳水化合物、氨基酸及其盐、腐殖酸、丹宁酸、氟化镁、磷酸及期盐或酯类、硼酸类、锌盐、苯酯、聚丙烯酸类化合物等。实际应用中为复配物。

工艺配方:

(1)配方一

| 己内酰胺水蒸气萃取残渣 | 20~50 |
| $C_{1~6}$羧酸钠 | 50~80 |

生产方法:将各物料混合均匀而成高效缓凝剂。

配方中萃取残渣由硫酸钠58.5%~65.4%、己内酰胺32.1%~37.1%、氨基己酸钠1.3%~3.9%、水溶性聚酰胺树脂0.5%~1.3%组成。这种缓凝剂能改善混凝土的流动性,提高其强度性能。

(2)配方二

| 葡萄糖酸钙 | 0.2 | 木质磺酸钙 | 1.5 |
| 水 | 100 | | |

生产方法:将各物料溶于即得混凝土缓凝剂。

(3)配方三

| 酸式磷酸乙酯 | 1 | 柠檬酸 | 15 |

| 水 | 100 |

生产方法：将柠檬酸和酸式磷酸乙酯溶于水，即得缓凝剂。

参 考 文 献

[1] 车广杰. 混凝土缓凝剂的分类及其作用机理[J]. 黑龙江科技信息, 2009, 10: 236.

[2] 张惠芬. 水泥混凝土缓凝剂在公路工程的应用[J]. 交通世界(建养、机械), 2010, 10: 142 - 143.

[3] 聂容春, 彭成松, 倪修全. 新型复合混凝土缓凝剂的研究[J]. 新型建筑材料, 1996, 05: 29 - 30.

2.29　柠檬酸

柠檬酸(citric acid)又称枸橼酸、2 - 羟基丙三羧酸(2 - hydroxy - 1, 2, 3 - propanetricar-boxylic acid)，分子式 $C_6H_8O_7 \cdot H_2O$，相对分子质量为 210.14。结构式为：

$$
\begin{array}{c}
COOH \\
| \\
HO—C—COOH \cdot H_2O \\
| \\
COOH
\end{array}
$$

1. 性能

纯柠檬酸为无色半透明晶体或白色颗粒或白色结晶性粉末，无臭，具有强烈的令人愉快的酸味，稍有一点苦涩味。它在温暖的空气中渐渐风化，在潮湿空气中微有潮解性。根据结晶条件的不同，它的结晶形态有无水柠檬酸和含结晶水柠檬酸。商品柠檬酸主要是无水柠檬酸和一水柠檬酸。一水柠檬酸是由低温(低于 36.6℃)水溶液中结晶析出，经分离干燥后的产品，相对分子质量 210.14，熔点 70～75℃，密度 1.542g/cm³。放置在干燥空气中时，结晶水逸出而风化。缓慢加热时，先在 50～70℃ 开始失水，70～75℃ 晶体开始软化，并开始熔化。加热到 130℃时完全丧失结晶水。最后在 135～152℃ 范围内完全熔化。一水柠檬酸急剧加热时，在 100℃熔化，结块变为无水柠檬酸。无水柠檬酸是在高于 36.6℃ 的水溶液中结晶析出的。相对分子质量 192.12，相对密度为 1.6650。一水柠檬酸转变为无水柠檬酸的临界温度为 36.6℃ ±0.5℃。

2. 生产方法

由淀粉类原料(如白薯粉、玉米、小麦等)或糖蜜(如甜菜、甘蔗、糖蜜、葡萄糖结晶母液等)经黑曲霉发酵、提取、精制而得。

3. 工艺流程

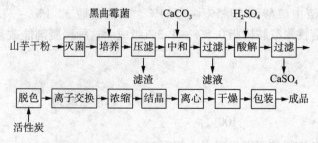

4. 工艺配方(kg/t)

| 山芋粉 | 2280 | 碳酸钙(工业品) | 1040 |

88

硫酸（98%）	960	盐酸（32%）	700

5. 主要设备

灭菌釜、发酵罐、压滤机、空气压缩机、中和槽、酸解槽、脱色釜、离子交换柱、减压浓缩釜、烘房。

6. 质量标准

外观	无色半透明结晶，或白色颗粒或白色结晶性粉末
灼烧残渣	≤0.1%
硫酸盐（SO_4^{2-}）	≤0.05%
柠檬酸含量（一水物）	≥99%

7. 用途

柠檬酸广泛用于食品工业、医药工业和其他行业。建筑工业用作混凝土缓凝剂。食品工业用作清凉饮料、糖果的酸味剂。医药工业用于制造补血剂柠檬酸铁铵或输血剂柠檬酸钠，也可用作碱性解毒剂。印染工业用作媒染剂。机械工业用作金属清洁剂。油脂工业用作油脂抗氧剂，电镀工业用作无毒电镀。涂料及塑料工业用于制造柠檬酸钡。日化工业代替磷酸酯生产洗涤剂。此外，还用作锅炉清洗剂、管道清洗剂、无公害洗涤剂等。

8. 安全与贮运

操作人员应穿戴劳保用品。本品无毒。内衬聚氯乙烯塑料袋的编织袋包装，贮存于阴凉、干燥处。注意防热、防潮。

参 考 文 献

[1] 伍时华，路敏，童张法. 从发酵液中提取柠檬酸的研究进展[J]. 广西工学院学报，2005，（03）：9.
[2] 汪多仁. 柠檬酸（钠）的开发与应用进展[J]. 化工中间体，2004，（05）：30.
[3] 韩德新，高年发，周雅文. 柠檬酸提取工艺研究进展[J]. 杭州化工，2009，（03）：3.

2.30　膨胀剂

膨胀剂能使水泥在凝结硬化时伴随体积膨胀，以达到补偿收缩和张拉钢筋产生预应力的一种化学外加剂。本品膨胀耐热性好，膨胀稳定，适于干热环境使用，如冶金厂房填灌热车间底脚螺栓等。

1. 工艺配方

氯化钠	1.2	海波	1.5
拉开粉	0.2	精萘减水剂	0.3
氯化铵	0.8	铝粉	0.005
铁粉	95		

2. 生产方法

将各组分调拌均匀即得成品。

3. 用途

用量占水泥重的 0.3%～1%，使用时与水泥拌和均匀即可。

参 考 文 献

[1] 刘德春，熊小丽. 新型双膨胀源膨胀剂的研究[J]. 新型建筑材料，2011，06：8-11.
[2] 游宝坤，赵顺增. 我国混凝土膨胀剂发展的回顾和展望[J]. 膨胀剂与膨胀混凝土，2012，02：1-5.
[3] 徐鹏，邹建龙，赵宝辉，刘爱萍. 油井水泥膨胀剂研究进展[J]. 油田化学，2012，03：368-374.

2.31 普通复合膨胀剂

长期以来，混凝土裂缝防治为工程界致力研究的问题。在众多裂缝控制方法中，利用膨胀剂的补偿收缩作用控制混凝土裂缝的方法在工程中极为普遍。现阶段混凝土的膨胀剂种类大致可分为硫铝酸盐系膨胀剂、氧化钙系膨胀剂、氧化镁系膨胀剂和复合混凝土膨胀剂。

1. 性能

深色粉状物，加入普通水泥混凝土中，水化产生膨胀结晶体，以此补偿水泥水化时产生的收缩，从而配制成补偿收缩或膨胀混凝土，用以克服普通水泥凝土收缩开裂和超长钢筋混凝土温差裂缝的缺陷，借此可以使混凝土结构自身防水。28 天抗压强度为 47MPa，置于水中 14 天限制膨胀率为 0.02%。

2. 生产方法

普通型复合膨胀剂 CEA 是用石灰质原料、黏土质原料、铁质原料按特定比例配料后研磨，然后用回转窑在 1400～1500℃温度下烧成膨胀熟料，再加一定矿物质改性成分研磨而成。多功能复合膨胀剂 CEA-B 是在此基础上，根据使用时的施工性能要求，另按一定比例加入表面活性物质、水化阻滞物质等成分，混合搅拌而成，既保持 CEA 膨胀功能，又具特定施工性能。

3. 工艺流程

4. 质量标准

含水率/%	≤3.0	总碱量/%	≤0.75
氯离子/%	≤0.05	比表面积/(m²/kg)	≥250
0.08mm 筛筛余/%	≤10	1.25mm 筛筛余/%	≤0.5

凝结时间

初凝 ≥45min

终凝 ≤10h

限制膨胀率/%

水中 7 天 ≥0.025

水中 28 天 ≤0.01

空气中 28 天 ≥-0.020

抗压强度/MPa

7 天 ≥25.0

28 天	≥45.0
抗折强度/MPa	
7 天	≥4.5
28 天	≥6.5

5. 用途

用作混凝土膨胀剂，替代 10% 的水泥，拌制混凝土时加入即可。主要用于有防水要求的混凝土结构，使混凝土结构自身具有防水能力，用于大体积（最小方向尺寸 1m）混凝土结构，以抵抗温差应力，防止温差裂缝。用于预留后浇灌带或伸缩缝的超长钢筋混凝土结构，取消后浇灌带，实施无缝连续施工。

参 考 文 献

[1] 复合膨胀剂(CEA)[J]. 建材工业信息, 2004, 06: 30.
[2] 钟业盛, 姚晓, 董淑慧. 复合混凝土膨胀剂研究初探[J]. 低温建筑技术, 2005, 01: 13-15.
[3] 曾明, 周紫晨. 一种用于水泥基灌浆料的复合膨胀剂研究[J]. 混凝土与水泥制品, 2011, (02): 6.

2.32 铝酸钙膨胀剂

铝酸钙膨胀剂(calcium aluminium expansing admixture)简称 AEA，是一种硫铝酸钙型混凝土膨胀剂。在制备混凝土时，掺入水泥质量的 8%～12% 代替相同质量的水泥，可制成补偿收缩混凝土，强度高，干缩小，能防止混凝土建筑物的开裂，提高抗渗性能。

1. 性能

具有补偿收缩、导入自应力和提高混凝土密实度等性能。混凝土限制膨胀率 0.02%～0.04%，导入自应力 0.3～0.9MPa。耐蚀性，优于普通混凝土，对水质无污染，对钢筋无锈蚀，无坍落度损失。

膨胀稳定快，后期强度较高，能防止混凝土建筑物的开裂，提高抗渗性能。掺 10% AEA 制成的 1:2 砂浆，限制膨胀率 ≥0.04%，空气中养护 28 天，基干缩率小于 0.02%；1:2.5 砂浆 28 天抗压强度 ≥47.0Mpa；28 天抗折强度 ≥6.8Mpa。抗冻性 D ≥150。黏结力比普通混凝土提高 20%～30%。

2. 生产方法

AEA 是以一定比例的高铝熟料、天然明矾石、石膏共同粉磨制成的膨胀型混凝土外加剂。其原材料化学成分，AEA 的化学组成中，原材料品质指标与化学成分（%）：

品名	SiO₂	Al₂O₃	Fe₂O₃	CaO	TiO₂	MgO	SO₃	K₂O	Na₂O
高铝熟料	4.39	53	2.59	33.53	2.74	0.56	—	—	—
明矾石	43.27	>18	1.91	0.54	0.51	0.19	>18	4.88	0.67
石膏	2.12	0.38	0.17	39.71	—	0.39	>45	—	—

AEA 的化学组成（%）：

SiO₂	Al₂O₃	Fe₂O₃	CaO	MgO	SO₃	K₂O + 0.658Na₂O₂
9.82	16.62	2.66	28.60	1.58	26.86	0.52

说明：

①AEA 是一种硫铝酸钙复合型膨胀剂，高铝熟料在石膏作用下生成的钙矾石是早期膨胀，具有较大的膨胀能。水比反应中的钙矾石与水化氢氧化铝凝胶同时生成，膨胀相与胶凝相合理配合，膨胀和强度协调发展。明矾石水化生成的钙矾石具有后期微量膨胀，能够减少水泥石后期的应力损失，因此，AEA 的膨胀效应是这两种膨胀效应的综合结果。

②高铝熟料在石膏和 $Ca(OH)_2$ 作用下的早期膨胀能，呈现较大的膨胀效应。由于钙矾石与水化氢氧化铝凝胶同时生成，使膨胀相与胶凝相合理配合，既保证了膨胀效能，又保证了强度。而由于明矾石形成的钙矾石在后期有微量膨胀，它使水泥石后期具有微膨胀势头，改善了水泥－集料界面微区结构，有利于提高混凝土的性能。可以根据工程实际需要，合理选择 AEA 在水泥中的掺量，不但可获得适度体积膨胀，在钢筋等限制条件下，导入 $0.2 \sim 0.7MPa(2 \sim 7kgf/cm^2)$ 自应力，起到良好的收缩补偿或张拉钢筋的作用。因钙矾石具有填充堵塞孔隙的作用，提高了混凝土的密实度和抗渗性能，从本质上改善了普通混凝土的孔结构和应力状态。

3. 质量标准

氧化镁/%	≤5.0	含水率/%	≤3.0
总碱量/%	≤0.75	氯离子/%	≤0.05
细度		比表面积/(m²/kg)	≥250
0.08mm 筛筛余/%	≤10	1.25mm 筛筛余/%	≤0.5

凝结时间

初凝/min	≥45
终凝/h	≤10

限制膨胀率/%

水中 7 天	≥0.025
水中 28 天	≤0.01
空气中 28 天	≥ -0.020

抗压强度/MPa

7 天	≥25.0
28 天	≥45.0

抗折强度/MPa

7 天	≥4.5
28 天	≥6.5

4. 用途

适用于建造地下铁道、地下室、隧道、游泳池、水塔、储水池；建造桥梁、桥墩与桥板间的支座灌浆；建造混凝土管；建造无缝路面、飞机跑道。

适用于 425 号以上五大水泥，AEA 掺入量为 8% ~12%；要求搅拌均匀，其拌合时间比普通混凝土延长 30 ~60s。

为充分发挥其膨胀效能，适时和充分的保湿养护最为重要。混凝土浇筑后，一般在终凝后 2h 开始浇水养护，养护期 7 ~14 天。为保证大体积混凝土内部膨胀所需要的水分，在有条件时最好拌入多孔骨料，以孔中饱含的水分作为补充水源。要求振捣密实，不要过振或漏振。

掺入不同品种的外加剂在补偿收缩混凝土中会产生不同的效果，因此，使用时须经过试验后才能确定。

参 考 文 献

[1] 李建杰. 铝酸钙膨胀剂的性能及水化机理[J]. 山东建材, 2007, (04): 21.

[2] 李乃珍, 刘翠华, 谢敬坦, 张立新, 雷亚光. 含硫铝酸钙、铝酸钙熟料膨胀剂颗粒级配对性能的影响[J]. 膨胀剂与膨胀混凝土, 2008, (01): 3.

[3] 方毓隆. 铝酸钙膨胀剂的性能与应用[J]. 广东建材, 2004, (8): 4.

2.33 复合混凝土膨胀剂

复合混凝土膨胀剂(united expansing agent)简称 UEA。是硫酸铝、氧化铝、硫酸铝钾和硫酸钙等无机物的混合物。主要成分为 $Al_2(SO_4)_3$、Al_2O_3、$KAl_3(SO_4)_2(OH)_6$、$CaSO_4$。

1. 性能

粉状产品,易吸潮。在硅酸盐水泥内掺 10%~15% 的 UEA 可制成具有抗裂防渗、补偿收缩、自应力等性能优良的防水混凝土,黏结力比普通混凝土提高 20%~30%,对钢筋无锈蚀,并能提高混凝土强度,增强抗冻性能,降低混凝土水化热等。

在钢筋等限制条件下,在混凝土中的自应力为 0.2~0.8MPa,以补偿混凝土的干缩和冷缩,通过膨胀结晶不断填充混凝土孔隙,可提高混凝土的密实度,达到抗裂防渗效果。

2. 生产方法

复合混凝土膨胀剂由硫酸铝、氧化铝、硫酸铝钾、硫酸钙等无机化合物特制而成,作为外加剂掺入到普通水泥凝土中,形成膨胀结晶水化物——钙矾石。

3. 工艺流程

原料 → 检验 → 混配 → 粉碎 → 研磨 → 包装 → 成品

4. 质量标准

含水率/%	≤3.0	总碱量/%	≤0.75
氯离子/%	≤0.05	比表面积/(m²/kg)	≥250
0.08mm 筛筛余/%	≤10	1.25mm 筛筛余/%	≤0.5

凝结时间

初凝/min ≥45

终凝/h ≤10

限制膨胀率/%

水中 7 天 ≥0.025

水中 28 天 ≤0.01

空气中 28 天 ≥ -0.020

抗压强度/MPa

7 天 ≥25.0

28 天 ≥45.0

抗折强度/MPa

7 天 ≥4.5

28 天	≥6.5

5. 用途

用作混凝土膨胀外加剂，主要用于建筑物地下室、刚性防水屋面、填充后浇缝、水泥制品等。用量为 10% ~ 15%。水泥用量不得低于 300kg/m³，搅拌时间延长 30s，UEA 混凝土养护不少于 14 天。

参 考 文 献

[1] 钟业盛，姚晓，董淑慧．复合混凝土膨胀剂研究初探[J]．低温建筑技术，2005，01：13 – 15.
[2] 陈建兵，石立民，康惠荣，马文韬．复合膨胀剂限制膨胀率检测方法[J]．商品混凝土，2011，08：41.

2.34 氧化铁灌注砂浆膨胀剂

在防治和控制混凝土裂缝的方法中，利用膨胀剂的补偿收缩作用控制混凝土裂缝的方法在工程中极为普遍。氧化铁灌注砂浆膨胀剂由铁粉加氧化剂组成。使用时要借助金属铁氧化铁氧化成氧化铁和氢氧化铁等产物，引起膨胀效应。

该膨胀剂耐热性好，膨胀稳定早，适于干热环境使用。

1. 工艺配方

	一	二
铁粉	95	95
氯化钠	1.2	1.2
氯化胺	0.8	0.8
高锰酸钾	0.9	0.9
硫代硫酸钠	1.5	1.5
拉开粉	0.2	
精萘(占水泥重)/%	0.3	
NNO(占水泥重)/%	0.75	

2. 用途

在配制砂浆时，将氧化铁灌注砂浆膨胀剂适量掺入混合均匀。

参 考 文 献

[1] 张荣礼．铁屑膨胀剂灌浆材料[J]．工业建筑，1983，10：42 – 45.
[2] 游宝坤，赵顺增．我国混凝土膨胀剂发展的回顾和展望[J]．膨胀剂与膨胀混凝土，2012，02：1 – 5.

2.35 明矾石膨胀水泥

明矾石膨胀水泥是以硅酸盐水泥熟料为主，天然明矾石、石膏和粒化高炉矿渣(或粉煤灰)按适当比例磨细制成的，具有膨胀性能的水硬性胶凝材料，简称 AEC。其特点是具有补偿收缩，后期强度高，能显著提高混凝土的抗裂防渗性能。

1. 工艺配方

普通水泥熟料	58~63	天然无水石膏	9~11
天然明矾石	12~15	粉煤灰(或矿渣)	15~20

2. 用途

将各组分混合后粉磨,即制得膨胀水泥。制作工艺简单,成本低,产品性能良好。

参 考 文 献

[1] 明矾石膨胀水泥(AEC)[J]. 建材工业信息,2004,01:35.

[2] 杨永建. 明矾石膨胀混凝土分类与应用[J]. 混凝土,1992,05:32-36.

[3] 王延生,游宝坤,张桂清,邓慎操. 明矾石膨胀水泥的性能及其水化和硬化[J]. 硅酸盐学报,1979,02:113-126.

2.36　密实剂

混凝土密实剂是一种能有效减小混凝土的早期收缩,降低混凝土开裂风险进而提高其防水性能及密实性的外加剂。通常的减水剂都是良好的密实剂。

1. 工艺配方

硫酸铜	0.1	铬矾	0.1
重铬酸钾	0.1	水玻璃	40.0
钾铝矾	0.1	水	6.0

2. 生产方法

将四种矾盐按比例溶于沸水中,然后降温至50℃,加入水玻璃搅匀即得密实剂。

3. 用途

掺入量一般为水泥重的3%左右。

参 考 文 献

[1] 郭自利,刘宝影,孔祥明,李永杰,周建启. 混凝土减缩防水密实剂干缩性能试验研究[J]. 混凝土,2010,12:54-56.

[2] 徐丰悦,栾淑霞,韩德朝. JMP防水密实剂研究[J]. 河北工学院学报,1992,02:14-19.

[3] 王政,李家和,张玉珍,康玉花. TS95硅质密实剂[J]. 建筑技术开发,1999,04:26-53.

2.37　发气剂

发气剂(air entrainer)又称加气剂、引气剂。

1. 性能

当掺入普通混凝土或砂浆中,可使搅拌过程中混入的空气形成微小而稳定的气泡,改善混凝土的使用性能,减少泌水和离析,提高混凝土的抗渗性、抗冻性和抗侵蚀性。

2. 工艺配方

(1)配方一

1,2,3-混合三醇胺(一乙醇胺、二乙醇胺、三乙醇胺混合)	0.48

碳酸钠		4
松香皂		16
水		24

生产方法：将各组分混合均匀即得。掺入量为水泥用量的 0.2%。

（2）配方二

松香酸钠	16	10%氢氧化钠溶液	3.0
十二烷基苯磺酸钠	4	水	40

生产方法：将各组成混合均匀即得引气剂。掺入量为水泥用量的 0.15%。

（3）配方三

松香	20	氢氧化钠	30
骨胶	2.5	水	43.8

生产方法：将碱用部分水溶解后，加入松香，在 100℃水浴锅内搅拌皂化 15～2h。另将骨胶加水在水浴铅内搅拌皂化 1.5～2h。另将骨胶加水在浴锅内搅拌溶解 1.5～2h，然后将二者充分混和，并在 100℃水浴铅内搅拌 30min。即浓缩加气剂。使用时在 60℃下加 4～5 倍水烯释即可。掺入量为水泥用量的 0.5% 左右。

（4）配方四

铝粉	0.1	海波	30
铁粉	18	拉开粉	4
氯化钠	24	萘系减水剂	6
氯化铵	16		

生产方法：将全部物料调拌均匀即得 W－20 加气剂。掺入量为水泥用量的 0.3%～1.0%。

（5）配方五

苯酚	70	氢氧化钠	8
松香粉	140	硫酸（98%）	3.68

生产方法：将苯酚、松香粉、硫酸混合，边搅拌边加热，温度控制在 70～80℃，反应 6h。然后停止加热，加入氢氧化钠溶液（用水先溶解），继续边搅拌边加热，保温 2h，温度不能超过 100℃，反应完华后，停止加热，静置即得加气剂添加量为水泥量的 0.5%～1.5%。

参 考 文 献

［1］ 李坤荣．一种"Z·D"新型水泥浆发气剂［J］．建材工业信息，2000，12：20－21.

［2］ 陈业明．复合发气剂［J］．建材工业信息，1984，18：15－16.

［3］ 张文敏，丁建国，万玉宝．新型混凝土加气剂的制备［J］．安徽化工，1996，04：25－26.

2.38　加气混凝土的加气剂

在混凝土中掺有这种加气剂后，可使混凝土具有分布均匀的细小气孔，本身容重减轻，又有抗渗性、耐火性及保温隔热的性能，是现代厅堂建筑、高层建筑隔热、隔声常用的墙体材料。

1. 工艺配方

松香	1	氢氧化钠(工业)	1
水	适量		

2. 生产方法

将松香加热熔融,边熔边搅拌,温度约升到200℃左右冒青烟,呈红棕色时,停止加热,冷却后将此松香碾成细粉。再将相对密度调为1.125~1.16的氢氧化钠溶液煮沸,在搅拌下慢慢加入松香粉,待全部松香加完溶解后,再继续熬煮30min,使之完全液化成松脂酸钠,并随时补充蒸发掉的水分。到表现为澄清透明液体,无混浊物及沉淀物即液化完全,加温水稀释至5%左右即为加气剂备用。

3. 用途

在混凝土搅拌机中,先将混凝土搅拌一会,然后加入配制的加气剂,继续搅拌几分钟即得加气混凝土。其用量为3%~5%,水泥用量不少于320kg/m³。

参 考 文 献

[1] 张文敏,丁建国,万玉宝. 新型混凝土加气剂的制备[J]. 安徽化工, 1996, 04:25-26.
[2] 江漱于. 喷射混凝土的耐冻融性和加气剂[J]. 工业建筑, 1990, 11:56-57.

2.39 引气剂

引气剂是混凝土中使用最早的外加剂。引气剂是一种搅拌过程中具有在砂浆和混凝土中引入大量均匀分布的微气泡,而且在硬化后能保留在其中的一种外加剂。引气剂的掺量通常在0.002%~0.01%,使混合物中引气量达到3%~5%。引气剂能改善新拌混凝土的易和性,引气剂能降低固-液-汽相界面张力,提高气泡膜强度,使混凝土中产生细小均匀分布且硬化仍能保留的微气泡。这些气泡可以改善混合料的工作性,提高混凝土的抗冻性、抗掺性以及抗侵蚀性。

1. 工艺配方

苯酚	35	氢氧化钠	4
硫酸(98%)	2	松香粉	70

2. 生产方法

①将松香粉、苯酚、硫酸分别按配比量倒入反应器内加以搅拌,然后装上冷凝器、搅拌器和温度表,徐徐加热,并不断搅拌混合物,同时控制温度在70~80℃之间,维持6h。

②暂停加热,加入氢氧化钠溶液,继续加热搅拌2h,此时温度应接近100℃,但不应超过100℃。

③停止加热,稍静置,趁热倒入贮存器,即成为松香热聚物引气剂。

3. 用途

该剂掺入量占水泥重的0.2%~0.5%。

参 考 文 献

[1] 瞿佳,朱伯荣,杨杨,来虎钦. ZY-E型混凝土引气剂的研究[J]. 浙江建筑, 2012, 02:49-51.

[2] 高涛. 引气剂在水泥混凝土中的应用[J]. 山西建筑，2010，24：177-178.

2.40　V-1型引气剂

V-1型引气剂（air entrainer V-1 type）的化学成分为松香盐。松香盐是国内最广泛使用的引气剂。

1. 性能

V-1型引气剂为棕色膏状物，易溶于水，为深棕色液体。能改善硬化水泥浆体孔结构，微细气泡增多，使孔径和气泡间隔系数显著变小。可改善新拌混凝土的和易性，减少其离析和泌水现象，并提高硬化混凝土的均匀密实性、抗渗性和抗冻性，从而可显著提高混凝土的耐久性。

拌合砂浆时，掺入该引气剂能提高砂浆的和易性及保水性。引气剂对凝结时间无影响。引气剂能提高硬化砂浆的强度及耐久性。掺加该引气剂能部分或全部取代石灰。

2. 生产方法

松香的化学结构很复杂，其中含有松脂酸类、芳香烃类、芳香醇类和中性物质等。将松香与石碳酸（苯酚）、硫酸按一定比例投入反应釜中，在一定温度和合适条件下反应，生成一种相对分子质量比较大的物质，再用氢氧化钠处理成为钠盐的缩合热聚物V-1引气剂。

3. 质量标准

外观	棕色膏状物	
	一等品	合格品
减水率/%	≥6	≥6
泌水率/%	≥70	≥80
含气量/%	>3.0	>3.0
凝结时间之差/%		
初凝	-90～+120	
终凝	-90～+120	
抗压强度比/%		
3天	≥95	≥80
7天	≥95	≥80
28天	≥90	≥80
收缩率比/%	≤135	
相对耐久性/%（200次）	≥80	≥60
对钢筋锈蚀作用	对钢筋无锈蚀危害	

4. 用途

用于引气混凝土或抹面砂浆、石切筑砂浆。

V-1型引气剂的掺量为水泥量的0.004%～0.01%，一般以0.005%～0.008%为宜。V-1型引气剂掺量极少，需准确计量，最好根据全天拌合砂浆数量计算V-1型引气量、配制1%的水溶液。V-1型引气剂砂浆存放时间不宜过长，一般不要超过半天，否则引气量下降。V-1型引气剂可与减水剂等外剂复合使用，但使用前需进行预拌试验。掺加V-1型引气剂的砂浆，应用机械搅拌。在保持稠度相同条件下，掺加V-1型引气剂，一般可比普通砂浆减水剂拌合用水5%～

15%（拌合用水包括Ⅴ-1型引气剂溶液的水量）。Ⅴ-1型引气剂溶液可在拌合砂浆时与拌合水同时掺入拌合物料。Ⅴ-1型引气剂的砂搅拌时间为3~4min。配制Ⅴ-1型引气剂溶液需用洁净容器，不得混入油污等杂物。一般饮用水配制Ⅴ-1型引气剂溶液。

参 考 文 献

[1] 刘淑红，高淑娟. 萘系减水剂与松香引气剂复合效应试验研究[J]. 科技创新导报，2008，32：3.
[2] 林永达. 新型混凝土引气剂——RSF[J]. 长江水利水电科学研究院院报，1986，S1：53-57.
[3] 何成旎. WM引气剂的研究与应用[J]. 四川建筑科学研究，1988，02：37-43.

2.41　混凝土早强剂

混凝土早强剂是指能提高混凝土早期强度，并且对后期强度无显著影响的外加剂。早强剂的主要作用在于：加速水泥水化速度，促进混凝土早期强度的发展。早强剂能加速混凝土硬化过程，促进混凝土早期达到强度。在修筑工程中提高生产率，缩短周期，特别适宜于一些紧急抢修、抢建工程、混凝土预制构件及寒冷地区的冬季施工。

1. 工艺配方（%）

（1）配方一

明矾	3	酒石酸	0.2
硫酸钠	3	三乙醇胺	0.05

这种早强剂早强效果明显，掺入425号水泥混凝土，12h抗压强度达20kgf/cm²。

（2）生产配方二

木质磺酸钙	0.3	硫酸钠	2
三乙醇胺	0.03		

（3）生产配方三

乙酸钠	2	木质磺酸钙	0.25
硝酸钠	4	硫酸钠	2

本配方为负温早强剂，适用于日平均气温不低于-10℃下施工。

（4）生产配方四

硫酸亚铁	0.5	三乙醇胺	0.03
硫酸钠	2		

（5）生产配方五

硫酸铝	1	亚硝酸钠	1
三氯化铁	0.75	三乙醇胺	0.03

（6）生产配方六

硫酸钠	1.5~2	氯化钠	2
石膏	2	硝酸钠	2

2. 生产方法

各配方的用量均指占水泥质量分数。将各组分混合均匀即得成品。

3. 用途

将上述成品溶于水中，再将水溶液与混凝土一起拌和使用。适宜于一些紧急抢修、抢建工程、混凝土预制构件及寒冷地区的冬季施工。

参 考 文 献

[1] 高振国，韩玉芳，王长瑞．无碱混凝土早强剂的配制与作用机理研究[J]．武汉理工大学学报，2009，07：81-83.

[2] 要秉文，王彦平，王庆华，张筠．低氯低碱新型混凝土早强剂的研究[J]．混凝土与水泥制品，2006，03：1-4.

[3] 谢兴建．混凝土早强剂应用技术研究[J]．新型建筑材料，2005，05：33-35.

2.42　固体醇胺早强剂

三乙醇胺是一种常用的、且常温下呈液态的混凝土早强剂，它不易包装和运输，尤其是在现场施工时，由于黏度较大而不易准确称量。固体醇胺混凝土早强剂是一种粉末状固体，无毒、不易潮解，便于包装、运输，易于掺加（可直接掺入混凝土中拌均）。固体醇胺早强剂是三乙醇胺配合物钙盐。基本结构式为：

$$2A + Ca(OH)_2 \longrightarrow Ca^{2+} \left[\begin{array}{c} CH_2CH_2\text{-}O \\ N\text{-}CH_2CH_2OH \quad L \quad HOCH_2CH_2\text{-}N \\ CH_2CH_2\text{-}O \end{array} \begin{array}{c} O\text{-}CH_2CH_2 \\ \\ O\text{-}CH_2CH_2 \end{array} \right]_2 + 2H_2O$$

式中，A 是三乙醇胺配合物。

1. 性能

粉末固体，不易潮解。用作混凝土早强剂。便于包装、运输，易于掺加（可直接渗入混凝土中）。

2. 生产方法

三乙醇胺与络合剂加入反应器中，于140℃，搅拌反应 3~5min，生成配合物。配合物与氢氧化钙反应，得到固体醇胺早强剂。

$$2N \begin{array}{c} CH_2CH_2OH \\ - CH_2CH_2OH \\ CH_2CH_2OH \end{array} + L \longrightarrow$$

$$H^+ \left[\begin{array}{c} CH_2CH_2\text{-}O \\ N\text{-}CH_2CH_2OH \quad L \quad HOCH_2CH_2\text{-}N \\ CH_2CH_2\text{-}O \end{array} \begin{array}{c} O\text{-}CH_2CH_2 \\ \\ O\text{-}CH_2CH_2 \end{array} \right]^- + nH_2O$$

式中，L 为配合剂。

3. 生产工艺

三乙醇胺与络合剂反应生成配合物。投料比 5:1.5，反应温度140℃，搅 3~5min，生成中间产物配合物，此中间产物为略带黄色的颗粒状晶体，但极易潮解。

配合物与氢氧化钙反应的投料比 6.5:1，反应温度130℃。搅拌时间 3~5min。生成三乙醇胺配合物钙盐即固体醇胺早强剂。该早强剂经冷却、自然晾干和粉碎后，为粉末状固体。

说明：

一般认为，三乙醇胺能够提高混凝土早期强度的原因，是由于三乙醇胺在水泥水化过程

100

中与 Al^{3+}、Fe^{3+} 生成易溶于水的配合物，这在水化初期必然给熟料粒子表面形成的 C_3A 水化物及其生成物（如硫铝酸钙）的不渗透膜造成损害，从而使 C_3A、C_4FA 溶解速率提高，与石膏的反应也因之加快，硫铝酸钙的生成也加多加快，并且使钙矾石与单硫酸盐型硫铝酸钙之间的转化速率加快。硫铝酸钙生成量增多，必然降低液相中 Ca^{2+}、Al^{3+} 的浓度，这又可促进 C_3S 深入水化，硫铝酸盐的增多和 C_3S 的水化使水泥石的结构得到加强，这便是提高水泥石早期强度的关键。而晶型的转变和 C_3S 的深入水化又是提高后期强度的重要原因。固体醇胺早强剂，与液态三乙醇胺的作用机型是相同的。

4. 用途

用作混凝土早强剂。掺加量为 0.03%。

固体醇胺早强剂与液体三乙醇胺早强剂一样，单掺不如复合掺加效果好。与氯化钠、亚硝酸钠、二水硫酸钙等复合掺加后，可大大提高早期强度，对后期强度也有一定的增进作用。

参 考 文 献

[1] 王宗廷，俞然刚. 固体醇胺混凝土早强剂研制[J]. 混凝土与水泥制品，1999，(02)：19.
[2] 王玉锁. 新型混凝土复合早强剂的研究[D]. 西南交通大学，2004.

2.43 常温早强剂

能提高混凝土早期强度的助剂称为早强剂。早强剂按其化学成分可分为无机早强剂、有机早强剂和复合早强剂。按其使用可分为常温早强剂和低温早强剂。

无机早强剂主要是盐类，如氯化钙、氯化钠、硫酸钠、硫酸钙、硫酸铝、重铬酸钾等；有机早强剂主要有三乙醇胺，三异丙醇胺、乙醇、甲醇、甲酸钙、草酸锂、乙酸钠。在实际使用中，大多为复配早强剂。

工艺配方：

(1)配方一

氯化钠	3	硫酸钠	6
亚硝酸钠	3	明矾	6
酒石酸	0.4	三乙醇胺	0.1

生产方法：将各组成混合均匀即成。掺入量为水泥用量的 7.0%~7.5%。

用途：用作混凝土早强剂，适用于普通钢筋混凝土工程，本剂对钢筋无腐蚀作用。

(2)配方二

硫酸钠	40	缓凝剂（多羟基复合物）	3.34
粉煤灰	60		

生产方法：先取出 1/5 的粉煤灰与硫酸钠、缓凝剂搅拌混匀，然后加入剩余粉煤灰混合均匀即可。粉煤灰要求过 120 目筛，烘干至含水量。掺混量为水泥质量的 2%~3%。

(3)配方三

亚硝酸钠	20	三乙醇胺	1
二水石膏	40	水	适量

生产方法：将亚硝酸钠和三乙醇胺混合溶于水中配成溶液，使用时才加入二水石膏混合。因为二水石膏溶解度小，不能事先配成水溶液。因此每次应先将石膏与水搅拌均匀，后加入上述混合液混合，现再加入水泥、砂、石等一起搅拌即可。

用途：适用于矿渣水泥的普通混凝土，掺入量为水泥用量的3%。本剂有抑制钢筋腐蚀作用，2天压缩强度比不掺者提高40%~50%，28天则提高10%以上，1年内也还有提高。

（4）配方四

硫酸钠	2~3
二水石膏	2

该早强剂用于普通水泥，蒸汽养护，用量以水泥质量计。

（5）配方五

氯化钠	10
三乙醇胺	1

生产方法：将各组分混合均匀即成早强剂，掺入量为水泥用量的2.5%。

用途：该早强剂对钢筋基本不腐蚀，适用于预应力钢筋混凝土及对钢筋有严格要求的钠筋混凝土建筑工程。

（6）配方六

硫酸钠	1.5~2.0	石膏	2
亚硝酸钠	0~0.1		

该早强剂用于普通水泥，养护初期温度0℃以上，用量为占水泥质量分数。

（7）配方七

硝酸钠	80	木质素磺酸钙	5
硫酸钠	40	乙酸钠	40

生产方法：将各组成分混合均匀即成早强剂。掺入量为水泥用量的8%~9%。

（8）配方八

硫酸钠	1.5~3	三乙醇胺	0.05
食盐	0.5~0.75		

该早强剂适用于矿渣水泥，用量为占水泥质量分数。适于0℃以上温度下养护。

（9）配方九

三乙醇胺	0.05	亚硝酸钠	0.5
食盐	0.5	二水石膏	2.0

该早强剂适用于矿渣水泥的一般钠筋混凝土。用量为占水泥质量分数。

参 考 文 献

[1] 张军，张彤，何晓慧，周云麟. 超早强混凝土研发及应用[J]. 混凝土，2005，06：104-106.

[2] 盖广清，肖力光，王兴东. WCZ型混凝土超早强剂的研究[J]. 吉林建材，2003，05：22-26.

[3] 吴永龙. 几种混凝土早强剂试验[J]. 建筑技术，1979，11：25-28.

2.44 低温早强剂

海洋深水石油开发是我国未来相当一段时间内石油资源开发的重要领域，而低温混凝土浇灌固井技术就是其中一项必不可少的重要和关键技术之一。低温混凝早强剂适用于0℃以下的混凝土浇灌作业。早强剂也称促凝剂，是指能促使混凝土尽快失去流动性，出现初始强度，加速凝结、硬化功能的化学外加剂。

使用早强剂的目的是促进混凝土出现早期强度，而后期强度又不受影响。要求能显著地提高混凝土强度，不会有降低后期强度及破坏混凝土内部结构的有害物质，对钢筋不产生锈蚀危害。

工艺配方：

（1）配方一（份）

| 硫酸亚铁 | 25 | 木质素磺酸钠 | 5 |
| 硫酸钠 | 100 | 三乙醇钠 | 1.5 |

将上述物料按配比混合均匀即得早强剂。掺入量为水泥用量的2.5%～3.0%。本剂适量于在日平均气温不低于－10℃下施工。

（2）配方二（%）

| 三乙醇胺 | 0.05 | 氯化钙 | 1.0 |
| 氯化钠 | 1.0 | 亚硝酸钠 | 1.0 |

该早强剂用于室外温度－15～－20℃，掺入量为占水泥质量分数。氯化钙掺量（按无水状态）不得超过水泥质量的2%。

（3）配方三（%）

| 三乙醇胺 | 0.05 | 亚硝酸钠 | 0.5～10 |
| 氯化钠 | 0.5～1.0 | | |

适用于为－5～－10℃，用量为占水泥量的质量的分数。

（4）配方四（%）

| 硫酸钠 | 1.5～2.0 | 亚硝酸钠 | 2.0 |
| 氯化钠 | 2.0 | | |

适用于矿渣水泥，养护初期温度为－5～8℃，用量为占水泥质量分数。

（5）配方五（%）

| 硫酸钠 | 3 |
| 亚硝酸钠 | 6 |

该早强剂最低温度为－8℃。用量为占水泥用量的质量分数。

（6）配方六（%）

| 硫酸钠 | 1.5～3 | 亚硝酸钠 | 1 |
| 食盐 | 1.5 | | |

适用于矿渣水泥，适于－3～－5℃养护，用量以水泥质量分数。

（7）配方七（%）

| 三乙醇钠 | 0.05 | 亚硝酸钠 | 0.5～1.0 |

氯化钠	0.5～1.0

该早强剂于室外温度 −10 ～ −15℃使用，掺量加为占水泥质量分数。

（8）配方八（%）

硫酸钠	1.5～2.0	亚硝酸钠	1.0
氯化钠	1.5	石膏	2.0

适用于普通水泥，养护初期温度 −3 ～ −5℃，用量为占水泥质量分数。

（9）配方九（%）

硫酸钠	1.5～2.0	石膏	2.0
亚硝酸钠	3.5		

适用于普通水泥，养护初期温度 −5 ～ −8℃，用量为占水泥质量分数。

（10）配方十（%）

硫酸钠	1.5～2.0
三乙醇胺	0.05

该早强剂适用于 −5 ～ −8℃的温度，用量为占水泥质量分数。

参 考 文 献

[1] 朱江林，石礼岗，方国伟，冯克满，凌伟汉，宋茂林，范鹏．一种海洋深水超低温早强剂的研究[J]．长江大学学报(自然科学版)，2011，05：68−70＋7.

[2] 李作臣．油井水泥低温早强剂 X−1 的性能评价[J]．科学技术与工程，2010，16：3975−3977.

[3] 韩卫华，佟刚，杨红歧，王其春．一种新型油井水泥低温早强剂[J]．钻井液与完井液，2006，03：31−33.

2.45　防冻剂

防冻剂能降低砂浆和混凝土中水的凝固点，常伴有促凝和早强作用，又称负温硬化外加剂。在砂浆和混凝土拌合物中加入某种外加剂后，浇筑的混凝土可在负温下逐渐硬化，其中所掺的外加剂称为负温硬化剂。砂浆和混凝土可在 +1.0 ～ −18℃自然养护，增加冷混凝土的强度。

1. 工艺配方（%）

（1）配方一

硝酸钠	1	偏铝酸钾	2
木素磺酸钙	0.5		

（2）生产配方二

三乙醇胺	0.03	碳酸钠	2
半水石膏	2		

2. 生产方法

将各组分混合搅拌均匀即得成品。

3. 用途

配方中的%均指占水泥重的百分数，使用时按比例与水泥拌和均匀。

参 考 文 献

[1] 项蕘行，吴以聪，傅令莲. AN 非氯型混凝土负温硬化剂[J]. 混凝土与水泥制品，1983，03：41－43.

[2] 项蕘行. 选配负温硬化剂应注意的几个问题[J]. 建筑技术，1985，10：27－28.

[3] 王子明，潘科峰. 混凝土防冻剂配制新思路[J]. 低温建筑技术，2005，(04)：15.

2.46 FD 型剂防冻剂

FD 型防冻剂(FD type ant freezing agent)由早强防冻剂亚硝酸盐、减水剂和引气剂组成。低温或负温对混凝土施工十分不利，环境温度低，水泥的水化反应慢，妨碍混凝土强度的增长。防冻剂是能使防冻强度的外加剂。在一定的负温下，掺有防冻剂的混凝土可以硬化而不需要加热，最终能达到与常温养护的混凝土相同的质量水平。一般防冻剂由减水组分、防冻组分、引气组成，有时还掺有早强组分等。

1. 性能

FD 型防冻剂有粉状物和液体物两种产品。粉状物为灰白色粉末为非氯盐盐型防冻剂，对钢筋无锈蚀危害，兼具防冻早强及减水作用。可减少混凝土拌合用水 15%～20%。掺量：早强减水性能：坍落度 3.8cm；减水率 20%，抗压强度：28 天 40MPa。FD 型防冻剂适用于日最低气温 －10～－15℃以上地区的冬季施工。

2. 生产方法

由防冻剂亚硝酸钠、减水剂和引气剂复配而成。早强防冻组分以亚硝酸盐为主。亚硝酸盐能降低水溶液冰点，防止混凝土受冻，同时，使混凝土在负温下仍保留部分自由水，继续水化，提高低温混凝土的早期强度。

防冻剂中掺加减水剂减少拌合用水，这必然减少混凝土的剩余水量，也减少混凝土受冻害的可能性。FD 型防冻剂可减少混凝土拌合用水 15%～20%。

混凝土中引入一定的气泡能抵消一部分冻胀应力，有利于提高混凝土的抗冻性能。

3. 工艺流程

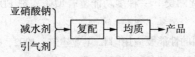

4. 质量标准(粉状)

	一等品	合格品
外观	灰白色粉末	
氯盐含量/%	≤0.01	
减水率/%	≥8	—
泌水率/%	≤100	≤100
含水量/%	≥2.5	≥2.0
凝结时间/min		
终凝	－120～＋120	
抗压强度比/%		
规定温度为 －5℃时		

7 天	≥20	≥20
28 天	≥95	≥90
56 天	≥100	≥100
规定温度为 −10℃ 时		
28 天	≥95	≥85
7 天	≥10	≥10
7 + 28 天	≥85	≥80
7 + 56 天	≥100	≥100
90 天收缩率比/%	≤120	
抗压力比/%	≤100	
50 次冻融强度损失比/%	≤100	
对钢筋锈蚀作用	对钢筋无锈蚀作用	
含水量	粉体应在生产厂控制值的相对量 5% 之内	
水泥净浆流动度	应小于生产厂控制值的 95%	
细度	应在生产厂控制值的相对量 ±2% ~3%	

5. 用途

用作混凝土防冻剂。适用于日最低温度为 −10 ~ −15℃ 以上地区的冬季施工混凝土；适用于负温施工的工业及民用建筑混凝土；可用于钢筋混凝土；对硅酸盐类水泥有广泛应性。FD 型防冻剂对冬季混凝土施工起到了良好的保护作用。确保冬施安全顺利进行，缩短施工工期，节省冬施混凝土保温的能源，并降低工程造价，是冬季施工的理想防冻剂。

掺量：水泥用量的 3% ~6%；拌制混凝土时，即粉状的 FD 防冻剂掺入水泥中，与集料一起干拌 30s 以上，然后加水 2min 即中；FD 型防冻剂应存放于水干燥处。如受潮结块，质量不变，但粉碎过筛(30 目筛)后仍能使用；使用前应通过试配验，确定混凝土最佳配合比。

参 考 文 献

[1] 马保国，王迎飞，钟开红，周丽美. 一种多功能复合型防冻剂 FD −1 的研制[J]. 武汉理工大学学报，2002，11：1 −4.
[2] 赵永源. FD −1 型复合防冻剂的性能及应用[J]. 工业建筑，1992，01：58 −60.
[3] 张德鸾. FD −3 型高效低掺量防冻剂的研制[J]. 低温建筑技术，1993，03：40 −42.
[4] FD 型防冻剂[J]. 建材工业信息，2004，06：28.

2.47 MRT 复合防冻剂

MRT 复合防冻剂(MRT complex antifreezing agent)由防冻剂、早强剂，减水剂和引气剂组分。

1. 性能

灰色粉末。不含氯离子。具有防冻、早强、减水、引气等综合效果，在低温(0 ~ −20℃)条件下，结合综合蓄热法施工，掺少量防冻剂(2% ~3%)，3 天内即可达到规范要求界强度，可缩短养护时间，使混凝土很快具备抗冻能力，实现冬季连续施工(不低于 −20℃)，与标准养护比较，不降低混凝土的后期强度。可在低温(0 ~ −20℃)条件下使用，掺量：2% ~4%，减水率8%～12%，28天、-7+28天、-7+56天抗压强度比分别为>85%、>80%、>100%，冻融循环200次合格。

2. 生产方法

由防冻剂、早强剂、减水剂和引气剂复配而成。防冻剂是指在规定温度下，能显著降低混凝土的冰点，使混凝土不冻结或仅部分冻结，以保证水泥的水化作用，并在一定时间内获得预期强度的添加剂。由于添加剂的性质，在施工时应注意防冻对建筑结构的适应性，避免其应用不当。主要有亚硝钠、硝酸盐、尿素、氯化钠、氯化钙、硫酸钠、碳酸钾、酒石酸、三乙醇胺等。

减水剂是一种表面活性剂，其分子结构的分支多、疏水基分子段较短、极性强。分为普通减水剂和高效减水剂。主要成分为木质素磺酸盐、碱木素、磺化腐殖酸钠等。高效减水剂是指在混凝土稠度不变的条件下，具有大幅度减水增强作用的添加剂。主要成分有甲基萘磺酸盐、萘磺酸盐、多萘磺酸盐、β-磺酸甲醛缩合钠盐、古马隆-茚树脂、磺化三聚氰胺甲醛树脂等。

引气剂是指能在混凝土中引入大量分布均匀的微小气泡，以减少混凝土泌水离析，改善和易性，并能显著提高抗冻耐久性的外加剂。主要有松香皂、松香热聚物、烷基磺酸钠、直链烷基磺酸盐、十二烷基硫酸盐、蛋白质材料、高级脂肪醇衍生物、AE减水剂、磺化丁二酸烷基酯等。

早强剂是一种能提高混凝土早期强度，并对后期强度无显着影响的添加剂。可适用于多种气温条件下的工程。但是，由于主要成分的腐蚀性和强电解性，施工时应严格根据有关标准进行使用。主要有硫酸盐，硫化硫酸盐，氯化钙、氯化铁、氯化镁等氯化物，醇胺类物，氢氧化钾，氢氧化钠，甲酸和甲酸盐，碳酸盐，铝质水泥，烧结明矾等。

3. 工艺流程

4. 质量标准

	一等品	合格品
外观	灰白色粉末	
氯盐含量/%	<0.01	
减水率/%	≥8	—
泌水率/%	≤100	≤100
含水量/%	≥2.5	≥2.0
凝结时间		
终凝/min	-120～120	
抗压强度比/%		
规定温度为-5℃时		
7 天	≥20	≥20
28 天	≥95	≥90
56 天	≥100	≥100

规定温度为 −10℃时		
28 天	≥95	≥85
7 天	≥10	≥10
7 + 28 天	≥85	≥80
7 + 56 天	≥100	≥100
90 天收缩率比/%	≤120	
抗压力比/%	≤100	
50 次冻融强度损失比/%	≤100	
对钢筋锈蚀作用	对钢筋无锈蚀作用	
含水量	粉体应在生产厂控制值的相对量5%之内	
水泥净浆流动度	应小于生产厂控制值的95%	
细度	应在生产厂控制值的相对量 ±2% ~3%	

5. 用途

用于混凝土防冻剂适。用于混凝土冬季施工，使用温度在 0 ~ 15℃的泵送混凝土、商品混凝土、普通混凝土。强度等级 ≤C40。

参 考 文 献

［1］ 翟剑. MRT 复合防冻剂［J］. 水利天地，1989，02：32.
［2］ 薛宗汉. MRT 复合防冻剂在冬施泵送混凝土工程中的应用［J］. 低温建筑技术，1997，03：35 – 36.
［3］ 张文平. 新型混凝土引气剂和防冻剂研究［D］. 大连理工大学，2006.

2.48 尿素、盐复合防冻液

在我国北方地区(东此、华北和西北)普遍采用防冻剂进行混凝土冬期施工。因此防冻剂的研究和应用得到较快地发展。尿素、盐复合防冻液具有防冻、早强、减水等功能，适宜于在 −10℃以上使用。

1. 工艺配方

尿素	3	食盐	3
三乙醇胺	0.05	减水剂	0.01
水	100		

2. 用途

使用时将配方中的各成分溶于常温的水中，充分混合，搅拌均匀，即可使用。

参 考 文 献

［1］ 周茗如，张豪杰，张金，龙利军. 复合防冻剂的评价方法与应用研究［J］. 混凝土，2012，01：78 – 80.
［2］ 陈建奎. 复合防冻剂的进展［A］. 2007 年全国混凝土外加剂新技术、新产品交流会会议交流资料［C］. 2007：3.

2.49 亚硝酸钠复合防冻剂

我国自 20 世纪 50 年代初即开始以氯盐做防冻剂，70 年代初开始使用亚硝酸钠作防冻剂。亚硝酸钠不仅能防冻、早强，还兼有阻锈作用，比氯盐优越得多。亚硝酸钠复合防冻剂的掺入可使混凝土在 −10℃ 条件下不会遭到冻害，且强度可不断增大。该复合防冻剂在正温条件下（10～15℃），仍有早强效果。混凝土的密实性好。

1. 工艺配方

亚硝酸钠	13.3%	硫酸钠	3%
三乙醇胺	0.03%		

2. 用途

亚硝酸钠的掺入量为调配混凝土时的用水量的 13.3%。硫酸钠和三乙醇胺的掺入量为水泥用量的 3% 和 0.03%。配制的混泥土抗渗可达 2.8～3.0MPa，后期强度比普通混凝土高 5%～10%。

参 考 文 献

[1] 张豪杰. 掺复合防冻剂普通混凝土冬季施工质量检测与试验研究[D]. 兰州理工大学，2012.

[2] 王晓东. 新型复合防冻剂拌制冷混凝土探析[J]. 山西建筑，2000，(05)：121.

[3] 张勇. 浅论防冻剂膨胀剂混凝土掺合料的性能及其在混凝土中的应用[J]. 科技信息，2011，(07)：267.

2.50 尿素复合防冻剂

尿素复合防冻剂适应于混凝土内部温度于 −10℃ 构造的浇筑，其价格便宜，效果较好。

1. 工艺配方

(1)配方一

尿素	10	氢氧化钠	4
减水剂 MS－F	5	硫酸钠	2

(2)配方二

尿素	10～13	氢氧化钠	2～3
硫酸钠	2		

(3)配方三

尿素	4	氢氧化钠	2
硫酸钠	2	碱水剂 NF－1	0.3

2. 用途

配方中尿素和氢氧化钠为占水重的百分数，硫酸钠、NF－1 和 MS－F 均为占水泥重的百分数。使用时，若气温低于 −15℃ 时，新浇筑的混凝土必须采取措施，确保混凝土在 7 天内内部温度不低于 −10℃。

参 考 文 献

[1] 周茗如，张豪杰，张金，龙利军. 复合防冻剂的评价方法与应用研究[J]. 混凝土，2012，01：78－80.
[2] 杨于绩. 尿素复合防冻剂的试验与应用[J]. 低温建筑技术，1981，02：35－40.
[3] 严亚光，樊正泉，宋守瑜. 尿素复合防冻剂[J]. 建筑技术，1986，10：31－32.

2.51　T40 抗冻外加剂

抗冻外加剂也称负温硬化外加剂，能降低砂浆和混凝土中水的冰点，以便混凝土在低温下进行施工。

1. 工艺配方

亚硝酸纳	3.5	氧化钙	3.5
食盐	3.5		

2. 生产方法

将 3 种盐混合粉碎。得到粉状 T40 抗冻外加剂。

3. 用途

该抗冻剂掺入量占水重 15%。在 －39℃ 冷作施工，混凝土现浇，设计混凝土标号为 400 号，用 10 年后，混凝土强度仍可在 370～430kg/cm² 。

参 考 文 献

[1] 江镇海. 混凝土抗冻外加剂系列产品[J]. 建材工业信息，2000，09：35.
[2] 谢文平，丁淑芬. 亚硝酸钙复合抗冻剂试验[J]. 建筑技术，1985，10：23－27.
[3] ZB－3 型混凝土抗冻外加剂[J]. 混凝土及加筋混凝土，1986，01：48.

2.52　防水混凝土的外加剂

为使混凝土抗渗性和不透水性能的提高，需添加外加剂及调整混凝土混合比，以增强其密实性、抗渗性及憎水性，使其满足抗渗标号要求。

1. 工艺配方

（1）生产配方一

水泥	100	糖蜜	0.2～0.3
木钙	0.2～0.3	水	适量

（2）生产配方二（早强防水混凝土）

水泥	100	水	适量
三乙醇胺	4		

（3）生产配方三

水泥	100	水	适量
亚硝酸钠	1	三乙醇胺	0.05～0.1
氯化钠	0.5		

(4) 生产配方四

水泥	100	水	适量
氯化铁	1.0~1.5	硫酸铝	5

2. 生产方法

一般先将防水外加剂调配均匀后，再加入水泥混凝土搅拌机中搅拌混匀，才能使用。

生产配方二早强防水剂适用于工期紧迫，要求早强及抗渗透性较高的防水工程。

生产配方三的生产方法，是先用氧化铁皮放入耐酸瓷缸内，加入2倍量的盐酸，不断搅拌，使其充分反应约2h，再多加20%的氧化铁皮，继续反应4~5h，溶液呈深棕色浓稠液即为氯化铁溶液。静置3~4h，过滤去除沉淀杂质。取出清液加入其质量的5%的硫酸铝，搅拌均匀至硫酸铝完全溶解，即得防水剂氯化铁溶液。在使用时，还需加一定量的水稀释后，才能加入水泥和骨料中使用。在配制时要穿戴劳保用品，加强通风，预防盐酸腐蚀及氯化氢气体的毒害。

参 考 文 献

[1] 毛麒瑞. WA-F型混凝土防水剂研制成功[J]. 精细与专用化学品，1998，02：9.

[2] 张巨松，崔凤君，韩自博，张微，邓嫔. 混凝土抗裂防水外加剂的探讨[J]. 膨胀剂与膨胀混凝土，2007，03：10-14.

[3] R·Edmeads，P·Hewlett，马英洪. 混凝土防水外加剂[J]. 混凝土及加筋混凝土，1988，03：28-32.

2.53 HSW-V 混凝土高效防水剂

HSM-V混凝土高效防水剂（HSM-V type waterproofing agent）属聚氨酯树脂系混凝土防水剂，由聚氨树脂、引气剂、憎水剂和膨胀剂组成。

1. 性能

淡黄色至浅褐色黏性乳状液体，黏度40~45cP，pH=7~7.5，具有良好的防水性、抗渗性、可泵性和高效强性，能有效提高混凝土的密实性。

2. 生产方法

先由三聚氰胺、尿素、甲醛和磺化剂经羟甲基化、磺化、共聚得磺化三聚氰胺甲醛树脂缩水剂，然后与引气剂、憎水剂和膨胀剂复配而成。

HSW-V有显著的减水塑化作用，可改善混凝土拌合物的和易性、降低水灰比，有效分散水泥颗粒、减少混凝土中的各种孔隙，即混凝土的总孔隙率和孔径分布都能得到改善，混凝土密实度提高，抗渗防水能力增强。

添加引气剂可以抑制泌水作用，适宜的含气量可提高水泥浆的黏度，抑泌水和沉降收缩发生。同时，大量微小气泡占据着混凝土的自由空间，切断毛细管的通道，使混凝土的抗渗性得到改善。

膨胀剂不仅和水泥水化产物生成钙矾石，引起体积膨胀，补偿收缩，强化密实结构，能生成丰富的凝胶体，进一步填充堵塞毛细孔道，阻断渗水通道。

憎水剂是一种具有很强憎水性的有机化合物，可提高气孔和毛细孔内表面的憎水作用，进一步提高抗渗性能。

3. 工艺流程

尿素
三聚氰胺 → 羟甲基化 → 磺化 → 缩聚 → 复配 → 检验 → 包装 → 成品
甲醛

磺化剂（磺化上方）、引气剂、憎水剂、膨胀剂（复配上方）

4. 质量标准（JC475）

	掺防水剂混凝土		掺防水剂砂浆	
	一等品	合格品	一等品	合格品
外观	淡黄色或浅褐黏性乳状液体			
含固量/%	≥40			
黏度/mPa·s	40~45			
pH 值	7.0~7.5			
凝结时间差/min				
初凝	−90~+120	−90~+120	不早于45	不早于45
终凝	−120~+120	−120~+120	不迟于10h	不迟于10h
净浆安定性	合格	合格	合格	合格
泌水率/%	≤80	≤90	—	—
抗压强度比/%				
7 天	≥110	≥100	≥100	≥95
28 天	≥100	≥95	≥95	≥85
90 天	≥100	≥90	≥85	≥80
渗透高度比/%	≤30	≤40		
透水压力比/%	—	—	≥300	≥200
48h 吸水量比/%	≤65	≤75	≤65	≤75
90 天收缩率比/%	≤110	≤120	≤110	≤120
抗冻性能（50 次冻融循环）				
慢冻法				
抗压强度损失/%	≤100	≤100	—	—
质量损失率比/%	≤100	≤100	—	—
快冻法				
相对动弹性模量比/%	≥100	≥100	—	—
质量损失率比/%	≤100	≤100	—	—
对钢筋锈蚀作用	对钢筋无锈蚀作用			
密度	液体防水剂应在生产厂控制值的±0.02之内			
氯离子含量	应在生产厂控制值相对量的5%之内			

5. 产品用途

适用以下混凝土工程：高强度混凝土、泵送混凝土、大体积混凝土、流态混凝土、自密实混凝土、水工混凝土、地下防水混凝土、各种内在结构自防水混凝土。

参 考 文 献

[1] 林金兰，葛兆明等，HSM – V 混凝土高效防水剂，哈尔滨建筑大学学报，1999，32（2）：59.

[2] 毛麒瑞. WA – F 型混凝土防水剂研制成功[J]. 精细与专用化学品，1998，02：9.

[3] R. Edmeads，P·Hewlett，马英洪. 混凝土防水外加剂[J]. 混凝土及加筋混凝土，1988，03：28 – 32.

[4] 张巨松，崔凤君，韩自博，张微，邓嫔. 混凝土抗裂防水外加剂的探讨[J]. 膨胀剂与膨胀混凝土，2007，03：10 – 14.

2.54 新型水性有机硅防水剂

有机硅材料由于具有很低的表面张力，使水难以在有机硅膜上铺展，并能均匀地涂布在基材上，而不封闭基材的透气微孔，同时，能降低基材的表面能，使其具有憎水性，因而，广泛作为新颖的功能性防水材料。

新型水性有机硅防水剂（New water – based organosilicon waterproofing agent）是根据高分子反应接枝共聚原理，在无溶剂的条件下，将硅烷偶联剂氨丙基三乙氧基硅烷（APTES）通过与甲苯二异氰酸酯，反应引入到 204 水溶性有机硅主链中，得到的含活性硅氧基有机硅半透明液、微乳液及乳液型水泥混凝土防水剂。

1. 性能

该新型有机硅防水具有反应活性，能在水中稳定放置，掺入水泥材料后又不会破乳，且具优良防水抗渗等应用性能。

2. 生产方法

采用 204 水溶性有机硅油，硅烷偶联剂氨丙基三乙气氧基硅烷（APTES）及甲苯二异氰酸酯（TDI）等为原材料，在无溶剂的条件下，根据高分子反应接枝共聚和水泥混凝土防水原理，将活性硅烷偶联剂接枝共聚到 204 水溶性有机硅油上，得到含性硅烷基类有机硅半透明液、微乳液及液型水泥混凝土防水剂。防水剂剂在水中可稳定放置，掺入水泥材料后又不会破乳，且具优良应用性能。

3. 工艺流程

$$\text{204水溶性硅油} \rightarrow \boxed{\overset{\text{APTES}}{\downarrow}\ \text{反应}} \rightarrow \boxed{\overset{\text{水}}{\downarrow}\ \text{水解}} \rightarrow 包装 \rightarrow 成品$$

4. 生产工艺

在安装有搅拌器、温度计和氮气保护装置的密闭反应器中加入定量的 TDI 与 204 水溶性硅油，在 0℃冰浴条件下，通过恒压漏斗滴加 APTES，其中：$n(\text{TDI}):n(\text{APTES}) = 1:1$，约 1.0h 滴加完毕，然后温度控制在 70 ~ 75℃下油浴反应 3.5 ~ 4.0h，得到最终产物，含硅烷偶联剂的水性有机硅。

在 50℃蒸馏水中，加入定量的上述水性有机硅产物，高速剪切乳化 15min，得到有机硅半透明液、微乳液或乳液型水性有机硅防水剂。

说明：混凝土渗漏水的主要原因是混凝土材料在搅拌、浇注、成型过程中，剩余的水在挥发过程中会在混凝土材料中形成毛细孔，混凝土材料干燥时由于收缩，也会留下孔隙，这些孔隙多是连通开放式的，且孔径较大，因而造成渗漏水的情况。水性有机硅防水剂由于是水性微乳液或液型，防水剂在泥砂浆内部发生作用填充了施工时无法完全消除的孔隙，它由内到外形成保护层，更为重要的是由于 204 水性有机硅引入了活性基团偶联剂，在水泥碱性条件下易水解，可以很容易与混凝土的基材发生化学作用，形成网状交联结构，从而充分发挥了其防水的功效。

5. 质量标准（JC475）

	掺防水剂混凝土		掺防水剂砂浆	
	一等品	合格品	一等品	合格品
凝结时间差/min				
初凝	−90 ~ +120	−90 ~ +120	不早于 45	不早于 45
终凝	−120 ~ +120	−120 ~ +120	不迟于 10h	不迟于 10h
净浆安定性	合格	合格	合格	合格
泌水率/%	≤80	≤90	—	—
抗压强度比/%				
7 天	≥110	≥100	≥100	≥95
28 天	≥100	≥95	≥95	≥85
90 天	≥100	≥90	≥85	≥80
渗透高度比/%	≤30	≤40		
透水压力比/%	—	—	≥300	≥200
48h 吸水量比/%	≤65	≤75	≤65	≤75
90 天收缩率比/%	≤110	≤120	≤110	≤120
抗冻性能(50 次冻融循环)				
慢冻法				
抗压强度损失/%	≤100	≤100	—	—
质量损失率比/%	≤100	≤100	—	—
快冻法				
相对动弹性模量比/%	≥100	≥100	—	—
质量损失率比/%	≤100	≤100	—	—
对钢筋锈蚀作用	对钢筋无锈蚀作用			
含固量	液体防水剂应在生产厂控制值相对量的 3% 之内			
密度	液体防水剂应在生产厂控制值的 ±0.02 之内			
氯离子含量	应在生产厂控制值相对量的 5% 之内			
细度(孔径≤0.32mm 筛筛余量)	≤15%			

6. 用途

用作混凝土防水剂。可以配制各种强度等级及高性能混凝土。该防水剂与减水剂复合使用，可以在预拌混凝土企业配制 C30 ~ C80 大流动性高能混凝土，坍落度损失小，具有良好的保塑和保水功能。

参 考 文 献

[1] 赵陈超，蔡文玉，俞剑峰. 高渗透型有机硅防水剂[J]. 上海涂料，2007，12：24 − 28.

[2] 有机硅建筑防水剂[J]. 有机硅氟资讯，2008，06：14 − 15.

[3] 卫亚儒，宋学峰，何廷树，李红侠. 改性有机硅防水剂研制[J]. 化学建材，2005，03：35 − 36.

［4］ 姬海君，周述光，王振军. 新型改性有机硅防水剂合成工艺研究［J］. 新型建筑材料，2005，07：43-44.
［5］ 陈建强，范钱君，张立华. 有机硅建筑防水剂的研究与发展［J］. 浙江化工，2004，02：25-26.

2.55　CW 系高效防水剂

CW 系高效防水剂（CW Type waterproof admixture）由引气型高效减水剂、膨胀剂、憎水剂和功能组分组成。该防水剂具有掺量低、减水率高、增强抗渗效果好、坍落度损失小等优点，可以很好地满足泵送混凝土的防水抗渗施工要求，并大大减小外加剂计量添加的劳动强度。

1. 性能

CW 系高效性防水剂兼具减少毛细孔径、微膨胀除收缩裂纹及毛细孔壁憎水化等性能。在混凝土中掺入适量 CW 系高效性能防水剂，可以配制出可泵性良好的抗渗等级高达 P40 的防水混凝土、抗渗等级达 P30 的抗油混凝土及抗渗等级大于 P20 的防水剂浆。

2. 生产方法

混凝土防水技术的特点是可根据不同的工程构造，采取不同的操作方法，施工简单、方便、造价较低，易于维修，防水耐久性好。在土木建筑工程中，混凝土防水占有重要地位，但由于普通水泥自身的特点及混凝土内部结构固有的缺陷，要求设计周密，施工严格，方可奏效。为了克服混凝土本身所存在的缺陷，国内外都是通过在普通混凝土中掺入各种防水剂。

混凝土防水剂主要有无机或有机的防水剂，例如氯化铁、氯化铝、三乙醇胺、有机硅等防水剂，通过加入这些防水剂，形成胶体或络合物，堵塞毛细孔，提高混凝土的抗渗能力；另一种方法是掺入引气剂，形成不连通的微小气泡，割继毛细孔通道；其三是加入减水剂，降低水灰比，减少孔隙率，细化毛细孔径；第四种方法是掺入膨胀剂，配制成补偿收缩混凝土，以提高混凝土的抗裂能力。大多数防水剂是能够提高混凝土的抗渗能力的，但是，前三种方法在实际应用过程中，往往存在混凝土收缩开裂而引起渗漏的现象。第四种方法虽然能避免混凝土的收缩开裂问题，但是，由于普通膨胀剂的掺量很大，混凝土的需水量增加较多，对施工工艺和养护的要求很严格，容易产生塑性收缩裂纹。

CW 系高效采用复合配技术，综合上述四种防水剂的利弊，包括分散组分（减水剂和引气剂）、膨胀组分（无机盐类）、憎水组分（非离子表面活性剂和功能组分复配而成）。

分散组分为引气型高效减水剂。高效减水作用导致水泥浆体絮凝结构成为均匀的分散性结构，释放出游离水，使混凝土拌合物达到规定稠度的用水量的大大减少，因此硬化混凝土内部毛细孔减少，密实度提高，抗渗透能力显着增强。

由于高效减水剂能使水泥颗粒充分湿润，水泥水化充分，水化产物分布均匀，混凝土内部结构的连续性和均匀性增强，孔径细化，缺陷减少，从而大幅度提高混凝土的抗渗能力。

引气成分吸附到气-液界面上以后，表面自由焓降低，即降低了溶液的表面张力，使混凝土拌合物在搅拌过程中极易产生许多的溶液的表面张力，使混凝土拌合物在搅拌过程中极易产生许多微小的封闭气泡，气泡直径和间隔系数大多在 $200\mu m$ 以下，从而提高了水泥的保水能力，使混凝土拌合物的泌水性能大为减少，由于气泡的阴隔，使混凝土拌合物中自由水的蒸发路线变得曲折、细小、分散，因而改变了毛细管的数量和特性，也使混凝土的抗渗性显著提高，由于气泡较大的弹性变形，也使混凝土的抗渗显着提高，由于气泡有较大的弹性变形能力,对由水结冰所产生的冰晶应力有一定的缓冲作用,因而大幅度提高了混凝土抗冻融破坏能力,使混凝土内部结构遭受损失的可能性显著降低,因此可以避免外界分乘虚而入。

膨胀组分是无机的盐类和金属氧化物,在水泥的水化过程中,无机的盐类能与水泥的水化产物反应生成膨胀性结晶体即钙矾石($3CaO \cdot Al_2O_3 \cdot 3CaSO_4 \cdot 31H_2O$)和盐类络合物;金属氧化物则在混凝土硬化后与吸附水发生固相反应形成金属氢氧化物晶体,其体积要比金属氧化物增加1.5倍左右,各种膨胀性物质使混凝土产生适量膨胀,在约束条件下,其膨胀能将转化为预压应力,该预压应力可抵消或减小混凝土干缩和冷缩产生的拉应力,从而避免或减少因混凝土收缩土收缩而产生的裂纹,而后期形成的钙铝石、盐类络合物和金属氢氧化物可填充、堵塞混凝土内部的孔隙,切断毛细孔通路,并能与纤维状的凝胶微晶交织成网络状,使水泥石结构更为致密,因此,混凝土的强度和抗渗等性能均大幅度提高。

憎水组分为非离子表面活性剂,它能减小硬化混凝土中由于毛细管作用而引起的水的通过能力,其主要作用在于使混凝土的表面及毛细管的内部表面,甚至表面下的一部分覆盖层有一定的憎水剂。混凝土的憎水作用增强,渗水、吸水量也就会大幅减少。

功能组分可根据施工的特殊要求,对混凝土的性能如凝结时间、保塑时间及冬季防冻等进行人为调整,以保证在不同施工条件下的施工质量。

3. 工艺流程

```
减水剂
引气剂
膨胀剂 → 计量 → 复配 → 检验 → 包装 → 成品
憎水剂
功能组分
```

4. 质量标准(JC475—92)

	掺防水剂混凝土		掺防水剂砂浆	
	一等品	合格品	一等品	合格品
凝结时间差/min				
初凝	−90 ~ +120	−90 ~ +120	不早于45	不早于45
终凝	−120 ~ +120	−120 ~ +120	不迟于10h	不迟于10h
净浆安定性	合格	合格	合格	合格
泌水率/%	≤80	≤90	—	—
抗压强度比/%				
7 天	≥110	≥100	≥100	≥95
28 天	≥100	≥95	≥95	≥85
90 天	≥100	≥90	≥85	≥80
渗透高度比/%	≤30	≤40	—	—
透水压力比/%	—	—	≥300	≥200
48h 吸水量比/%	≤65	≤75	≤65	≤75
90 天收缩率比/%	≤110	≤120	≤110	≤120
抗冻性能(50 次冻融循环)				
慢冻法				

抗压强度损失	≤100	≤100	—	—
质量损失率比/%	≤100	≤100	—	—
快冻法				
相对动弹性模量比/%	≥100	≥100	—	—
质量损失率比/%	≤100	≤100	—	—

对钢筋锈蚀作用	对钢筋无锈蚀作用
含固量	液体防水剂应在生产厂控制值相对量的3%之内
密度	液体防水剂应在生产厂控制值的±0.02之内
氯离子含量	应在生产厂控制值相对量的5%之内
细度(孔径≤0.32mm筛筛余量)	≤15%

5. 用途

用于配制各种防水、防渗漏用混凝土和砂浆。

参 考 文 献

[1] 迟培云,曲兆东、张蕾.CW系高效性能防水剂的研究与应用[J].混凝土,2002,(7):60.
[2] 田新,陈应钦,尤启俊.多功能高效防水剂的研究[J].新型建筑材料,2000,03:15-17.
[3] 周春雨,葛兆明,高温林,李铁.HSM-V型混凝土高效防水剂的研制[J].低温建筑技术,2001,01:54-55.

2.56 DCW 水泥防水剂

DCW 水泥防水剂(DCW type waterproofing agent)是一种新型的水泥防水材料,其性能优异,原料成本低廉,不含有机溶剂,产品无毒害,不污染环境。

1. 性能

DCW 水泥防水剂为乳白色聚合物。具有长期的柔韧性、防水、防潮、防渗漏、黏结力极强、不收缩、不脱落、耐高低温、耐腐蚀、抗冻融、性能优异、施工简单,可广泛应用于各种防水工程。

与传统的刚性防水剂材料相比,它具有以下特点:自身具有良好的柔韧性,可适应基体的扩展与收缩,自如地改变形状而不开裂,与各种基体黏结力极强,抗冻融性好,可在潮湿基面上施工,无需打底,凝结时间可以调节,操作简单可以做成各种彩色防水层。

DCW 水泥防水剂由聚丙烯酸树脂乳液、太古油和松香钠等组成,是优良的刚性水泥防水剂。

2. 工艺流程

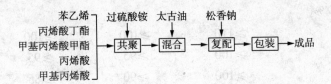

3. 生产配方

苯乙烯	20~30	丙烯酸丁酯	20~30

甲基丙烯酸甲酯	14～22	丙烯酸	1～2
甲基丙烯酸甲酯	1～5	太古油	5～8
松香钠	3～8	过硫酸铵	0.1～0.5
十二烷基磺酸钠	0.05～0.5	蒸馏水	40～60

4. 生产工艺

在反应釜中加入蒸馏水，边搅拌边加入引发剂过硫酸铵，乳化剂十二烷基磺酸钠。加入苯乙烯、丙烯酸丁酯、甲基丙烯酸甲酯、丙烯酸及甲基丙烯酸。用 Na_2CO_3 溶液调至 pH 值为 8～10。

加温至 60～80℃ 回流反应 2h，得到共聚物乳液；冷却后加太古油（乳化）混合搅拌均匀。再加松香钠混合搅拌无匀，检验合格得 DCW 水泥防水剂。使用时用 20 倍水稀释。

说明：DCW 水泥防水剂在使用时 1 份 CDW 水泥防水剂加 20 倍水稀释后，将其添加到混凝土中代替原设计规定的用水量。由于 DCW 仅仅取代的是设计规定的水灰比中等量的水，而不会额外增加用水量，因此不会影响混凝土的比强度。加入了 DCW，可增加混凝土的弹性。

DCW 在混凝土内部的作用是填充了一般施工作业无法完全消除的孔隙，它由内到外形成防水保护层，因而达到彻底防水的效果，并有助于阻止混凝土因长期暴露在空气中受极端气温变化影响而产生表面爆裂、污染和结晶风化。

混凝土本身是多孔性的，并不是所有的空间均有骨料以固态填充其中。水泥经过水合过程后产生孔隙，在混土搅拌过程中会产生气泡，当游离水与混凝土中的孔隙结合后，最终成型的混凝土结构就会具有渗水性。DCW 可以改进混凝土的固化效果，它能够在混凝土表面迅速形成防水层，使游离水无法到达外表面，弥补了水泥在水合过程中产生的孔隙。尽管水泥的水合过程会比正常情况长，但较长的水合过程可减少热量的产生，这样因干缩作用而产生的裂纹也会减少。

5. 质量标准

| | 掺防水剂混凝土 | | 掺防水剂砂浆 | |
	一等品	合格品	一等品	合格品
外观	乳白色稠状液体			
凝结时间差/min				
初凝	−90～+120	−90～+120	不早于 45	不早于 45
终凝	−120～+120	−120～+120	不迟于 10h	不迟于 10h
净浆安定性	合格	合格	合格	合格
泌水率/%	≤80	≤90	—	—
抗压强度比/%				
7 天	≥110	≥100	≥100	≥95
28 天	≥100	≥95	≥95	≥85
90 天	≥100	≥90	≥85	≥80
渗透高度比/%	≤30	≤40	—	—
透水压力比/%	—	—	≥300	≥200
48h 吸水量比/%	≤65	≤75	≤65	≤75

118

90 天收缩率比/%	≤110	≤120	≤110	≤120
抗冻性能(50 次冻融循环)				
慢冻法				
抗压强度损失/%	≤100	≤100	—	—
质量损失率比/%	≤100	≤100	—	—
快冻法				
相对动弹性模量比/%	≥100	≥100	—	—
质量损失率比/%	≤100	≤100	—	—

对钢筋锈蚀作用	对钢筋无锈蚀作用
含固量	液体防水剂应在生产厂控制值相对量的3%之内
密度	液体防水剂应在生产厂控制值的±0.02%之内
氯离子含量	应在生产厂控制值相对量的5%之内

6. 用途

用作水泥防水剂。适用于各种防水工程。代替混凝土中水的用量，进行防水处理，如游泳池、卫生间、浴室、厨房、地下室基础、内外墙防水；遂道、渠道、地铁、人防工程的抗渗防漏；曲线、异型结构的防水等。

也用作界面处理剂，比普通水泥黏结强度高。用于制作各种水泥制品、混凝土输水管等。也用于黏结大理石、瓷砖等贴面装饰材料，水泥管道的接头粘接料等。在卫生间、地下室、厨房，可直接用本品黏结面砖、防水层与黏结层合二为一，既能起到黏结作用，又能起到防水作用。

具有良好的弹塑性，适用于勾缝或密封工程，如水泥混凝土路面的接缝、浴缸的接缝等。

参 考 文 献

[1] 刘建秀，李育文等. DCW 水泥防水剂研究[J]. 河南科技，1999，(4)：21.

[2] 辛德胜，安朝霞，毕重良，周崇强，王跃松，苟武举. DKFS 混凝土高效防水剂的研制[J]. 混凝土，2004，06：47-50.

[3] 凌世胜，尤启俊. 混凝土及多功能高效防水剂的研究[J]. 广东建材，1997，04：47-50.

2.57　氯化铁防水剂

防水剂是由化学原料配制而成的一种能起到速凝和提高水泥砂浆或混凝土不透水性的外加剂。常用的防水剂都具有增加混凝土密实性的作用，因此也是一种密实剂。防水剂防水混凝土也称作密实剂防水混凝土。在使用时，按一定比例掺入水泥砂浆或混凝土中，也可涂刷在其表面以形成防渗漏的防水层，因而起到防止水渗漏的作用。

1. 性能

深棕色(酱油色)的强酸性液体。氯化铁防水剂掺入混凝土后，可与水泥水化过程产生的氢氧化钙作用，生成的氢氧化铁、氢氧化亚铁、氢氧化铝胶体，渗入混凝土孔隙中，增加其密实性，提高防水性。同时还能生成合水氯硅酸钙、氯铝酸钙和硫铝酸钙晶体，产生体积膨胀，进一步挤密水泥与砂石之间的空隙，增加混凝土的密实性与抗渗性。

2. 生产方法

最常用的防水剂有氯化铁防水剂，氯化金属盐类防水剂，三乙醇胺密实剂，金属皂类防水剂，硅酸钠类防水剂和有机硅类防水剂。氯化铁防水剂是由氧化铁皮、铁粉和工业盐酸，外加硫酸铝按适当配比，在常温下进行化学反应得到。

3. 工艺配方

氧化铁皮	80	铁粉	20
盐酸	200	硫酸铝	12

4. 生产工艺

将铁粉加入陶瓷缸中，再加入配比量1/2的盐酸，机械搅拌15min，充分反应。待铁粉全部溶解后再加氧化铁皮和剩余的1/2盐酸，继续搅拌45~60min，再继续反应3~4h，溶液变成浓稠的深棕色液体。静置2~3h后，导出清液，再静置12h，然后放入占氯化铁溶液质量5%的工业级硫酸铝，充分搅拌，至硫酸铝全部溶解，即制得氯化铁防水剂。

5. 质量标准

相对密度	1.4	pH 值	1~2
浓度	40%		

6. 用途

将氯化铁防水剂按水泥质量3%左右掺入，充分混合即可使用，可用于地下室、水池、水塔，矿井，储油罐、人防等工程作防水混凝土。

参 考 文 献

[1] 苏力，杨洁茹. 氯化铁防水剂的配制[J]. 中国化工，1998，11：28.

[2] 邵先全. 氯化铁防水剂的使用方法[J]. 新农业，1982，16：14.

[3] 邵先全. 氯化铁防水剂[J]. 新农业，1982，16：14－15.

2.58 氯化物金属盐类防水剂

氯化物金属盐类防水剂又称为防水浆，由氯化钙、氯化铝和水配制而成。这类防水剂加入水泥砂浆后，能与水泥发生反应，生成含水氯硅酸钙，氯铝酸钙等化合物，填补砂浆中的空隙，提高防水性，使混凝土密实早强、耐压抗渗，抗冻防水。

1. 工艺配方

（1）配方一

氯化铝	4	氯化钙（结晶体）	23
氯化钙（固体）	23	水	50

（2）配方二

氯化铝	4	氯化钙（固体）	46
水	50		

2. 生产方法

先将自来水放入陶瓷罐中约30min，待水中的氯气挥发完后，再将氯化钙碎块加入水中，充分搅拌，待氯化钙全部溶解。氯化钙溶解时体系温度一直在上升，待溶液温度冷却到 50～52℃时，再加入氯化铝，继续搅拌，使氯化铝溶解，即制得氯化物金属盐类防水剂。

3. 用途

使用时防水剂的掺入量为水泥质量的 3%～5%，常用于水池和其他建筑物。

参 考 文 献

[1] 无机铝盐防水剂[J]. 机电信息，1994，(06)：13.

[2] 田新，陈应钦，尤启俊. 多功能高效防水剂的研究[J]. 新型建筑材料，2000，03：15－17.

[3] 邵先全. 氯盐防水剂[J]. 氮肥技术，1987，04：58.

2.59　金属皂类防水剂

金属皂类防水剂又称避水浆，由碳酸钠，氢氧化钾等碱金属化合物与氨水、硬脂酸和水作用后制成。此类防水剂具有塑化作用，可降低水灰比，同时在水泥砂浆中能生成不溶性物质，填补空隙，使混凝土具有防水性。

1. 工艺配方

(1) 配方一

硬脂酸	6.61	碳酸钠	0.336
氨水	4.96	氟化钠	0.008
氢氧化钾	1.321	水	147

(2) 配方二

硬脂酸	4.208	碳酸钠	0.256
氨水	4.208	水	152

2. 生产方法

先将硬脂酸放入容器内，加热使其溶化。在反应锅内先加入配比量 1/2 的水，加热水，使水升温至 50～60℃，将碳酸钠、氢氧化钾和氟化钠溶于上述热水中，保持混合溶液温度。将溶化的硬脂酸缓慢加入上述混合溶液中，快速搅拌均匀，搅拌时会产生大量气泡，适当控制速度，防止溢出。待全部硬脂酸加完后，将另一半水慢慢加入，拌匀成皂液，将皂液冷却至 30℃以下，加入定量氨水搅拌均匀，然后用 0.6mm 筛孔的筛子过滤皂液，除去块粒和泡沫，即制得金属皂类防水剂。采用密闭的非金属容器包装，贮存。

3. 质量标准

细度	过 400 目筛余 >15%
相对密度	1.04
凝结时间	初凝不得早于 1h
终凝	不得迟于 8h
抗压强度	防水剂掺量为 5% 抗压强度增加 10%
不透水性	防水剂掺量为 5% 时，不透水性增加 70%

4. 用途

掺入量为水泥质量的 1.5%～5%。可用作水泥砂浆及混泥土的防水层，能充填微小空隙，堵塞、封闭混凝土毛细管，用于防止混凝土工程渗水。耐酸碱性优良，可用作耐酸碱性侵蚀保护层。

参 考 文 献

[1] 姜蓉，张鹏，赵铁军，王龙军. 内掺金属皂类防水剂对混凝土防水和抗氯离子效果研究[J]. 新型建筑材料，2010，09：61 - 64.
[2] 许雅莹. 多元羧酸系防水剂的合成与性能研究[D]. 哈尔滨工业大学，2006.
[3] 周宗辉. 新型复合皂类防水剂[J]. 混凝土与水泥制品，2001，01：44 - 45.

2.60 氯化物类防水剂

该类防水剂可提高水泥制品的防水性和抗渗性

1. 工艺配方

	一	二
氯化钙(固体)	23	10
水	50	11
氯化铝	4	1
氯化铝(结晶体)	23	—

2. 生产方法

先将氯化钙粉碎放入水中搅拌溶解，再加入氯化铝，溶解后沉淀过滤。

3. 用途

使用时以 20 份水稀释 1 份防水剂，水泥：砂子 = 1:(2.5 ~ 3)(体积)，水灰比为 0.5。

参 考 文 献

[1] 邵先全. 氯盐防水剂[J]. 氮肥技术，1987，04：58.

2.61 铝铁防水剂

铝铁防水剂是由脂肪酸钙、盐酸、含水硫酸铝和氧化铁屑组成的复合防水剂。防水剂加入水泥中能阻止水浸入混凝土内部，防止已浸入的水向内部渗透，使混凝土达到防潮和防水渗透的效果。

1. 工艺配方

脂肪酸钙	10	盐酸	40
含水硫酸铝	100	氧化铁屑	24
水	80		

2. 生产方法

将盐酸溶入水中，加入氧化铁屑搅拌溶解后，得到氯化铁溶液再加其余组分，搅拌混合均匀，即成防水剂。

3. 工艺流程

4. 用途

用作水泥砂浆防水剂，掺入量是水泥用量的 3% 左右。

参 考 文 献

[1] 崔海军. 氯化铁防水混凝土性能及应用[J]. 科技经济市场，2007，(05)：50.

[2] 卢会刚. 水泥防水剂的合成及性能研究[D]. 延边大学，2008.

2.62 四矾防水剂

四矾防水剂由水玻璃和多种无机盐组成，具有良好的抗漏防渗性能。

1. 工艺配方

（1）配方一

硫酸铜（蓝矾）	0.1	硅酸钠（泡化碱、水玻璃）	40
硫酸铝钾（白矾）	0.1	重铬酸钾（红矾）	0.1
铬矾（紫矾）	0.1	水	6

生产方法：先将水加热至 100℃，把四矾加入水中，继续加热搅拌，使四矾充分溶解不见颗粒时即停止加热，使其自然冷却到 50℃ 左右，然后再加入水玻璃，搅拌均匀后即四矾防水剂。

（2）配方二

水玻璃（相对密度 d 为 1.45 ~ 1.61）	40
硫酸亚铁	0.1
重铬酸钾	0.1
明矾	0.1
硫酸铜	0.1
水	4

生产方法：将水加热至 100℃，再将除水玻璃以外的其余组分加入，继续加热搅拌至全部溶解、冷却至 55℃ 左右，再加入水玻璃，边加边搅拌，直至颜色一致，大约 30min，即得到四矾防水剂。

2. 用途

用作建筑防水剂。

参 考 文 献

[1] 陈土兴. 砂浆、混凝土防水剂[J]. 技术与市场，2008，08：18.

[2] 卢会刚. 水泥防水剂的合成及性能研究[D]. 延边大学，2008.

[3] 朱华雄，胡飞，李琼. 新型混凝土防水剂的研究[J]. 新型建筑材料，2002，(10)：66.

2.63　有机硅混凝土防水剂

有机硅混凝土防水剂(organosilicon waterproof admixture)由甲基硅酸钠、乙基硅酸钠和MS溶液树脂组成。

1. 性能

有机硅防水剂对水泥的适应性良好,分散能力强,能显著改善和提高混凝土的性能。碱含量低,可以有效地抑制混凝土的碱一骨料反应。不含氯盐,对钢筋无锈蚀作用。在混凝土梁、板、柱的防水、防裂工程中应用,可有效预防混凝土的开裂,从技术上解决露天条件下工作的混凝土收缩开裂等问题,可延长混凝土的使用寿命。

2. 生产方法

有机硅防水由甲基硅酸钠、乙基硅酸钠、MS溶液树脂复配而成。其中的主要成分在空气中的 CO_2 和 H_2O 分子作用形成甲基硅醇、乙硅醇及 MS 树脂膜。生成的甲基硅醇、乙硅醇及 MS 树脂膜都含有极性团,易生成氢键。同时,溶液中存在水解反应,这个水解反应的结果使防水剂溶解呈碱性(pH = 12 ~ 15),甲基硅醇、乙基硅醇 MS 树脂膜在碱性环境下各组分偏聚,这个反应继续下去,生成枝状链,在此基础上又偏聚成网状高分子聚合物甲基树脂,由此构成防水膜,深入混凝土的毛细孔中,从而达到防渗目的。

在混凝土水泥砂浆中加入有机硅防水剂后,由于偏聚反应中生成枝状、链状及网状分子是伴随水泥水化反应同时进行的,从而填补了混凝土的微孔隙,使混凝土的微观结构更加致密,提高了混凝土的抗渗性,而且这些高分子聚合物有一定的塑性强度,可以有效地减少混凝土的干燥收缩,防止或减少因混凝土收缩而产生的内力,减轻因此而产生的原始裂缝开展程度,提高混凝土的抗裂性。再则,还可以分散应力,防止应力集中,改善混凝土的内部界面效应,增加了混凝土的弹塑性,使混凝土的抗渗、抗拉、耐久性得到改善。

3. 工艺流程

4. 原料规格

甲基硅酸钠,也称甲基硅酸钠建筑水剂,呈碱性,易溶于水。

外观	黄至淡红色液体
含量/%	29 ~ 33
聚甲基硅酸钠含量/%	20 ± 1
黏度(25℃)/mPa·s	6 ~ 25
相对密度	1.2 ~ 1.3
pH 值	12 ~ 14
MS 溶剂树脂	无色液体
含量/%	40
黏度(25℃)/mPa·s	30 ~ 56
相对密度(25℃)	1.00 ~ 1.02

5. 生产工艺

将水、甲基硅酸钠与乙基硅酸混合配制成一定浓度的溶液，加入带回流冷装置的反应溶器中，在密闭条件下缓慢搅拌加热，回流一定时间后从恒压漏斗中滴加一定量的 MS 溶剂型树脂。由于该反应为放热反应，为防止溶液沸腾，最初的 MS 溶剂型树脂加入必须缓慢、谨慎，待反应物呈金黄色后，在保持回流温度平稳下加入剩余的溶剂型树脂，使反应物保持回流状态，保温反应 6h 至反应终点。

说明：甲基硅酸钠与乙基硅酸是构成反应产物的主要原料。它们之间的配比是决定最终产物分散性能的关键因素。在一定的反应条件下，单体间发生聚合反应时，无论反应速度，还是反应生成物的分子结构，均受到单体浓度和单体间比例的影响。而分子的结构和分子中官能团的排列顺序和密度，又明显影响聚合物本身的性质和性能，

甲基硅酸钠与乙基硅酸钠的摩尔比为 2:1，反应产物的分散能力最强。有机硅缩聚产物的黏度随着时间的延长而逐渐增大，但反应超过一定时间后，反应产物的黏度随着时间的变化趋于平稳，这是因为聚合物的增比黏度随着聚合物相对分子质量的增大而增大，延长聚合反应的时间可以提高缩聚物的聚合性。一般反应时为 6h 左右。

6. 质量标准

	掺防水剂混凝土		掺防水剂砂浆	
	一等品	合格品	一等品	合格品
凝结时间差/min				
初凝	$-90 \sim +120$	$-90 \sim +120$	不早于 45	不早于 45
终凝	$-120 \sim +120$	$-120 \sim +120$	不迟于 10h	不迟于 10h
净浆安定性	合格	合格	合格	合格
泌水率/%	≤80	≤90	—	—
抗压强度比/%				
7 天	≥110	≥100	≥100	≥95
28 天	≥100	≥95	≥95	≥85
90 天	≥100	≥90	≥85	≥80
渗透高度比/%	≤30	≤40		
透水压力比/%	—	—	≥300	≥200
48h 吸水量比/%	≤65	≤75	≤65	≤75
90 天收缩率比/%	≤110	≤120	≤110	≤120
抗冻性能(50 次冻融循环)				
慢冻法				
抗压强度损失/%	≤100	≤100	—	—
质量损失率/%	≤100	≤100	—	—
快冻法				
相对动弹性模量比/%	≥100	≥100	—	—
质量损失率/%	≤100	≤100	—	—
对钢筋锈蚀作用	对钢筋无锈蚀作用			
含固量	液体防水剂应在生产厂控制值相对量的3%之内			

密度	液体防水剂应在生产厂控制值的 ±0.02% 之内
氯离子含量	应在生产厂控制值相对量的5%之内
细度(孔径≤0.32mm 筛筛余量)	≤15%

7. 用途

用作混凝土防水剂。可以配制各种强度等级及高性能混凝土。该防水剂与减水剂复合使用，可以在预拌混凝土企业配制 C30～C80 大流动性高能混凝土，坍落度损失小，具有良好的保塑和保水功能。

参 考 文 献

[1] 陈建强，范钱君，张立华. 有机硅建筑防水剂的研究与发展[J]. 浙江化工，2004，02：25－26.
[2] 王文媛，王明渊. 有机硅防水剂合成工艺研究[J]. 化工新型材料，1999，06：33－34.
[3] 肖燕平，聂昌颉. 有机硅防水剂的制备及应用[J]. 有机硅材料及应用，1999，04：25－26.
[4] 周峻雄. 高效有机硅防水剂[J]. 建材工业信息，1990，02：2.

2.64 HZ－2 泵送剂

HZ－4 泵送剂(HZ－4 Type pumping aid)由木质素磺酸盐减水剂、缓凝剂和引气剂组成。

1. 性能

浅黄色粉末。能有效改善混凝土拌合泵送性能，并能使新拌混凝土在 120min 时间内保持其流动性和稳定性的外加剂。掺量为 0.7%～1.4%，减水率为 10%～20%，1 天、3 天、7 天强度分别提高 30%～70%、40%～80% 和 30%～50%，初凝可延长 1～3h，终凝可延长 1～3h，含气量 3%～4%。

2. 生产方法

将木质素磺酸盐减水剂(参见 WRDA 普能减水剂)与缓凝剂、引气剂等按配方比混合均匀，即得 HZ－4 泵送剂。

3. 工艺流程

4. 质量标准

	一等品	合格品
外观	浅黄色粉末	
细度(4900 孔标准筛筛余量)	≤15%	
pH 值	10～11	
坍落度增加值/cm	≥10	≥8
常压泌水率比/%	≤10	≤120
含气量/%	≤4.5	≤5.5
坍落度保留值/cm		

30min	≥12	≥10
60min	≥10	≥8
抗压强度比/%		
3 天	≥85	≥80
7 天	≥85	≥80
28 天	≥85	≥80
90 天	≥85	≥80
收缩率比/%（90 天）	≤135	≤135
相对耐久性/%（200 次）	≥80	≥300
含固量或含水量	固体泵送剂应在生产厂控制值相对量的≤5%之内	
密度	液体泵送剂就在生产厂控制值的±0.02%之内	
氯离子含量	应在生产厂控制值相对量的5%之内	
水泥净浆流动度	应不小于生产厂控制值的95%	

5. 用途

用作混凝土砂浆泵送剂。用于配制商品混凝土、泵送混凝土、高流态混凝土、高强混凝土。

参 考 文 献

[1] 吴本清. HZ 液体泵送剂的研制及应用[J]. 山东建材，2008，01：43－45.

[2] 郭佩玲，黄华，史冬青，沈红峰，石勇，刘鑫. HX－1 液体泵送剂的研制与应用[A]. 第五届全国高性能混凝土学术交流会论文[C]. 中国硅酸盐学会：，2004：7.

[3] 刘剡. HJL 型混凝土泵送剂的研制与应用[J]. 山东建材，2000，01：27－29.

2.65　JM 高效流化泵送剂

JM 高效流化泵送剂（JM Fluiding pumping aid）由磺化三聚胺甲醛树脂高效减水剂、缓凝剂、引气剂和流化组分组成。

1. 性能

JM 高效流化泵送剂具有减水率高、泵送性能好等特点。在掺量范围内，减水率可达15%～25%。由于不含氯盐，不会对钢筋产生锈蚀。

在使用三胺树脂高效减水剂的基础上复合了缓凝、引气、流化组分，因此可泵性好，混凝土不泌水，不离析，塌落度损失小。同时能显著提高混凝土的强度与耐久性。由于减水率高，该产品 3 天、7 天、28 天强度增加值可达 15%～25%甚至更高。抗折强度等其他强度指标也有明显改善。由于具有引气组分，使加入该产品的混凝土具有良好的密实性及抗渗、抗冻性能。

2. 生产方法

以三聚氰胺、甲醛、磺化剂为主要原料，按一定比例配料经羟甲基化反应、磺化反应、催化缩合反得到磺化三聚氰胺甲醛树脂（具体生工艺可参见 SM 高效碱水剂）的母液，再按配方比加入缓凝、引气、流化等组分，复配均匀，得 JM 高效流化泵送剂。

3. 工艺流程

```
                                         缓凝剂、引气剂、
                      亚硫酸氢钠 酸          碱      流化剂
                            ↓    ↓         ↓        ↓
    三聚氰胺
    甲醛    →  羟甲基化 → 磺化 → 缩合 → 中和 → 复配 → 成品
```

4. 质量标准

	一等品	合格品
坍落度增加值/cm	≥10	≥8
常压泌水率比/%	≤10	≤120
压力泌水率比/%	≤9.5	≤100
含气量/%	≤4.5	≤5.5
坍落度保留值/cm		
30min	≥12	≥10
60min	≥10	≥8
抗压强度比/%		
3 天	≥85	≥80
7 天	≥85	≥80
28 天	≥85	≥80
90 天	≥85	≥80
收缩率比/%（90 天）	≤135	≤135
相对耐久性/%（200 次）	≥80	≥300
含固量或含水量	液体泵送剂应在生产厂控制值相对值量的 3% 之内固体泵送剂应在生产厂控制值相对量的 ≤5% 之内	
密度	液体泵送剂就在生产厂控制值的 ±0.02% 之内	
氯离子含量	应在生产厂控制值相对量的 5% 之内	
细度	应生产厂控制值 ≤ ±2% 之内	
水泥净浆流动度	应不小于生产厂控制值的 95%	

5. 用途

用作混凝土砂泵送剂。适用于商品混凝土、泵送混凝土以及高强、超高强混凝土。

参 考 文 献

[1] 刘剡. HJL 型混凝土泵送剂的研制与应用[J]. 山东建材，2000，01：27-29.
[2] 刘军华，张常明，张英男. PCB 混凝土泵送剂的试验研究[J]. 辽宁建材，2000，04：14-15.
[3] 蔡文尧. 混凝土泵送剂的研制[J]. 混凝土与水泥制品，1997，03：28-29.

2.66　ZC-1 高效复合泵送剂

ZC-1 高效复合泵送剂（ZC-1 type pumping aid）由萘系高效减水剂、木质磺酸钙缓凝减水剂、保塑增稠剂和引气剂组成。

1. 性能

ZC-1 高效复合泵送剂具有较高的减水率、良好的保塑性和对水泥有较好的适应性，混凝土早期强度高，14~20h 即可脱模，适合于 C10~C60 不同强度的商品混凝土。

2. 生产方法

ZC-1 高效复合泵送剂的配制中选用了高效减水剂，减水率达 18%~25%，可增强混凝土的流动性，选择以木质钙、柠檬酸为缓凝材料，能抑制水泥水化，使拌合物在一定时间保持塑性，减少混凝土坍落度的经时损失。为了满足混凝土保塑性，选用了由离子表面活性组成的保塑剂、增稠剂，与高效减水剂、缓凝剂复合使用，保塑效果良好。ZC-1 高效复合泵送剂中掺入适量的引气剂，在混凝土拌制过程中，能引入适量的微细而稳定泡沫，从而减少混凝土的用水量，增大混凝土的黏稠性，提高泵送混凝土的工作性和流动性，减少混土坍落度的损失。

3. 主要原料

①萘磺酸甲醛缩合物减水剂(萘系减水剂)。萘系高效减水剂对水泥浆具有较强的分散作用，能使水灰比不变的情况下，大大提高混凝土拌合物的流动性，能大幅度减少混凝土中用水量。高效减水剂是阴离子型高分子表面活性剂，具有固-液界面活性作用，对水泥浆有较强的分散作用，减水率一般在 20%~25% 之间。

②木质磺酸钙缓凝减水剂。调节水泥凝结时间，延长水泥水化反应的速度，推迟或延长水泥水化时放热峰的出现，降低水沁水化热，同时对混凝土的品质均匀的改善提供辅助作用。

③保塑、增稠剂。选用水溶性化合物，能显著增加水的黏度，具有保塑、增稠、增强、不离析、不沁水和缓凝作用，使混凝土保持稳定、分散状态的时间延长，混凝土加水后，2h 混凝土仍具有 180~200mm 的坍落度，能保证混凝土施工时质量和进度。

④引气剂。引入大量稳定的、封闭的微小气泡。泡可分为三种：气泡单独存在的；具有共同膜的泡与泡聚集体；气溶胶性气泡的泡各自独立存在，其周围被黏稠液体、半固体或固体所包裹而不易消失。引气混凝土中的泡是属于溶胶性气泡范畴。引气剂能显著提高混凝土的可泵送性和耐久性。

4. 工艺流程

5. 质量标准

	一等品	合格品
坍落度增加值/cm	≥10	≥8
常压泌水率比/%	≤100	≤120
压力泌水率比/%	≤95	≤100
含气量/%	≤4.5	≤5.5
坍落度保留值/cm		
30min	≥12	≥10
60min	≥10	≥8
抗压强度比/%		
3 天	≥85	≥80

7 天	≥85	≥80
28 天	≥85	≥80
90 天	≥85	≥80
收缩率比/%（90 天）	≥135	≥135
相对耐久性/%（200 次）	≥80	≥300
含固量	32 ~ 38%	
密度	1.12 ~ 1.18	
氯离子含量/%	≤5	
水泥净浆流动度/%	≥95	

6. 用途

用于配制泵送混凝土。

参 考 文 献

［1］ 周胜军.ZC-1 高效复合泵送剂的配制与应用［J］.新疆有色金属，2005，04：50-51.
［2］ 蔡文尧.混凝土泵送剂的研制［J］.混凝土与水泥制品，1997，03：28-29.
［3］ 曹洪翔，杨继延.YNB-5 防冻泵送剂的研制与应用［J］.低温建筑技术，1993，04：6-8.

2.67 HJL 型混凝土泵送剂

HJL 型混凝土泵送剂（HJL pumping aid）由 β – 萘磺酸盐甲醛缩合物高效减水剂、甲强剂、缓凝剂、引气剂、增稠保水剂组成。

1. 性能

具有良好的减水、引气性能，可提高水泥浆的流动性。HJL 型泵送剂掺入混凝土中，20℃ 条件下，可使混凝土 1 天达到设计强度的 50% 左右，3 天可达到设计强度的 95% ~ 100%，并且混凝土的 28 天强度和后期强度不降低。

掺入 HJL 型泵送剂混凝土坍落度 1h 之内稳定在 180 ~ 200mm 之间，而且混凝土的可泵性好。

2. 生产方法

由减水剂、早强剂、缓凝剂、引气剂和增稠剂复配而成。其中减水剂采用 β – 萘磺酸盐甲醛缩合物高效减水剂，它是一种表面活性剂，掺入到混凝土中，吸附在水泥颗粒表面，使其带有相同符号的电荷，在电性斥力作用下，促使水泥和水初期形成的絮状结构解体，释放出其中的游离水，这样在保持用水量不变的情况下，可增大混凝土的流动性，使混凝土在低水灰比的条件下达到高坍落度，满足泵送混凝土的高流比、高流态的要求。

在满足泵送混凝土的高流化的基础上，根据施工进度的需要，适当加入早强组分来提高混凝早期强度，加快施工进度。建筑上普遍使用的早强组分大体可分为无机类和有机类，由于无机早强剂易造成混凝土的坍落度损失，所以常使用有机早强剂。

引起混凝土坍落度损失的原因很多，但主要是水泥颗粒水化反应所产生的化学凝聚以及水泥颗粒之间相互碰撞所引起的物理凝聚。为了解决这一问题，一般可采用添加缓凝剂和引气剂。缓凝剂可与水泥浆的碱性介质中的 Ca^{2+} 形成不稳定的络合物，在水泥表面形成一层厚实的无定形膜层，阻止了水渗入水泥颗粒进一步水化，延缓了水泥的初期水化析出，但随着时间的推迟，不稳定络合物自行分解，水泥继续水化硬化。引气剂给混凝土中引入了大量微小密闭气泡，隔离润滑水泥颗粒，减少了水泥颗粒之间因碰撞而引起的物理凝聚，显著降低混凝土拌合物的黏滞性，另外加入缓凝剂和引气剂，可以弥补减水剂的经时消耗，维持了水泥颗粒表面电位的不降低，这些作用可延缓水泥的凝结时间 2~6h，3h 之内混凝土拌合物仍可保持良好的泵送性。在减水剂和引气剂的作用下，混凝土早期强度并不降低。

在混凝土砂浆中加入增稠剂，可使混凝土拌合物黏度增加，对混凝土拌合物起到保水作用，改善混凝土的和易性，减少混凝土坍落度的经时损失。

3. 质量标准

	一等品	合格品
坍落度增加值/cm	≥10	≥8
常压泌水率比/%	≤10	≤120
压力泌水率比/%	≤9.5	≤100
含气量/%	≤4.5	≤5.5
坍落度保留值/cm		
30min	≥12	≥10
60min	≥10	≥8
抗压强度比/%		
3 天	≥85	≥80
7 天	≥85	≥80
28 天	≥85	≥80
90 天	≥85	≥80
收缩率比/%（90 天）	≤135	≤135
相对耐久性/%（200 次）	≥80	≥300
含固量或含水量	液体泵送剂应在生产厂控制值相对值量的3%之内	
固体泵送剂	应在生产厂控制值相对量的≤5%之内	
密度	液体泵送剂就在生产厂控制值的±0.02%之内	
氯离子含量	应在生产厂控制值相对量的5%之内	
细度	应生产厂控制值≤±2%之内	
水泥净浆流动度	应不小于生产厂控制值的95%	

4. 用途

用作混凝土泵送剂。混凝土中使用 HJL 型泵送剂，能有效提高泵送性能，同时，混凝土 3 天即达 95% 强度，拆模期由过到的 7~8 天缩短到 1~2 天，这使模板周转期大大缩短，解决了由于作业段少而造成的劳力损失和工期拖长的问题。最佳使用温度 10~40℃。

参 考 文 献

[1] 刘剡. HJL 型混凝土泵送剂的研制与应用[J]. 山东建材，2000，01：27-29.
[2] 刘军华，张常明，张英男. PCB 混凝土泵送剂的试验研究[J]. 辽宁建材，2000，04：14-15.
[3] EP-7 缓凝泵送剂[J]. 建材工业信息，2001，12：17.
[4] 蔡文尧. 混凝土泵送剂的研制[J]. 混凝土与水泥制品，1997，03：28-29.

2.68 脱模剂

随着混凝土新技术、新工艺的发展，对混凝土表面的装饰效果要求越来越高。混凝土表面的蜂窝麻面一直是困扰工程界的重要难题。蜂窝麻面不仅影响混凝土的表观效果，严重时还会影响混凝土的内在质量。预制构件脱模剂可以有效防止混凝土构件与模板间的黏结，使构件表面光滑、棱角分明。

1. 工艺配方

（1）生产配方一

废机油	1	汽油	0.15
滑石粉	1.3	水	0.4

生产方法：先将汽油与废机油，滑石粉拌合，再加水搅至均匀乳状液即为脱模剂。

（2）生产配方二

10#机油	2	火碱	10
皂脚	80	水	10
松香	50	酒精	23
石油磺酸	25		

生产方法：以95%水、5%的皂化混合油（即配方二中各物料混合后加热80℃ 3h 的混合物）混合成乳化油型脱模剂。

2. 用途

将上述脱模剂涂刷在模板表面即可。

参 考 文 献

[1] 王益民，孙晓然，毛小江. 生物柴油制备混凝土制品脱模剂的研究[J]. 河北化工，2010，02：20-21.

[2] 雷映平，周光，周小渝. 高效水溶性混凝土模板脱模剂的研究[J]. 混凝土，2002，09：40-41.

[3] 苏波，刘泉，黄蔚. HD水乳型高效混凝土脱模剂研制[J]. 低温建筑技术，2000，04：60-61.

2.69 混凝土脱模防黏剂

这种混凝土脱模剂可以降低混凝土、钢筋混凝土、石膏、灰泥和其他材料对外壳板、档面板、模具的黏着力。产品为乳液状，无害且防腐，可以替代昂贵的矿物油基防黏剂。匈牙利专利HU49641。

1. 工艺配方

生植物油	10	甘油	0.8~0.9
卵磷脂	1.0	烧碱（14%）	8.9
水溶性聚合物	0.5	水	78.7

2. 生产方法

将物料混合加热皂化后，乳化均质，即得到混凝土脱模防黏剂。

3. 用途

涂于外壳板、挡面板、模具板上。

参 考 文 献

[1] 苏波，刘泉，黄蔚. HD 水乳型高效混凝土脱模剂研制[J]. 低温建筑技术，2000，04：60 – 61.

[2] 陈建中. J – 1 型混凝土脱模剂[J]. 化学建材，1996，06：264 – 265.

[3] 黄直久. 混凝土脱模剂的选择[J]. 山西建筑，1993，02：21 – 22.

2.70 水泥制品脱模剂

水泥制品脱模剂又称模板分离剂或隔离剂，是一种涂覆或喷洒在模板表面能起润滑、隔离作用，使混凝土硬化后与之容易分离且制品表面光滑的天然或化学材料。

工艺配方（份）：

（1）配方一

10# 机油	4	松香	100
火碱	20	皂角	160
乙醇	46	石油磺酸	50
水	20		

生产方法：将各组分混合，加热至 80℃。保持此温度，搅拌 3h，即成乳化油型脱模剂。

（2）配方二

植物油	20	氢氧化钠	17.8
甘油	1.7	水溶性聚合物	1.0
卵磷脂	2	水	157.4

生产方法：将上述组分混合，加热皂化后即得脱模剂。

（3）配方三

甲基硅油	200	乙醇	适量
乙醇胺（固化剂）	0.4 ~ 0.05		

生产方法：将固化剂乙醇胺加入容器里，用少量的乙醇稀释，搅拌下加入甲基硅油中，直到搅拌均匀为止。乙醇胺的加入量冬天可适量增加，夏天可适量减少。甲基硅油加入乙醇胺后数小时内固化，要注意配量适当，不能存放。夏天配制后 8h 用完。涂 1 层可重复用 4 次。

（4）配方四

石蜡	2	滑石粉	8
柴油	6 ~ 10		

生产方法：将石蜡与柴油混合用温火或水浴加热熔化，然后加入剩余柴油拌匀。本品易脱模，板面光滑，但成本较高，蒸汽养护时不能使用，适于混凝土台座。

（5）配方五

废机油	50	滑石粉	75 ~ 100

| 皂化油 | 50 | 清水 | 200～300 |

生产方法：先将废机油、皂化油混合，加部分水，加热搅拌使其乳化，再加滑石粉和其余的水，拌和成乳化液为止。该脱模剂易于脱模，制品表面光滑。

（6）配方六

| 塔尔油脂肪酸 | 31.6 | 平平加 | 0.8 |
| 柴油 | 160 | 单乙醇胺 | 7.6 |

生产方法：将全部物料混合搅拌均匀即得油质脱模剂。

（7）配方七

石油	16.4～17.4
含油蜡（熔点50～70℃）	1.4～1.8
壬基酚聚氧乙烯醚硫酸钠	0.8～1.2
石灰浆	80.0～81.0

生产方法：将全部物料混合搅拌均匀即得油模剂。

（8）配方八

乳化机油	100～110	煤油	5
氢氧化钠	0.04	硬脂酸	3～5
磷酸（85%）	0.02	水	85

生产方法：将乳化机油加热至50～60℃，将硬脂酸压碎倒入已加热的乳化机油中，搅拌使其溶解。再将60～80℃热水倒入，继续搅拌呈乳白色为止，最后加磷酸和氢氧化钾溶液，继续搅拌均匀即得乳化脱模剂。用于钢模时按乳化剂∶水＝1∶5的比例调配。

（9）配方九

| 塔尔油脂肪酸 | 33 | 乳化剂 OP-10 | 1.0 |
| 柴油 | 160 | 单乙醇胺 | 6.0 |

生产方法：将各组成混合均匀即得混凝土脱模剂。

（10）配方十

| 塔尔油脂肪酸 | 31.4 | 柴油 | 160 |
| 单乙醇胺 | 8.6 | | |

生产方法：将全部组成混合搅拌均匀即得性能优良、脱模效果好的脱模剂。

参 考 文 献

[1] 水泥制品（构件）脱模剂[J]. 建材工业信息，2003，(01)：32.
[2] 雷映平，周光，周小渝. 高效水溶性混凝土模板脱模剂的研究[J]. 混凝土，2002，09：40-41.
[3] 吴丽华. TM 型混凝土脱模剂的研制与应用[J]. 混凝土，1995，01：45-46.
[4] 陈建中. J-1 型混凝土脱模剂[J]. 化学建材，1996，06：264-265.

2.71 钢筋阻锈剂

钢筋混凝土结构是当代社会使用最广泛的建筑结构形式。然而由于混凝土内钢筋发生锈蚀导致的混凝土结构过早破坏，已成为制约混凝土结构耐久性的重要因素。锈蚀会降低钢筋的承载能力，降低与周围混凝土之间的握裹力并可导致混凝土发生顺筋开裂从而缩短结构的寿命。在混凝土中掺入阻锈剂是预防或延缓钢筋腐蚀的一种简便易行且经济有效的方法。该钢筋阻锈剂旨在抑制或完全阻止钢筋在混凝土介质中被腐蚀的外加剂。

（1）生产配方一

| 间苯二酚 | 1 | 石灰石 | 适量 |
| 氯化钠 | 60 | | |

生产方法：将各物料磨细混匀即得。

用途：用量为水泥质量的6%左右。

（2）生产配方二

| 氯化钠 | 60 | 2-亚硝基-1-苯磺酸钠 | 0.5 |
| 石灰石 | 适量 | | |

生产方法：同配方一相同。

用途：用量按水泥质量的6%左右掺入，拌和均匀。

参 考 文 献

[1] 吕民，张大全. 一种新型复合钢筋阻锈剂[J]. 腐蚀与防护，2010，(09)：709.

[2] 汤涛，雷俊，祝剑剑，陈步荣，魏无际. 一种新型钢筋阻锈剂的阻锈性能[J]. 腐蚀与防护，2007，(12)：642.

[3] 黄洁，张松. 钢筋阻锈剂综述[J]. 工业建筑，2008，(S1)：826.

2.72　硅酸锂钢筋阻锈剂

钢筋阻锈剂是一种可有效阻止或减缓钢筋腐蚀的化学物质，通常可以通过掺到混凝土中或涂敷在混凝土的表面而起作用。硅酸锂钢筋阻锈剂能长期阻止或抑制混凝土中钢筋或金属预埋件发生锈蚀作用。

1. 工艺配方

| 硅酸盐水泥 | 15 | 粗骨粉 | 90 |
| 细骨粉 | 60 | 硅酸锂 | 0.015~3 |

2. 使用方法

使用时，将各组分混合均匀，沿钢筋加入混凝土中即可防锈。

参 考 文 献

[1] 阚欣荣，封孝信，王晓燕. 一种新型钢筋阻锈剂的阻锈性能[J]. 腐蚀与防护，2011，05：374-376，387.

[2] 耿春雷，刘艳军. 一种环保型钢筋阻锈剂的研制及机理探讨[J]. 商品混凝土，2011，10：41-43，60.

[3] 吕民，张大全. 一种新型复合钢筋阻锈剂[J]. 腐蚀与防护，2010，09：709-711.

[4] 黄洁，张松. 钢筋阻锈剂综述[J]. 工业建筑，2008，S1：826-829.

第3章 建筑防水材料

3.1 沥青防水卷材

沥青是一种用途十分广泛的材料,它具有黏结、防水、防腐及绝缘等多种功能。沥青类防水材料一直是我国建筑防水的主导材料。沥青常制成沥青溶液、沥青胶、沥青封缝油膏、防水卷材、沥青砂浆和沥青混凝土等。当前,我国的建筑防水材料中石油沥青约占全部防水材料的90%。

沥青防水卷材由防水黏合剂沥青和填料组成。生产方法是将各组分物料混合均匀后于一定温度下在塑炼机上进行塑炼,现由延压机延压成型,卷成卷,切割、包装即得成品。

工艺配方:

(1)配方一(kg)

煤焦油沥青(软化点104℃)	240
聚氯乙烯(相对分子质量为$2.5 \times 10^4 \sim 6.2 \times 10^4$)	200
邻苯二甲酸二丁酯	160
乙酸铅	8
滑石粉	184

生产方法:将聚氯乙烯树脂与粉碎的沥青混合,加入二丁酯、乙酸铅和滑石粉,拌合均匀,在塑炼机上进行塑炼,塑炼温度为150~155℃,然后在压延机上压延成毡,压延温度100~110℃,压延厚度0.5~2.0mm。

(2)配方二

古马隆树脂	10~14	再生胶粉	40~50
石油沥青(30#)	40~60	蒽油	10~20
松香	20~30	石棉绒(七级)	20~40

生产方法:将古马隆树脂、再生胶粉、石油沥青等组分投入叶片式搅拌机中混合,然后使用压辊压延机压延两次,制成薄板坯,再通过压辊压制成橡胶沥青带,最后把橡胶沥青带施加到铝箔上,通过压辊机压合,压纹机压纹,成卷,切割、包装得成品即铝箔油毡。

(3)配方三

氯化聚乙烯	50	煤焦油沥青	50
碱式碳酸铅	2.5	助剂	适量

生产方法:将氯化聚乙烯、煤焦油沥青与其余物料拌合均匀,用炼胶机进行塑炼,控制塑炼温度140~170℃。混炼物70~90℃时,用压延机压延成0.5~0.8mm厚防水卷材,本胶结材料具有良好的防水可靠性和耐老化能力。

参　考　文　献

[1]　蔡雯，冯志全．沥青防水材料评述[J]．民营科技，2012，06：300．
[2]　曲俊杰．沥青防水材料[J]．涂料工业，1983，01：11－14．
[3]　苏醒，周升平，郑烷，胡承孝，朱晏林．无胎基自黏聚合物改性沥青防水卷材生产工艺研究[J]．中国建筑防水，2012，12：40－43．
[4]　俞捷，马永祥．改性沥青防水卷材生产线的工艺布置[J]．化学建材，2008，06：19－20．

3.2　橡胶防水卷材

橡胶基屋面防水材料主要包括 SBS 改性沥青卷材、EPDM、丁基橡胶、TPO、CSPE 等聚合物卷材。橡胶防水卷材是以橡胶为主要黏料的防水卷材，施工时只需橡胶类胶黏剂即可形成弹性防水层。

工艺配方：

（1）配方一

丁基橡胶 301	200	石蜡	12
二硫化四甲基秋兰姆	2	抗氧化剂 4010	4
易压出炭黑	150	氧化锌	10
二乙基二硫代氨基甲酸锌	6	硫黄	3.0
硬脂酸	2	凡士林	10

（2）配方二

丁基橡胶（268）	50	不饱和树脂	50
聚丁烯	10	甲苯	120
乙烷	120		

（3）配方三

丁基橡胶	50	炉法炭黑	36
软黏土	2.5	锌白	2.5
Escorez 1102B	10	抗氧加工油剂	2.5
加工油	3.5		

（4）配方四

丁基橡胶（035 或 065）	100
高耐磨炭黑（HAF）	50
炉法炭黑（SRF）	25
石蜡	4～5
凡士林	2～3
硬脂酸	1
抗臭氧剂	0～1.5
锌白	5
二乙基二硫代氨基甲酸锌	3

硫黄	1.5

（5）配方五

丁基橡胶	140
炉法炭黑	100
EPT301（三元乙丙橡胶）	60
高耐磨炭黑	100
锌白	10
二乙基二硫代氨基甲酸锌	1
二甲基二硫代氨基甲酸锌	3
MBT	1
硫黄	2
石蜡	6
加工油	4
硬脂酸	2

（6）配方六

丁基橡胶(0.35 或 0.65)	200
高耐磨炭黑	100
炉法炭黑	50
碳酸钙	0~10
软黏土	0~10
抗臭氧剂	0~3.0
锌白	10
石蜡(熔点 55℃)	8~10
凡士林	4~6
硬脂酸	2
2-硫基苯并噻唑	1
TMTD	1
二苄基二硫代氨基甲酸锌	2
硫	3

该配方为丁基橡胶屋面卷材。

（7）配方七

氯丁橡胶	200
硬黏土	100
易压出炭黑	40
炉法炭黑	40
氧化镁	8
抗氧剂苯基-β-萘胺和二苯基对苯二胺	4
锌白	10

$\quad$ 2 - 巯基味唑啉(促进剂 NA22) $\qquad$ 1.5

$\quad$ 轻加工油 $\qquad$ 24

$\quad$ 特种石蜡 $\qquad$ 6

(8)配方八

$\quad$ 氯丁橡胶(氯丁 CN - A) $\qquad$ 100

$\quad$ 抗氧剂 Akroflex CD(萘胺和对苯二胺衍生物) $\qquad$ 2

$\quad$ 热裂法炭黑 $\qquad$ 70

$\quad$ 槽法炭黑 $\qquad$ 20

$\quad$ 十八碳酸 $\qquad$ 0.75

$\quad$ 铅丹(Pb_2O_3) $\qquad$ 20

$\quad$ 特种石蜡 $\qquad$ 3

$\quad$ 轻加工油 $\qquad$ 3

(9)配方九

丁基橡胶	27.0	三元乙丙橡胶	63.0
炭黑	49.6	填充剂	28.0
硫黄	1.4	复合促进剂	3.2
其他助剂	9.8	三线油	18.0

(10)配方十

混炼再生胶	200	母胶	20
氧化锌	2.4	碳酸钙	60
古马隆树脂	2.0	松焦油	8.0
硫黄	2.0	硬脂酸	1.2
防老剂 RD	0.6	防老剂 4010	0.6
促进剂 DM	0.6	促进剂 TMTD	0.2
石蜡	0.8		

该配方为再生橡胶防水卷材。

参 考 文 献

[1] 牛光全. 建筑橡胶基防水材料新进展及建议[J]. 中国橡胶, 2006, 17: 13 - 16.

[2] 娄诚玉. 新型防水材料——乙丙橡胶防水卷材[J]. 中国建筑防水材料, 1986, 02: 15 - 22.

[3] 黑祖昆. 橡胶防水卷材的制备工艺与设备[J]. 天津橡胶, 1996, (01): 21.

3.3 聚烯烃类防水卷材

$\quad$ 20 世纪 70 ~ 80 年代,世界建筑防水材料发生了革命性的变化,主要表现在以聚合物为基础的防水卷材、防水涂料和密封膏迅速取代传统的防水材料纸胎沥青防水卷材。在聚合物为基础的防水卷材中,聚烯类防水卷材如 PVC 防水卷材仍然是主导性的聚合物防水卷材。

$\quad$ 用于聚烯类防水卷材的聚合物主要有聚异丁烯、聚氯乙烯、氯化聚乙烯等。

1. 工艺配方

(1)配方一

聚异丁烯	80	硬脂酸	3.2
聚乙烯	7.2	炭黑	72

(2)配方二

聚异丁烯	200	硬脂酸	20
易混炭黑	240	加工油(石蜡类)	14
热裂法炭黑	160	聚乙烯	80

该配方为聚异丁烯层面卷材。

(3)配方三

聚异丁烯	100	稳定剂	25
炭黑	50	填料(轻质碳酸钙)	320
阻燃剂	70	加工油	30

(4)配方四

聚氯乙烯树脂(SX-2)	100
二盐基性亚磷酸铅	3
氯化聚乙烯(含氯量30%~40%)	40~50
硬脂酸钡	1~1.5
炭酸钙或陶土	10~20
增塑剂(邻苯二甲酸酯或磷酸酯)	10~30

(5)配方五

聚氯乙烯	500	邻苯二甲酸酯	20
稳定剂	15	填料	250
颜料	6~8		

(6)配方六

氯化聚乙烯	100	DOP	6
金属皂类稳定剂	8	轻质碳酸钙	210
环氧稳定剂	3~6	颜料	1~2

2. 生产工艺

将各组分混匀后经混炼、热炼、压延、定型、冷却、成卷即成。本品低温柔性及防水性均佳,是一种良好的防水材料。

3. 用途

用作屋面防水卷材。

参 考 文 献

[1] 常新坦.聚氯乙烯防水材料的耐久性研究[J].中国建筑防水材料,1987,03:7-10.

[2] 牛光全.国内外聚合物防水材料的新进展[J].橡胶工业,2000,06:367-372.

[3] 杨旭,邵巍,于鸿雁,张宝莲,费学宁.氯化聚乙烯-橡胶共混防水卷材用橡塑粉的改性及应用研究[J].中国建筑防水,2011,(18):11.

3.4 纯聚氨酯型防渗防水材料

聚氨酯防渗防水材料分双组分与单组分两大类。双组分有纯聚氨酯型(或称无焦油聚氨酯型)和焦油聚氨酯型两种,由预聚体(基剂)与固化剂(多元醇或多胺)组成;单组分有湿固化型预聚体与空气氧化型预聚体两种,是借助空气中的水分(或)和氧化作用达到硬化,由于其物理性能以及施工性能较差,目前使用较少。在土木建筑工程中主要使用双组分聚氨酯防水材料,尤其是焦油聚氨酯型使用更多。聚氨酯防渗防水涂层材料的分类如下:

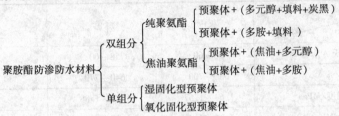

1. 生产工艺

纯聚氨酯型防水材料也称无焦油聚氨酯型防水材料,基剂与固化剂双组分分别包装,现场施工时按比例配制后使用。纯聚氨酯型防水材料的固化剂、交联剂一般都使用多元醇,有时也使用芳香多胺类。为了改善耐候性等物理性能,在固化剂组分内掺进炭黑(改性剂)、填料、稳定剂、催化剂等组剂,经充分搅拌后配制而成。基剂仍是一般预聚体,由多元醇与异氰酸酯反应后配制而成。纯聚氨酯防水材料可分为炭黑聚氨酯型与有色聚氨酯型两类。有色聚氨酯型主要是固化剂组分内再掺进除炭黑以外的无色填料、改性剂和颜料制成,一般有色聚氨酯,除可作防水材料使用外,还可当作地板材料使用,但外表较美观。

纯聚氨酯型防水材料的优点:弹性良好,撕裂强度较大;老化后物理性质变化少;反应速度容易控制。但纯聚氨酯型防水材料的黏度较高,比焦油聚氨酯防水材料较难施工;同时容易受水分的影响。

纯聚氨酯型防水材料的配方因用途、施工条件的不同而有所变化,但基本原料的组成大致相同,仅在配方中占的比例有所差异。

2. 质量标准

纯聚氨酯防水材料的物理性能因其配方不同而有差异,现将用醇与胺两种交联剂制成的防水材料的产品标准如下:

(1)多元醇交联的纯聚氨醚防水材料。

项目 试验条件	硬度(邵氏 A)	伸长率/%	100% 定伸强度/MPa	拉伸强度/MPa	撕裂强度/(kN/m)
原始样品(室温 7 天固化)	41~40	890~860	1.00~1.06	4.60~4.83	19.3~20.0
3% 硫酸(室温,1 星期)	37~36	910~860	0.85~0.88	4.64~5.06	16.3~16.6
10% 氯化钠(室温,1 星期)	38~37	830~800	0.87~0.92	4.52~4.75	15.3~16.8
饱和氢氧化钙(室温,1 星期)	38~36	820~810	0.84~0.85	4.39~4.46	15.8~16.4
10% 氢氧化钠(室温,1 星期)	38~37	930~920	0.88~9.11	5.05~5.13	18.3~18.6
蒸馏水(室温,1 星期)	38~37	980~870	0.85~0.88	4.56~4.64	15.2~15.7

项目 试验条件	硬度(邵氏A)	伸长率/%	100%定伸强度/MPa	拉伸强度/MPa	撕裂强度/(kN/m)
温水(40℃,1星期)	35~33	840~840	0.67~0.69	4.04~4.26	14.4~16.0
耐热(80℃,1星期)	38~36	850~820	0.73~0.77	4.70~4.75	17.7~17.9
人工气候老化(500h)	45~43	850~840	0.97~1.00	4.95~5.00	21.9~22.0

（2）胺交联的有色聚氨酯防水材料

色彩 项目	灰色	绿色	红色
硬度(邵氏A)	58~60	58~60	58~60
伸长率/%	680~700	640~770	730~750
100%定伸强度/MPa	1.64~1.67	1.82~1.88	1.89~1.92
拉伸强度/MPa	4.36~4.41	4.16~5.03	5.09~5.31
撕裂强度/(kN/m)	20.58~21.85	17.93~20.09	20.29~23.72

说明：

石油树脂聚氨酯防水材料制备：在装配有搅拌器、真空泵和温度计的反应烧瓶中，加入一定量的聚醚多元醇，开动搅拌器和真空泵，以水浴加热升温，在80~90℃和约10mm汞柱的真空度下脱水2h，真空下降至室温，然后在干燥的环境下密闭贮存备用。在装有搅拌器、氮气导管屯真空泵和温度计的反应烧瓶中，加入一定量的经脱水的聚醚多元醇，通干燥氮气保护，开动搅拌器，加入一定量的甲苯二异氰酸酯，在80~90℃保温反应2h，约10mm汞柱下脱气约1h至预聚物中无气泡冒出为止，得到A组分在避光和隔绝空气下贮存备用。

B组分的制备：称取一定量的交联剂，加入一定量的二甲苯和乙酸丁酯的混合溶剂(以稍微加热增加溶剂的溶解性，使交联剂充分溶解，以利于分散均匀，反应迅速充分)。然后分别称取一定量干燥后的石油树脂、催化剂、填料等，将其与交联剂溶液混合，同时加入少许增塑剂、流平剂、消泡剂，搅拌均匀得到B组分。

石油树脂聚氨酯防水材料的用法：将A组分与B组分按一定比例混合，用搅拌器快速搅拌均匀。涂布后室温下固化。

参 考 文 献

［1］ 李新法，刘楠，牛明军，陈金周，曲良俊，蒋学行. 石油树脂聚氨酯防水材料的研制[J]. 塑料工业，2004，10：56-58.

［2］ 徐忠珊. 石油沥青聚氨酯防水材料的研制[J]. 化学建材，2004，05：46-49.

［3］ 刘楠，李新法，牛明军，陈金周，蒋学行. 环保型改性聚氨酯防水材料的研制[J]. 化学建材，2005，02：42-43.

［4］ 陈振耀. 聚氨酯防水材料的研究[J]. 上海工程技术大学学报，2000，04：255-258.

3.5　耐热热熔沥青胶

沥青和填料的混合物称为沥青胶浆，这种沥青胶可耐热85℃，用于屋面建筑。

1. 工艺配方

石油沥青(30号)	3.0	石油沥青(10号)	4.5
滑石粉	2.5		

2. 生产方法

将沥青打成碎块，加热熔化脱水(120℃)，熬制到沥青表面清亮、不再起泡为止。然后，徐徐掺入预热至120~140℃的干滑石粉填充剂，充分搅拌均匀，保温200~230℃备用。

说明：石油沥青胶加热温度由230℃提高到275℃以后，不仅流动性好，又增加了易刷性。铺设的建筑石油沥青胶较薄，不但增加了柔韧性而又节约沥青胶。

3. 用途

将热熔态的沥青胶涂抹在建筑物表面。能耐烈日暴晒和防水。

参 考 文 献

[1] 无规物沥青胶的研究及其应用[J]. 建筑技术通讯，1979，06：8-10.

[2] 戚祥发. 卷材屋面滑坡与沥青胶配方选择[J]. 建筑技术，1981，04：36-38.

[3] 周亮. 不同填料对沥青胶浆性能影响分析[J]. 公路工程，2013，(01)：24.

3.6　冷黏沥青胶

属于溶剂型沥青胶，主要用于屋面、房顶防水卷材的铺贴。

1. 工艺配方

石油沥青(10号)	5.0	轻柴油	2.6
油酸	0.1	熟石灰粉	1.4
石棉(6~7级)	0.85		

2. 生产方法

将沥青加热融化脱水，保温160~180℃，然后将定量的柴油及油酸倒入，充分搅拌，并缓慢加入石灰粉，搅匀，将此混合物倒入已熬制好的沥青中，不断搅拌使之均匀后，装入密封的容器中备用。

3. 用途

将本品涂刷在屋面、房顶处，铺上防水卷材，加压黏合。

参 考 文 献

[1] 梅迎军，吴金航. 沥青胶浆-集料界面水损机制及评价研究进展[J]. 武汉理工大学学报，2013，03：46-53.

[2] 刘丽，郝培文. SMA沥青胶浆的研究[J]. 中外公路，2004，05：97-100.

3.7　石灰乳化沥青

石油沥青具有良好的粘接性、耐老化性和防水能力，长期以来被广泛用作筑路、防水和密封材料。乳化沥青则是将原来互不相容的沥青、水、乳化剂等按一定的比例，在适宜的温度和机械力作用下，使沥青以细小的微粒(0.1~10μm)均匀地分散成相对稳定的乳状液。乳化沥青由于具有节省能源、提高功效、延长施工季节、减少环境污染、提高沥青路面使用寿命等优点，获得了迅速发展。这里提供了 4 种不同的石灰乳化沥青，它们都具有很好的防水性。

1. 工艺配方

	1#	2#	3#	4#
石油沥青(60 号)	31 ~ 33	33.3	29 ~ 31	30 ~ 33
石灰膏	12.6 ~ 14	3.33	15 ~ 18	25 ~ 27
三级石棉纤维	2.2	—	1.8 ~ 2.4	—
水	55.2 ~ 50.8	33.3	50 ~ 55	40 ~ 45

2. 生产方法

先将 1/2 的水(温度为 70 ~ 80℃)和石灰膏按比例加入卧式浆叶式搅拌机中搅拌 3 ~ 5min，最后再加入石棉绒和剩余的水，搅拌 5min 即成。

3. 用途

石灰乳化沥青有不加和加石棉绒两种类型。前一种作法：涂刷时基层应干燥清洁，裂缝用沥青腻子填塞，先涂稀乳化沥青(乳化沥青：水 = 1:1)打底，再涂刷面层乳化沥青涂层，涂刷均匀一致，方向互相垂直，厚度为 4 ~ 5mm，表面作砂子(粒径 3mm)保护层。后一种作法：另掺入填充料，掺入比例为乳化沥青：滑石粉：石棉绒 = 83:(13 ~ 14):(4 ~ 5)。采用辅抹法施工，采取多层做法，即先用稀乳化沥青刷底漆一遍，然后再分层互相垂直涂抹，涂一层干后再抹二层，最后抹压成 4 ~ 6mm 厚，表面再作砂子保护层。

说明：

石灰乳化沥青抹压厚度一般在 4 ~ 5mm 较为合适。石灰乳化沥青在施工时进行二次抹压非常重要。二次抹爪必须在石灰乳化沥青抹压层收水后，未结膜前进行。抹压过早起不到作用，过晚会粘抹子，而且由于防水层已经结膜，经过抹动会出现裂纹。

参 考 文 献

[1] 刘丽，郝培文. SMA 沥青胶浆的研究[J]. 中外公路，2004，05：97 - 100.
[2] 李士彬，薛振东. 石灰乳化沥青应用分析[J]. 建筑技术，1981，04：23 - 24.

3.8　松香皂乳化沥青

松香皂乳化沥青则是将原来互不相容的沥青、水、松香皂乳化剂等按一定的比例，在适宜的温度和机械力作用下，使沥青以细小的微粒均匀地分散成相对稳定的乳状液。乳化沥青由于便于冷施工，获得了迅速发展。这种松香皂乳化沥青成本较高，但防水性、防龟裂性、耐候性尤为优良。

1. 工艺配方

沥青：			
石油沥青(60 号)	100		
乳化液：			
松香皂	1	水玻璃	0.8

烧碱(工业品)	0.8	水	83.9

2. 生产方法

将水加热至沸，将烧碱缓慢加入沸腾水中，使其完全溶解，然后边搅拌边慢慢加入已磨细的松香皂粉中(颗粒小于5mm)，勿使其结块，将此混合物在水浴锅上(90~100℃)不断搅拌熬煮90min左右，冷却后即成淡黄色膏状物，此时pH=11~12，然后加入定量的稀释水，则为松香皂乳化液。

将沥青熔化，在100~200℃温度范围内脱水即为沥青液。

将乳化液先注入搅拌机的搅拌筒内，然后将沥青液呈细流状徐徐加入筒内，搅拌2~3min，再加入80~100℃热水，搅拌6~8min，即为乳化沥青。

3. 用途

用于屋面防水、地下防潮、管道防腐、渠道防渗、地下防水等。

参 考 文 献

[1] 弓锐，徐鹏，郭彦强. SBS改性乳化沥青的技术特点及应用前景[J]. 内蒙古科技与经济，2013，05：116-117.

[2] 李秋忠，杨慧，李宾. 乳化沥青稳定机理分析[J]. 石油沥青，2013，02：68-72.

[3] 韦武举，韩超，黄俊，钦兰成. 乳化沥青冷拌沥青混合料设计方法研究[J]. 石油沥青，2013，02：43-47.

3.9 非离子型乳化沥青

乳化沥青可分为阴离子型、阳离子型和非离子型3大类。乳化沥青发展至今已有70多年的历史。这种非离子型乳化沥青具有不怕硬水、耐酸碱、在水中不电离、可防静电反应、能用水任意稀释和添加填料。主要用于屋面防水、地下防潮、管道防腐、渠道防渗、地下防水等。

1. 生产配方

(1)生产配方一

沥青液：

60号石油沥青	75
10号石油沥青	15
65号石油沥青	10

乳化液：

氢氧化钠(工业品95%)	0.88
水玻璃	1.6
聚乙烯醇(聚合度2000，醇解度85%)	4
平平加	2
水	100

生产方法：①将石油沥青放入加热锅内，加热熔化，脱水，除去纸屑杂质后，在160~180℃下保温。

②将乳化剂和辅助材料按配方量依次分别称量，放入一定体积和温度的水中。水加热至

20~30℃时加入氢氧化钠，待全部溶解后，升温至80~90℃加入聚乙烯醇，充分搅拌溶解，然后降温至60~80℃，加入表面活性剂平平加，搅拌溶解，即得清沏的乳化液。

③将乳化液（冬天60~80℃、夏天20~30℃）过滤、计量，输入匀化机中。

④开动匀化机，将事先过滤、计量并保温180~200℃的液体沥青徐徐注入匀化机中，乳化2~3min后停止，将乳液放出，冷却后过滤即得成品。

（2）生产配方二

茂名10号沥青	50	60号石油沥青	50
水	100	烧碱	0.88
聚乙烯醇（稳定剂）	4	匀染剂X-102	2

生产方法：在聚乙烯醇中加入总水量的50%，加热至80~90℃使之溶解，溶解完毕后，需补足蒸发掉的水分，另外将余下的50%的水加温至40~50℃，放入烧碱，溶解后加入水玻璃并加温至70~80℃，再与聚乙烯醇水溶液混合倒入立式搅拌机的乳化筒中，再加入匀染剂X-102，使温度保持70~80℃，此混合物即为乳化剂。

将沥青熔化脱水，保温至180℃左右，再徐徐加入乳化液中，加完后再搅5~7min过滤即为成品。

2. 用途

用于屋面防水、地下防潮、管道防腐、渠道防渗、地下防水等。

参 考 文 献

［1］ 初建国．非离子型沥青乳化剂的制备［J］．石油沥青，1991，（02）：65．

［2］ 弓锐，徐鹏，郭彦强．SBS改性乳化沥青的技术特点及应用前景［J］．内蒙古科技与经济，2013，05：116-117．

［3］ 居浩，黄菲．乳化沥青冷再生设计方法及路用性能研究［J］．石油沥青，2013，02：59-67．

3.10 防水1号乳化沥青

乳化沥青具有良好的粘接性、耐老化性和防水能力，而且便于冷施工，长期以来被广泛用作筑路、防水和密封材料。乳化沥青可分为阴离子型、阳离子型和非离子型3大类。防水1号乳化沥青阴离子乳化沥青。主要用于建筑物及屋面防水。

1. 工艺配方

沥清液：

10号石油沥青	30	60号石油沥青	70

乳化液：

洗衣粉	0.9	肥皂	1.1
烧碱	0.4	水	97.6

2. 生产方法

将石油沥青放入锅内，加热至180~200℃熔化，脱水、除去杂质，保温160~190℃备用（沥清液）。

将水放入锅内烧热，加入烧碱溶解后，将预先溶解的肥皂水和洗衣粉溶液倒入锅内进行搅拌，保温60~80℃备用（乳化液）。

将 $60 \sim 80\,℃$ 的乳化液送入匀化机内,喷射循环 $1 \sim 2s$ 后,再加入 $160 \sim 190\,℃$ 的沥青液(须在 $1min$ 内全部加完),加沥青时应注意压力在 $500 \sim 800kPa$ 为宜,乳化时间为 $4min$ 即可出料。

3. 用途

用于建筑物及屋面防水。

参 考 文 献

[1] 居浩,黄菲. 乳化沥青冷再生设计方法及路用性能研究[J]. 石油沥青,2013,02:59 –67.
[2] 李秋忠,杨慧,李宾. 乳化沥青稳定机理分析[J]. 石油沥青,2013,02:68 –72.
[3] 韦武举,韩超,黄俊,钦兰成. 乳化沥青冷拌沥青混合料设计方法研究[J]. 石油沥青,2013,02: 43 –47.

3.11 筑路用沥青乳液

乳化沥青具有许多良好的应用特性,已广泛应用于铺路、土壤改良、固沙和水利建设中的防渗透、建筑防水、防腐、防潮等领域。这种筑路用沥青乳液具有优良的凝结能力,同热水接触时凝结率达 100% 。原东德专利 154297。

1. 工艺配方

沥青	60
脂肪单/双胺	1.0
壬基酚聚氧乙烯(5~8)醚(APE5~8)	1.0
壬基酚聚氧乙烯(9~20)醚(APE9~20)	1.3
水	36.7

2. 生产方法

将 APE5~8、APE 9~20 置于水中,加热至 $60\,℃$ 为水相,另将 $120\,℃$ 沥青与脂肪单/双胺混合,再与 $60\,℃$ 的水相混合,搅拌形成沥青乳液。

3. 用途

用于路面、建筑防水、防腐、防潮等领域。

参 考 文 献

[1] 弓锐,徐鹏,郭彦强. SBS 改性乳化沥青的技术特点及应用前景[J]. 内蒙古科技与经济,2013,05: 116 –117.
[2] 弓锐. 丁苯胶乳对改性乳化沥青性能的影响[J]. 青海交通科技,2012,06:8 –10.

3.12 阳离子乳化沥青

阳离子沥青乳化剂品种繁杂,分类方法各异。根据亲油基来源不同,主要分为脂肪胺类、脂肪酸类及木质素类等。按破乳速度快慢又可分成快凝型、中凝型和慢凝型 3 种。乳化剂决定乳化沥青颗粒表面电荷的性质、破乳速度、沥青颗粒大小、贮存稳定性、沥青与骨料黏附力等,对乳化沥青的质量起着决定性作用。该阳离子乳化沥青主要用于水泥板、石膏板和纤维板的防水。

1. 工艺配方

（1）生产配方一

石油沥青（针入度 60～80）	4.00
石蜡	1.00
聚氧乙烯烷基胺（阳离子乳化剂）	0.3
硬脂酸	0.25
水	5.00
明胶（稳定剂）	0.25

生产方法：将沥青和石蜡、硬脂酸在 130～140℃下加热熔融制成沥青液，在水中加入聚氧乙烯烷基胺，溶解后，用冰乙酸调节 pH=6，加入明胶配制成乳化液。

将 70～75℃的乳化液注入匀化机中，然后将 130～140℃的沥青液徐徐注入匀化机中进行乳化，则可制成乳化沥青。

该配方作为石膏制品的防水剂。

（2）生产配方二

直馏沥青	3.00	石蜡（熔点58.3℃）	7.5
阳离子乳化剂	0.3	盐酸	0.1
氯化钠	0.18	水	36.0

生产方法：将直馏沥青加热熔化脱水，并加热到140℃得沥青液；将阳离子乳化剂、盐酸和氯化钠加入水中充分混合均匀即得乳化液，保温70℃左右。

将乳化液注入匀化机中，然后徐徐注入沥青液，进行匀化，则可制得稳定性有所改进的乳化沥青。

2. 用途

用于水泥板、石膏板和纤维板的防水。

参 考 文 献

[1] 彭煜，孔祥军，蔺习雄. 高性能阳离子乳化沥青的研制[J]. 石油沥青，2009，(05)：34.

[2] 石航. 阳离子乳化沥青的制备及性能测试[J]. 化工中间体，2012，(10)：55.

[3] 张倩，张彤，王月欣，刘双旺，孟清. 慢裂快凝型阳离子沥青乳化剂的合成及其性能研究[J]. 日用化学工业，2012，06：432－435.

[4] 江桂英，李荣，周俊，谭晓蓉，李远婷，白霜. 阳离子乳化沥青 CA 砂浆的制备及性能[J]. 化学世界，2012，(02)：65.

3.13 黏土乳化沥青

沥青是由多种化学成分复杂的长链分子组成的混合物，具有良好的粘接性、耐老化性和防水性，长期以来被广泛用作防水、筑路和密封材料等。乳化沥青就是将沥青热熔，经过机械作用，沥青以细小的微粒状态分散于含有乳化剂的水溶液中，形成水包油型沥青乳状液。乳化沥青由于具有节省能源、提高功效、延长施工季节、减少环境污染、提高沥青路面使用寿命等优点，获得了迅速发展。

黏土乳化沥青耐候性优良、抗流淌性能好。特别是优良抗龟裂方面性能。大量用于屋面防水或辅筑路面。

1. 工艺配方

（1）配方一

沥青	50~69	膨润土	1.5~3.0
水	40~50		

（2）配方二

十八烷基氨基丙胺（10%）	2.4
膨润土胶体（含13.6%膨润土）	48.8

2. 生产方法

在80℃下将上述原料拌成膏状。

3. 用途

用于屋面防水或辅筑路面。

参 考 文 献

[1] 陈家冠. 黏土乳化沥青的试验研究及应用[J]. 兰化科技，1985，（04）：234.

3.14 乳化沥青防水剂

乳化沥青防水剂由沥青、乳化剂（表面活性剂）、石蜡等复配而成。具有良好的粘接性、耐老化性和防水性，

1. 工艺配方

（1）配方一

石油沥青（针入度60~80，软化点49℃）	80
硬脂酸（促乳剂）	0.5
石蜡（相对密度0.879）	20
明胶	0.5
聚氧乙烯烷基胺	0.6
水	100

生产方法：将沥青、石蜡及硬脂酸在130~140℃下，加热熔融制成沥青液，在水中加入聚氧乙烷基胺（阳离子乳化剂）溶解后，用冰乙酸调节pH=6，加入明胶酸制成乳化液。

将70~75℃的乳化液注入匀化机中，然后将130~140℃的沥青液徐徐注入匀化机中进行乳化，由可制成乳化沥青防水剂。

（2）配方二

直馏沥青	60	氯化钠	0.36
石蜡	25	盐酸	0.2
阳离子乳化剂	0.72	水	72

生产方法：将沥青和石蜡混合加热熔化、脱水，然后加热至140℃制得沥青液。将乳化剂、氯化钠、盐酸、水混合均匀，并保持温度在70℃制得乳化液。一边搅拌一边缓慢将沥

青注入乳化液中，充分混匀，得乳化沥青防水剂。

2. 用途

用作建筑防水剂。

参 考 文 献

[1] 居浩，黄菲. 乳化沥青冷再生设计方法及路用性能研究[J]. 石油沥青，2013，02：59 - 67.

[2] 李秋忠，杨慧，李宾. 乳化沥青稳定机理分析[J]. 石油沥青，2013，02：68 - 72.

[3] 陈兴明. 乳化沥青生产技术[J]. 科技与企业，2012，20：282.

3.15　硅橡胶密封胶

硅橡胶密封胶(silicone rubber sealant)由硅橡胶、补强剂等组成。

(1)配方一

有机硅橡胶(SD - 33)	100
三氧化二铁	101
气相法白炭黑	42.2
二苯基二乙氧基硅烷	5.5

产品标准：

抗张强度/MPa	≥3.0
伸长率/%	≥50
脆点/℃	< -60
邵氏 A 硬度(A)	70
体积电阻/(Ω·cm)	>10^{14}
介电常数/MHz	5
介电损耗角正切/MHz	≤6×10^{-2}

耐老化性(250℃/100h)

抗张强度/MPa	≥3
伸长率/%	≥20
氧 - 乙炔烧蚀率(25500 ~ 3000℃)/(mm/s)	<0.3

用途：可作为耐烧蚀密封腻子或高、低温绝缘、防潮密封材料。常温硫化 30min。

(2)配方二

硅橡胶 SD - 33	152
二氧化硅(经处理)	24
甲基三乙酰氧基硅烷	7.9
三氧化二铬	128

生产工艺：将硅橡胶与各物料混合捏合均匀，得 GD - 405 胶。

质量标准：

外观	白色或草绿色膏状物
抗张强度/MPa	≥2.0

150

伸长率/%	≥300
脆性温度/℃	< −70
体积电阻系数/(Ω·cm)	≥6.7×10^{15}
介电常数/MHz	3.0
介电损耗角正切/MHz	≤3.1×10^{-3}
击穿电压/(kV/mm)	≥20
耐老化性(200℃/168h)	
抗张强度/MPa	≥2.5
伸长率/%	≥300

用途：可用作耐高低温绝缘、防潮、防震的密封材料。使用温度范围：−60~200℃。
固化条件：常温，30~60min硫化。

(3)配方三

二甲基硅橡胶	70
膏状过氧化二苯甲酰	4.2
氧化锌	175
氧化钛	21

生产工艺：将二甲基硅橡胶与其余物料混合。挤出成条与密封布配合，刮涂或注入缝内。于200℃固化12h。粘接铝/钢抗剪强度≥1.1MPa。

用途：用于−60~250℃(200h)和350℃(5h)铆焊结构的密封，无腐蚀作用。

(4)配方四

107硅橡胶	100	补强填料	15~50
增塑剂	20~80	增黏剂	1~5
交联剂	1~10	扩链剂	0.1~1
催化剂	0.1~0.5		

生产工艺：先将107硅橡胶和补强填料投入行星搅拌机中，开动搅拌升温至100℃，并在100℃下混炼0.8~1.2h后抽真空；冷却至60℃，按比例加入增塑剂和增黏剂，继续抽真空混炼25~30min；出料，得到组分A；将交联剂、扩链剂和催化剂按比例混合均匀，得到组分B；将A和B组分按照1:(0.01~0.03)比例混合均匀即制得双组分室温硫化硅橡胶密封胶材料产品。

用途：该产品具有自流平性，与基材黏合强度高，且施工简单，可用于交通和建筑领域。

参 考 文 献

[1] 赵敏. 一种双组分室温硫化硅橡胶密封胶材料及其制备方法[J]. 橡胶工业, 2011, (02): 127.
[2] 赵正. DO4透明硅橡胶密封胶[J]. 化工新型材料, 1990, (08): 46.
[3] 宋春英. 日本建筑用硅橡胶密封粘合剂[J]. 特种橡胶制品, 1991, (03): 41-44.

3.16 防水密封油膏

防水密封油膏为不定型密封材料，广泛用于建筑物的接缝、屋面及地下工程等部位，具有优良的气密性和水密性。

（1）配方一

60 号石油沥青	100
废橡胶粉	15
硫黄粉(占胶粉的质量/%)	15
石棉绒	40
30 号机油	35.1
重松节油	32.1
松焦油	17.1
滑石粉	42

该配方为沥青废橡胶防水油膏。

（2）配方二

苯乙烯焦油	100	硫化鱼油	19
滑石粉	83	石棉粉	35.7

生产工艺：先将苯乙烯焦油加热至 200℃脱水，并除去浮渣，降温至 170℃左右，在搅拌下加入其余物料，搅拌均匀得防水油膏。

（3）配方三

稠化植物油	50	碳酸钙	24.1
锅稠化植物油	35	长纤维石棉	11.5
聚异丁烯	35	短纤维石棉	13.5
乙酸钴	0.1	钛白粉	8.5

该配方为油基嵌缝油膏。

（4）配方四

10 号石油沥青	94	硫化鱼油	40
60 号石油沥青	106	滑石粉	262
松焦油	20	石棉绒	175
重松节油	120		

该配方为沥青硫化鱼油油膏，适合南方湿热地区使用。

（5）配方五

10 号石油沥青	100	熟石灰粉	23.7
油酸	1.7	石棉(6~7 级)	14.4
轻柴油	44		

生产工艺：在 200℃左右，将 10 号石油沥青脱水除杂，然后在 160~170℃下保温备用，另将油酸和轻柴油混合均匀，并于搅拌下慢慢加入熟石灰粉，搅拌均匀后加入沥青中，并加

152

入石棉，搅拌均匀得沥青油酸油膏。

（6）配方六

10 号石油沥青（软化点 90～100℃）	52
松节重油（馏分为 170～190℃）	32
黑脚（精制松节油后的下脚料）	160
石棉绒	30
滑石粉	70

生产工艺：先将沥青加热熔化脱水，在搅拌下加入黑脚，调制均匀，最后加入滑石粉和石棉绒，再继续搅拌不见白色石棉纤维为止。

（7）配方七

10 号石油沥青	80	重柴油	10
桐油	12	长纤维石棉绒	9.6

生产工艺：配方中的 10 份重柴油也可以用 5 份轻柴油代替，9.6 份长纤维石棉绒也可用 12 份短纤维绒代替。先将沥青加热熔化脱水，脱水完毕，熄火于 130～140℃下加入桐油和柴油，搅拌均匀后，加入干燥过的石棉绒，然后于 180℃下搅拌 0.5h，得到桐油沥青防潮油。

（8）配方八

60 号石油沥清	60	植物油渣	144
松焦油	42	橡胶绒	19.8
橡胶粉	42	硫黄粉	4.2
重松节油	30	滑石粉	258

生产工艺：该配方为松焦油沥青建筑油膏的基本配方，制备时先将沥青加热至 200℃熔化脱水，除去杂质，在温度为 180～200℃时，加入松焦油，边加边搅拌，加后继续搅拌 0.5～1h，使气泡完全消失。再加入硫黄粉混合搅拌 0.5h，用部分重松节油稀释备用。

将已处理好的沥青混合物，加入到专用的有加热保温套的搅拌机中，边加热边搅拌，使塑化温度升至约 100℃，并加其余物料搅拌均匀即成为制品。

用途：用作屋面防水油膏。屋面板缝沟宜上大下小，缝内下层填灌 200 号细混凝土，一定要填实，压平，上面留 20～30mm 深嵌填油膏。填油膏前应使板缝干燥干净，不刷冷底子油也可保证油膏与屋面板黏结良好。

（9）配方九

60 号石油沥青	140	10 号石油沥青	60
硫化鱼油	60	松焦油	30
重松节油	120	石棉绒	133
滑石粉	310		

生产工艺：在熬制锅中，将石油沥青加热，熔化脱水，除去浮渣。然后在 180～200℃下，边搅拌加入松焦油，于 170～190℃下搅拌 30～60min。另将硫化鱼油加热脱水，再与沥青混合物混合，搅拌下加入其余物料，搅拌均匀得北方适用的沥青硫化鱼油油膏。

（10）配方十

10 号石油沥青	104	60 号石油沥青	96

脂肪酸沥青	20	废橡胶粉	30
松焦油	20	生桐油	10
10号机械油	40	滑石粉	190
石棉绒(5级)	90		

生产工艺：将石油沥青加热熔化脱水后，于160～180℃下加入废橡胶粉，搅拌均匀后，再在搅拌下依次加入已脱水的脂肪酸沥青、生桐油、松焦油、10号机械油，温度控制在170～180℃，加入已烘干的石棉绒和滑石粉，搅拌均匀后得到防水密封油膏。

(11)配方十一

石油沥青(软化点70℃)	500
硫化鱼油	100
重松节油	300
松焦油	50
滑石粉	437
石棉绒(5级)	656

生产工艺：将沥青加热熔化脱水后，加入已脱水的鱼油、重松节油、松焦油，搅拌均匀加入已干燥的石棉绒和滑石粉，搅拌均匀得适用于南方的防水沥青油膏。北方使用的防水沥青膏配方如下：

石油沥青(软化点60℃)	500
硫化鱼油	150
重松节油	300
松焦油	75
滑石粉	332.5
石棉绒	775

(12)配方十二

石油沥青	120	废橡胶粉	75
香豆酮树脂	10	废机油	40
硅藻土	200	石棉绒	25

生产工艺：将沥青加热脱水后，于170℃左右加入废橡胶粉、香豆酮树脂和废机油，搅拌均匀后，加入硅藻土和石棉绒，充分搅拌均匀后得防水油膏。

(13)配方十三

60号石油沥青	40	10号石油沥青	60
废机油	24	蓖麻油	60
滑石粉	176	石棉绒(5级)	40

生产工艺：将两种石油沥青投入熬制锅中，加热熔化脱水，除去浮渣和杂质，在180℃左右加入蓖麻油，搅拌均匀后，恒温3h，再升温至280℃，搅拌下慢慢加入废机油搅拌，然后加入填料，搅拌均匀，得防水沥青油膏。

(14)配方十四

橡胶沥青	100	环氧树脂	2

154

松香	1	蓖麻油	4
磺化蓖麻油	6	木质素磺酸钙	9
环烷酸钴	5	甲苯	20

该配方为沥青蓖麻油防水油膏。

(15) 配方十五

喷射沥青	93.4
苯乙烯－丁二烯嵌段共聚物	10
煤焦油	20
亚磷酸三(壬基苯)酯	0.4

该配方为共聚物改性沥青密封防水膏。

(16) 配方十六

10 号石油沥青	78	生桐油	26
松焦油	18.4	重松节油	12.8
机械油	64	石棉绒	62
滑石粉	138		

生产工艺：将石油沥青投入熬制锅中，加热熔化脱水，除去杂质，于200℃左右搅拌下加入生桐油，搅拌均匀后，升温至240℃，恒温0.5h后降温，加入机械油，于180℃加入松焦油、重松节油，然后在搅拌下加入已干燥的填料，搅拌均匀得防水油膏。

参 考 文 献

[1] 赵俊，孙春海，余建平. 铝门窗细缝的防水密封与细缝密封胶[J]. 中国建筑防水，2007，(12)：15.
[2] 王素玲，娄建民，李天茂. 聚合物水泥防水密封胶的研究及应用[J]. 中小企业科技，2004，(03)：27.
[3] 常新坦. 聚氯乙烯防水油膏生产工艺的改进[J]. 中国建筑防水材料，1988，(01)：15.
[4] 张浩，陆德和. 耐低温橡胶沥青防水油膏[J]. 化学建材，1990，(06)：26.

3.17 建筑防水密封带

建筑防水密封材料可分为定型密封材料和不定型密封材料，定型密封材料有密封条，密封垫片和密封带。密封带的基体有塑料和橡胶两大类。橡胶防水密封带用于建筑物的接缝，裂缝、连接部位，起到防水、防渗漏的作用，是接缝，裂缝、连接部位防水体系的一个重要组成部分。它具有施工简单、质轻、耐老化、造价低的特点，因而得到了广泛的应用。

1. 工艺配方

(1) 配方一

丁基弹性体	30
丁烯聚合物 H－300	60
乙烯基甲苯－植物干性油共聚物	15
触变胶	1.95
碳酸钙	195
石油溶剂	50

酚醛树脂(70%二甲苯溶液)	1.5
滑石	125
抗氧化剂	0.6
钴干燥剂(6%)	0.15
钛白粉	20

本配方为聚丁烯建筑密封带。

(2)配方二

聚丙烯树脂	120	聚异丁烯	6
蜜胺树脂	0.36	硬脂酸锌	0.6
氧化锌	18	抗氧剂 1010	0.6
抗氧剂 264	0.36	抗老剂 MB	1.8

该配方为耐老化型聚丙烯防水密封条。

(3)配方三

聚乙烯 H - 100	60
交联丁基 - 异戊二烯橡胶	40
水合二氧化硅	24
滑石粉	20
硬土	16
氢化松香甘油酯	32
铅糊	适量

该配方为聚丁烯 - 丁戊橡胶建筑密封带。

(4)配方四

聚丁烯 H - 100	60
交联丁基 - 异戊二烯橡胶	40
氢化松香甘油酯 85	8
热塑性酚醛树脂	8
硬土	16
滑石	20
碳酸钙	24
钛白粉	4

该配方为聚乙丁烯 - 丁戊橡胶建筑密封带。

(5)配方五

聚丁烯 H - 300	80	活性白土	40
丁基橡胶	20	硅藻土二氧化硅	12.5
碳酸钙	87.5	钛白粉	10

该配方为聚乙烯建筑密封带。

(6)配方六

氯丁橡胶	100	丁腈橡胶	100

固体古马隆树脂	10	炉黑	60
喷雾炭黑	60	氧化镁	10
氧化锌	8	陶土	114.6
硬脂酸	6	DBP	56
促进剂 DM	1.20	促进剂 TMTD	0.2
防老剂甲	4		

该配方为耐油型橡胶防水密封条。

(7) 配方七

聚丁烯 H-100	60
交联丁基-异戊二烯橡胶	40
硬土	20
多萜树脂	6
半补强炭黑	48

该配方为聚丁烯建筑密封带。

(8) 配方八

聚丁烯 H-300	100	无规聚丙烯均聚物	21
丁基橡胶	7.16	硅藻土二氧化硅	16.66
碳酸钙	183.5	黏土	68.2
棉纤维	20		

该配方为不干性聚丁烯建筑密封带。

2. 用途

主要用于建筑物的接缝，裂缝、连接部位、屋面、墙体、地下工程等部分，起到水密、气密作用。

参 考 文 献

[1] 张庆虎，仇建春. 橡胶防水卷材自粘接缝密封带[J]. 新型建筑材料，2000，09：28-29.

3.18 耐臭氧橡胶

该耐臭氧胶料具有良好的耐臭氧性能，可用于耐臭氧环境作弹性、密封等材料。

1. 工艺配方

(1) 配方一

天然橡胶	70	微晶蜡	2
聚乙二醇 1000	2	聚氧化丙二醇	0.5
聚丁二烯橡胶	30	N330	45
抗氧剂（对亚苯基二胺为基质）	1.5		

生产方法：将各物料混合，经捏合，在150℃硫化0.5h即得到耐臭氧橡胶（制件）。

(2) 配方二

天然橡胶	100

补强剂	40~60
增塑剂	0~5
硬脂酸	0.5~3
活性剂	4~8
二氢化喹啉类防老剂	1~3
对苯二胺类防老剂	2~5
物理防老剂	1~3
促进剂	1.5~5
硫化剂	0.8~2

2. 用途

用于耐臭氧环境作弹性、密封等材料。

参 考 文 献

［1］ 赵敏.一种耐臭氧橡胶组合物［J］.橡胶工业，2009，12：734.
［2］ 耐臭氧性氟橡胶［J］.橡胶参考资料，2004，04：47.

3.19　聚氨酯嵌缝材料

聚氨酯材料因其结构特点，耐水解性和憎水性好，并带有活性基团，具有良好的粘接性能，适合作为防水材料的基体材料。广泛用于防水涂料、胶黏材料及密封嵌缝材料。

1. 性能

聚氨酯嵌缝材料具有很好的弹性和较强的黏合力，其性能已符合壁板建筑嵌缝防水的要求，由于嵌缝材料中掺有大量的填料，因此材料成本低，为推广使用聚氨酯嵌缝材料创造了条件。聚氨酯嵌缝材料比丁苯橡胶乳、丙烯酸酯乳液、丁基橡胶溶液等嵌缝材料的性能好，并且价格低廉。

聚氨酯嵌缝材料在常温下固化，具有优秀的橡胶弹性；固化前后不会收缩；对金属、塑料、混凝土等建筑材料，只要使用底涂料，就能发挥优越的黏合力；耐油、耐水、耐化学药品性能优良；在低温下也不会失去橡胶弹性；耐磨性能良好，可长久使用。

但双组分聚氨酯嵌缝材料必须科学配比，充分搅拌均匀，否则固化不好，以致影响物理性能与使用寿命。若表面留下黏性，容易污染。施工时温度较高（特别夏季）时，应注意可能产生气泡。

2. 工艺配方

聚氨酯嵌缝材料分双组分型与单组分型两种。双组分型有夏季与冬季施工用两种，主要是固化剂组分内催化剂的含量不同。单组分嵌缝材料不需要季节调整固化时间，但因空气中的湿气含量多或少，则固化时间有差异。

嵌缝材料配方中添加白炭黑、炭黑和石棉等，可防止嵌缝材料在施工中的垂直下流问题的产生。在固化剂组分中增加二官能聚醚的用量，可降低嵌缝材料的定伸强度（模量），同时也可添加稀释剂或邻苯二甲酸二丁酯或二辛酯等增塑剂，但为了防止不发黏时间的延长及其黏合强度降低，必须严格控制其添加量。

在基层上涂一层聚氨酯或环氧树脂类的底涂料可使被黏材料的黏合力增加，一般用量为

$0.2 \sim 0.3 \text{kg/m}^2$。在配方中添加苯酚，石油树脂等增黏剂也使嵌缝材料的黏合力增加。

为获得墙壁嵌缝材料的阻燃性，在制备聚氨酯嵌缝材料中使用的预聚体及其固化剂的聚醚中都必须采用阻燃型，也可在配方中添加氯化石蜡等阻燃剂。

聚氨酯嵌缝材料的预聚体配方：

原料名称	A		B	
	mol	g	mol	g
聚丙二醇（相对分子质量2000）	0.28	560	0.11	220
聚丙三醇（相对分子质量3000）	0.08	240	0.22	660
TDI（纯度98%）	0.8	143	0.66	118
PAPI（纯度94.4%）	—	—	0.22	58

醇交联双组分聚氨酯嵌缝材料的配方（份）：

原料名称	1	2	3	4
预聚体	120（A）	100（A）	100（B）	100（B）
甘油	2～3	1.8～2.5	2.5～3.5	2～3
蓖麻油	12～6	12～6	12～6	12～6
邻苯二甲酸二丁酯	—	1.5～3	—	2～3
煤焦油	—	100	—	200
滑石粉	100～130	100～150	100～130	100～150
二月桂酸二丁基锡	0.1～0.3	0.3～0.6	0.1～0.25	0.3～0.6

使用胺交联剂，则预聚体采用聚醚–异氰酸制备，固化剂采用液体 MOCA 与多元醇聚醚组成。

3. 生产工艺

将 200 份含有 MOCA 液体与多元醇聚醚的混合物、8 份辛酸铅（40%）、89 份重质碳酸钙、40 份白土、30 份白炭黑、30 份二氧化钛以及 3 份颜料混合均匀，经过研磨后组成固化剂。按预聚体∶固化剂 = 1∶2（质量比）配制后进行嵌缝施工。该聚氨酯嵌缝材料的可操作时间 60～90min，固化时间 12～18h，不粘手时间 36～48h，坍落度等于零。

4. 质量标准

双组分聚氨酯嵌缝材料

物理性能 试验项目		硬度（邵氏 A）	伸长率/%	拉伸强度/MPa	100%定伸 强度/MPa	撕裂 强度/（kN/m）
原始样品		14～16	1170～1240	0.23～0.24	2.12～2.45	9.90～10.49
耐化学品	3%硫酸	11～12	1380～1400	0.27～0.28	2.60～2.63	6.96～8.53
	10%氯化钠	11～12	1160～1250	0.23～0.25	2.19～2.30	8.53～9.02
	蒸馏水	10～11	1200～1360	0.27～0.29	2.18～2.47	7.84～8.13
耐热水试验		10～12	1360～1460	0.16～0.20	1.95～2.00	6.17～7.06

5. 用途

目前聚氨酯嵌缝材料已用于屋内混凝土地板、天花板等装配式壁板建筑的板缝，地铁及其地下各种土建工程的接缝、高速公路和飞机跑道膨胀伸缩等工程的嵌缝。也用于大型体育场的看台混凝伸缩缝的防水。因此，聚氨酯嵌缝材料已成为建筑工程中的一种重要防水材料。

参 考 文 献

[1] 王涛. 聚氨酯嵌缝材料的研制[J]. 化学工程师, 2002, (06): 46.
[2] 邹德荣. 聚氨酯防水嵌缝材料研制中的填料选择[J]. 中国建筑防水, 2003, (12): 19.
[3] 陈晓明, 郑水蓉, 杨琪, 宋秉翰. 双组分聚氨酯嵌缝密封剂的制备与性能研究[J]. 中国胶黏剂, 2011, (11): 45.

3.20 环氧树脂补强补漏剂

环氧树脂补强补漏剂由环氧树脂、增塑剂、固化剂等组成，具有优良的补强、堵漏止水性能，广泛用于大坝、涵管、桥梁、地下建筑物、民间建筑等混凝土结构物的裂缝等缺陷处理和破碎岩层的补强固结处理中。

1. 工艺配方

（1）配方一

环氧树脂 E-44/g	1000
焦油/g	250
乙二胺/mL	100
DMP-30(促进剂)/mL	50
邻苯二甲酸二丁酯/mL	100
环氧氯丙烷/mL	200
二甲苯/mL	400

该配方为环氧树脂灌浆材料，可用于潮湿混凝土裂缝的补强防漏。

（2）配方二（份）

环氧树脂 E-44	150	糠醛	75
703 号固化剂	30	KH550	7.5
促进剂 DMP-30	4.5	乙二胺	22.5
丙酮	120		

该环氧树脂补强剂可在 -11℃ 低温下固化。

（3）配方三（份）

环氧树脂 E-44	100
糠叉丙酮	70
二亚乙基三胺(固化剂)	20~22
丙酮	20~40

该配方为环氧树脂灌浆材料，固化速度快。其中糠叉丙酮由糠醛与丙酮在氢氧化钠存在下，于 100℃ 下发生羟醛缩合制得。

（4）配方四（份）

环氧树脂 6101	40	环氧树脂 654	20

160

环氧树脂 669	10	酮亚胺	21
糠醛	21	促进剂 DMP - 30	21
丙酮	21	乙醇	0.7
水泥	2.1		

该环氧树脂灌浆材料采用潜性固化剂酮亚胺，它遇水水解产生固化剂胺，可有效改善环氧树脂浆料对潮湿或有水裂缝的黏结性能。

（5）配方五（份）

环氧树脂 E - 44	80
甘油环氧树脂（662 号活性稀释剂）	24
501 号活性稀释剂（环氧丙烷丁基醚）	32
二亚乙基三胺（固化剂）	14.4

该环氧树脂灌浆材料采用活性稀释剂代替非活性的二甲苯、丙酮等，由于克服了有机溶剂对固化的影响，因此具有更加优良的补强防漏性。

（6）配方六（份）

环氧树脂 E - 44	150	邻苯二甲酸二丁酯	15
环氧氯丙烷	30	间苯二胺	25.5
二甲苯	90		

该环氧树脂灌浆料黏度低，固化过程放热效应小，使用方便。多用于建筑工程，也用于处理地震后混凝土柱裂缝和混凝土地板裂缝。

（7）配方七

环氧树脂 E - 42	50	环氧树脂 E - 44	50
304 聚酯树脂	5 ~ 10	乙二胺（固化剂）	10
二甲苯	15		

该配方为环氧树脂浆液，固化时间 12 ~ 24h。处理裂缝宽度 1.0 ~ 1.5mm。

（8）配方八

环氧树脂 E - 44	100
糠醛	30 ~ 50
二亚乙基三胺（固化剂）	16 ~ 20
丙酮	30 ~ 50

配方中的固化剂用量视溶剂（糠醛和丙酮）的量变化而改变。该环氧树脂灌浆材料黏度低，提高了对混凝土细微裂缝的可灌性，提高了对混凝土含水裂缝的黏结补强性。

2. 用途

用于大坝、涵管、桥梁、地下建筑物、民间建筑等混凝土结构物的裂缝等缺陷处理和破碎岩层的补强固结防漏处理中。

参 考 文 献

[1] 石小华，黄晓文，黄应辉. 弹性环氧树脂补强固结灌浆材料的性能研究及应用[J]. 化学建材，1999，（02）：20.

[2] 杨小马，刘暹宏. 环氧树脂补强材料及其施工[J]. 广东建材，2001，(09)：28.

3.21 硅橡胶防水密封剂

硅橡胶是一种可以在室温下固化或加热固化的液态橡胶，具有优良的耐候性、耐老化、耐紫外线、耐臭氧、耐高温、耐化学介质等性能，在变形缝和腐蚀性接缝等部位，硅橡胶是优良的密封防水嵌缝材料。

工艺配方：

（1）配方一

有机硅橡胶 SD–33	80
二苯基二乙氧基硅烷	4.4
气相法二氧化硅	33.76
三氧化二铁	81

室温硫化（固化）。该密封耐高低温性能优良，密封性能好，但强度较差。

（2）配方二

羟端基二甲基硅橡胶	200
三甲氧基甲基硅烷	10
异丙氧基钛	1.2
双（二酰丙酮基）二异丙氧基钛	0.8
二氧化钛（金红石型）	12
气相二氧化硅（经硅氧烷 D_4 处理）	40
Y 型氧化铁	220
氧化铜	10

该配方为脱醇型硅橡胶密封胶。

（3）配方三

A 组分	
硅橡胶（平均相对分子质量 $\bar{M} = 60000$）	175.4
沉淀二氧化硅	24.6
B 组分	
硼酸回流液	17.4
二月硅酸二丁基锡	0.78
甲苯	81.82

该配方为双组分硅橡胶密封剂。A、B 组分分别配制、分别包装，使用时按 A∶B = 2∶1 混合。于 150℃下固化 1h。

（4）配方四

硅橡胶（SD–33）	120
二氧化硅（经 D_4 处理）	30
甲基三丙肟基硅烷甲苯溶液	140

| 二丁基氧化锡/正硅酸乙酯(1/10) | 0.35 |
| 二氧化钛(金红石型) | 5 |

常温接触压下固化 1～2h。该密封剂适用于防震、防潮，高低温绝缘密封材料，使用温度 -60℃～200℃。

(5)配方五

端羟基硅橡胶	100	甲基三乙酸酯硅烷	2.5～8.0
有机锡化合物	0.01～0.1	超细二氧化硅粉	10～25
颜料	0～3		

该配方为单组分硅橡胶密封膏。

(6)配方六

苯基甲基乙烯基硅橡胶	107.2
二氧化硅	26.8
三氧化二铁	118
甲基三乙酰氧基硅烷	9.6
氧化亚铜	5.4
二月桂酸二丁基锡	0.26

先将硅橡胶与二氧化硅混合制得膏状物，再加入其余组分，得到单组分常温硫化的硅橡胶密封材料。用于耐高温绝缘防潮密封。

参 考 文 献

[1] 赵敏. 一种双组分室温硫化硅橡胶密封胶材料及其制备方法[J]. 橡胶工业, 2011, 02：127.
[2] 吴少鹏，刘杰胜，米轶轩. 路面嵌缝硅橡胶的制备与性能研究[J]. 中国建筑防水, 2009, 03：23-25.

3.22 JLC 型聚硫密封材料

液态聚硫橡胶含有活泼硫醇端基，常温下可硫化为高分子弹性体，具有优异的耐烃类溶剂、耐水、耐气候老化性能和良好的低温柔曲性，对金属和非金属材质具有良好的粘接性，主要用于制造密封材料，广泛应用在飞机、建筑、汽车、造船、铁路等。JLC 型聚硫密封材料(Polysulfide Sealant JLC)主要由液态聚硫橡胶与补强填料、固化剂、增塑剂、增黏剂等组成。聚硫橡胶分子主链上含有硫原子，能在常温甚至 -10℃ 也可以硫化，硫化产品收缩性很小。JLC 型聚硫密封材料具有良好的耐臭氧性、耐候性、耐油性、耐水性、耐化学试剂性，湿、气透过性低，对各种被黏物有良好的黏合性，适用温度范围在 -40～120℃。

JLC 型聚硫橡胶密封材料中使用的固化剂有：较高相对分子质量常用的固化剂有二氧化铅、二氧化锰、过氧化锌、氧化锌、过氧化镉、二氧化锑、铬酸盐、重铬酸盐、过氧化氢异丙苯等；较低相对分子质量常用的固化剂有对苯二肟、二氧化锰、过氧化锌、二氧化碲、重铬酸盐等。

在液态聚硫橡胶中加入补强填料，可提高密封材料的机械性能。炭黑是常用的补强填料，其中半补强炭黑和中热裂炭黑最常用。用超细二氧化硅可使固化胶有良好的触变性。高岭土、二氧化钛、锌钡白、超细石英粉、碳酸钙等用于白色或带色密封材料中。煤焦油、沥青、水泥是廉价的填料。

在液态聚硫橡胶中常用的增黏剂有液态酚醛树脂、环氧树脂及硅烷等。

工艺配方：

（1）配方一

　　A 组分：

液态聚硫橡胶 JLy – 121	50
液态聚硫橡胶 JLy – 124	50
钛白粉（填料）	30
二氧化硅（填料）	20
氧化锌	5
硫黄	0.3

　　B 组分：

活性二氧化锰	6
邻苯二甲酸二丁酯（增塑剂）	4
6101 环氧树脂（增黏剂）	8

　　C 组分

二苯胍（促进剂 D）	0.1 ~ 0.8

该配方为 JLC – 2 聚硫密封材料。使用时按 A：B：C = 100：（10 ~ 14）：（0.1 ~ 0.8），常用 A：B：C = 100：11.6：0.3。

　　质量标准：

拉伸强度/MPa	≥2.5
相对伸长率/%	≥150
永久变形/%	≤20
邵氏硬度	≥40
剥离强度（铁 – 铁）/（kN/m）	2 ~ 9

用途：用于汽车接缝防水、防尘、防震的粘接密封，也可用于混凝土的粘接密封。

（2）配方二

液态聚硫橡胶	100 ~ 140	填料	40 ~ 60
稳定剂	4 ~ 8	增塑剂	6 ~ 8
固化剂	8 ~ 10	增黏剂	6 ~ 8
促进剂	0.4 ~ 1	偶联剂	1 ~ 2

该配方为双组分 JLC – 3 聚硫灌注密封剂。使用时按 A：B = 100：12.8 混合。主要用于绝缘、密封、保护电器连接件电线、电缆和其他电气装置的灌封，船用电缆隔舱密封等。

　　质量标准：

拉伸强度/MPa	≥1.96
相对伸长率/%	≥150
永久变形/%	≤10
邵氏硬度	≥40

表面电阻率/Ω	$\geqslant 2.0 \times 10^{12}$
介电常数/MHz	$\leqslant 9.5$
介电损耗角正切/MHz	$\leqslant 0.03$
介电强度/(kV/mm)	$\geqslant 8.0$

（3）配方三

液态聚硫橡胶	$100 \sim 120$	增强填料	$50 \sim 80$
触变剂	$6 \sim 8$	偶联剂	$0.8 \sim 1.6$
邻苯二甲酸二丁酯	$4 \sim 6$	固化剂	$4 \sim 8$
增黏剂	$4 \sim 8$	促进剂	$0.5 \sim 1.2$

该配方为 JLC - 5 聚硫粘接密封剂，为双组分密封剂，使用时按 A : B = 100 : （10 ~ 12）比例混合。用于光学元器件的粘接密封。

质量标准：

拉伸强度/MPa	$\geqslant 2.45$
相对伸长率/%	$\geqslant 300$
永久变形/%	$\leqslant 20$
剥离强度(玻璃 - 铝)/(kN/m)	$\geqslant 2.0$

（4）配方四

A 组分：

液态聚硫橡胶 JLy - 124	$100 \sim 120$
钛白粉	$40 \sim 60$
触变剂	$6 \sim 10$

B 组分：

邻苯二甲酸二丁酯	$6 \sim 10$
固化剂	$6 \sim 10$
6101 环氧树脂	$6 \sim 10$

C 组分：

促进剂 D	$0.15 \sim 1.8$

该配方为 JLC - 1 聚硫密封材料。使用时，按 A : B : C = 100 : （9 ~ 10）: （0.1 ~ 1.0）比例混合。使用温度 -45 ~ 100℃。

质量标准：

拉伸强度/MPa	$\geqslant 2.0$
相对伸长率/%	$\geqslant 200$
永久变形/%	$\leqslant 6$
邵氏硬度	$\geqslant 40$
剥离强度(铁 - 铁)/(kN/m)	$\geqslant 2kN/m$

用途：用于金属、非金属材料的粘接密封以及金属燃油罐和软化水罐的防腐衬里。直接刮涂或加溶剂稀释后刷涂、灌注。

（5）配方五

液态聚硫橡胶	$50 \sim 70$	填料	$80 \sim 120$

165

增塑剂	30～50	触变剂	2～4
固化剂	6～8	增黏剂	3～5
促进剂 D	0.4～1.6	硫化调节剂	0～0.4

该配方为双组分 JLC-6 聚硫密封材料。使用时按 A:B = 100:13.5 混合。

质量标准：

拉伸强度/MPa	≥0.196
相对伸长率/%	≥350
永久变形/%	≤50
邵氏硬度	≥30
剥离强度(铁-铁)/(kN/m)	≥0.147

用途：用于汽车车身钢板焊缝粘接密封及门窗玻璃粘接密封，起到防止漏雨、进灰和防蚀防震的作用。使用挤胶枪挤出涂于被粘接密封部位。

(6)配方六

液态聚硫橡胶	40～60	填料	80～120
增塑剂	30～50	触变剂	1～3
固化剂	4～6	增黏剂	1～2
促进剂 D	1～2	硫化调节剂	0.4～2

该配方为 JLC-8 聚硫密封材料，是以液态聚硫橡胶为基料，以金属氧化物为固化剂的双组分膏状密封材料。使用时按 A:B = 10:1 比例混合，每次配胶 5kg，施工期 1～3h。

质量标准

外观

A 组分	白色膏状	B 组分	棕黑色膏状
拉伸强度/MPa	≥0.49	相对伸长率/%	≥150
永久变形/%	≤20	T 剥离强度/(kN/m)	≥10

用途：主要用于铁路信号箱盒的防水、防尘密封及门窗玻璃的密封，也用于其他金属材料和非金属材料的粘接密封。室温固化。

(7)配方七

液态聚硫橡胶	50～70	增强填料	80～120
增塑剂	30～50	增黏剂	1～2
触变剂	4～6	固化剂	4～6
促进剂	0.1～0.6	硫化促进剂	0.1～0.6

该配方为 JLC-11 中空玻璃聚硫密封剂的基本配方，是双组分密封剂。使用时按 A:B 以 10:1 混合。

质量标准：

外观

A 组分	白色膏状物
B 组分	黑褐色膏状物
拉伸强度/MPa	≥1.2

166

相对伸长率/%	≥150
剥离强度(玻璃－铝)/(kN/m)	≥2.0

用途：用于中空玻璃及玻璃的密封。

(8)配方八

液态聚硫橡胶	60~80	增强填料	60~80
增塑剂A	20~40	增塑剂B	6~20
触变剂	2~4	增黏剂	6~8
炭黑	6~8	固化剂	4~6
辅助固化剂	1~2	促进剂	1~2
抑制剂	0.2~1		

该配方为三组分 JLC－15 汽车用聚硫橡胶密封胶的基本配方。使用时按 A:B:C＝100:(10~11):11 比例混合。

质量标准：

外观	
A 组分	白色均匀膏状物
B 组分	深褐色均匀膏状物
C 组分	黑色均匀膏状物
拉伸强度(常温，24h＋100℃，8h)/MPa	≥1.96
相对伸长率/%	≥160
永久变形/%	≤20
邵氏硬度	≥45
剪切强度(聚酯玻璃钢－涂漆钢板)/MPa	
常温，24h	≥0.294
常温，24h＋80℃，8h	≥0.98
常温，7d	≥0.98

用途：用于汽车聚酯玻璃钢顶盖与车身的粘接密封、挡风玻璃与窗框的粘接密封等。室温固化24~168h。

参 考 文 献

[1] 付亚伟，王硕太，蔡良才，陈黎明. 改性聚硫氨酯密封材料的制备及性能[J]. 高分子材料科学与工程，2011，(07)：136.
[2] 李金锋. 高性能聚硫密封剂的研制[D]. 浙江大学，2011.
[3] 王绍民，韩学文. 聚硫密封剂的生产及应用[J]. 化工新型材料，2002，(06)：37.
[4] 王沛熹. 聚硫密封剂[J]. 中国胶黏剂，2002，04：20.

3.23 聚硫橡胶密封胶

聚硫橡胶很早就应用于建筑工程的密封中，从结构上看，液态聚硫橡胶的分子结构中含有饱和的 C—H 键和 S—S 键，因而具有良好的耐天候老化性能和耐油、耐溶剂性能，以及对碱、稀酸、盐水等具有较好的化学稳定性。在聚硫橡胶分子链末端有活泼的高反应性硫醇基，可用金属氧化物、无机氧化物、过氧化物和氧化剂在常温或低温下固化形成固体聚硫胶，并且可以与其他聚合物相键合。固化后的聚硫橡胶分子主链全部由单键组成，由于每个键都能内旋转，有利于其分子链段的运动，因而具有良好的低温屈挠性，并且能使黏结体系的两种分子容易相互靠近并产生吸附力，而且有良好的黏结性能。

工艺配方：

（1）配方一

780 号聚硫橡胶	77
炭黑	23
二氧化锰	2.84 ~ 3.98
邻苯二甲酸二丁酯（DBP）	2.16 ~ 3.02
二苯胍	0.1 ~ 1

生产工艺：将聚硫橡胶与炭黑捏合得 30 号密封膏。另将二氧化锰与 DBP 混合得 9 号密封膏。将 30 号密封膏与 9 号密封膏捏合，加入二苯胍，充分捏合，得 XM-1 聚硫密封胶。

用途：主要用于螺栓密封。室温下固化 10 天以上。该胶密封性能好，耐油、耐化学介质。

（2）配方二

聚硫橡胶	100	半补强炭黑	30
气相白炭黑	10	二氧化钛	10
二氧化锰	1	E-20 环氧树脂	4
E-35 环氧树脂	4	丙酮	5
促进剂 NA-22	1.5		

生产工艺：将 100 份聚硫橡胶、30 份半补强炉黑、10 份白炭黑混炼均匀。将环氧树脂、钛白和二氧化锰与丙酮混合成硫化膏。然后将混炼胶、硫化膏和促进剂 NA-22 混合制得 XS-1 密封胶（Sealant XS-1）。

质量标准：

外观	光滑黑色胶
伸长率/%	512
拉伸强度/MPa	4 ~ 5.78
永久变形/%	17
剥离强度（粘接铝）/（N/cm）	>40

用途：主要用于密封。具有耐燃油性和耐老化性。使用温度 -50 ~ 130℃。100℃ 固化 8h，或常温固化 10 天。

（3）配方三

聚硫橡胶	80	E-44 环氧树脂	4
炉黑（四川炉黑）	24	硬脂酸铅	0.16
5 号油膏	12	多乙烯多胺	0.4
注：5 号油膏配方		二氧化铅	5

168

| 邻苯二甲酸二丁酯 | 45 | 硬脂酸钙 | 5 |

该胶主要用于金属与橡胶间密封。金属表面涂聚异氰酸酯，橡胶表面涂氯丁聚异氰酸酯，然后将该胶夹于中间进行硫化。剥离强度：35℃ 2 天为 92N/2.5cm。拉伸强度：35℃硫化 4 天为 3.22MPa。

参 考 文 献

[1] 曹寿德. 液体聚硫橡胶密封剂制品触变性的产生与稳定的研究[J]. 特种橡胶制品，1993，(01)：60.
[2] P. A. Смысдва，阎家宾. 液体聚硫橡胶密封腻子[J]. 橡胶译丛，1986，(06)：46.
[3] 杨敏，回颖，张桂林. 液态聚硫橡胶在防水密封中的应用[J]. 橡塑资源利用，2006，03：30－32.

3.24　沥青防水密封胶

本品是一种塑性或弹塑性的嵌缝密封材料，主要用于各式混凝土装配结构的接缝，使之不透水、不透气、耐久性好，还具有隔热防震和低温抗裂性。

1. 工艺配方

石油沥青	475	E－51 环氧树脂	140
间苯二胺	15	石棉粉	13.5
二甲苯	140	邻苯二甲酸二丁酯	20
4% 生橡胶二甲苯溶液	75		

2. 生产方法

将小块沥青放入二甲苯中浸泡 24h，并把浸好的沥青泥在电热套上加热至 120℃左右，加入环氧树脂、生橡胶溶液和二丁酯，搅拌均匀，80~85℃时，把熔融的间苯二胺加入胶液中，最后加入石棉粉，搅拌均匀即得防水密封胶。

3. 用途

将该密封胶涂在各式混凝土装配结构的接缝处，加压黏合，干固后即可防水。

参 考 文 献

[1] 陈宏喜，文举. SBS 改性沥青弹性密封胶的研制及应用[J]. 中国建筑防水，2012，02：9－12.
[2] 杨忠敏. 建筑密封胶及其市场前景[J]. 现代橡胶技术，2012，03：40－45.

3.25　XM－18 密封胶

XM－18 密封胶(Sealant XM－18)由环氧树脂、酚醛树脂、聚硫橡胶、白炭黑、二苯胍等组成。具有良好的耐油性，使用温度 －60~150℃。

1. 工艺配方

酚醛树脂	1.5	聚硫橡胶	77
沉淀白炭黑	8	气相白炭黑	8
三乙酸甘油酯	2.59	二氧化锰	3.41
E－44 环氧树脂	1.5	二苯胍	0.7~1.5

2. 生产工艺

先将聚硫橡胶、酚醛树脂和两种白炭黑混合，制得 18 号基膏。另将三乙酸甘油酯和二氧化锰混合，制得 10 号膏。将 18 号基膏、E-44 环氧树脂、10 号膏和二苯胍混合，制得 XM-18 密封胶。

3. 质量标准

剥离强度(粘接氧化铝)/(N/cm)	≥90
拉伸强度/MPa	≥3
相对伸长率/%	≥550

4. 用途

主要用于耐油密封和缝内密封。使用时配制。在常温下硫化 10 天或 100℃下硫化 8h。

参 考 文 献

[1] 王翠花，赵瑞，韩胜利，张虎极. 耐油性单组分酮肟型有机硅密封胶的研制[J]. 粘接，2012，04：57-59.

3.26 有机硅酮结构密封胶

有机硅酮结构密封胶具有优异性能，在电子、建筑、交通运输、机械及化工等行业的应用越来越广泛。该密封胶由有机硅酮、氨基硅烷、填料等组成。

1. 工艺配方

有机羟基硅酮	90	有机甲基硅酮	30
甲基肟基硅烷	6	气相二氧化硅	12
硅酸钙	60	二丁基二月桂酸锡	0.08
氨基硅烷	0.8		

2. 生产工艺

按配方比将上述物料在真空下常温混合 0.5h。

3. 用途

用作结构密封胶。

参 考 文 献

[1] 王沛喜. 有机硅结构密封胶[J]. 中国胶黏剂，2009，02：32.

[2] 王华，任洪青，卢海峰，冯圣玉. 建筑用有机硅密封胶的研究新进展[J]. 有机硅材料，2010，02：113-119.

3.27 GD-404 单组分硅橡胶密封剂

GD-404 单组分硅橡胶密封剂(one-component silicone rubber adhesive sealant GD-404)由硅橡胶和甲基三乙酰氧基硅烷组成。

1. 工艺配方

硅橡胶 SDL-1-4

156

甲基三乙酰氧基硅烷　　　　　　　　　　　　　　4.36

2. 生产工艺

将硅橡胶与甲基三乙酰氧基硅烷混合即得。

甲基三乙酰氧基硅烷是室温硫化硅橡胶的关键组分。可由甲基三氯硅烷与乙酰化剂反应制得。以甲基三氯硅烷与乙酐在回流温度下反应几小时，然后在常压下蒸出反应副产物乙酰氯和乙酐，再在真空下蒸出甲基三乙酰氧基硅烷，产品为无色透明或浅黄色液体。

3. 质量标准

拉伸强度/MPa	≥1
伸长率/%	≥300
脆性温度/℃	< −70
体积电阻率	$≥3.4 \times 10^{15}$
介电常数	3
介电损耗角正切	$≤1.28 \times 10^{-3}$
击穿电压/(kV/mm)	≥17
邵氏 A 硬度	30
抗老化(200℃/168h)	
拉伸强度/MPa	≥0.7
伸长率/%	≥250

4. 用途

主要用于绝缘、防潮、防震密封以及材料粘接。常温固化 1h。

参 考 文 献

[1] 周宇鹏. 触变性醋酸型单组分室温硫化硅橡胶密封胶的研制[J]. 有机硅材料及应用，1994，06：20−21.

[2] 胡志才. WH−1硅橡胶密封胶的配制与应用[J]. 内燃机车，1998，03：31−33.

3.28　香豆酮树脂油膏

本品为建筑用嵌缝密封材料，使建筑物接缝处不透水、不透气。具有防水隔热等性能。

1. 工艺配方

香豆酮树脂	2	废轮胎胶粉	15
废机油	8	石油沥青	24
石棉粉	5	硅藻土	40

2. 生产方法

将香豆酮树脂、废轮胎胶粉、废机油、沥青在 170℃下搅拌 10min，添加石棉粉、硅藻土，在 190℃下搅拌 10min，然后在 80℃下均化 15min 即为油膏产品。

3. 用途

将该膏涂抹于建筑物接缝处，加压黏合。

参 考 文 献

[1] 常新坦. 聚氯乙烯防水油膏生产工艺的改进[J]. 中国建筑防水材料, 1988, 01: 15-16.
[2] 桐油沥青防水油膏[J]. 建筑技术通讯, 1974, 04: 10-12.

3.29 民用大板建筑封缝膏

随着全装配壁板和大模板内浇外挂建筑体系施工技术的不断推广, 大板建筑嵌缝防水材料亟待解决。该民用大板建筑封缝膏主要用于大板建筑嵌缝防水。

1. 工艺配方

10 号石油沥青 (软化点 90~110℃)	2.6
松节油精制的下脚料 (黑脚)	0.8
松节重油 (馏程为 170~190℃)	1.6
石棉绒	1.5
滑石粉	3.5

2. 生产方法

将沥青加热熔化脱水, 在搅拌下加入黑脚料, 拌匀, 加入松节重油、石棉绒、滑石粉, 继续搅拌至不见白色石棉纤维为止。

3. 用途

用于大板建筑嵌缝防水, 将该膏涂抹于接缝处, 加压黏合。

参 考 文 献

[1] 戴振国. 聚硫嵌缝膏的试验和应用[J]. 建筑技术, 1979, 11: 7-10.
[2] 黎九如. 重油-橡胶防水嵌缝膏[J]. 混凝土与水泥制品, 1981, 02: 33.

3.30 沥青嵌缝防水密封剂

装配式预制的防水屋面板和大型墙板的接缝, 需要用防水嵌缝油膏进行防水处理。沥青类嵌缝防水密封剂 (也称防水油膏), 生产工艺简单, 投资少, 成本低廉, 施工方便。

工艺配方:

(1) 配方一

10 号石油沥青	60	60 号石油沥青	140
松焦油	30	重松节油	120
硫化鱼油	60	滑石粉	310
石棉绒	133		

生产方法: 将 10 号及 60 号石油沥青倒入锅内加热, 熔化脱水, 除去杂质, 温度保持在 180~200℃, 加入松焦油, 边加边搅拌, 连续搅拌 30~60min, 待气泡消失后方可使用, 松焦油加入后温度保持在 170~190℃。

将鱼油在 100~110℃脱水, 和已熔化脱水的石油沥青按沥青:鱼油:硫黄 = 10:7:2 比例混合搅拌 30min, 待硫化鱼油沥青混合物的软化点达 80℃±3℃, 用部分重松节油稀释备用。

将已处理好的沥青和鱼油混合物盛于80~100℃的搅拌机内，按比例加入填料和部分松节油，搅拌均匀即成油膏。

该产品为沥青硫化鱼油油膏，适合北方使用。

(2)配方二

60号石油沥青	90
废橡胶粉	13.5
硫黄粉(占胶粉的质量分数)	5
石棉绒	42
松焦油	19.5
30号机油	21
松节重油	30
滑石粉	84

生产方法：先将60号石油沥青加热脱水并除去杂质，温度升到140~150℃，边搅拌加入干燥的废橡胶粉，温度升到180℃恒温35min，温度降到约160℃，在搅拌下加入硫黄粉，保温30min。温度降到140℃后加入热松焦油，再加30号机油。温度降到100℃左右于搅拌下加松节重油、滑石粉、再加石棉绒。搅拌均匀即得嵌缝密封剂。

(3)配方三

60号石油沥青	90	10号石油沥青	90
滑石粉	36	天然橡胶	4
汽油	180		

生产方法：先将天然橡胶用汽油溶胀、溶解，得天然橡胶溶液。另将两种石油沥青加热熔化、脱水，在170℃下加入预干燥处理的滑石粉(也可用425号水泥)，搅拌均匀。当温度降到100℃时，于搅拌下加入橡胶汽油溶液，再搅拌15min，得到橡胶沥青密封胶。

(4)配方四

沥青	100	废橡胶粉	25
合成橡胶	10	松焦油	20
重松节油	90	石棉粉	90
加工油	40	滑石粉	120

将废橡胶粉加入已脱水的170~180℃沥青中，于170~180℃下保温并搅拌40~60min，使胶粉沥青能拉成均匀而光滑的细长丝。将合成橡胶与加工油加热熔解成为均匀的液体。将制备好的胶粉沥青和橡胶溶液在搅拌机内搅拌均匀后，加入松焦油、重松节油和填料，充分混合搅匀，得防水嵌缝密封材料。适用于我国大部分地区，常温施工，使用简便。

(5)配方五

石油沥青	200	松香酚醛树脂	30
硫化鱼油	55	松焦油	35
氧化钙	4	滑石粉	220
铝银浆	20	氧化铁黄	60
云母粉	220	汽油	300

| 重溶剂油 | 35 | 煤油 | 80 |

将石油沥青切成碎块，加热脱水，在250℃左右搅拌下加入硫化鱼油，松焦油、氧化钙和酚醛树脂，搅拌0.5h，均匀后于120℃下加入其余物料，加料完毕，继续搅拌1h，即得沥青密封胶。

（6）配方六

| 石油沥青 | 20 | 再生橡胶 | 30 |
| 旧橡胶粉 | 55 | 石油软化剂 | 85 |

生产方法：将沥青在锅中加热，升温到120～180℃脱水，过滤除去杂质，再加入其余组分熬炼即成制品。得到的沥青胶。在 -40～80℃都可使用，柔软性能，压缩恢复率70%以上。它是建筑中各种接缝的理想且廉价的嵌缝密封材料。

（7）配方七

60号石油沥青	140	茚 - 香豆树脂	6
废橡胶粉	24	聚异丁烯	2
石棉	20		

生产方法：将60号石油沥青加热至200℃脱水、去杂质，然后在160℃左右加入石棉（或者碳酸钙），充分搅拌均匀后，于搅拌下加入茚 - 香豆树脂、废橡胶粉、聚异丁烯，加料完毕，继续搅拌0.5h，得到密封沥青胶。

（8）配方八

| 石油沥青 | 100 | 聚异丁烯 | 25 |
| 无规则聚丙烯 | 75 | 高岭土（粒径<5μm） | 300 |

生产方法：将石油沥青加热至200℃脱水，加入聚异丁烯、无规则聚丙烯，搅拌均匀后，加入高岭土，充分搅拌0.5h得沥青嵌缝胶。

参 考 文 献

[1] 刘尚乐. 沥青密封材料[J]. 中国建筑防水材料，1986，02：54 - 61.

[2] 李振现，曹素欣，张留栓，王顺雪. 沥青型BS嵌缝止水材料的研究[J]. 河北化工，1991，04：8 - 10.

3.31 聚氯乙烯 - 煤焦油胶泥

聚氯乙烯 - 煤焦油胶泥是以煤焦油为基料，加入适量的聚氯乙烯树脂、邻苯二甲酸二丁酯、硬脂酸钙及滑石粉配料而成的。聚氯乙烯胶泥是一种抗硫酸、盐酸、氢氧化纳腐蚀的嵌缝材料。

1. 工艺配方

聚氯乙烯粉	1.0～1.5	煤焦油	10.0
邻苯二甲酸二丁酯	1.0～1.5	填料	1～1.5
硬脂酸钙	0.1		

2. 生产方法

先将聚氯乙烯粉与硬脂酸钙混合均匀，加入增塑剂搅拌成糊状，倒入煤焦油（事先脱水)中，搅拌均匀后徐徐加入填料，边加边搅拌，同时徐徐升温，当锅内料温度升至130～140℃时，保持10min即可完全塑化，应立即浇注使用。

参 考 文 献

[1] 张德珠. 聚氯乙烯防水胶泥配用新法[J]. 中小企业科技信息，1996，10：19.
[2] 聚氯乙烯胶泥———种新型的防水材料[J]. 房产住宅科技动态，1980，01：9－10.

3.32 堵漏用环氧树脂胶泥

环氧胶泥具有优异的粘接性能、力学性能、耐介质性和电绝缘性，而且在其固化过程中收缩率低，尺寸稳定，易于加工成型，对被粘接面预处理要求宽松，粘接适用范围广，广泛地应用于建筑物屋顶和家用水池、厕所、浴室等下水管周围因施工质量发生渗漏的堵漏。

1. 工艺配方

	（一）	（二）
环氧树脂 E－44（或35）	100	100
乙二胺	8～10	6～8
乙醇（或丙酮）	20～40	1～10
邻苯二甲酸二丁酯	5～10	10～20
T_{31} 固化剂	—	15～40
水泥（或石膏粉）	—	20～200

2. 生产方法

生产配方（一）为配制粘接性能良好的环氧树脂粘接剂。作建筑上堵漏、填缝用一般采用生产配方（二）。将上述原料除固化剂乙二胺、T_{31} 及水泥后加入外，其余均在搅拌情况下，依次加入混合均匀，最后加入固化剂乙二脓、T_{31}。配制时若环氧树脂过稠，宜加热至40℃左右或多加稀释剂乙醇（或丙酮），调匀后再配制。

3. 用途

用于建筑物屋顶和家用水池、厕所、浴室等下水管周围因施工质量发生渗漏的堵漏。生产配方（一）称为环氧树脂浆液，生产配方（二）称为环氧树脂胶泥，都要现配现用。配制胶泥时，要把浆液拌匀，然后加入填料水泥或石膏粉，最后才加固化剂。补裂缝时，应沿缝剔成适当宽度和深度的凹槽，并清洗干净，先用生产配方（一）浆液涂一遍，待快干时再以生产配方（二）的胶泥填实，最后用浆液和玻璃丝布粘贴于漏缝面上. 面积要比实际裂缝大，即可达到堵漏、填缝的目的。

参 考 文 献

[1] 张能，周卫宏，张金仲，赵朋远. 环氧密封胶泥的研制与应用[J]. 化学与粘合，2009，（05）：64.
[2] 王教利. 环氧树脂胶泥在混凝土结构物裂缝粘合中的应用[J]. 化工腐蚀与防护，1996，（03）：58.

3.33 耐酸胶泥

耐酸胶泥具有良好的耐酸、耐热性能和力学强度。因此，在电解槽、酸洗槽、贮酸池槽、高烟囱内衬砌体的砌筑等防腐工程中，耐酸胶泥是砖板衬里施工中重要材料。

1. 工艺配方

氟硅酸钠	12.0	耐酸粉料	200
水玻璃	80		

2. 生产方法

按配方比例，先将干燥的粉料和氟硅酸钠拌合均匀，徐徐加入定量的水玻璃，不断搅拌至均匀为止。

3. 用途

用于电解槽、酸洗槽、贮酸池槽、高烟囱内衬砖板衬里施工中。

参 考 文 献

[1] 任如山，石发恩，蒋达华. 单组分硅酸钠耐酸胶泥的研究[J]. 腐蚀与防护，2006，(09)：466.

[2] 宋冬生，詹翔，方春霖，黄凤英，王海丰，胡理华. 新型耐酸砌筑胶泥的研究[J]. 江西建材，1994，(04)：2.

3.34　热固性酚醛胶泥

酚醛树脂胶泥是一种优良的耐酸材料，它可用作塑料、橡胶衬里的粘接剂，并可用于耐酸砖衬里的填缝。除强氧化性酸外，它在浓度为70%以下的硫酸、任何浓度沸腾的盐酸、氢氟酸、乙酸及大多数有机酸中都稳定；并在 pH < 7 的大多数盐溶液中也较稳定。其最高使用温度为120℃。这种塑料胶泥，是苯酚和甲醛在碳酸钠存在下缩合而成的热固性树脂，添加填料、增塑剂和固化剂复配而成的。

1. 工艺配方

(1) 树脂配方

苯酚	200	碳酸钠	2
甲醛(37%)	240	盐酸	约3.2

(2) 酚醛胶泥配方

酚醛树脂	40
苯磺酰氯(70% 丙酮溶液)	6.4
松香钙皂与桐油热炼物	4
石墨(或磁粉)	40

2. 生产方法

制备树脂：在夹层反应釜中，装入甲醛，并在搅拌下加入纯碱，调 pH 值至7.0。接着将苯酚及剩下的纯碱溶液加入反应釜中，搅拌，加热至 50～60℃，保持 2h，然后在 98～102℃保温 1h。加 50kg 水冷却，用 5% 盐酸中和至 pH = 7。真空(<60℃)下脱水，当脱水量达 200kg 时，即可出料，得到树脂。取 40kg 树脂与 40kg 石墨及其余物料拌合均匀，即得到胶泥。

说明：

①合成的树脂外观为棕色均匀黏稠液体，其中游离酚含量 < 12%，水分含量 < 12%。

②胶泥随配随用，超过4h，树脂将逐渐固化。

3. 用途

广泛用于化工等防腐涂层及塑料中。拌和的胶泥应在4h内用完。

参 考 文 献

[1] 江镇海. 酚醛胶泥的配制及应用[J]. 四川化工与腐蚀控制，1998，(02)：29.

3.35 糠酮胶泥

糠酮胶泥是由糠酮树脂、耐腐蚀填料、固化剂等调配而成，可用作石油、化学工业生产中砖板衬里的胶接材料，具有良好的耐腐蚀性、胶接性和密封性。其原料易得，成本低，施工方便。

1. 工艺配方

原料名称	(一)	(二)	(三)	(四)
糠酮树脂	10	10	10	10
硫酸乙酯	0.8 ~ 1	—	0.8 ~ 1	—
对甲苯磺酸	—	1 ~ 1.2	—	1 ~ 1.2
硅石粉	4	—	—	—
石墨粉	—	—	15 ~ 20	15 ~ 20
瓷粉	—	15 ~ 20	—	—
石英粉	16	—	—	—

2. 生产方法

将物料混合捏合均匀得到胶泥。配方(一)、配方(二)为一般胶泥，配方(三)、配方(四)为导热胶泥。

3. 质量标准

使用温度/℃	180
抗压强度/MPa	60 ~ 80
密度/(kg/m^3)	(1.6 ~ 2.2) × 10^3
拉伸强度/MPa	8 ~ 10
吸水率/%	1 ~ 2
冲击强度/(N·m/m^2)	15 ~ 25

4. 用途

在金属或混凝土等化工设备内壁，用该胶泥衬砌(黏合)耐腐蚀砖板等块状材料。

参 考 文 献

[1] 王德堂，夏先伟，王峰，肖先举，张晓红. 低黏度热固性糠酮树脂的合成新工艺研究[J]. 江苏化工，2008，05：35 – 38.
[2] 焦扬声. 用糠酮树脂作胶结剂的塑料混凝土[J]. 建筑材料工业，1962，11：28 – 29.

3.36　沥青密封防水胶泥

沥青密封防水胶泥具有优良的耐热性、耐寒性、黏结强度、弹塑性、防水性能及抗老化性能，是建筑行业广泛使用的防水密封材料。这种不定型密封材料胶料主要是沥青，具有优良的防水密封性能。

1. 工艺配方

（1）配方一

煤焦油沥青	100	煤焦油	40
硬脂酸	12	石棉粉	48

该防水脱泥可耐60℃高温。

（2）配方二

煤焦油沥青	100	桐油	10
煤焦油	50	矿粉	90

这种煤焦油沥青胶泥耐热度为60℃。

（3）配方三

10 号石油沥青	100	油酸	2
轻柴油	52	氢氧化钙	29
石棉(6～7级)	17		

该配方为冷沥青胶泥。

（4）配方四

石油沥青	95
环氧树脂 E－51	28
邻苯二甲酸二丁酯	4
4% 生天然胶二甲苯溶液	15
间苯二胺	3
二甲苯	28
石棉粉	2.7

该防水密封胶泥使用温度为 －45～48℃

（5）配方五

石油沥青(软化点110℃)	100
石棉粉	5
粉料	50

该配方为沥青防腐密封胶泥。其中粉料视使用环境分别使用耐酸、耐碱、耐氢氟酸粉料。耐酸粉料有瓷粉、石英粉和辉绿岩粉等，耐碱粉料有氢氧化钙、滑石粉，耐氢氟酸粉料主要有硫酸钡粉。粉料中水分要求小于 1%。

（6）配方六

煤焦油沥青	94	蒽油	6

| 煤焦油 | 30 | 石棉粉 | 70 |

该煤焦油沥青胶泥耐热度为60℃。

(7) 配方七

煤焦油沥青	90	煤焦油	30
蒽油	6	硬脂酸	6
粉料	18		

该胶泥耐热度为70℃。

(8) 配方八

| 石油沥青(30号) | 78 |
| 石棉(6级) | 22 |

该石油沥青胶泥耐热度为90℃。调整配方中两者比例，其耐热度发生变化，如石油沥青(30号)为82，石棉(6级)为18，则耐热度为85℃；石油沥青(30号)为87，石棉(6级)为13，则耐热度为75℃。

(9) 配方九

| 煤焦油沥青 | 110 | 煤焦油 | 30 |
| 桐油 | 10 | 石棉粉(6级) | 50 |

该煤焦油沥青胶泥的耐热度为70℃。

(10) 配方十

石油沥青	70
二甲基二(十四烷基)氯化铵	1.3
活性白土	16
硅灰石	20.7

该配方为沥青屋顶胶泥。将石油沥青加热熔化脱水，混合均匀后，搅拌下加入阳离子表面活性剂，然后加入活性白土，中速搅拌均匀，再加入硅灰石粉，混合均匀得沥青胶泥。

2. 用途

用于建筑行业中的密封防水。

参 考 文 献

[1] 邱侃，薛敏，黄克. 冷施工改性沥青胶泥[J]. 化学建材，1994，06：239 - 242.

3.37 焦油聚氨酯型防水材料

焦油聚氨酯防水材料是在固化剂组分中掺进一定数量的焦油与预聚体(基剂)组成。由于这种防水材料具有优越的弹性，在基层龟裂时也不会产生断裂，并和混凝土成水泥砂浆粘合非常牢固，耐水与耐气候性良好，同时价格低廉，施工方便，因此，焦油聚氨酯防水材料已在建筑工程上得到普遍应用。

1. 性能

焦油聚氨酯防水材料同纯聚氨酯防水材料一样，也是由基剂与固化剂组成，固化剂也是用多元醇或芳香二胺类，但物理性能与施工性能和无焦油聚氨酯防水材料不同，其优点如下：黏度较低，容易施工；受到压力时，不会发生变化；受水分影响较小；但焦油的扩散会引起污染，有焦油的臭味；反应速度不容易调节。

2. 生产方法

焦油聚氨酯防水材料的基本原料即基剂（预聚体）、多元醇、交联剂等均与纯聚氨酯防水材料相同，主要不同点是在固化剂中添加一定数量的焦油，可采用煤焦油，油气焦油等。熔点较高的焦油可加热到 70～100℃ 与其他固化剂组分熔解在一起。含水分较多的焦油，可预先用氧化钙进行脱水处理。

芳香二胺或多元醇是常用的交联剂。胺类交联剂除用 MOCA 外，目前还使用液体 MOCA，使用量为 0.6～0.9 摩尔比（—NCO/—NH$_2$）为最好。在配方中也添加炭黑与二氧化硅等无机填料，可提高焦油聚氨酯防水材料的拉伸强度。为了避免防水材料产生气泡，在配方中添加氧化钙、氢氧化钙、硫酸钙均有效果，特别是氢氧化钙与焦油混合吸收二氧化碳的能力更强。即使用水作交联剂时，也不会使焦油聚氨酯防水材料在施工时产生气泡。在表面涂一层含铝粉的聚氨酯涂料，可防止长期暴露在室外的焦油聚氨酯防水材料太阳热量的吸收。

3. 生产工艺

将 2mol 聚丙三醇（羟值为 84），1mol 聚丙二醇（羟值为 112）与 8mol 2，4 - 二甲苯二异氰酸酯反应制得预聚体，用二甲苯配成 50% 的预聚溶液。将 100 份预聚体溶液与 20 份铝粉进行混合，制得含铝粉的涂料，涂布于以上焦油聚氨酯防水材料上，形成银白色的涂膜。

在反应器中，将 400 份聚丙二醇（羟值为 56），52.4 份甲苯二异氰酸酯反应后制得预聚体。用 200 份预聚体与含 60 份油气焦油，10 份焦油沥青（软化点 50℃），20 份氢氧化镁，10 份水（交联剂），经研磨后组成 200 份的固化剂加以混合，在基层上涂 1～3mm 厚的涂层，这种含焦油的聚氨酯防水材料具有很好的延展性，在混凝土表面上形成防水层，能防止混凝土龟裂渗水和漏水。

4. 质量标准

拉伸强度（醇交联，强度低；胺交联，强度高）/MPa	0.98～3.92
伸长率/%	300～1000
撕裂强度/（kN/m）	10～14.7
100% 定伸强度/MPa	0.98～1.47
硬度（邵氏 A）	40～55
吸水率/%	1～5
透湿量/（g/m^2）	0.02～0.10
对灰浆的黏合力/MPa	0.98～1.96
耐水解、耐酸、耐碱及耐油性能	良好
耐候性能	较好
阻燃性能	一般
使用年限	10～15 年

参 考 文 献

[1] 徐均. 聚氨酯煤焦油型防水材料[J]. 四川化工，2004，（05）：10.

[2] 徐忠珊. 石油沥青聚氨酯防水材料的研制[J]. 化学建材，2004，05：46 - 49.

［3］ 刘楠，李新法，牛明军，陈金周，蒋学行．环保型改性聚氨酯防水材料的研制［J］．化学建材，2005，02：42－43.

3.38　乳胶水泥防水材料

乳胶水泥具有黏着力好、韧性强、透水性小、能防止震裂、耐反复冲击而不剥离或崩裂等性能。它与混凝土、钢材、木材、砖瓦等建筑材料的黏着力良好，并且具有一定的防化学腐蚀、耐磨、隔音、保温等性能。它的配制类似一般的水泥砂浆，适于在潮湿的基面上施工。它广泛地应用于地下工程的防水层和水利工程的防水，还用于飞机场跑道和港口码头等建筑的修补，道路地面的接缝。

1. 工艺配方

丁苯橡胶乳胶（固体分60%）	45
苯丙乳胶（固体分57%）	24
非离子乳化剂及阴离子乳化剂的1:1混合物	1.3
水	5
120℃直链沥青	100
橡胶伸展油	13

2. 生产方法

将丁苯乳胶、苯丙乳胶、乳化剂和水混合均匀，然后在搅拌下加入120℃直链沥青，调匀后加入橡胶伸展油，充分混合，得到固体分65%的乳胶，这种橡胶可以加入水:水泥比为60%的水泥中，可形成水泥防水层。

3. 用途

该乳胶水泥防水材料可用于铺地面或修补各种防水层的裂缝，硬化速度快，操作时间短，防水密封性好，可有效防止地下室和底层地面的地下水渗出，保持室内的干燥。也用于修补层顶的漏水。

参 考 文 献

［1］ 黄永炎．各种乳胶水泥的配制和应用［J］．中小企业科技信息1996，（03）：18.
［2］ 黄永炎．各种乳胶水泥的配制和应用经验介绍［J］．天津橡胶1998，（01）：40.

3.39　丙烯酰胺补漏浆料

丙烯酰胺等单体在过硫酸盐引发下发生聚合，可形成富有弹性的高分子凝胶。适用于隧道、涵洞、水坝、地下工程、泵房的补漏防渗。一般为双组分，施工时使用两只等压、等量喷枪，喷射注入补漏防渗部位混合，于常温下很快聚合凝结，从而达到补强补漏目的。

工艺配方：

（1）配方一

A 组分

丙烯酰胺	96	二甲基双丙烯酰胺	5

β-二甲氨基丙腈	4	水	440
B 组分			
过硫酸铵	3～4	水	440

使用时 A 组与 B 组分以 1:1 比例喷射于补漏部位混合，配制温度为 23℃。凝固温度 45℃，凝结时间 3min。得到的聚丙酰胺凝胶的性能如下：

抗压强度极限变形/%	30～50
拉伸极限变形/%	20～40
抗压强度/MPa	0.01～0.06
拉伸强度/MPa	0.02～0.04

(2)配方二

A 组分

丙烯酰胺	5～20
N，N'-亚甲基双丙烯酰胺	0.3～0.7
硫酸亚铁	0.02～0.1
铁氰化钾	0.02～0.1
三乙醇胺	0.5～2.0
水	加至100

B 组分

| 过硫酸铵 | 0.5～2.0 |
| 水 | 加至100 |

配制时通常以 10% 化学灌浆材料作为标准浓度。

(3)配方三

A 组分

丙烯酰胺	38
N，N'-亚甲基双丙烯酰胺	2
β-二甲氨基丙腈	0.6～1.4
水	160

B 组分

| 过硫酸铵 | 2 |
| 水 | 200 |

β-二甲氨基丙腈为促进剂，也可使用三乙醇胺作为促进剂。配制时，先用 60℃ 温水溶解 N，N'-亚甲基双丙烯酰胺，再加入丙烯酰胺，加水稀释，然后加入促进剂，搅拌均匀得 A 组分。将过硫酸铵溶于水得 B 组成。灌注时 A 与 B 组分等量混合。应用于水坝、泵房、涵洞、地下工程的堵漏补修。

参 考 文 献

[1] 刘学贵. 新型聚丙烯酰胺改性膨润土防渗材料的研究[D]. 东北大学, 2010.
[2] 白炼. 丙烯酸盐化学灌浆材料的研制[D]. 武汉工程大学, 2010.

3.40 聚合物水泥补漏浆料

聚合物水泥防水浆料作为一种新型的环保型防水材料，结合了水泥的刚性和高分子材料的柔性，具有良好的物理力学性能和耐久性。聚合物水泥补漏浆料使用聚合物单体、预聚体或聚合物与水泥混合制浆，能有效渗入构筑物、混凝土或岩层裂缝中，形成高强度的不透水的抗渗凝胶物。

工艺配方：

(1)配方一

聚氨酯预聚体(TT-1)	200
水泥(325号普通硅酸盐水泥)	100
邻苯二甲酸二丁酯	20
稀释剂(丙酮)	20
乳化剂(吐温-80)	2

(2)配方二

A 组分

丙烯酰胺(单体)	6	水泥	400
硫酸亚铁	18	水	460

B 组分

过硫酸铵(引发剂)	12	水泥	400
水	460		

A、B 组分别配制，使用时以1:1比例混合。用于裂缝补漏。

(3)配方三

聚氨酯预聚体 TT-1	80	聚氨酯预聚 TP-1	20
邻苯二甲酸二丁酯	10	丙酮	10
吐温-80(乳化剂)	1	水泥(325号)	80

该配方为聚氨酯-水泥浆液 TPC-2。

(4)配方四

聚氨酯预聚体 TT-1	70	聚氨酯预聚体 TP-1	28~30
增塑剂	10	吐温-80(乳化剂)	1
水泥(325号硅酸盐水泥)	200	三乙醇胺	0.5

配制时，先将 TT-1 投入配制锅，搅拌下依次加入 TP-1、增塑剂、乳化剂吐温、最后加入水泥。施工注缝前再加入三乙醇胺。

参 考 文 献

[1] 刘晓斌，熊卫锋，段文锋，彭俊. 单组分聚合物水泥防水浆料的应用性能研究[J]. 中国建筑防水，2012，(06)：4.

[2] 王岳，聂雁翔，张军，汪婷，朱厚信，聚合物水泥防水浆料的性能研究[J]. 中国建筑防水，2013，(05)：13.

3.41 聚氨酯灌浆材料

1. 生产方法

聚氨酯灌浆材料的制备分为两部分，即预聚体的合成和浆液的配制。

(1)预聚体的制备

聚氨酯浆液中所需的预聚体，不论是油溶性灌浆材料还是水溶性灌浆材料，影响制备工艺的因素均基本相同。不同的是所选用的聚醚多元醇的品种及规格有所差别。水溶性聚氨酯灌浆材料所需的是聚氧化乙烯多元醇或氧化乙烯含量占80%以上的氧化乙烯-氧化丙烯共聚醚多元醇。油溶性聚氨酯灌浆材料所需的是聚醚品种。

聚氨酯灌浆材料用的预聚体配方和聚醚规格如下：

浆液\规格	水溶性		油溶性	
	1	2	3	4
聚醚多元醇				
平均相对分子质量	3000	3000	336	400
羟值/(mg KOH/g)	56	75	500	280
官能度	3	4	3	2

续表

浆液\规格	水溶性		油溶性	
	1	2	3	4
氧化乙烯/氧化丙烯	90/10	85/15	0/100	0/100
用量/g	300	300	100	100
甲苯二异氰酸酯2,4/2,6异构化	80/20	80/20	80/20	80/20
用量	67	71	348	174
合成条件				
温度/℃	90	80	50	50
反应时间/h	3	2	3	3
—NCO 含量/%	5.1	4.5	28	23

聚醚多元醇在久贮之后易吸收湿气中的水分。在合成预聚体之前，需将聚醚多元醇进行脱水处理，脱水条件：120℃减压(20×133.322Pa)脱水2~3h。

预聚体的制备是将所需量的甲苯二异氰酸酯先置于干燥反应器中，搅拌下缓慢地加入所需量的聚醚多元醇。控制温度要严格。反应过程中放出的热量要移出，恒温搅拌2~3h，取样分析—NCO含量。降温出料。所得预聚体保存在密封干燥的容器中。

影响预聚体合成的主要因素有反应温度、加料方式、搅拌速度以及水分等。温度影响反应速度及产品黏度。反应初期速度快，体系放热量大，必须及时冷却，否则会导致温度过高，使游离的异氰酸酯基团进一步与氨基甲酸酯键中的氢原子反应生成交联的脲基甲酸酯，造成黏度增加，甚至凝胶。尤其用高羟值聚醚多元醇为原料时，要特别注意。

在合成预聚体实际操作中，加料顺序非常关键，因为所合成的预聚体末端是异氰酸酯基团，且异氰酸酯的用量又是过量的，所以必须将异氰酸酯化合物先置于反应容器内，然后缓慢地、分批地加入聚醚多元醇。这样才能保证参与反应的多元醇羟基全部与异氰酸酯反应，使产物末端含异氰酸酯基团。若将异氰酸酯化合物反过来，加入到聚醚多元醇中，就会导致开始羟基过量，使分子链增长，发生交联而凝胶。

为了防止局部聚醚多元醇过量以及将反应热及时移出，并保证体系尽可能生成均一的低黏度预聚体，必须进行有效搅拌。搅拌器形式、功率与速度具体取决于合成预聚体的体系黏度。一般采用推进式搅拌器，转速大于 250r/min。搅拌效果差，或者反应中途突然停电，会引起产物黏度过大，甚至凝胶和交联结块。

生产原料聚醚和容器都要充分干燥，同时在反应过程中还必须保证反应物料不要与湿空气接触，一般呆采用反应物料在干氮气氛下反应。或者反应器各个出口部分用氯化钙干燥器保护。

（2）灌浆材料的配制

聚氨酯灌浆材料的配制方法是比较简单的，将预聚体、溶剂、增塑剂、表面活性剂、催化剂与填料等物料按顺序计量，加入容器中，密闭条件下搅拌均匀后即制得。因预聚体中异氰酸酯基团极易与水反应，所以各种物料必须经脱水处理。

同时，异氰酸酯基在某些催化剂作用下，不仅能进一步与预聚体中的氨基甲酸酯基中的氢原子反应生成脲基甲酸酯键。而且异氰酸酯基团还能自身起二聚与三聚。所以，聚氨酯灌浆材料一般以双组分形式提供。将预聚体，增塑剂，缓凝剂及部分溶剂组成主浆液；而将催化剂及另一部分溶剂组成促进剂；二者分别贮藏，使用前才按工程凝胶时间的要求进行配制。

2. 生产工艺

（1）矿井壁堵水

当矿井壁出现涌水现象时，用水泥、水玻璃类材料注浆一般效果很差，使用水溶性聚氨酯浆液注浆堵漏，具有很好的效果。

水溶性聚氨酯浆液配方（份）：

聚氧化乙烯/氧化丙烯三元醇 – TDI 预聚体：（氧化乙烯/氧化 丙烯 =90/10， – NCO% = 6% ~ 75% ）	100
丙酮	20
邻苯二甲酸二丁酯	20
催化剂	若干

适用条件：井筒水温 13℃，井筒温度 17℃，水 pH = 6.4，催化剂于注浆时加入水中，按双液形式注浆。水溶性聚氨酯浆液无论在井深多少，都可以与以水任何比例均匀混合，在一定范围内，凝胶时间和水量无关。水溶性聚氨酯液浆可灌性较好，扩散半径可达 1.5m 左右，它的强度优于聚丙烯酰胺系浆液，浆液使用方便，不必现场配制，贮存性稳定，施工和清洗方便。

（2）钻井护壁堵漏剂

在钻井探矿中，经常遇到破碎坍塌层及漏水层。遇到这类地层，常常是用大量的黏土球、挤压稠泥浆钻井，有时灌注几吨到几十吨的水泥，停机 7 ~ 8 天待水泥固化后钻井。即使如此，有时还达不到效果。采用油溶性聚氨酯浆液护壁堵漏，具有良好堵漏效果。

堵漏剂灌注器是由 3 部分组成的：注射头（单向阀）、注射筒（浆液贮藏部分）和活塞杆

（注浆压力传递件）。

堵漏剂配方如下：

原料	1	2	3	4
聚甘油－氧化丙烯三元醇/TDI 预聚体（－NCO%，28%）	40	20	30	80
聚丙二醇－氧化丙烯二元醇－TDI 预聚体（－NCO%，23%）	40	60	50	－
丙酮	10	10	10	10
增塑剂（DOP）	10	20	20	10
吐温 80	1	1	1	1
硅油	1	1	1	1
催化剂（三乙胺）	1.5	1.5	1.5	1.5

将浆液配制后，装入灌注器中，用钻杆送入孔内所需部位，然后用钻机主轴推动活塞压浆，使浆液灌入孔壁岩石裂隙或破碎层中，与水反应膨胀，渗透而固化，达到堵水和固结的目的。部分浆液则沿孔壁与灌注器外环状间隙上升，形成新的塑料孔壁而达到堵漏护孔的目的。

配方1、配方2、配方3浆液的固结物韧性好，固结岩心强度可达 5.88~6.37MPa。配方4浆液的固结物钢性好，岩心强度可达 12.74~14.7MPa。

参 考 文 献

[1] 沈春林，褚建军. 聚氨酯灌浆材料及其标准[J]. 中国建筑防水，2009，(06)：41.
[2] 刘益军，王毅，赵晖，卢安琪. 聚氨酯灌浆材料评述[J]. 粘接，2005，(04)：40.
[3] 范兆荣，刘运学，谷亚新，王扬松，叶林铭. 水性单组分聚氨酯灌浆材料的研制[J]. 中国胶黏剂，2007，(12)：36.

3.42　建筑用化学灌浆液

化学灌浆是一个专业性很强的范畴，主要是指利用化学材料配制成的真溶液为主体材料的灌浆方法，具有渗透能力强、可灌性好、材料性能广泛、适用性强、固化性能灵活可控等优点。用压送设备将其灌入地层或缝隙内，使其扩散、胶凝或固化，以达到加固或防渗堵漏的目的。

1. 工艺配方

（1）配方一

环氧氯丙烷	20	邻苯二甲酸二丁脂	10
煤焦油	25	DMP－30（促进剂）	5
E－环氧树脂	100	二甲苯	40
乙二胺	10		

生产方法：将各组分加热混匀即可。该配方可用于潮湿混凝土裂缝处理。

（2）配方二

混合树脂（6105 号：654 号：669 号环氧树脂＝4：2：1）	10.0
糠醛	3.0
DMP－30（促进剂）	3.0

| 乙醇 | 0.1 |
| 水泥（425号） | 0.3 |

其中潜在固化剂酮亚胺，遇水可分解为固化剂胺，从而有效固化环氧树脂。

（3）配方三

重铬酸钠	9
硫酸亚铁	2
氯化铁	1~3
纸浆废液（干粉含量25%~35%）	100

生产方法：灌浆时，可直接将盐加入纸浆废液中拌溶即可。

（4）配方四

普通硅酸盐水	50~80
邻苯二甲酸二丁酯	10
聚氨酯预聚体	100
吐温-80	80
丙酮	80
三乙胺	3~6

（5）配方五

甲基丙烯酸甲酯	100
丙烯腈	15
甲基丙烯酸	0.5
过氧化二苯甲酰	1
对甲苯亚磺酸（抗氧剂）	0.5
水杨酸	1
二甲基苯胺（促凝剂）	0.5
铁氰化钾	0.3

生产方法：将各组分混合搅拌均匀。

2. 用途

用于加固或防渗堵漏。用压送设备将灌浆液注入裂缝处。

参 考 文 献

[1] 蒋硕忠. 我国化学灌浆技术发展与展望[J]. 长江科学院院报，2003，05：25-27+34.

[2] 赵晖，刘益军，王毅，黄国泓，卢安琪. 单组分水溶性聚氨酯化学灌浆材料的研制[J]. 新型建筑材料，2005，01：47-49.

[3] 程家骥，沈威. 新型化学灌浆材料概述[J]. 技术与市场，2011，05：3-4.

3.43 屋顶混合材料防水板

这种防水板在室温下具有黏附性，适用于屋顶和作防水结构材料。主要含有沥青、橡胶和高沸点芳烃油。

1. 工艺配方

原料名称	（一）	（二）
40/60 直馏沥青	100	—
40/60 净地沥青	—	100
橡胶（TR1102）	20	20
无规立构聚丙烯	50	—
无规聚丙烯	—	50
高沸点芳烃油	50	50

2. 生产方法

混合炼胶，压塑成板。

3. 用途

生产配方（一）用于屋顶防水，生产配方（二）可制成防水用黏性隔离膜。直接压粘于防水物表面。

参 考 文 献

[1] 日本公开专利 JP03－70785，JP03－70786。

3.44 松香建材疏水剂

疏水涂膜以其独特的性能，在国防、工农业生产、建筑材料和日常生活中有着广泛的应用前景。该疏水剂可使原来透水的建筑材料，变为具有疏水性的材料，是建材工业中的一种很好的化工助剂。

1. 工艺配方

松香	2.5	丁基化羟甲基甲苯	0.1
日本蜡	1.5	油酸	2.23
巴西棕榈蜡	1.0	氨水	8.0

2. 生产方法

将松香、日本蜡、巴西棕榈蜡、丁基化羟甲基甲苯、油酸、氨水混合，充分搅拌溶解，混匀。

3. 用途

与一般疏水剂相同。

参 考 文 献

[1] 姚同杰. 超疏水材料的制备与应用[D]. 吉林大学，2009.
[2] 曲爱兰，文秀芳，皮丕辉，程江，杨卓如. 超疏水涂膜的研究进展[J]. 化学进展，2006，11：1434－1439.

第4章 建筑用高分子材料

4.1 新型工程树脂

工程塑料是一类具有优良的强度、耐冲击性、耐热性、硬度及抗老化性的材料。这种新型工程树脂制成的工程塑料，可用于制造滚珠轴承罩，在高速、高温及其他不利的工作环境中，都能保持良好的抗冲击性、抗弯曲性、耐老化性以及抗弹性和防变形性。也可用于其他任何类似的场合。美国专利4339374（可参见德国专利2016746、2433401）。

1. 工艺配方

聚酰胺（或其他热塑性树脂）	20~30
碳纤维	2.5~7.5
玻璃纤维	7.5~12.5

2. 生产方法

混合上述组分直至纤维在热塑性树脂中均匀地分散为止，然后注入加热的模具中，并在一定的温度、时间和压力下进行铸造。

3. 用途

同高强工程塑料（热塑树脂铸造材料）。

参 考 文 献

[1] 孙小波，王枫，宁仲，王子君. 耐热型特种工程塑料保持架材料的研究进展[J]. 轴承，2012，11：56–59.
[2] 王超宝. 特种工程塑料的生产及应用[J]. 化学工程与装备，2012，07：128–130.
[3] 我国工程塑料行业趋势及展望[J]. 新材料产业，2012，08：32–34.

4.2 新酚 I 型树脂复合材料

新酚 I 型树脂类似于英国 Midlend Silicon 公司开发的 Xy 10K 树脂，是一种具有高强、高温、优良电绝缘性能的树脂，加工性能类似于普通酚醛树脂。能在250℃下长期使用，可作 C 级绝缘材料，耐腐蚀性好，有良好的耐辐射、耐烧蚀、耐磨性能，黏结力强。目前已用于宇航、导弹等领域。

1. 工艺配方

新酚 I 型树脂	100	油酸	少量
六次甲基四胺（固化剂）	10	丙酮、乙醇（溶剂）	适量

2. 生产方法

将新酚 I 型树脂溶于丙酮后，加入溶有六次甲基四胺的乙醇，混匀后加油酸，搅匀。必要时再用丙酮和乙醇稀释至一定浓度。

成型工艺使用0.14mm 厚的中碱平纹玻璃布（或开刀丝、中碱玻璃纤维或碳纤维），涂刷上述胶液（或浸入胶液），晾干，放入约110℃烘箱内烘到手感不粘、冷后发硬为止。挥发份控制在2%～3%，含胶量控制在45%左右。将烘干材料放入80～90℃模具内，逐渐升温到110～120℃，加半压，再升到120℃加全压，继续加热到190～200℃，保温保压，然后冷却到<90℃，卸压脱模，得新酚Ⅰ型树脂复合材料。

3. 质量标准

相对密度	1.77
冲击强度/(kJ/m²)	103
拉伸强度(25℃)/(MN/m²)	434
硬度(洛氏)	120
压缩强度(25℃)/(MN/m²)	441
热变形温度/℃	

参 考 文 献

[1] 李长彪，李荫泉，彭延明，邢翠萍. 新酚Ⅱ型树脂复合材料的性能及其应用[J]. 玻璃钢/复合材料，1990，(02)：5.

4.3　抗冲击的热塑性树脂

这种热塑性树脂共聚物，具有良好的耐热、抗冲击性和机械加工性能，其注塑的热扭变温度为130℃。日本公开特许公报 JP02－67306。

1. 工艺配方

α－甲基苯乙烯	80	甲醛次硫酸钠	0.4
R(CH₂CO₂Na)	1.0	硬脂酸钠	1.0
乙二胺四乙酸二钠	0.01	硫酸亚铁	0.025
丙烯腈	20	过氧化枯烯	0.3
叔十二烷基硫醇	0.3		

2. 生产方法

先将78kg α－甲基苯乙烯、0.4kg 甲醛次硫酸钠、1.0kg R(CH₂CO₂Na)(R 为 $C_{24\sim28}$ 烷基)、2.5g 硫酸亚铁、10g 乙二胺四乙酸二钠和1.0kg 硬脂酸钠配制水乳液，然后用剩余物料的混合物处理6h，并在60℃下搅拌1h，制得抗冲击的热塑性树脂。

参 考 文 献

[1] 狄鑫俊，廖俊波，周晓东. 耐高温热塑性树脂的研究进展[J]. 上海塑料，2011，03：5－10.
[2] 隋月梅. 热塑性树脂基复合材料[J]. 黑龙江科学，2010，05：31－33.

4.4　酚醛改性二甲苯树脂

酚醛改性的二甲苯树脂的固化物，对10%～40%烧碱、25%碳酸钠及25%氨水，均有良好的耐腐蚀性能。

1. 工艺配方

二甲苯树脂(相对分子质量 $M=280$,含氧率 15.7%)	4.0
线型酚醛(相对分子质量 $M=350$)	6.0
对甲苯磺酸	0.01

2. 生产方法

将 4kg 含氧率为 15.7% 的二甲苯树脂、6kg 相对分子质量为 350 的线型酚醛树脂、0.01kg 对甲苯磺酸,投入带有搅拌和冷凝装置的反应器内,加热至 95~100℃,保温 50min。减压脱水后得半透明改性树脂。软化点 115℃。

3. 用途

用于防腐涂料、黏胶剂、胶泥等配制。该树脂加入 3% 的六次甲基四胺,加热后即可固化。

参 考 文 献

[1] 程秀红,罗彬. 电阻浆料用酚醛改性二甲苯树脂[J]. 涂料工业,1993,(04):15.

4.5　酚改性二甲苯树脂

二甲苯树脂用苯酚改性后,仍保持原有的优异的耐碱、耐水和电绝缘性能,且某些使用性能优于原树脂。

1. 工艺配方

二甲苯树脂(相对分子质量 $M=300$,含氧率 13.6%)	6
苯酚(工业品)	5
对甲苯磺酸(催化剂)	0.052

2. 生产方法

将 6kg 含氧率 13.6% 的二甲苯树脂、5kg 苯酚和 5.2g 对甲苯磺酸,加入反应器中,加热至 120℃,保温反应,得红褐色树脂,其软化点为 55℃。

3. 用途

用于配制耐碱、耐水等防腐涂料、黏胶剂、胶泥、玻璃钢等。固化条件:加入 1.5% 的六次甲基四胺,加热至 160℃ 即可固化。

参 考 文 献

[1] 焦扬声. 耐高温酚改性二甲苯树脂玻璃钢[J]. 玻璃钢,1979,02:14-22.

4.6　糠醇树脂

糠醇树脂是在酸催化下,通过糠醇自身缩聚反应得到的黏稠状液体树脂。该树脂固化后交联密度大,具有优异的耐碱性,可在碱性和酸性介质中中交替使用,是优良的防腐材料。

1. 工艺配方

糠醇	564.8
氢氧化钠(5mol/L)	适量

| 硫酸(5mol/L) | 6.2 |

2. 生产方法

在反应器内加入 564.8g(500mL)糠醇、117mL 蒸馏水，以硫酸为催化剂(硫酸总用量：每升反应液加 5mol/L 硫酸 10mL，本例中共加 6.2mL)。在搅拌下，硫酸分两次加入。第一次加入 3.1mL 的硫酸，当温度升至约 60℃时，停止加热。此时反应液颜色变深，再升温至 75~80℃，保持恒温，当反应液开始分层时，加入剩下的 3.1mL 硫酸。当温度升至 95℃时保温，直至达到所需树脂黏度时，停止反应。

黏度种类	黏度指标
高	10~20min(落球法)
中	100~300s(7mm 漏斗)
低	60~10s(7mm 漏斗)

降温至 40~60℃时，用 5mol/L 氢氧化钠中和至 pH=7 左右。减压脱水，即可得到棕黑色的糠醇树脂。

说明： 在糠醇树脂的制备过程中，加入一定量的糠醛，可以降低成本，改善树脂性能。具体操作：将糠醇 49 份、糠醛 49 份、顺丁烯二酸酐 4.4 份，加入反应器中，并即搅拌，反应开始温度自动上升至 95~100℃，恒温 45min，就可以得到液态的热固性树脂。

3. 用途

用于调制胶合剂、涂料、胶泥和塑料等。

参 考 文 献

[1] 傅中林. 合成糠醇树脂的新型催化剂[J]. 化工科技市场，2002，(04)：29.
[2] 牛炳华. 糠醇树脂的生产和发展[J]. 化工科技市场，2003，(01)：26.
[3] 滕雅娣，苏显英. 糠醇树脂聚合工艺的研究[J]. 辽宁化工，1998，(03)：37.

4.7　糠酮树脂

糠酮树脂又称糠醛丙酮树脂。由糠醛与丙酮缩聚而形成的一种呋喃树脂，为深褐色至黑色高黏度液体或固体。在酸的作用下能固化为体型结构，形成不熔不溶的热固型树脂，耐热可达 450~500℃。电绝缘性优良，能耐强酸、强碱和大多数有机溶剂。

1. 工艺配方

| 糠醛(工业，100%计) | 9.6 | 氢氧化钠(10%) | 适量 |
| 丙酮(工业，100%计) | 5.8 | | |

2. 生产方法

将糠醛、丙酮投入反应器内，边搅拌边缓慢加入 10% 氢氧化钠溶液。该反应为放热反应，注意控制反应温度。在 40~60℃反应 4~5h 后，用稀酸中和至 pH=7 左右，停止反应。再用清水洗 3 次，减压脱水得到棕色黏稠液体即为糠酮树脂。

3. 用途

用于制作各种耐腐蚀材料，如涂料、管道、耐酸碱容器及耐热性高的绝缘材料等。

参 考 文 献

[1] 陈义锋，谢月圆，张玉敏. 新型糠酮树脂的研究[J]. 涂料工业，2007，(02)：15.

[2] 王德堂，夏先伟，王峰，肖先举，张晓红. 低黏度热固性糠酮树脂的合成新工艺研究[J]. 江苏化工，2008，(05)：35.

[3] 肖生苓，王桂英，陈玉霄. 利用木质剩余物制备糠醛丙酮树脂的研究[J]. 森林工程，2007，06：18-20.

4.8 糠酮醛树脂

糠酮醛树脂是将上述得到的糠酮树脂，与甲醛进一步缩聚得到的耐酸、耐碱的树脂。

1. 工艺配方

糠酮树脂	60	稀硫酸	适量
甲醛溶液(37%)	15		

2. 生产方法

将60kg糠酮树脂、15kg 37%的甲醛溶液投入反应器中，搅拌混匀，再加入稀硫酸，升温至98~100℃，反应1.5h后，降温至40~60℃，用10%氢氧化钠中和至pH=7左右，用清水洗3次，减压脱水，得到糠酮醛树脂。

3. 用途

用于各种耐磨蚀材料，如胶泥、涂料、压型和增强塑料、容器等。

参 考 文 献

[1] 张一甫，曾幸荣，李鹏，周爱华. 酮醛树脂的合成与改性研究进展[J]. 现代化工，2006，(10)：35.

[2] 史建公，曹钢. 酮醛树脂的合成及应用[J]. 石化技术，1996，(02)：127.

4.9 己二酸聚酯醇

己二酸聚酯醇是聚酯软质、半软质塑料所常用的聚酯醇。一般为线型，相对分子质量为2000左右，羟值为50~60mg KOH/g。

1. 工艺配方

(1)配方一

己二酸	46.92	一缩乙二醇	9.949
己二醇	17.82		

(2)配方二

己二酸	46.92
一缩乙二醇	38.59

2. 生产方法

将生产配方量的己二酸、一缩乙二醇等反应原料投入反应釜内，缓慢升温至80℃，开始搅拌，继续升温至140℃，并将氮气按一定流量通入反应釜内，同时控制升温速度，要求于1h将物料由140℃升至160℃。反应生成的水，经分水器收集并进行计量。在160℃保温

2h，氮气量加大，然后将温度于3h内升至240℃，保温反应4～6h后，当酸值达到2mg KOH/g时，停止加热冷却至40℃时出料。

3. 质量标准

羟值	50～60mg KOH/g	黏度(25℃)	5000～9000cP
酸值	2mg KOH/g		

4. 用途

主要应用于聚氨酯软质泡沫塑料、涂料、黏合剂、纤维、人造革、橡胶等作活性氢化合物组分。

参 考 文 献

[1] 陈建福，周俊峰. 己二酸系聚酯多元醇的合成[J]. 聚氨酯工业，2009，(04)：37.
[2] 戴振卫，边义，耿宇华. 己二酸类聚酯多元醇合成研究[J]. 科技信息，2012，(25)：43.

4.10 醇酸树脂系聚酯醇

醇酸树脂系聚酯醇主要应用于合成聚氨酯硬质泡沫塑料，其对应产品的黏度、耐水解性、耐热性、加工成型性能优良。

1. 工艺配方

(1)配方一

癸二酸(工业级)	116.3	甘油(96%以上)	96.4
苯酐(99%以上)	21.2	己二醇(98%以上)	9.6

生产方法：将反应物料投入380L不锈钢反应釜中，加热升温至130～140℃，开始通微量二氧化碳，继续升温到200℃左右，待出水量达26～27kg，测酸值达15～17mg KOH/g时，开始抽真空至740×133.32Pa以上，再升温到200～210℃，1～2h后，当酸值达4mg KOH/g以下、羟值495mg KOH/g(出水+醇量约为27～29kg)，出料。生产周期为24h。

说明：为降低醇酸树脂的黏度，改善制品耐水解性，可用聚醚多元醇代替此生产配方中的甘油等低分子羟基化合物。例如采用2mol聚醚多元醇和0.5mol己二酸、0.5mol苯酐在220～250℃、氮气下酯化反应。所得醇酸树脂系聚酯醇的酸值为1.5mg KOH/g、羟值为404mg KOH/g、黏度仅为22Pa·s(25℃)。

(2)生产配方二

三乙醇胺	10.38	环氧丙烷	14.55
苯酐	12.33		

2. 生产方法

将10.38kg三乙醇胺、12.33kg苯酐和14.55kg环氧丙烷投入不锈钢反应罐中，密封反应。于130℃下反应70min，最高压力为0.717MPa，待至常压时，反应物抽空去除低沸物，得30.6kg桔黄色黏稠液体，黏度为11Pa·s(25℃)。

3. 用途

用于合成聚氨酯硬质泡沫塑料。生产配方二为含氮芳环醇酸聚酯醇，它具有较优良的耐水性、耐温性、尺寸稳定性和强度。

参 考 文 献

[1] 孟贤玲，刘志文. 低成本醇酸树脂389的配方与工艺[J]. 广东化工，2010，04：25-26.

[2] 王京甫. MPA醇酸树脂的制法及其应用[J]. 涂料工业，1997，06：23-24+3.

[3] 仓理. 醇酸树脂配方的确定及优化[J]. 化学工业与工程技术，1998，04：17-18.

[4] 徐芸莉. 醇酸树脂的新配方和新工艺[J]. 杭州化工，1999，01：15-18.

4.11　增强醇酸树脂

这种增强树脂的热畸变温度为210℃，挠曲强度达$1780kg/cm^2$，外观好。

1. 工艺配方

玻璃纤维	30
苯甲酸钠	0.3
聚氧乙烯失水山梨醇三油酸酯	3
固蜡	2
聚乙二醇对酞酸酯	64.7

2. 生产方法

将各物料混合制得增强树脂。

3. 用途

用于挠曲强度高的机械零部件。

参 考 文 献

[1] 日本公开特许昭和57-38847.

4.12　耐燃聚丙烯树脂

这种树脂以聚丙烯为主体，添加增强改性剂、增塑剂和阻燃剂，使其具有良好的机械加工性能和阻燃性能。

1. 工艺配方

十二氯二甲撑二苯并环辛烯	30.4
三氧化锑	3.2
聚丙烯	41.6
硼酸锌	4.8

2. 生产方法

在混炼机中经混炼复配。

3. 质量标准

抗拉强度/(N/cm^2)	1842	垂直燃烧阻燃性能	V-0
曲挠强度/(N/cm^2)	4998		

4. 用途

用于注射模塑。物料从给料投入加热室进行软化，然后由柱塞或螺杆将物料压入塑模内，保持一定压力，直到硬化至足以出模为止。

参 考 文 献

[1] 邬素华，王丹. 无卤阻燃聚丙烯的制备与性能研究[J]. 塑料科技，2013，02：54–57.
[2] 苏吉英，孟成铭，汤俊杰，郭建鹏，段浩. 无卤阻燃聚丙烯的制备[J]. 中国塑料，2011，11：66–69.
[3] 梁凯. 阻燃聚丙烯的研制[J]. 科技创新与应用，2012，10：14.

4.13 硅酮长油醇酸树脂

这种醇酸树脂是以妥儿油脂肪酸、邻苯二甲酸季戊四醇聚酯为基料，与添加剂（如硅酮）等混合制得的热固性树脂。这种树脂在低压下模塑，变定迅速，不存在排气问题。

1. 工艺配方

妥儿油脂肪酸	3.53	季戊四醇	1
邻苯二甲酸酐	1.3	甘油	0.18
硅酮中间体	2.54	二甲苯	0.96
石脑油	4.3		

2. 生产方法

在反应罐内加入妥儿油脂肪酸、季戊四醇、邻苯二甲酸酐、甘油和0.54L二甲苯，于230℃下反应至酸值7.9mg KOH/g。冷却至190℃时加入硅酮和其余的二甲苯。于190～200℃下继续反应，使固体颗粒达60%。当混合物呈凝胶时，加入石脑油，使不挥发物含量为60%（固含量为60%）。

3. 质量标准

固体含量/%	60	干燥时间/h	2
颜色（加纳尔1963）	3		

4. 用途

用作电气组件的封囊、压缩模塑等。

参 考 文 献

[1] 丁筱强，相宏伟，夏旭林. 有机硅改性醇酸树脂性能的研究[J]. 精细石油化工，1993，01：31–34.
[2] 吕翠玉. 改性水性醇酸树脂的合成及其应用[D]. 浙江工业大学，2010.

4.14 苯乙烯改性醇酸树脂

这种苯乙烯改性的醇酸树脂，是加工性能优良的热固型混合物，可在低压下模塑。

1. 工艺配方

妥儿油脂肪酸	2.12	苯二甲酸	1.04
三羟甲基乙烷	0.968	二甲苯	4.55

α-甲基苯乙烯(80%)	0.413	苯乙烯	3.74
二特丁基过氧化物	0.103		

2. 生产方法

在反应罐内加入苯二甲酸、三羟甲基乙烷和1.06kg妥儿油脂肪酸，加热至260℃反应。当酸值小于15mg KOH/g时加入另一半妥儿油脂肪酸。再次加热至260℃，反应到酸值小于10mg KOH/g。所生成的醇酸树脂可溶于二甲苯，成为80%的溶液。再将醇酸树脂基料和二甲苯投入反应罐内，加热至145℃。在另一容器内将α-甲基苯乙烯、苯乙烯和二特丁基过氧化物混合均匀，2h后，于140~150℃下将混合的苯乙烯料加入到反应罐内，140~150℃保温反应5h，得到苯乙烯化的醇酸树脂(固含量59.6%)。

3. 用途

用作电气组件密封、低压模塑。

参 考 文 献

[1] 梁志岗. 苯乙烯改性醇酸树脂制备[J]. 化工技术与开发，2006，(05)：30.
[2] 梁国志. 对苯乙烯改性醇酸树脂的机理及工艺研究[J]. 科技咨询导报，2007，(07)：108.
[3] 瞿金清，涂伟萍，杨卓如，陈焕钦. 苯乙烯改性醇酸树脂合成研究[J]. 化学工程，2001，(01)：60.

4.15 尼龙66树脂

尼龙树脂通过添加不同助剂，分别可得到具有不同性能如阻燃性、高强度、优异机械性能的树脂。

1. 工艺配方

原料	(一)	(二)
尼龙66与尼龙612(4:1)	68	38.4
十二氯二甲撑二苯并环辛烯	9.6	14
三氧化锑	—	3.6
三氧化二铁	2.4	3.6
玻璃纤维	—	24

2. 生产方法

在混炼机中将各原料依生产配方量配合混炼即成。

3. 质量标准

项目	生产配方(一)	生产配方(二)
需氧指数/%	33	31
垂直燃烧阻燃性	V-0	V-0
抗拉强度/(N/cm²)	5135	9094
伸长率/%	2.7	2.3
挠曲强度/(N/cm²)	6831	12603
罗氏硬度	97	85
介电强度/(V/mm)	444	385

耐电弧性/s	170	128

4. 用途

用于制作尼龙零部件。

参 考 文 献

[1] 王堃雅. 尼龙66生产工艺节能及其管理体系的建立[D]. 郑州大学, 2012.
[2] 鲁来勇, 吴非. 尼龙66聚合反应工艺比较[J]. 河北化工, 2012, 01: 50-52.
[3] 华阳, 刘振明, 刘权毅, 张立, 张炜. 尼龙66国内外生产现状及发展建议[J]. 弹性体, 2010, 06: 78-82.

4.16 透明硫化橡胶

这种橡胶可用于制作橡胶透明制品，具有特殊的外观效果。

1. 工艺配方

(1) 配方一

原料名称/kg	(一)	(二)	(三)
天然橡胶(SP40)	80	—	80
天然橡胶(SP20)	—	80	
活性氧化锌	0.64	0.64	0.64
硬脂酸	0.4	0.4	
N－苯基－β－萘胺(防老剂)	0.4	0.4	0.8
二丁基二硫代氨基甲酸锌	0.16	0.08	
硫醇基苯并噻唑	—	0.64	
2－乙基己醇锌	—	—	0.48
N, N'－二硫代双吗啉	0.64	—	0.48
二硫化四丁基秋兰姆	—	—	0.56
苯并噻唑二硫醚	—	—	0.8
硫黄	76	0.64	

(2) 生产配方二

原料	(一)	(二)
橡胶	60	60
氧化锌	0.3	0.3
硬脂酸	0.3	0.3
醛胺防老剂	0.45	0.45
疏基苯并噻唑	0.39	
促进剂 TMTM	12	12
硫黄	0.9	0.9

2. 生产方法

在混炼机内将各原料配合，150℃硫化5min。若硫化时间太短，因粒子溶解时间不足，则硫化橡胶颜色发暗，硫化时间过长，则颜色发灰，故须监控硫化时间。

参 考 文 献

[1] 陈乐. 新型透明橡胶的开发利用[J]. 化工新型材料, 1987, 06: 38.

[2] 君轩. 透明橡胶[J]. 世界橡胶工业, 2006, 07: 42－43.

[3] 武爱军, 史蓉. 高透明度硫黄硫化胶的制备[J]. 世界橡胶工业, 2012, 06: 20－24.

4.17　硅酮橡胶

硅酮橡胶是目前最好的既耐高温又耐严寒的橡胶之一, 200℃以上仍保持良好的弹性。多用于航空工业中。日本公开特许昭和 57－44655。

1. 工艺配方/kg

乙烯端基硅氧烷(黏度 25×10^3 Pa·s, 25℃)	100
胶体二氧化硅(比表面积 200m²/g)	40
水解二氯二甲基硅烷聚合物	5
十二烷酸	0.2

2. 生产方法

混合均匀后, 在150℃混炼2h, 制得硅酮橡胶。

3. 用途

与一般硅橡胶相同, 用于飞机等使用温域宽(低温～高温)的零部件上。

参 考 文 献

[1] 杨博. 新的 INSUL/RITE 材料[J]. 固体火箭技术, 1990, 01: 47.

[2] 蔡葵. 成型模具用硅酮橡胶[J]. 精细化工信息, 1990, 02: 13.

4.18　聚氨酯橡胶

这种聚氨酯橡胶, 具有较强的抗拉强度和较高的伸长率。

1. 工艺配方

原料名称	(一)	(二)
氨基甲酸乙酸	80	80
十二氯二甲撑二苯并环辛烯	24	8
三氧化二锑	12	4
高耐磨炉炭黑	20	20
过氧化异丙苯	3.2	3.2
硬脂酸	1.6	1.6

2. 生产方法

混炼机中热混炼配合, 制得氨酯橡胶。

3. 质量标准

项目	(一)	(二)

199

需氧指数/%	30.2	27.7
平均燃烧时间/s	1.7	8.3
抗拉强度/(N/cm²)	1793	2068
伸长率/%	880	890
模量(伸长率为300%)/(N/cm²)	461	451

4. 用途

作为橡胶代用品，可制作橡胶制品。

参 考 文 献

[1] 周萌萌. 聚氨酯橡胶生产现状及发展前景[J]. 中国石油和化工, 2008, 24: 25-26.
[2] 姜蔚. 高性能混炼型聚氨酯橡胶[J]. 橡胶参考资料, 2003, 04: 41-45.

4.19 增强橡胶

由天然橡胶添加性能改良剂，得到具有优异使用性能的增强橡胶。

1. 工艺配方

原料名称	（一）	（二）
天然橡胶	80	80
硬脂酸	1.2	1.2
氧化锌	4	4
黏土(300目)	48	—
炉炭黑	—	40
石油	4	4
硫黄	2	2
N-苯基-β-萘胺(防老剂)	0.8	0.8
N-环己基-2-苯并噻唑		
亚磺酰胺(促进剂)	0.8	0.8

2. 生产方法

在二辊橡胶磨内配合，混匀后加入1%(质量比)的硅烷偶联剂。

3. 用途

制作橡胶制品，与一般混炼橡胶相同。

参 考 文 献

[1] 胡纯，龚文琪，沈艳杰，黄腾，鲍光明. 超细粉碎表面改性透辉石增强橡胶材料[J]. 高分子材料科学与工程, 2010, 03: 153-155.
[2] 莫海林，游长江，贾德民. 改性炭黑及其增强橡胶的研究[J]. 广州化学, 2004, (01): 37.

4.20 有机玻璃注塑制品

有机玻璃(甲基丙烯酸甲酯)浇注成型，大多以抛光硅玻璃作模具，以增加有机玻璃的力学性能。成品即是有机玻璃制品。

1. 工艺配方

原料名称	（一）	（二）	（三）
甲基丙烯酸甲酯	100	100	100
邻苯二甲酸二丁酯	4～6	4～6	4～6
偶氮二异丁腈	0.1	0.05	0.02

2. 生产方法

浇注前按配方预聚成浆液，转化率在10%左右，在专用模具中浇注成不同的有机玻璃制品。配方（一）用于制取 <6mm 厚的制品，配方（二）用于制取 8～20mm 厚的制品，配方（三）用于浇注 >20mm 厚的有机玻璃制品。

参 考 文 献

[1] 梁西良，王素漪，徐虹．甲基丙烯酸甲酯合成及生产[J].化学与黏合，2005，（01）：57.
[2] 尹沾合．常温过程聚合制作有机玻璃工艺品研究[J].现代塑料加工应用，2012，05：14－16.
[3] 袁新强，熊磊，彭战军，陈红红，陈立贵，付蕾．铸塑本体聚合法生产有机玻璃工艺制品研究[J].塑料工业，2008，10：63－65.

4.21 环氧树脂注塑制品

该注塑中含有两种不同型号的环氧树脂，从而赋予浇注成型制品以优异的性能。

1. 工艺配方

原料名称	（一）	（二）	（三）
E-42 环氧树脂	17	17	100
R-122 环氧树脂	83	83	10
铝粉	150	220	170
铁粉	100	—	—
顺丁烯二酸酐	48	48	19
均苯四甲酸二酐	—	—	21
甘油	7	5.8	—

2. 生产方法

按配方量混匀后注入模具，固化成型得到环氧树脂注塑制品。

3. 用途

根据需要设计不同制品模具，经浇注得到不同制品。

参 考 文 献

[1] 李小丽．基于环氧树脂灌封料的研究[J].中国新技术新产品，2013，02：19－20.
[2] 彭倩，王曦，苏胜培．一种高韧性耐湿性环氧树脂的合成及其性能研究[J].精细化工中间体，2012，06：58－63.

4.22　蜜胺粉

蜜胺粉即三聚氰胺甲醛树脂模塑粉。

1. 工艺配方

原料名称	（一）	（二）
三聚氰胺甲醛树脂	250	250
石英粉（或云母粉）	300~375	—
甲基纤维素	—	150~188
硬脂酸锌	2~3	2~3
色料	适量	适量

2. 生产方法

混匀，塑炼、粉碎后过筛。

3. 用途

充满膜腔，加热施压，制得所需要的模制品。

参 考 文 献

［1］刘新平，方瑞娜，白金潮，宋怀俊. 三聚氰胺甲醛树脂微粒的制备与表征［J］. 化工进展，2011，S1：267－269.

［2］李陶琦，刘建利，姚逸伦，姬明理，陈冬. 低游离甲醛三聚氰胺甲醛树脂的合成［J］. 应用化工，2009，10：1537－1539.

4.23　乙酸纤维素模塑粉

该模塑粉由乙酸纤维素、增塑剂、填料及色料组成，用于模塑成型制取乙酸纤维素制品。

1. 工艺配方

乙酸纤维素	400
磷酸三甲酚酯（或邻苯二甲酸二辛酯）	100~220
色料	适量
黏土（或氧化锌）	40

2. 生产方法

混合后热塑炼，打磨粉碎过筛。

3. 用途

与一般模塑粉相同，充入热模具内，施压充满模内腔，制得模制品。

参 考 文 献

［1］冯孝中，陈杰，佟立新，杨勇强，王辉. 可降解模塑粉的制备及模压成型工艺［J］. 郑州轻工业学院学报，2002，04：14－16.

4.24 酚醛模塑粉

模塑粉加至热的模具中，在一定压力下，使其充满模腔，形成与模腔形状一样的模制品。

工艺配方

(1)配方一

原料名称	(一)	(二)
热塑性酚醛树脂	100	100
木粉	100	59
六次甲基四胺	12	12
石棉	—	154
硬脂酸	2.4	8
无机填料	15	—
消石灰	2.4	11
着色剂	2~4	7

生产方法：混合、炼塑，再经粉碎、过筛。

用途：在150~190℃/15~25MPa下，经模塑制成各种热塑性酚醛模制品。

(2)配方二

原料名称	(一)	(二)
热固性酚醛树脂	100	100
乌洛托品	4.2	7.35
云平粉	—	175
木粉	88.5	—
废酚醛塑料粉	8.2	—
苯胺黑	2.5	—
氧化镁	5.3	7.35
润滑剂	2.5	4.4

生产方法：混合、粉碎、过筛得热固性(粉状填料为基料)的酚醛模塑粉。

(3)配方三

热固性酚醛树脂	100	石棉纤维	181.8
滑石粉	15.2	油酸	6.06

生产方法：同配方一。

用途：在加温加压下经模塑制得电绝缘零件。

(4)配方四

原料名称	浅色	深色
热固性酚醛树脂	100	100
油酸	4.65	4.65

棉纤维素	114	110.5
氧化钙	0.58	—
苯胺黑	—	3.49
氧化镁	1.16	2.23

生产方法：混合、塑炼后粉碎，过筛得到棉纤维素为基料的热固型酚醛模塑粉。

用途：充入热模具后加压成型，制得模制品。

参 考 文 献

[1] 胡立红，周永红，冯国东，郭晓昕，刘红军．木质素酚醛模塑料的性能研究[J]．生物质化学工程，2009，04：25–28.

[2] 韩兆国．以稻壳粉为填料的酚醛模塑料的研究[J]．绝缘材料通讯，1988，05：21–23.

[3] 邢翠萍，李长彪，汪春生，马丽萍，杨燕萍．褐煤粗酚合成酚醛树脂及模塑料[J]．塑料工业，2000，05：8–10.

4.25 聚内酰胺注塑件

注塑，通常是将单体、预聚体或聚合物注入模具中，使其固化，从而得到与模型内腔相似的制品。

1. 工艺配方

原料名称	普通型	改性
己内酰胺	100	100
异氰酸酯	1	1
烧碱	0.14	0.12
减摩剂	—	8~16
玻璃微珠（增强剂）	—	10~30
硅烷类偶联剂		4
稳定剂	—	1

2. 生产方法

混合均匀后注入模具中固化成型。

3. 用途

用作工程塑料及普通塑料制件。

参 考 文 献

[1] 张甲敏，祝勇．尼龙1010注塑制品工艺设计[J]．塑料工业，2006，09：29–32.

4.26 灌注填充材料

这种填充材料是聚氨酯泡沫采用灌注工艺得到的。该材料可作为造船工业的结构材料、浮力材料。

1. 工艺配方

原料名称	（一）	（二）
505 型聚醚	50	100
Ⅲ型聚醚	50	—
三(β－氯乙基)磷酸酯	30	—
F_{113}发泡剂	50	50
三乙醇胺	3～6	3～6
硅油	6	6
多聚异氰酸酯	150	150

2. 生产方法

高速搅拌后采用灌注工艺施工，厚度大于 50mm。配方（一）为阻火型，配方（二）为普通型。

3. 用途

用于造船工业中的结构材料、填充材料和浮力材料。

参 考 文 献

[1] 刘新建，李青山，刘卓，罗进成．增强硬质聚氨酯泡沫塑料研究进展[J]．聚氨酯工业，2006，（01）：8．

[2] 陈涛．玻化微珠－聚氨酯泡沫复合材料的制备[D]．东北林业大学，2012．

[3] 程家骥，沈威．煤矿井下阻燃聚氨酯填充材料的研制[J]．煤矿开采，2012，06：14－16．

4.27 聚氯乙烯复配物

在这种聚氯乙烯复配物中使用$(RCOO)_a M(OX)_b$（$b \geqslant a$，$a+b=n$，n 为金属 M 的化合价），作为新型偶联剂，使聚氯乙烯与填料之间具有很好的兼容性，从而提高制品的拉伸强度。中国发明专利申请公开说明书 CN1042722（1990）。

1. 工艺配方

聚氯乙烯	10.0
邻苯二甲酸二辛脂	2.0
碳酸钙	10.0
$Ca[OP(O)[OCH_2CH(C_2H_6)(CH_2)_3CH_8]_2]_2$	0.1

2. 生产方法

混合均匀后，热熔融辊炼后，挤出成型。

3. 用途

用于制作片材、薄片、管材等。

4.28 阻燃树脂复配物

该复配物含有线型芳烃聚酯、有机卤化物和锑酸钠等，具有良好的熔融稳定性和机械加工性能。

1. 工艺配方

聚对苯二甲酸乙二醇酯	52.5
聚(三溴苯乙烯)	11
锑酸钠(比表面积 3.3m²/g)	3.5
褐煤酸钠	0.5
双酚 A 基双环氧化物	0.5
玻璃纤维	30
聚乙二醇甲醚(相对分子质量 $M = 600$)	2

2. 生产方法

将各物料混合后,在280℃熔融捏合、制粒,在混炼筒温280℃、模温80℃和78.45MPa条件下进行注射模塑。

3. 用途

用于制作包装、建筑等工业塑料制品。

参 考 文 献

[1] 日本公开专利 JP00 – 263859.

4.29 硬质泡沫塑料

该泡沫塑料中使用含 $C_{3\sim6}$ 的烷烃(沸点 – 10 ~ 70℃)作为发泡剂,从而得到低密度、低热导率及无卤代烃的聚氨酯泡沫塑料。

1. 工艺配方

混合聚醚多元醇(羟值550)	50
芳香族聚醚多元醇(羟值500)	20
饱和聚酯(羟值500)	30
二苯基甲烷 – 4,4′ – 二异氰酸酯	172
阻燃剂	35
乳化剂	5
戊烷	18
催化剂	3
泡沫稳定剂	2

2. 生产方法

按生产配方比例,将各化学原料均匀混合后,注入模具或筒罐中,在热混炼发生化学反应的同时进行发泡,制得硬质聚氨酯泡沫塑料。

3. 用途

用作建筑物、冷库、冰箱、冰柜的绝热层。

参 考 文 献

[1] 欧洲专利申请书 EP394769.

206

[2] 泡沫玻璃、聚氨脂硬质泡沫塑料[J]. 机电新产品导报，1994，01：93.

[3] 姜远初，张兴发. 聚氨酯硬质泡沫塑料的生产工艺[J]. 塑料科技，1993，02：31-36.

4.30　夹层结构的硬质泡沫

在两层硬铝（或其他金属）为蒙皮，中间灌注硬质聚氨酯泡沫塑料，形成硬铝-硬泡夹层结构。由于这种材料质量轻，比强度高、刚度大、成型简单等优点，已在航天工业中得到应用。

1. 工艺配方

N-505 聚醚	100	硅油	7
三乙醇胺	2	有机锡	0.05
一氟三氯甲烷	30	多聚异氰酸酯	140

2. 生产方法

经计量泵压入混合头高速搅拌 30s，灌注夹隙中，涨泡 5min，硬化 7min。

3. 用途

用于飞机机头、减速板等部件上。

参 考 文 献

[1] 纪双英，邢军，李宏运，益小苏. 夹层结构用硬质聚氨酯泡沫材料的研制[J]. 聚氨酯工业，2008，(01)：31.

[2] 姜远初，张兴发. 聚氨酯硬质泡沫塑料的生产工艺[J]. 塑料科技，1993，02：31-36.

[3] 朱吕民. 耐温聚氨酯硬质泡沫塑料的研究[J]. 江苏化工，1987，02：26-30.

4.31　高密度硬质聚氨酯泡沫

这类高密度硬质聚氨酯泡沫，具有某些木材的特性，可刨、可钉、可锯，即所谓"合成本材"，常作为各种高级家具的结构材料。这里介绍的是似木型及雕刻型"合成本材"的生产配方。

1. 工艺配方

成分	（一）	（二）
多元醇	10.0	10.0
一氟三氯甲烷	0.9	—
硅酮乳化剂	0.20	—
硅烷泡沫稳定剂	—	0.15
胺系催化剂	—	0.05
二丁基锡二月桂酸酯	0.02	—
水	—	0.03
多异氰酸酯	6.56	1.14

2. 生产方法

采用喷涂成型法。即将各原料经计量泵注入高速混合头混匀后，直接喷射到硬塑中发泡成型。

3. 用途

用作高级家具的结构材料。

参 考 文 献

[1] 谈玲华，王章忠，戴玉明，巴志新. 增强硬质聚氨酯泡沫的研究进展[J]. 材料导报，2006，(09)：21.
[2] 韩海军. 硬质聚氨酯泡沫塑料的研制及增强改性[D]. 北京化工大学，2011.

4.32 高密度泡沫橡胶

高密度泡沫橡胶又称微孔软质聚氨酯泡沫塑料，根据需要可制成开孔和闭孔型等各种制品。它与其他微孔橡胶相比，其特点是具有优异的物理性能，较高的抗张强度、撕裂强度和耐磨性能，广泛应用于制造避震缓冲材料、地毯背衬、鞋底材料等。

1. 工艺配方

成分	(一)	(二)
甲苯二异氰酸酯预聚体		
(TDI 和聚丁二醇醚制成)	10.0	—
聚醚（羟值59）	—	10.0
1，4 - 丁二醇	—	1.2
氯甲烷	0.8	—
有机硅泡沫稳定剂	0.2	0.01
MDI 和聚醚的加成物	—	7.03
异丙苯二胺	0.55	—
间苯二胺	0.39	—
黑色颜料	0.2	—
一氟三氯甲烷(F_{11})	—	0.6
三乙撑二胺	—	0.04
水（物料中含水）	—	0.01
辛酸亚锡	—	0.003

2. 生产方法

配方(一)采用预聚体法，即将聚醚先和 TDI 制成预聚体（NCO 为 6.3%），然后以二元胺作链增长剂在催化剂、泡沫稳定剂存在下进行发泡。配方(二)采用一步法发泡工艺，即将聚醚、MDI、1，4 - 丁二醇、三乙撑二胺、F_{11} 和泡沫稳定剂等一次加入，高速搅拌混合后进行发泡。

3. 用途

与一般微孔橡胶相同。

参 考 文 献

[1] 赵敏. 一种高速铁路扣件减振（震）用低滞后微孔橡胶材料及其制备方法[J]. 橡胶工业，2013，01：57.
[2] 曹连洪，张祚银. 软质聚氨酯泡沫塑料生产工艺[J]. 塑料科技，1994，(04)：35.

[3] 张修景，殷保华，薛兆民，赵杰，李霞. 环保软质聚氨酯泡沫塑料的研制[J]. 菏泽学院学报，2005，（05）：32.

4.33 半硬质泡沫塑料

半硬质泡沫塑料是聚氨酯塑料的一大品种。该类制品的特点是具有较高的压缩负荷值和较高的密度，它的交链密度远高于软质泡沫塑料而低于硬质制品，因而它不适用于制造柔软的座垫材料，而大量应用于工业防震缓冲材料和包装材料。

1. 工艺配方

（1）配方一

预聚体（由聚醚三元醇与 TDI 制成）	22.6
水	0.4
聚醚三元醇（相对分子质量 $M = 1000$）	8.5
三乙撑二胺	0.05
胺基为起始剂的聚醚多元醇	1.5
碳酸钙	3.0

生产方法：采用半预聚法发泡工艺，以低相对分子质量的聚醚三元醇，和甲苯二异氰酸酯先制成预聚体（游离 NCO 值为 15.1%），然后以高官能度低相对分子质量聚醚作交链剂，采用水发泡体系进行发泡。

（2）配方二

聚合二苯基甲烷二异氰酸酯（官能度为 2.9）	4.0
具有伯羟基的聚醚多元醇（相对分子质量 $M = 6500$）	10.0
二丁基锡二月桂酸酯	0.018
N，N' – 二甲基哌嗪	0.036
水	0.18

生产方法：采用一步法发泡工艺，在机械发泡时采用两组分体系，用计量泵压入混合头进行高速搅拌后，注模发泡。

（3）配方三

伯羟基聚醚三元醇（相对分子质量 $M = 6500$）	8.5
聚醚三元醇（相对分子质量 $M = 150$）	1.5
有机锡	0.008
三乙胺/乙基哌嗪	0.03
一氟三氯甲烷	1.5
甲苯二异氰酸酯	3.0
二苯基甲烷二异氰酸酯	7.0

生产方法：采用一步法发泡工艺得到泡沫制品。

2. 用途

相对分子质量用作防震、包装材料。

参 考 文 献

[1] 朱吕民，王凡. 室温熟化聚氨酯半硬泡结构与物性的关系[J]. 塑料工业，1984，05：15-18.
[2] 张慧波，杨绪杰，孙向东. 我国聚氨酯泡沫塑料的发展近况[J]. 工程塑料应用，2005，02：71-73.

4.34　新型软质泡沫

这种软质聚氨酯泡沫具有优异的使用性能。

1. 工艺配方

聚酯多元醇(相对分子质量 $M=2000$，羟值52)	100
甲苯二异氰酸酯(TDI)	49.7
水	4.0
辛酸锡	0.02
氧化锌	5
N-乙基吗啉	2.0
表面活性剂	1.5
2，6-二叔丁基-4-甲基酚	0.5

2. 生产方法

混合后模塑发泡。

3. 用途

用于沙发、床垫等制作。

参 考 文 献

[1] 侯保训，李小惠. 软质聚氨酯泡沫塑料生产工艺[J]. 塑料科技，1994，03：28-31+42.
[2] 张洪娟. 抗静电软质聚氨酯泡沫的研制[J]. 聚氨酯工业，2002，02：35-37.

4.35　聚异氰脲酸酯泡沫

聚异氰脲酸酯(简称PIR)泡沫是一种新型的泡沫塑料。它具有密度小、比强度高、绝热保温效果优良等特点。由于在泡沫分子结构中引入异氰脲酸酯环，可改善泡沫的耐温性及耐燃性，提高泡沫的综合性能。聚异氰脲酸酯泡沫塑料，是指分子结构中含有异氰脲酸环的硬质泡沫塑料。具有耐热性好(可在150℃长期连续使用)、耐火焰贯穿性好以及燃烧时发烟量低等特点，而且物化性能优良，容易成型，广泛用于冷冻、运输和建筑部门，如复合板材、墙板、屋顶构件以及隔音、保温、隔热材料。

1. 工艺配方

(1)配方一

含异氰脲酸酯环的聚醚	90
含磷多元醇	10
二苯基甲烷二异氰酸酯(NCO为30%)	90

一氟三氯甲烷	35
含硅泡沫稳定剂	0.5
三乙胺	1.0

生产方法：先将异氰脲酸与环氧乙烷胍反应，制得含有异氰脲酸酯环的多元醇，再进一步与环氧乙烷醚化得到含异氰脲酸酯环的聚醚（羟值 350mg KOH/g，酸度 0.8mg KOH/g，含氮量 8.8%）。然后将生产配方各组分人工混合发泡。得到密度 0.03g/cm³、火焰贯穿时间 120min 的硬质泡沫。

（2）配方二（质量份）

聚醚 9606	30	聚酯 P3152	60
泡沫稳定剂	2.5	催化剂	3.2
水	0.5	阻燃剂	17
HCFC - 141b	25～27	异氰酸酯指数	230

生产方法：按基础配方规定的比例依次加入聚醚多元醇、聚酯多元醇、泡沫稳定剂、催化剂、阻燃剂、发泡剂及水，搅拌均匀，然后加入异氰酸酯，高速搅拌 9～10s 后，迅速将物料倒入涂有脱膜剂的敞口模具内，使其发泡。

这种以聚醚多元醇、聚酯多元醇、多异氰酸酯 PAPI、复合催化剂、发泡剂 HCFC141b 等为原料，得到的用于建筑隔热板材的组合聚醚及改性聚异氰脲酸酯泡沫，具有较好的贮存稳定性，泡沫制品的密度约 38kg/m³，压缩强度约 222kPa，拉伸强度约 256kPa，导热系数约 0.019W/(m·K)，阻燃性能符合 GB8624 B2 级，尺寸稳定性良好。

（3）配方三

	（一）	（二）
A 组分		
多异氰酸酯（PAPI）	14.9	14.9
一氟三氯甲烷（F₁₁）	2.3	—
有机硅泡沫稳定剂	0.1	0.1
B 组分		
含氯多元醇	2.7	3.0
聚乙二醇	0.8	—
环氧树脂	0.8	1.0
有机硅泡沫稳定剂	0.1	0.1
一氟三氯甲烷	1.0	2.8
C 组分		
乙二醇盐（Ⅰ）	0.2	—
乙二醇盐（Ⅱ）	0.6	0.5
N，N′－二甲基环乙胺	0.015	0.3
多元醇	—	0.2
正丁醇	—	0.2
二丁基锡二乙酸酯	—	0.05

2. 生产方法

配方(一)为复合板材，采用喷涂工艺，各物料温度 <18.5℃，熟化 34℃(烘房)。配方(二)是喷涂泡沫，采用喷涂发泡工艺，各组分温度 >48.9℃，熟化温度 18.5~24℃。

3. 用途

用于房屋构件，冷库、恒温室作隔热保温材料。用法与一般硬质泡沫相同。

参 考 文 献

[1] 吴一鸣，芮益民，邢益辉，张庆伟. 建筑用聚异氰脲酸酯泡沫的研制[J]. 聚氨酯工业，2001，01：27 – 30.

[2] 冯欣，王海波，龚大利，方志秋. 建筑彩钢复合板用聚异氰脲酸酯泡沫的研制[J]. 当代化工，2004，03：169 – 171.

[3] 高民生，王光仁. 聚异氰脲酸酯泡沫塑料的合成、性能及作用[J]. 黎明化工，1993，02：33 – 34.

4.36 蓖麻油基聚氨酯硬质泡沫

蓖麻油基的硬质聚氨酯泡沫，其生产配方中必须增加官能度高、羟值高的聚醚树脂，以提高制品的硬度。同时采用多苯基多次甲基多异氰酸酯(简称 PAPI)，以增加泡沫制品的交联密度与刚性。

1. 工艺配方

A 组分

蓖麻油	5.0
乙二胺聚醚(羟值 770)	5.0
有机锡	0.08 ~ 0.15
硅酮表面活性剂	0.2 ~ 0.3
三氟一氯甲烷(F_{11})	7.5
阻火聚醚(羟值 500)	5.0
三乙烯二胺/乙二胺(1:2)	0.4 ~ 0.9

B 组分

多异氰酸酯(PAPI)	10.5

2. 生产方法

经环型计量泵将 A、B 两组分物料，按生产配方比例输送至喷枪，以 5 ~ 6kgf/cm² 压力的空气分散雾化，4 ~ 5s 内硬化。制品泡沫密度为 0.04 ~ 0.05g/cm³。

参 考 文 献

[1] 甘厚磊，易长海，曹菊胜，吴海燕，成贵. 蓖麻油基聚氨酯的制备及其性能研究[J]. 化工新型材料，2008，(01)：35.

4.37 保冷绝热硬质泡沫

这种硬质泡沫采用喷涂工艺施涂于冷藏车、船舱四壁，具有极佳的保冷绝热效果。

1. 工艺配方

成分	(一)	(二)
乙二胺聚醚	20	70
Ⅲ型阻火聚醚	100	—
Ⅳ型阻火聚醚	—	100
三(β-氯乙基)磷酸酯	40	60~70
三乙撑二胺	8	8
二月桂酸二丁基锡	0.5	1
发泡灵	5	5
一氟三氯甲烷	40	—
F113发泡剂	—	80
多聚异氰酸酯(PAPI)	210	300

2. 生产方法

高速搅拌后采用喷涂工艺喷涂50~60mm厚。

3. 用途

用于绝热、保温、保冷。渔轮的制冷机停止工作时，冷藏货舱的温度回升速度不大于1℃/h。

参 考 文 献

[1] 权敏. 制冷系统保冷绝热材料的应用[J]. 能源研究与利用, 2001, (03): 25.

4.38 抗冲击塑料片材

该塑料复配物具有优异的抗冲击性，在热老化之后，具有优良的抗色变性，且抗拉强度降低值小，如在120℃下热老化400h，色差为26.8，伸长保持率为75%。

1. 工艺配方

聚氯乙烯树脂	100
丁腈橡胶	15
四($C_{12~15}$烷基)双酚A二亚磷酸酯	1.0
三($C_{7~9}$烷基)偏苯三酸酯	30
水滑石(KHT-4A)	0.3
β-(3,5-二叔丁基-4-羟基苯基)丙酸十三烷酯	0.1
二月桂基硫代二丙酸酯	0.15
2-羟基-4-辛氧基二苯酮	0.2

2. 生产方法

在180℃下进行辊研捏和，挤压成片材。

3. 用途

用作抗冲击塑料片材或机械中抗冲击的塑料零部件。

参 考 文 献

[1] 日本公开特许公报 JP04 - 359947.

4.39 日用品用半硬片材

该生产配方广泛用于日用品的聚氯乙烯半硬片材的配制。根据用途需要，增塑剂的量可在 1.0 ~ 3.0kg/10.0kg 树脂之间调节。

1. 工艺配方

聚氯乙烯	10.0
环氧增塑剂	0.3
邻苯二甲酸二 - 2 - 乙基己酯	1.8
耐冲击改性剂（可用 MBS 树脂）	1.0
甲基丙烯酸酯/丁二烯/苯乙烯共聚物	0.1
钡 - 镉系稳定剂	0.2
颜料	适量
有机螯合剂	0.05

2. 生产方法

从加工角度来看，最好使用聚合度为 800 左右的均聚物，经热混炼后压延成型。

参 考 文 献

[1] 顾光亮. 聚氯乙烯硬片生产技术探讨[J]. 塑料科技，1990，(05)：9.

4.40 耐油性片材

由于本生产配方系片材生产配方，所以采用聚合度为 1300 的聚氯乙烯树脂。其中磷酸三甲酚酯是耐油性增塑剂，并具有较好的相溶性，且有弥补聚合型增塑剂 PPA 相溶性较差的作用。但磷酸三甲酚酯增塑效率较差。

1. 工艺配方

聚氯乙烯	10.0
磷酸三甲酚酯	1.0
聚合型增塑剂（PPA）	4.0
硬脂酸镉 - 钡系稳定剂	0.15
烷基丙烯系的磷酸脂酯类（螯合剂）	0.05
硬脂酸	0.01

2. 生产方法

热混炼后压延成型。

3. 用途

可直接使用或再加工成型

214

参 考 文 献

[1] 董素芳．复合材料的耐油性试验[J]．材料工程，1995，(10)：42.

4.41 普通聚氯乙烯透明片材

这种片材可代替木材用于多种装饰场合。

工艺配方：

聚氯乙烯(聚合度800)	100
马来酸有机锡(液体)	2.2
硬脂醇	0.5
硬脂酸丁酯	0.5
褐煤蜡	0.3
加工助剂	2

说明：

①硬脂醇和褐煤蜡为润滑剂。

②加工助剂的成分是甲基丙烯酸甲酯－丙烯酸丁酯－丙烯酸乙酯的共聚物。由于本配方中无增塑剂，流动性差，为了改进加工性能，而采用加工助剂。

参 考 文 献

[1] 高承棡．压延法聚氯乙烯高透明度半硬质片材的加工[J]．塑料工业，1980，05：35－36＋6.

[2] 黄锐，黄文龙，董伦富，赖胜民，殷利洲．国产半硬质聚氯乙烯透明片材的热冲压工艺性能[J]．聚氯乙烯，1983，01：32－34.

4.42 聚氯乙烯硬质管材

这类管材主要用于化工、实验室等室内安装。

1. 工艺配方

(1)配方一

聚氯乙烯	100	硬脂酸铅	0.5
硬脂酸钡	1.2	硬脂酸钙	0.8
三盐基性硫酸铅	4		

(2)配方二

聚氯乙烯	100	硫酸钡	10
石蜡	0.8	硬脂酸钡	1.2
硬脂酸钙	0.8	硬脂酸铅	0.5
三盐基性硫酸铅	4		

(3)配方三

聚氯乙烯	100	硬脂酸铅	0.5

硬脂酸钡	2	硬脂酸钙	0.5
色母料	1	DOP（增塑剂）	1
硫酸钡	10	碳酸钙	1
石蜡	1		

2. 生产方法

经热混炼后，挤出成型。

参 考 文 献

[1] 张晓林. 硬质管材用聚氯乙烯树脂[J]. 聚氯乙烯, 1992, 03: 44-52.

[2] 国信. 直接挤出加工硬质管材专用聚氯乙烯树脂[J]. 塑料, 2001, 02: 62.

[3] 唐克能. 耐热性硬质聚氯乙烯管材的研制与开发[J]. 塑料通讯, 1996, (01): 34.

4.43 塑料软板

这种聚氯乙烯软板，可作地面材料、耐酸碱衬里、实验桌台面等。柔软且具有耐酸碱腐蚀性。树脂可采用 XS-3 型。

1. 工艺配方

原料名称	（一）	（二）
聚氯乙烯树脂	200	200
癸二酸二辛酯	—	12
邻苯二甲酸二丁酯	56	40
邻苯二甲酸二辛酯	10	40
氯化石蜡	10	—
硬脂酸钡	4	1.2
硬脂酸铅		2
三盐基硫酸铅	10	8
轻质碳酸钙	14	10
石蜡	1.0	1.0

2. 生产方法

混炼热塑成型，厚度通常 2~4mm。

3. 用途

用作地面、台面材料。

参 考 文 献

[1] 朱孔扬. 聚氯乙烯软塑料板地面施工[J]. 建筑技术, 1984, (08): 14.

[2] 翁子懋. 软 PVC 塑料衬里的应用技术[J]. 化工装备技术, 1992, 05: 25-28.

[3] 刘容德, 李静, 刘浩, 桂俊杰. S-1300 型 PVC 树脂的性能及应用[J]. 聚氯乙烯, 2011, 08: 15-18.

4.44 高级装饰软片

这种聚氯乙烯软片可供高级装饰之用。其中含有环氧增塑剂、己二酸二辛酯（增塑剂）以及有机锡稳定剂。

1. 工艺配方

聚氯乙烯	100
邻苯二甲酸二 – 2 – 乙基己酯	35
己二酸二辛酯（DOA）	10
环氧增塑剂	7
硅胶硅酸铅共沉淀物	3
有机锡（稳定剂）	1
硬脂酸镉 – 钡	0.5
着色剂	适量

2. 生产方法

经热混炼后挤出成型。

3. 用途

用作高级宾馆、饭店、高层建筑内装饰材料。

参 考 文 献

[1] 袁世雄. PVC 透明软片挤出成型工艺[J]. 合成树脂及塑料，1991，03：45 – 49.

4.45 难燃性聚氯乙烯片材

本生产配方中的氯化石绪 – 40、磷酸三甲酚酯均为难燃性增塑剂。氯化石蜡 – 40 的添加量超过 12 份时，有出汗现象，应予以注意。由于氯化石蜡 – 40 相容性不好，故添加邻苯二甲酸二 – 2 – 乙基己酯来提高相容性。

1. 工艺配方

成分	（一）	（二）
聚氯乙烯（聚合度1100）	10.0	10.0
邻苯二甲酸二 – 2 – 乙基己酯	0.5	0.5
磷酸三甲酚酯（TCP）	2.6	2.1
氯化石蜡 – 40	1.2	0.6
轻质碳酸钙	5.0	0.75
环氧大豆油	0.5	0.5
硬脂酸铅	0.05	0.05

2. 生产方法

按比例混合后热混炼，压延成型得到难燃片材。

3. 用途

可直接用作室内隔墙板或装饰板用，也可加工为所需产品使用。

参 考 文 献

[1] 吴金坤．高分子材料的阻燃抑烟技术[J]．化工新型材料，1997，07：10－16.

4.46 阻燃型中密度纤维板

纤维板在热作用下发生热分解反应，反应中复杂的高分子物质分解成许多简单的低分子物质，而这些简单的物质又能部分发生缩合反应。同时随着温度的升高，反应由吸热变成放热，从而又加速纤维本身的热分解，这样循环反应使火越烧越旺，因此阻止延缓纤维板燃烧的机理主要是：抑制热传递；抑制纤维板高温下的热分解。抑制气机及固相的氧化反应。

该阻燃型中密度纤维板是本纤维中加入了复合阻燃剂，具有良好的阻燃效果。

1. 工艺配方（份）

纤维(木屑或甘蔗渣)	100	胶黏剂	适量
五氯酚钠	0.05	磷酸氢二铵	0.02
硼酸	0.12	氯化锌	0.10
水	适量		

2. 生产方法

将五氯酚钠、硼酸、氯化锌和磷酸氢二铵溶于水中，得到复合阻燃剂溶液，用此溶液将纤维浸透，最后加入胶黏剂混合均匀，在热压机中，170℃下压制固化成为纤维板。

说明：

纤维和胶黏剂是压制纤维的主要材料。纤维通过胶黏剂黏合，加热固化得到纤维板。五氯酚钠、硼酸、氯化锌和磷酸氢二铵混合组成阻燃剂。这种阻燃剂还具有防腐、防虫的功能，其中氯化交战和硼酸都是防腐剂，五氯酚钠有良好的杀虫和防腐效果，磷酸氢二铵硼、氨气体或化合物，阻止了纤维的热分解反应，从而达到阻燃的目的。

参 考 文 献

[1] 张建．环保阻燃中密度纤维板的工艺技术研究[D]．北京林业大学，2005.
[2] 张建，李光沛．环保阻燃中密度纤维板的研制[J]．中国人造板，2006，05：26－28.
[3] 胡芳．阻燃型中密度纤维板的研制[J]．广东化工，1995，03：26－28.

4.47 硬质泡沫板材

这种硬质聚氨酯泡沫板材可用于船舱室、上层建筑的墙板、顶板、地板，其性能优于软木、聚氯乙烯泡沫塑料和聚苯乙烯泡沫塑料。

1. 工艺配方

	（一）	（二）
乙二胺聚醚	70	50
N－阻火聚醚	100	50
蓖麻油	－	50

三（β-氯乙基）磷酸酯	70	一
F_{113}发泡剂	115	75
三乙撑二胺	10	4~9
有机锡	1.4	0.8~1.5
硅油	3	2~3
多聚异氰酸酯（PAPI）	300	212~228

2. 生产方法

高速搅拌后，在3mm的钢板上喷涂25mm厚。生产配方（一）为阻火型，生产配方（二）为普通型。

3. 用途

用作建筑的墙板、顶板、地板。

参 考 文 献

［1］ 田春梅，王大军. 冷藏车厢体用硬质聚氨酯泡沫板材的生产工艺［J］. 专用汽车，2006，12：40-41.
［2］ 罗静，薛锋. 硬质聚氨酯泡沫板材技术与应用［J］. 河北化工，2008，08：48-50.
［3］ 杨春柏. 硬质聚氨酯泡沫塑料研究进展［J］. 中国塑料，2009，（02）：12.

4.48　硬质透明瓦楞板

1. 工艺配方

聚氯乙烯	100	硬脂酸锌	0.2
硬脂酸镉	0.7	硬脂酸钡	2.1
双酚A	0.2	亚磷酸三苯酯	0.7
紫外光吸收剂	适量	着色剂	适量

2. 生产方法

将各物料热辊炼均匀后挤出成型。

参 考 文 献

［1］ 李祥刚，刘跃军. 塑料瓦楞板发展现状及研究方向［J］. 株洲工学院学报，2006，（06）：4.

4.49　硬质不透明瓦楞板

1. 工艺配方

聚氯乙烯	100	二盐基性亚磷酸铅	4
三盐基性硫酸铅	3	硬脂酸铅	0.5
亚磷酸三苯酯	0.7	石蜡	0.5
着色剂	适量		

2. 生产方法

将各物料热辊炼后，挤出成型。

参 考 文 献

[1] 聚氯乙烯塑料瓦楞板耐候配方的研究[J]. 老化通讯，1972，03：48-53.

4.50 波纹板

1. 工艺配方

聚氯乙烯(聚合度800~1000)	100
月桂酸有机锡	0.5
马来酸有机锡	2.5
硬脂酸丁酯	1.0
硬脂酸	0.5
紫外光吸收剂	0.01

2. 生产方法

经热混炼后挤出成型。

参 考 文 献

[1] 朱丛森. 阻燃PVC彩塑红泥波纹板的生产工艺浅析[J]. 塑料，1995，04：30-32.

4.51 屋顶波叠板

该波叠板具有良好的耐候性和耐紫外线性能，常用作临时屋顶建筑材料。

1. 工艺配方

聚氯乙烯树脂	10.0
改性丙烯酸类抗冲击改性剂	0.3~1.0
丙烯酸型加工助剂	<0.3
硬脂酸钙	0.05~0.2
硫酸锡稳定剂	0.15~0.25
脂肪酸酯	<0.2
二氧化钛	1.2~2.0
石蜡(165F)	<0.1

2. 生产方法

将各物料混合后，采用双螺杆挤压成屋顶用波叠板。

3. 用途

与一般建筑用波叠板料相同。可用作屋面板、隔墙板。

4.52 低发泡硬抽异型材

这种异型材主要用于室内建筑装饰材料、家具等。

1. 工艺配方

聚氯乙烯(聚合度800)	100
锡系稳定剂(丁基锡)	2.0
ABS 系树脂	4.0
硬脂酸钙	1.2
MBS 系树脂	3.0
改性偶氮二甲酰胺	0.5
氯化聚乙烯	0.2
石蜡	0.7

说明:

①MBS 系树脂和 ABS 树脂作为树脂改性剂,改善加工和耐冲击性能。

②本配方是相对密度为0.5(发泡倍数为2~8倍)左右的挤出低发泡硬质板材和异型材配方。

2. 生产方法

①配料:将聚氯乙烯树脂置于剪切力较强的高速搅拌机内进行搅拌,依次加入稳定剂、改性偶氮二甲酰胺(50℃)、石蜡和硬脂酸钙(57℃)、树脂改性剂(82℃),温度升至99℃时停止搅拌,冷却至54℃取出。

②使用挤出机型号:机筒直径为65mm,$L/D = 24:1$,压缩比为1.5:1。

③温度:机筒1为157℃;机筒2为165℃;机筒3为177℃;4为193℃;5为185℃。口模:185℃。树脂温度为182℃。

④制品规格:宽约为38mm,厚度为8mm,相对密度约为0.5。

参 考 文 献

[1] 陈德忠. 硬质低发泡结皮PVC板材制备工艺的研究[D]. 哈尔滨理工大学,2006.

4.53 聚氯乙烯砖制品

20世纪60年代以来,国外在现代化建筑中广泛地采用以塑料地面材料为新型装饰。聚氯乙烯塑料砖制品是以PVC树脂或废氯聚乙烯、增塑剂和填料为主体配制成组合粉料,采用挤出压延或立辊(三辊四辊)压延法生产制成的新型地面装饰材料。塑料地面装饰材料按材质可分为软质(增塑剂在35%以上)、半硬质、硬质几种。通常软质的做成卷材塑料地板,半硬质的做成块状塑料地板,硬质的作为砖状塑料地板。

工艺配方(份):

(1)配方一

聚氯乙烯树脂 XS – 4	100
邻苯二甲酸二辛酯	30
三盐基硫酸铅(稳定剂其他铅盐也可)	3~5
硬脂酸	0.5
轻质碳酸钙	150~200

（2）配方二

底层：

硬脂酸	0.5	聚氯乙烯废品或边角料	100
烷基磺酸苯脂	20	邻苯二甲酸二辛酯	30
氯化石蜡	5	三盐基硫酸铅	4
$CaCO_3$	150	硬脂酸钡	2
硬脂酸	0.5		

面层：

聚氯乙烯	100	邻苯二甲酸二辛酯	25
烷基磺酸苯脂	20	三盐基硫酸铅	4
氯化石蜡	10	硬脂酸钡	2
硬脂酸	0.5		

（3）配方三

聚氯乙烯树脂 XS-4	100	硬脂酸	0.5
邻苯二甲酸二辛酯	30~40	赤泥	80~100
三盐基硫酸铅	3~5	粉煤质	50~80

（4）配方四

聚氯乙烯	100	PET	50
季戊四醇	3	氯乙烯-乙酸乙烯共聚物	100
石棉	100	DOP	50
色料	10		

（5）配方五

聚氯乙树脂 XS-4	100	硬脂酸	0.5
石英砂	150	邻苯二甲酸二辛酯	40~50
三盐基硫酸铅	3~5		

（6）配方六

聚氯乙烯树脂	15~25	硬脂酸	0.2~0.4
废聚氯乙烯制品回收料	1~2	硬脂酸铅	90~110
重质碳酸钙	160~229	邻苯二甲酸二辛酯	8~10
消泡剂	1~2	三盐基硫酸铅	4~6
着色剂	适量		

生产方法：将上述原料送入捏合机内进行充分捏合，时间为 1~2h。捏合机夹套应通蒸汽加热。在 165~175℃和加压条件下，将混合料经滚压后制成塑料薄片，取此塑料薄片若干叠放入有金属垫板的夹层中经加热层压处理，成为一整体厚片，此种砖的厚度通常为1.5~2mm。处理温度 165~180℃。

（7）配方七

底层：

聚氯乙烯废品或边角料	100	邻苯二甲酸二丁酯	5

邻苯二甲酸二辛酯	5	氯化石蜡	5
硬脂酸钡	2	三盐基硫酸铅	2
碳酸钙	200	硬脂酸	1

中层:

聚氯乙烯废料或边角料	100	邻苯二甲酸二辛酯	5
氧化石蜡	5	硬脂酸	1
硬脂酸钡	2	碳酸钙	150

面层:

聚氯乙烯	100	邻苯二甲酸二辛酯	12
邻苯二甲酸二丁酯	15	硬脂酸钡	1.8
硬脂酸镉	0.9	氯化石蜡	3

生产方法:将上述三层的物料分别在高速捏合机中捏合均匀。再分别经密炼机和两台双辊机塑炼后,由第三台双辊出片。将薄片叠好,成一定厚度,送入热压机内进行处理。然后由背胶机上胶后,包装即得聚乙烯砖制品。

参 考 文 献

[1] 邵澎. 在建筑中可开发应用的聚氯乙烯制品[J]. 建材工业信息,1985,14:14.
[2] 吴章善. 聚氯乙烯塑料地板砖生产可行性探讨[J]. 塑料,1985,06:13-18.

4.54 聚氯乙烯树脂门窗型材

塑料门窗具有质量轻、强度高、耐蚀、防水、防蛀等特点。

工艺配方(份):

(1)配方一

聚氯乙烯树脂(PVC)	100
氯化聚乙烯(CPE)	10~12
硬脂式硬脂铅	4~5
邻苯二甲酸二辛酯(增塑剂)	2~4
钛白粉	1~2
碳酸钙($CaCO_3$)	4~7
石蜡	0.4~0.6
紫外线吸收剂	0.5~1
氢氧化铝	2~3

在配方中 PVC 树脂为主要原料,CPE 为改性剂,起增韧作用,邻苯二甲酸二辛酯为增塑剂,二碱式硬脂酸铅为热稳定,硬脂酸钙、石蜡为润滑脱模剂,$CaCO_3$ 为填充增强剂。氢氧化铝为阻燃型填充剂。

生产方法:将各物料混炼后,压塑成型。

(2)配方二

| 聚氯乙烯树脂(PVC) | 100 | 邻苯二甲酸二丁酯 | 60~70 |

| 硬脂酸 | 05~1.0 | 钡-镉稳定剂 | 2~3 |
| 白垩 | 50~60 | | |

（3）配方三

聚氯乙烯树脂（PVC）	100	氯化聚乙烯（CPE）	2~10
硬脂酸	1	三碱式硫酸铅	2
碳酸钙（CaCO₃）	50	邻苯二甲酸二丁酯	3~6

在配方中，PVC 树脂为主要物料，三碱式硫酸铅为稳定剂，起加工热作用；CPE 为改性剂，起增韧作用，硬脂酸为润脱模剂；$CaCO_3$ 为填充改性剂。邻苯二甲酸二丁酯为增塑剂。

生产方法：将各物料混炼后，压塑成型。

参 考 文 献

［1］ 金春花，蒋海刚. 钙锌稳定剂在 PVC 卷帘门窗型材中的应用［J］. 塑料助剂，2008，01：33-35.
［2］ 胡行俊. 聚氯乙烯异型材耐久性研究［J］. 塑料助剂，1999，01：20-21.

4.55 钙塑门窗

这种复合的聚氯乙烯材料，主要用于制作塑料门窗，这种门窗不生锈、不腐烂，是一种优良的建材。

1. 工艺配方

	（一）	（二）
聚氯乙烯树脂 XS-3	200	200
邻苯二甲酸二丁酯	20	20
木粉	80	—
黄泥	—	80
二盐基亚磷酸铅	4	4
三盐基硫酸铅	6	6
硬脂酸铅	4	4
硬脂酸钡	2	2
石蜡	2	2

2. 生产方法

热混炼后，挤压注塑成型。

3. 用途

用作注塑门窗。

参 考 文 献

［1］ 杨冬麟. PVC 钙塑门窗浅析［J］. 塑料，1986，04：24-28.
［2］ 钙塑中空异型材门窗的试制与应用［J］. 塑料科技，1979，03：28-39.

4.56 墙面装饰材料

这种墙面装饰材料类似于墙纸，一般先压延成薄膜，贴附在经预处理的纸材上，再经发泡、印花得到有花纹的、表面柔软的墙面装饰材料。

1. 工艺配方

	（一）	（二）
聚氯乙烯	10.0	10.0
邻苯二甲酸二辛酯	4.0	4.0
磷酸三甲苯酯	3.0	3.0
钡－锡系稳定剂	0.2	0.2
偶氮甲酰胺	0.5	0.15
色料	0.7	0.6
羟基二苯磺酰肼	—	0.15

2. 生产方法

将上述组分按配比投料后，混合搅拌，在约140℃下热混炼后，用压延机压延成膜，再贴附在预先经耐燃处理的纸材上（该纸厚度约0.2mm）。通过升温到170℃，使发泡剂分解发泡。再在发泡层表面压印花纹，在花纹凸部涂淡茶色后，使之通过230℃的加热炉，使分解温度高的发泡剂分解发泡。再通过轧辊进一步压印花纹。得到富有立体感、表面柔软的墙面装饰材料。

3. 用途

与墙纸相同。

参 考 文 献

[1] 唐晓娟，赵媛. 墙面装饰材料的应用[J]. 现代装饰（理论），2012，（12）：41.
[2] 思成. 建筑装饰材料的发展[J]. 上海建材，1994，（05）：25.

4.57 塑料壁纸

塑料壁纸作为新型室内装饰材料愈来愈受到人们的欢迎，它具有成本低、耐水性好，易于清除污垢、加工简单和可制成多色彩图案等优点。目前大多采用圆网涂布工艺。

1. 工艺配方

原料名称	底层	中层	面层
PVC	100	100	100
邻苯二甲酸二辛酯	65～70	65	60～70
Ba－Ca－Zn 液体稳定剂	3	3	3
轻质碳酸钙	20～30	20	20
钛白粉	5～8	5～8	5～8
AC 发泡剂	—	3	3

氧化锌(调节制)	—	2	2
阻燃剂	适量	适量	适量
稀释剂	适量	适量	适量

2. 生产方法

纸基底基涂布(平涂)，140℃凝胶后，冷却；涂面层，凝胶，塑化(190~210℃，30~35m/min)。

说明：

①配方中阻燃剂用量，应满足消防要求，即氧指数≥28~30，排气温度350℃以下，发烟系数120℃以下。

②阻燃剂以三氧化二锑、氯化石蜡、水合氧化铝并用为宜，同时考虑增塑剂的使用量、氯化石蜡、水合氧化铝并用为宜，同时考虑增塑剂的使用量，压缩到最小限度。

③涂布量控制取决于涂网目数，底层、中层以40~60目为宜。

参 考 文 献

[1]　王国胜. 塑料壁纸的选用和施工[J]. 化学建材，1993，(05)：209.

4.58　聚氯乙烯塑料墙纸

塑料墙纸又称塑料壁纸，它是用于装饰室内墙壁、美化环境的装饰材料。由于塑料墙纸装饰效果好，适合于工业化大规模生产，清洗容易，施工方便，故在室内装修中广泛应用。普通聚氯乙烯塑料壁纸是在纸质或布质的基材上以压延法或涂布法复以塑料层，再经压花、印花而成。

1. 工艺配方(份)

(1)配方一

聚氯乙烯树脂糊	100	邻苯二甲酸二丁酯	50
镉-锌稳定剂	3	色料	适量
碳酸钙	28	二甲苯	15
阻燃剂	适量		

将各物料混合均匀，采用涂布法生产

(2)配方二

聚氯乙烯树脂	100
邻苯二甲酸二辛酯(增塑剂)	40
环氧脂肪酸辛酯	2
氯化石蜡	10
磷酸三甲酚酯	3
碳酸钙	30~50
三氧化二锑(阻燃剂)	3~5

将各物料充分混合，采用涂刮法生产。

(3)配方三

聚氯乙烯树脂	100	邻苯二甲酸二辛酯	55

磷酸三甲苯酯	10	亚磷酸酯	0.5
硬脂酸	0.2	环氧大豆油	2.5
钡－镉－锌稳定剂	2.5	碳酸钙	50
偶氮二甲酰胺	4	阻燃剂	适量

该配方为发泡型阻燃墙纸。

（4）配方四

XS－3型聚氯乙烯	100	邻苯二甲酸二辛酯	30 ~ 45
邻苯二甲酸二丁酯	25	二碱式亚磷酸铅	1.5
硬脂酸钡－镉－锌	1.5	硬脂酸	0.2
碳酸钙	10	钛白粉	4

将合物料塑炼均匀，压延成型。

（5）配方五

聚氯乙烯（乳液）	100	邻苯二甲酸二辛酯	40
偶氮二甲酰胺	2 ~ 7	环氧脂肪酸辛酯	2
钡－锌复合稳定剂	3	氯化石蜡	10
碳酸钙	10 ~ 40	泡沫调节剂	0.5 ~ 1
三氧化二锑	3 ~ 5		

2. 工艺流程

各物料 → 塑炼 → 涂刮在预热的纸基上 → 发泡压花 → 印彩 → 成品

3. 生产方法

将各物料混合塑炼，涂刮在预热的纸基上，经发泡压花印彩得墙纸。

参 考 文 献

［1］ 王明存. 聚氯乙烯阻燃塑料壁纸的试（制）验［J］. 聚氯乙烯，1988，03：28－32.
［2］ 耀峥. 我国塑料壁纸的发展概况［J］. 今日科技，1988，09：7－8.

4.59 装饰墙纸

墙纸是室内壁面的重要装饰材料，这里介绍几种不同的墙纸生产配方，供生产参考。

工艺配方：

（1）耐燃墙纸

聚氯乙烯（P1050）	10.0	碳酸钙	6.0
邻苯二甲酸二辛酯	4.0	磷酸三甲酚酯	1.0
氯化石蜡（氯含量50%）	1.0	三氧化二锑	0.15
环氧大豆油	0.2	二氧化钛	1.5
钡－锌稳定剂	0.25	发泡剂	0.3 ~ 0.5
有机稳定剂	0.05		

生产方法：经热混炼后，压延发泡成型。

(2) 非发泡墙纸

成分	（一）	（二）
聚氯乙烯（P1000）	10.0	—
聚氯乙烯（P1300）	—	10.0
聚丙烯类树脂	0.1	—
邻苯二甲酸二辛酯（DOP）	5.0	5.0
磷酸三甲苯酯	0.7	1.0
环氧大豆油	0.3	0.5
重质磷酸钙	4.0	8.0
活性重质磷酸钙	—	10.0
硬脂酸	—	0.05
镉－钡－锌系稳定剂	0.1	0.15
镉－钡系稳定剂	0.1	—
有机亚磷酸复盐	0.03	0.03
脂酸钡	—	0.05

生产方法：经150～170℃热辊混炼后压延成型。生产配方（一）为低填料型的非发泡墙纸，生产配方（二）为高填料型。

(3) 低发泡墙纸

聚氯乙烯树脂（P1000）	10.0
偶氮二甲酰胺（发泡剂AC）	0.4
磷酸三甲苯酯（TCP）	1.0
三氧化二锑	0.4
邻苯二甲酸二辛酯	5.5
重质碳酸钙	5.0
锌－钡系稳定剂	0.25
聚丙烯酸类树脂	0.1

生产方法：经150℃热辊混炼后，压延发泡成型得低发泡型耐燃墙纸。

用途：与一般墙纸相同。

参 考 文 献

[1] 高敏. 新型装饰材料——液体壁纸[J]. 中国新技术新产品，2011，18：196.

[2] 杨希山. 室内装饰的新材料—塑料壁纸[J]. 房产住宅科技动态，1981，05：12.

4.60　聚氯乙烯瓦

这种建筑用聚氯乙烯瓦，具有优异的热稳定性和光稳定性，且质地柔软。

1. 工艺配方

乙酸乙烯酯/氯乙烯（7:93）共聚物	100
石棉	80

碳酸钙	320
氧化钛	5
兰盐基硫酸铅	5
妥儿油松香	15.7
豆油脂肪酸	1.9
反丁烯二酸	0.9
氢氧化钙	0.85
氧化锌	0.6
邻苯二甲酸二辛酯	45

2. 生产方法

先将妥儿油松香、豆油脂肪酸混合加热，再加入反丁烯二酸进行处理，最后加入氢氧化钙、氧化锌共热，得到的反应产物与生产配方中的其余物料混炼，得到的氯乙烯共聚混合物，注塑成型，制得170℃下稳定240min、耐候100h、硬度为82的塑料瓦。

3. 用途

与一般塑料瓦相同。

参 考 文 献

[1] 日本公开专利昭和57－139134.

4.61 高发泡型钙塑板

这种聚氯乙烯高发泡型钙塑板可粘、可钉，既可单独用作装饰板、门板、天花板、隔墙板、屋面板，又可与其他板材复合制成轻质多功能的复合板。

1. 工艺配方

低密度聚乙烯	10.0	炭黑	0.2
三盐基性硫酸铅	0.15	硬脂酸锌	0.15
轻质碳酸钙	10.0	偶氮二甲酰胺（AC）	0.8
过氧化二异丙苯（DCP）	0.1		

2. 生产方法

将聚乙烯、炭黑、三盐基性硫酸铅、硬脂酸锌和轻质碳酸钙，加入双辊机进行粗炼，每批投料不超过10kg，控制前辊温度为160℃，后辊温度为150℃，混炼10min后，加入其余两种物质，再进行精炼，此时前辊温度为120℃，后辊温度为100℃，混炼15min后，即轧得片料（厚度0.5～1mm）。再按成品规格的质量称取片料叠合成坯料装入模框，在140℃、196×10^6Pa下热压，然后立即减压，使模框中的熔融物料迅速膨胀充满模框，形成相对密度约为0.4的低发泡板坯。再将其割成厚度为5～6mm的板坯料，放入刻有图案的模具中，并放进热压机，在150℃下预热，再抽真空加压，让板坯紧贴在模具壁上，随后松开压力机压板，板坯便迅速发泡膨胀充满模具，冷却定型即得高发泡的钙塑板。

3. 用途

可用作装饰板、天花板、墙板、屋面板。

参 考 文 献

[1]　聚氯乙烯钙塑板试验小结[J]．科技简报，1974，09：35-37．
[2]　陈世谦，谭维敬，史晓梅．热压成型聚乙烯碳酸钙低发泡板的研制[J]．军队卫生装备，1985，02：7-10．

4.62　弹性塑料隔音地板

这种隔音地板由表面层、中间层和底层经热压复成一体，其主要原料为聚氯乙烯树脂、增塑剂和填料。

1. 工艺配方

（1）面层

聚氯乙烯（聚合度1200）	10.0	邻苯二甲酸二辛酯	5.0
碳酸钙	25.0	稳定剂	3.5
聚乙烯醇	0.2		

生产方法：将各物料在150℃下用热辊混凝土炼10min，压片制成2.5mm的薄膜。

（2）中间层

聚氯乙烯树脂	10.0	邻苯二甲酸二辛酯	7.0
碳酸钙	2.0	锌－镉稳定剂	0.2
偶氮发泡剂	0.2		

生产方法：将各物料混匀，在140℃下用热辊混炼10min，压成2mm厚的片材，然后在200℃下使其发泡，制成7mm厚的发泡体，其密度为400kg/m³。

（3）底层

聚氯乙烯树脂	10.0	碳酸钙	57.0
邻苯二甲酸二辛酯	8.0	锌－镉系稳定剂	0.4
助剂（HibLen 401）	0.8	聚乙烯醇	0.03

生产方法：将各组分在160℃下用热辊混炼10min，制成1mm厚的薄膜，相对密度约为2.9。最后将面、中和底层三种片材经热压复合为一体，即得弹性塑料隔音地板。

2. 用途

与一般地板材料相同。

参 考 文 献

[1]　隔音型复合地板[J]．技术与市场，2007，（06）：26．
[2]　曾敬容．热压法生产聚氯乙烯地板热压工艺的探讨[J]．聚氯乙烯，1981，02：15-17．
[3]　王承军，王健民．聚氯乙烯塑料地板生产技术[J]．塑料科技，1986，01：12-14．

4.63　聚氯乙烯地砖

该地砖主要用作铺地材料，要求尺寸稳定、耐磨耐腐。配方中一般填料含量较大，一般为 150%～200%，树脂多采用低黏度的聚氯乙烯树脂 XS‑4、XS‑5 型。适当加入松香可以减少气泡，加大填料量。

1. 工艺配方

原料名称	（一）	（二）
聚氯乙烯(XS‑4)	160	200
氯乙烯‑乙酸乙烯树脂	40	—
邻苯二甲酸二辛酯	42	—
邻苯二甲酸二丁酯	—	60
三盐基硫酸铅	8	8
氯化石蜡	—	10
烷基磺酸苯酯	—	40
二盐基亚磷酸铅	4	—
硬脂酸钡	2	4
硬脂酸	—	1.0
硬脂酸钙	5.6	—
松香	3.2	—
轻质碳酸钙	80	300～400
石蜡	2.4	—
天然碳酸钙	320	—

2. 生产方法

混炼后，热塑成型。

3. 用途

用于注塑成地砖，铺设地面。

参 考 文 献

［1］ 毕鸿章. 石英增强聚氯乙烯地砖[J]. 建材工业信息，1996，11：10.

［2］ 方海林，袁淑军. 赤泥聚氯乙烯塑料地砖[J]. 化学建材，1997，02：58‑59.

4.64 塑料卷材地板

这种聚氯乙烯地板，主要用于室内地面装饰，也可供其他台面装饰。

1. 工艺配方

原料名称	廉价型	通用型
聚氯乙烯树脂(XS‑3)	200	200
邻苯二甲酸二丁酯	86	42
癸二酸二辛酯	—	10
邻苯二甲酸二辛酯	—	10
氯化石蜡	9	—
三盐基硫酸铅	8	10

硬脂酸钙	6	—
硬脂酸钡	—	4
硬脂酸	1.0	
磷酸三甲苯酯	20	
石蜡	—	1.0
木粉	114	—
碳酸钙	26	
黏土	—	3

2. 生产方法

将上述原料混合后，经加热混炼，在专用设备成型，制得卷材地板。

3. 用途

用于室内地面装饰性铺设。

参 考 文 献

[1] 曾敬容. 热压法生产聚氯乙烯地板热压工艺的探讨[J]. 聚氯乙烯，1981，02：15－17.

[2] 凌绳，刘长维，张志远. 抗静电聚氯乙烯地板的研制[J]. 聚氯乙烯，1986，02：34－36.

[3] 文继惠. 高填充硬质聚氯乙烯地板料的研究和应用[J]. 工程塑料应用，1994，05：42－46.

4.65 浮雕地板革

浮雕地板革采用抑止法成型，具有良好的室内装饰和美化效果。

1. 工艺配方

原料名称	发泡层	耐磨层
PVC(B7021)	70~100	70
PVC(P1345K70)	30~0	—
PVC(P1345K80)	—	30
邻苯二甲酸二辛酯(DOP)	40	
邻苯二甲酸二丁酯(DBP)	10	
BBP(增塑剂)	10	47
环氧增塑剂	—	3
AC 浆(与 DOP 之比 1:1)	5	—
有机锡稳定剂	—	1.5
氧化锌浆(与 DOP 之比为 1:1)	2.5	
轻质碳酸钙(等填料)	10~20	—
紫外线吸收剂	需要量	
颜料	适量	—

2. 生产方法

将各物料混合经混炼机研轧混匀，采用抑止法，在基材上先涂刮填充料的底层，预凝胶后冷却，再涂刮发泡层，预凝胶后在上面印刷含抑止剂的油墨，干燥后再涂刮耐磨层，经热

232

烘发泡，冷却得到有浮雕花纹的地板革。

3. 用途

用于室内地板。其花纹清晰、立体感强，具有明显的浮雕效果。

参 考 文 献

[1] 景志坤，沈志刚，陆光月，李法杰. 化学法 PVC 涂层浮雕花纹的研制[J]. 聚氯乙烯，1986，06：35～40.

4.66 活化法浮雕地板革

上述介绍的是抑止法浮雕地板革，这里介绍的活化法浮雕地板革，与前者生产工艺和使用性能基本类似。

1. 工艺配方

原料名称	发泡层	耐磨层
PVC 糊树脂	100	100
邻苯二甲酸二辛酯	40	60
增塑剂 BBP	30	—
AC 发泡剂	3	—
液体钡－镉－锌复合稳定剂	2	2
月桂酸二丁基锡	—	1
轻质碳酸钙(等填料)	10～20	—
颜料	适量	适量

2. 生产方法

混合热混炼、轧研。基材上先涂刮高填充料的底层，预凝胶冷却后，刮发泡层，预凝胶后印刷活化油墨，干燥后涂刮耐磨层，热烘发泡，得浮雕地板革。

3. 用途

用于室内铺饰地板。

4.67 圆网法地板革

地板革的生产工艺有多种，如压延工艺、多层涂布工艺、圆网法工艺，以后者真实感为佳。其装饰性、保温性、耐磨性、耐污染性良好。

1. 工艺配方

原料名称	底层	发泡层	印花层	耐磨层
聚氯乙烯	100	100	100	100
邻苯二甲酸二辛酯	60	60～70	60	65
钙－钡－锌系稳定剂	3	3	3	3
轻质碳酸钙	50～60	20	50～60	—
AC 发泡剂	—	3	—	—

原料名称				
氧化锌(调节剂)	—	2	—	—
200 号溶剂汽油(稀释)适量	适量	—	—	—
颜料	—	适量	适量	—
钛白	5	5~8	5	—

2. 生产方法

物料以高速搅拌机进行拌合，搅拌 15min 后过 40~80 目筛，脱气泡，静置 24h 即可使用。涂布工艺：布基上底层涂布，加热，圆网印刷，凝胶后冷却，圆网再印刷，凝胶，冷却后发泡压涂，凝胶，冷却后面层涂布，凝胶。冷却后又转背涂，塑化，卷取。凝胶温度 140~150℃，塑料温度控制在 200~210℃。

3. 质量标准

剥离负荷/(N/cm)	≥12	径向	≥1000
吸水性	≤3	耐热性能/(5℃/2h)	无析出及变色
断裂负荷/(N/cm)	≥5	纬向	≥900
耐低温性(-35℃/8h)	无裂纹		

4. 用途

用于室内地板铺饰。

参 考 文 献

[1] 铃木和男，霍文富. 聚氯乙烯地板革——及其要求特性和制造方法[J]. 聚氯乙烯，1988，01：54-62.
[2] 王林. PVC 压延发泡地板革的生产技术[J]. 聚氯乙烯，2003，03：35-36.

4.68 实心地板革

实心地板革类似于地板胶，用于室内装饰，其保温、绝热效果好；耐污染、洗刷方便；吸音、隔音效果好。

工艺配方：

(1)配方一

原料名称	底层	面层
悬浮法 PVC	100	—
乳液法 PVC 树脂	—	100
邻苯二甲酸二辛酯	36	26
己二酸二辛酯	6	6
磷酸三甲酚酯	84	60
三碱式硫酸铅	4	4
轻质碳酸钙	50	50
颜料	适量	适量

生产方法：将各物料混合，热混炼，采用涂布法施于布基上，塑化成型。

用途：用于室内装饰，该地板革为阻燃型。磷酸三甲酚酯为阻燃剂，其阻燃效果好，但成本高，若选用三氧化二锑代替部分磷酸三甲酚酯，可以降低成本，如采用下列配方。

（2）配方二

原料名称	底层	面层
悬浮法 PVC 树脂	100	—
乳液法 PVC 树脂	—	100
邻苯二甲酸二辛酯	95	80
磷酸三甲酚酯	5	5
三氧化二锑	10	10
三碱式硫酸铅	4	3
轻质碳酸钙	50	20
颜料	适量	适量

生产方法：将各物料混合，热混炼，采用涂布法施于布基上，塑化成型。

参 考 文 献

[1] 王林. PVC 压延发泡地板革的生产技术[J]. 聚氯乙烯，2003，03：35-36.
[2] 阻燃橡塑地板革[J]. 合成橡胶工业，1988，03：233.

4.69 普通玻璃钢

玻璃钢是玻璃纤维增强塑料（FRP，Fiber Reinforced Plastics）的俗称，即纤维增强复合塑料。根据采用的纤维不同分为玻璃纤维增强复合塑料（GFRP）、碳纤维增强复合塑料（CFRP）、硼纤维增强复合塑料等。它是以玻璃纤维及其制品（玻璃布、带、毡、纱等）作为增强材料，以合成树脂作基体材料的一种复合材料。纤维增强复合材料是由增强纤维和基体组成。纤维（或晶须）的直径很小，一般在 $10\mu m$ 以下，缺陷较少又较小，断裂应变约为 30‰以内，是脆性材料，易损伤、断裂和受到腐蚀。基体相对于纤维来说，强度、模量都要低很多，但可以经受住大的应变，往往具有黏弹性和弹塑性，是韧性材料。

1. 性能

玻璃钢复合材料最大的优势是有良好的可变性和施工工艺性，可优化设计每个特定要求的产品，不仅最大限度保证产品的可靠性，而且能降低成本，玻璃钢的密度小，比强度和比模量高；优良的化学稳定性和耐腐蚀性；优良的电绝缘性能和热性能；摩擦系数小，耐磨、耐污染性好；具有自润滑性、耐辐性、耐烧蚀性、耐蠕变性等优良性能。

但玻璃钢的弹性模量较低，长期耐温性低于金属和无机材料，对有机溶剂和强氧化性介质的耐蚀性较差。

2. 主要原料

（1）玻璃纤维

玻璃纤维是将玻璃熔融，以极快的速度抽拉成细丝而成玻璃纤维是非结晶型无机纤维。由于它质地柔软，可纺织成玻璃布、玻璃带等，玻纤及其织物除用作复合材料的增强材料外，还单独用作电绝缘、隔热、吸音、防水及化工过滤材料等。通常加入碱性氧化物（Na_2O、K_2O）等能降低玻璃的熔化温度和黏度；加入 CaO、Al_2O_3 能改善玻璃的某些性能和工艺性能。玻璃纤维不燃烧，伸长率和线膨胀系数小，耐腐蚀，耐高温，拉伸强度高，光学性能好，廉价易得，除氢氟酸和热浓强碱外，能耐多种介质的腐蚀。

玻璃钢的综合性能与玻纤的成分、编织结构、树脂的类型、黏结状况及表面处理等有直接关系。树脂和玻纤间的黏结状况，对玻璃钢的力学、耐蚀和耐久等性能有很大的影响。为了增强它们之间的黏结性能，主要措施是用各种增强型浸润剂（含偶联剂）对玻纤进行表面处理。

玻璃纤维按其所含成分分为：高碱纤维、中碱纤维、无碱纤维、耐化学药品纤维、高强度纤维、低介电纤维、高模量纤维等；按其形状分类有：长纤维、短纤维、卷曲纤维、空心纤维、粗纤维等。按生产玻璃纤维的长度而言，有定长纤维和连续纤维两大制造方法。近来，连续生产玻璃纤维趋向三大（即大熔窑、大漏板、大卷装），一粗（粗单丝直径）；三直接（无捻粗纱、直接短切、直接制毡）。挤压生产法正在探索中。普通的生产方法是将玻璃在熔窑中，在1000℃以上熔融，通过有一定要求的坩锅底的漏孔拉出纤维，通过有浸润剂的浸槽，使散丝结成一股，以高速的机械拉引，将玻纤丝卷绕在滚筒上，即成为玻璃纤维丝。玻璃纤维直径的大小，由设计坩锅底的漏孔大小而定。再将单丝黏结成股，进而纺织成粗纱、玻璃布、席或毡。如今，玻璃纤维的生产过程，多使用电子计算机控制过程中的温度、压力、流量，以保证生产的质量安全，降低能源的消耗。

（2）树脂

根据所用树脂不同，玻璃钢分为热塑性玻璃钢和热固性玻璃钢。目前应用较广的是热固性玻璃钢。与热塑性树脂相比，热固性树脂具有更好的机械强度和耐热性能。所以，现在85%以上的玻璃钢是由热固性树脂做成。热固性树脂主要品种有：不饱和聚酯树脂、环氧树脂、酚醛树脂和呋喃树脂。

（3）偶联剂

又称浸润偶联剂，其作用是使模量较低的单丝牢固地黏结起来，在任何一根纤维断裂时，对整体的强度影响不大。因而，偶联剂是增加玻璃纤维与树脂界面之间粘接力的一种化学物质，它不仅加强两者界面的粘接，还起到保护玻纤表面，防止玻璃钢老化的作用。偶联剂有硅烷偶联剂和钛酸酯偶联剂两大系列。常用于玻璃钢生产中的偶联剂。

参 考 文 献

［1］ 何宇声. 玻璃钢建筑艺术与造型设计［J］. 玻璃钢，1983，06：29-34+28.
［2］ 马德泉. 建筑用玻璃钢制品［J］. 化学建材，1989，03：41-42.
［3］ 曹志达，庞昆生. 新型大跨度玻璃钢拱瓦的研制应用［J］. 中国搪瓷，1997，（05）：37.
［4］ 蔡建. 玻璃钢成型技术［J］. 工程塑料应用，2003，（02）：66.

4.70 建筑用玻璃钢

玻璃钢质量轻、强度高、耐热性和电性能好，并有优良的耐腐蚀性能，成型工艺简单。建筑中常用作防腐保护层及防腐地坪等，亦开始用于制门窗、家具。

1. 工艺配方

（1）配方一

E-44环氧树脂	800	填料	300
乙二胺	70	丙酮	200
邻苯二甲酸二丁酯	100		

该配方为建筑上常用的环氧玻璃钢配方之一。

（2）配方二

酚醛树脂	300	邻苯二甲酸二丁酯	100
呋喃树脂	700	填料	500
对甲苯磺酰氯	90	乙醇（或丙酮）	100

该配方为呋喃酚醛玻璃钢。

2. 生产方法

利用喷枪将树脂和其他组，分混合液喷成细粒，与玻璃纤维切割喷射出来的短纤维，在空气中进行混合后沉积在基层上，再经滚压而成。

参 考 文 献

［1］ 何宇声. 玻璃钢建筑艺术与造型设计［J］. 玻璃钢，1983，06：29－34＋28.
［2］ 马德泉. 建筑用玻璃钢制品［J］. 化学建材，1989，03：41－42.

4.71　耐蚀型玻璃钢

化工原料和产品许多都是具有腐蚀性的液体，往往采用内衬橡胶或玻璃钢贮槽或反应釜。这种耐蚀型玻璃钢正是为这类用途设计的，解决了化工设备的防腐问题。

1. 工艺配方

耐蚀型不饱和聚酯树脂	100
过氧化环己酮浆	4
环烷酸钴－苯乙烯溶液	1～4
辉绿岩粉（填料）	10～30

2. 生产方法

混合均匀后，得到耐腐蚀性介质的玻璃钢胶液。

3. 用途

采用手糊成型或缠绕成型工艺，增强材料用中碱性方格布（0.2mm 厚）。

参 考 文 献

［1］ 张俊梅. 炼油厂碱渣贮罐的玻璃钢内衬防腐［J］. 材料开发与应用，2000，（03）：22.
［2］ 薛建设，王荣贵. 耐腐蚀玻璃钢［J］. 化肥设计，1992，（02）：10.

4.72　306 聚酯玻璃钢

这种玻璃钢具有优异的机械性能：－60℃拉伸强度为 291MN/m²；25℃拉伸强度为 252MN/m²；40℃弯曲强度为 306MN/m²；100℃（72h）弯曲强度为 150MN/m²；室温下冲击强度 285kJ/m²；100℃（2h）冲击强度为 228kJ/m²；100℃（2h）压缩强度为 128MN/m²。

1. 工艺配方（胶液）

306 聚酯树脂（酸值 40～50mg KOH/g）　　　　　　　　　　　70

苯乙烯	30
萘酸钴－苯乙烯溶液	3
过氧化环己酮糊	4

2. 生产方法

将黏度为 130～180s(4 号杯，25℃)的 306 聚酯树脂，与其余物料混合即得胶液。

3. 用途

手糊成型。玻璃布浸胶后经纬交错铺平，室温放置 1～2 天，80℃保温 6h、90℃ 2h、100℃ 6h。

说明：

①玻璃布：斜纹、0.23mm 厚、脱蜡处理，80 支、合股数经 6、纬 6，密度经 16 根/cm、纬 12 根/cm。

②306 聚酯：是乙二醇、苯酐、顺酐、环己醇缩聚得到的不饱和聚酯树脂。聚合度为 50～60s。

③该玻璃钢适用于电机、船舶、车身、化工设备、贮槽等。

参 考 文 献

[1] 马满珍，齐暑华. 聚酯玻璃钢导流罩的研制[J]. 工程塑料应用，1986，02：38－40.
[2] 徐亭蓼，张均筌. 聚酯玻璃钢性能的研究[J]. 热固性树脂，1990，01：32－34.

4.73　3193 聚酯玻璃钢

3193 聚酯韧性和冲击强度高，对应的玻璃钢可用于船舶、石油化工、电机等。

1. 工艺配方

3193 不饱和聚酯树脂	70
过氧化二苯甲酰	适量
苯乙烯	30

2. 生产方法

将酸值 40mg KOH/g、黏度为 90～95s 的 3193 不饱和聚酯树脂，与其余物料混合均匀制得胶液。手糊低压成型，室温固化，含胶量 40%～41%。

3. 质量标准

3193 聚酯玻璃钢板材性能指标：

相对密度	1.7～1.8
弯曲强度(垂直)/(MN/m)	195
线胀系数/℃	1.21×10^{-5}
冲击强度/(kJ/m)	225
拉伸强度/(MN/m²)	284
体积电阻/Ω·cm	6.38×10^{12}
弯曲强度(平行)/(MN/m²)	232

参 考 文 献

[1] 陈博. 发展中的我国玻璃钢工业[J]. 玻璃钢/复合材料，1997，(06)：15.

4.74 不饱和聚酯玻璃钢

不饱和聚酯树脂是由不饱和二元酸二元醇或者饱和二元酸不饱和二元醇缩聚而成的具有酯键和不饱和双键的线型高分子化合物。通常，聚酯化缩聚反应是在 190～220℃下进行，直至达到预期的酸值（或黏度）。在聚酯化缩反应结束后，趁热加入一定量的乙烯基单体，配成黏稠的液体，这样的聚合物溶液称为不饱和聚酯树脂。不饱和聚酯树脂的相对密度在 1.11～1.20 左右，固化时体积收缩率较大，固化树脂具有良好耐热性。绝大多数不饱和聚酯树脂的热变形温度都在 50～60℃，一些耐热性好的树脂则可达 120℃。红热膨胀系数 α_1 为 $(130～150)×10^{-6}$℃。不饱和聚酯树脂具有较高的拉伸、弯曲、压缩等强度、耐水、稀酸和稀碱性能较好，耐有机溶剂的性能差，同时，树脂的耐化学腐蚀性能随其化学结构和几何开关的不同，有很大的差异。不饱和聚酸树脂的介电性能良好。不饱和聚酯树脂可直接用于化工防腐及家具表面涂层、浇铸工艺品、钮扣等方面，但主要用作玻璃纤维增强塑料（玻璃钢）的基体。

1. 主要原料

不饱和聚酯玻璃钢中常用的不饱和聚酯树脂主要有通用型不饱和聚酯树脂、中等耐蚀聚酯树脂、二酚基丙烷型（双酚 A 型）聚酯树脂、乙烯基酯树脂和二甲苯型不饱和聚酯树脂。

2. 常用不饱和聚酯树脂技术指标、性能和用途

306 不饱和聚酯树脂：主要成分为乙二醇、苯酐、顺酐、环己醇；产品技术指标：酸值 40～50，黏度 130～180s（4 号杯，25℃），挥发物 <1%，聚合速度 50～60s；玻璃纤维增强后适用于电机、船舶、车身、化工设备贮槽等。

307 不饱和聚酯树脂：主要成分为丙二醇、苯酐、顺酐；产品技术指标：酸值 40～50，黏度 150～180s，d_4^{25} 1.13～1.15；玻璃纤维增强后适用于电机、船舶、车身、化工设备贮槽等。

189 不饱和聚酯树脂：主要成分为丙二醇、苯酐、顺酐；产品技术指标：酸值 20～28，固体含量 59%～65%，凝胶时间 8～16min（25℃），热稳定性 20℃时 6 个月；刚性较好。耐水耐气候性良好对玻纤有优良的浸润性；玻纤增强聚酯用于大型壳体、化工设备。

191 不饱和聚酯树脂：主要成分为丙二醇、苯酐、顺酐；产品技术指标：酸值 28～36，固体含量 60%～66%，凝胶时间 15～25min；刚性较好，有 3 种黏度；用于半透明制品装饰板。

306A 不饱和聚酯树脂：主要成分为乙二醇、苯酐、顺酐；产品技术指标：黏度中等，酸值 <40，凝胶时间 59min；刚性较好；用于船舶壳体、水泥耐酸地面。

182 不饱和聚酯树脂：主要成分为一缩二乙二醇、苯酐、顺酐；产品技术指标：酸值 <30，凝胶时间 5～9min；柔性好，用于环氧树脂增韧。

712 不饱和聚酯树脂：主要成分为乙二醇、顺酐苯酐、癸二酸；产品技术指标：酸值 <40，凝胶时间 5～9min；韧性好，用于环氧树脂增韧。

303 不饱和聚酯树脂：主要成分为一缩二乙二醇、乙二醇、苯酐、顺酐；产品技术指标：酸性 <50；半刚性，黏度低，与苯乙烯的混溶性较好，用于汽车车身罩壳。

196 不饱和聚酯树脂：主要成分为一缩二乙二醇、丙二醇、苯酐、顺酐；产品技术指标：酸值 17 ~ 25，固体含量 64% ~ 70%，凝胶时间 8 ~ 16min；半刚性，其制品光洁度好；用于车身罩壳、安全帽。

3139 不饱和聚酯树脂：主要成分乙二醇、苯酐、顺酐、己二酸；产品技术指标：酸值 <40，黏度 90 ~ 95s，聚合速度 50 ~ 80s，挥发物 <1%；韧性、冲击强度高，用于船舶、电机、石油化工。

331 不饱和聚酯树脂：主要成分为乙二醇、顺酐、双酚 A 与环氧丙烷加成物；产品技术指标：酸值 <25，凝胶时间 5 ~ 9min；用于石油化工。

331 不饱和聚酯树脂：主要成分为乙二醇、顺酐、双酚 A 与环氧丙烷加成物；产品技术指标：酸值 9 ~ 17，固体含量 47% ~ 53%，凝胶时间 15 ~ 25min；耐蚀，强度较高，耐碱性好；用于化工耐腐蚀设备、管道。

195 不饱和聚酯树脂：主要成分丙二醇、苯酐、顺酐、含甲基丙烯酸；产品技术指标：酸值 27 ~ 35，固体含量 59% ~ 85%，疑胶时间 30 ~ 54min；透光率 82% 以上；制作透明玻璃钢。

198 不饱和聚酯树脂：主要成分丙二醇、苯酐、顺酐、含甲基丙烯酸；产品技术指标：酸值 20 ~ 28，固体含量 61% ~ 67%，凝胶时间 10 ~ 20min；耐热、刚性、低黏度；适用于电性能要求不太高的层压制品。

参 考 文 献

[1] 杨澂，王茂珍. 不饱和聚酯玻璃钢拉挤成型固化工艺初探[A]. 中国硅酸盐学会玻璃钢分会. 第十届玻璃钢/复合材料学术年会论文集[C]. 中国硅酸盐学会玻璃钢分会：，1993：4.
[2] 柴润良，刘宝钗. 7901 阻燃不饱和聚酯及其玻璃钢[J]. 塑料工业，1984，01：21 – 23.
[3] 吴锦添，郭永华. 二甲苯不饱和聚酯树脂玻璃钢的性能和应用[J]. 玻璃钢/复合材料，1990，01：24 – 26.
[4] 吴良义，王永红. 不饱和聚酯树脂国外近十年研究进展[J]. 热固性树脂，2006，（05）：32.

4.75 环氧树脂玻璃钢

凡分子结构中含有环氧基团的高分子化合物统称为环氧树脂。由于环氧基的化学性质活泼，可用多种含氢的化合物使其开环、固化交联生成网状结构，是一种热固性树脂。固化后的环氧树脂具有良好的物理、化学性能，它对金属和非金属材料的表面具有优异的粘接强度，介电性能良好，变定收缩率小，制品尺寸稳定性好，硬度高，柔韧性较好，对碱及大部分溶剂稳定。环氧树脂具有高度的黏合力、良好的黏热性和耐蚀性、收缩率低、良好的加工性。因此它是耐蚀玻璃钢中的主要树脂品种之一。

1. 主要原料

根据环氧树脂分子结构，环氧树脂大体上可分为 5 大类：缩水甘油醚类环氧树脂、缩水甘油酯类环氧树脂、缩水甘油胺类环氧树脂、线型脂肪族类环氧树脂和脂环族类环氧树脂。

玻璃钢工业上使用量最大的环氧树脂品种是上述第一类缩水甘油醚类环氧树脂，而其中又以二酚基丙烷型环氧树脂(简称双酚 A 型环氧树脂)为主。其次是缩水甘油胺类环氧树脂。

在玻璃钢制造中，常用的树脂是双酚 A 型环氧树脂，其牌号、规格如下：

牌号	外观	平均相对分子质量	软化点/℃	环氧值	主要用途
E-51 E-44 E-42 E-35	黄至琥珀色 高黏度透明液体	350~400 350~450 450~600 550~700	12~20 21~27 20~35	0.48~0.54 0.41~0.47 0.38~0.45 0.30~0.40	玻璃钢胶泥、黏结剂 (常用E-44、E-42)
E-20 E-14 E-12 E-06 E-03	淡黄至棕黄色 透明固体	850~1050 1000~1350 1400 2900 3800	64~76 78~85 85~95 110~135 135~155	0.18~0.22 0.10~0.18 0.09~0.14 0.04~0.07 0.02~0.045	涂料、绝缘漆等

2. 工艺配方

(1)618(E-51)环氧玻璃钢配方(份)

618(E-5L)环氧树脂	200	三乙烯四胺	8
苯乙烯	10	三乙醇胺	12

玻璃布。斜纹、0.23mm厚,脱蜡处理。80支,合股数经6纬6,密度经16根/cm、纬12根/cm。

生产工艺:湿法成型,玻璃布经纬交错铺平,室温固化。有的需进一步热处理,直接升温至130℃,保温6h,自然冷却。

(2)E-44环氧玻璃钢配方(份)

E-44环氧树脂	100
乙二胺(交联剂)	6~8
邻苯二甲酸二丁酯(增塑剂)	10~15
填料	20~30
无水乙醇(稀释剂)	10

生产工艺:配制时,一般先在环氧树脂内加入增塑剂和稀释剂,搅拌均匀,在搅拌过程中加入交联剂,最后加入填料。浸渍液均匀地涂刷在玻璃布上,再固化成型,脱模即为制品。

(3)F-44酚醛环氧玻璃钢配方(kg)

644酚醛环氧树脂	80	丙酮(稀释剂)	160
顺丁烯二酸酐	24		

玻璃布。斜纹薄厚(0.2mm)玻璃布;单向厚(0.6mm)玻璃布。

生产工艺:干法成型,手工上胶。将干燥的胶布按所需尺寸裁剪,叠合到所需厚度,室温进模,逐渐加热到180℃,开始凝胶时加压力0.5~1.5MN/m²,升温时间约2h,保温2~3h。

644酚醛环氧层压板的拉伸强度及其模量为:斜纹薄玻璃布的拉伸强度为:343~392MN/m²。拉伸模量为:9.6GN/m²。单向厚玻璃布的拉伸强度为:441~510MN/m²;拉伸模量为:29.4GN/m²。如用内次甲基四氢邻苯二甲酸酐(NA)为交联剂,所压制的层压板具有更高一些的耐热性能。

(4)6207(HY-101或R122)环氧玻璃钢

这种玻璃钢有高的热稳定性和良好的电性能,由于不含苯环,耐气候性优越。在固化性能上，它对有机酸和酸酐的反应活性比对胺类大，因此在酸性交联剂中可以充分硬化，而在胺类中不易硬化。6207 树脂为固体，但与交联剂混合后，稍高于室温便可成黏滞液。

配方（份）：

6027 环氧树脂	120	甘油	4.8
顺丁烯二酸酐	64.8	双酚 A 型环氧树脂	16.8

玻璃布。斜纹，厚 0.23mm，胶蜡处理。

生产工艺：将配方备料混合一起，不断搅拌下加热到 65±5℃，至全部成液态为止。

手糊成型。由于固化时有显著的热效应以缓慢加热为宜。玻璃布上胶后，在 70℃烘箱内先烘 1~1.5h，然后放入模具内，逐渐加热压制，升温程序：室温至 80℃，保温 2h，至 90℃，保温 4h，至 120℃保温 3h，至 160℃保温 6h，至 200℃保温 6h。升温间隔为 30min，压制过程中需稍加压。

配方（份）：

原料名称	（一）	（二）	（三）	（四）
6101 环氧树脂	100	100	100	100
间苯三胺（交联剂）	15	—	—	—
顺丁烯二酸酐（交联剂）	—	40	—	—
乙二胺（交联剂）	—	—	7	—
邻苯二甲酸酐（交联剂）	—	—	—	40
增塑剂	10	—	—	—
丙酮（溶剂）	—	200	—	200

生产方法：将配方备料混合一起，不断搅拌下分别加热 100~140℃、150℃、180℃、200℃，混合反应成均匀胶体为止。

用斜纹或平纹玻璃布，手工湿法或干法上胶，胶液与玻璃布之比为配方（一）为 40:60，其余为 30:70。

参 考 文 献

[1] 陈宗昊，叶学淳，田建辉. 环氧酸酐玻璃钢的制造[J]. 上海电机厂科技情报，2001，01：33－36.
[2] 姜焕生，寇喜春. 环氧树脂玻璃钢制造技术的改进[J]. 辽宁化工，1985，（06）：19.

4.76 酚醛树脂玻璃钢

酚醛树脂是酚与醛在催化剂作用下缩合生成的高分子化合物。改变原料、催化剂的品种及反应条件，可以获得一系列性能不同的酚醛树脂。酚醛树脂是世界上最早由人工合成的、至今仍很重要的高分子材料。因选用催化剂的不同，可分为热固性和热塑性两类。热固性酚醛树脂其他热固性树脂相比，其优点有：固化时不需要加入催化剂、促进剂，只需加热、加压，调整酚与醛的摩尔比与介质 pH 值，就可得到具有不同性能的产物。固化后密度小，机械强度、热强度高，变形倾向小，耐化学腐蚀及耐湿性高，是高绝缘材料。

酚醛树脂在玻璃钢、胶泥、模压玻璃钢制品、砂轮、烧蚀材料、油漆及油墨中具有广泛的应用。

1. 性能

酚醛树脂玻璃钢高温下的热稳定性能良好(~250℃),难燃,低烟雾浓度及低毒性、耐油、水及一般化学品腐蚀的性能优良,电绝缘性能良好,高硬、高强,经济适用性。

2. 生产工艺

(1)聚乙烯醇缩丁醛改性酚醛树脂玻璃钢

用作改性的酚醛树脂,通常是用氨水或氧化镁作催化剂合成的,可溶于乙醇的热固性酚醛树脂。聚乙烯醇缩丁醛要求分子中含有一定量的羟基(11%~15%)。

模压酚醛玻璃钢配方(质量比):

苯酚(95%以上)	100
甲醛(36%)	134
苯胺(97%以上)	6.3
氧化镁	3.3
聚乙烯醇缩丁醛(10%乙醇)	125
乙醇	适量
油酸	2.5
KH550	少量

生产工艺:先将苯酚、苯胺、甲醛在氧化镁催化下合成酚醛树脂,然后加入聚乙烯醇缩丁醛及油酸、偶联剂 KH550,搅拌反应混合均匀,用乙醇稀释到一定浓度。

手工涂布于无碱玻璃布,厚0.25mm,脱蜡处理。此种层压板的物理,机械和电性能:

聚乙烯醇缩丁醛改性酚醛树脂玻璃钢的性能:

相对密度	1.85~1.90
拉伸强度/(MN/m^2)	经向265~284;纬向152~167
冲击强度/(kf/m^2)	经向58.8~63.7;纬向44.1~49
弯曲强度/(MN/m^2)	221
表面电阻/Ω	10^{11}
体积电阻/$\Omega \cdot cm$	10^{12}
介质损耗角正切	50Hz 0.03~0.04;106Hz 0.03~0.04

(2)二甲苯甲醛树脂改性酚醛树脂玻璃钢

生产配方(质量比):

2130 酚醛树脂	100
2602 二甲苯甲醛树脂	10~15
石油磺酸	4~7
乙醇	适量
油酸	少量
丙酮	适量
KH550	少量

二甲苯甲醛树脂改性酚醛树脂玻璃钢性能:

相对密度	1.7

压缩强度/(MN/m²)	117
吸水率/(24h 室温)/%	0.05
硬度(HRR)	20
弯曲强度/(MN/m²)	268~277
马丁耐热/℃	7250
冲击强度/(kf/m²)	55~61
线膨胀系数/(×10⁻⁵/℃)	0.949

参 考 文 献

[1] 潘玉琴. 玻璃钢复合材料基体树脂的发展现状[J]. 纤维复合材料, 2006, 04: 55-59.
[2] 何仲麟. 水溶性酚醛玻璃钢复合板的研制与应用[J]. 玻璃钢, 1980, 03: 34-35.
[3] 徐国平. 手糊酚醛玻璃钢矩形贮槽的制造[J]. 玻璃钢, 1997, 01: 17-19.
[4] 钟磊. 耐高温酚醛树脂的合成及其改性研究[D]. 武汉理工大学, 2010.
[5] 王艳志. 酚醛树脂基复合材料的制备及其热性能研究[D]. 兰州理工大学, 2009.
[6] 钟东南, 石晓, 乔冬平. 常温下可发性酚醛树脂合成研究[J]. 热固性树脂, 2003, (06): 14.

4.77 新酚树脂玻璃钢

新酚树脂是一种高强、高温、优良电绝缘性能的新颖树脂，由芳烷基醚或芳烷基卤化物和酚类化合物在刘易斯酸催化下缩聚而成。可与六次甲基四胺共热硬化，其性能优良。主要品种有 Xy10K210、Xy10K209、Xy10K214、Xy10K225、Xy10K231、Xy10K234、Xy10K235、Xy10K236、Xy10K237 及 Xy10K242 等。

新酚Ⅱ型树脂是以苯酚，对苯二甲醇为单体，在刘易斯酸催化下，经熔融缩聚而得的聚合物。其平均相对分子质量为 900±100，熔点 70℃±10℃，游离酚<4%，热失重 10% 的温度是 400~425℃。新酚树脂可与玻纤、石棉、碳纤、有机纤维等制成各种要求不同的复合材料。碳纤增强新酚树脂除上述一般特点，还具有耐碱、耐有机溶剂、自润滑、模量高等优点。新酚树脂复合材料从耐腐蚀角度来讲，已应用于化工部门作流量计、泵座、搅拌器和温度计套管等。

新酚Ⅱ型树脂玻璃钢的制备比较简便，一般采用模压成型。

1. 工艺配方

新酚Ⅱ型树脂	100	六次甲基四胺	10
乙醇	适量	油酸	少量
丙酮	适量		

增强材料玻璃布为平纹，中碱，厚0.14mm。或玻璃纤维为开刀丝，中碱。

2. 生产工艺

先将新酚二型树脂溶于丙酮，六次甲基四胺溶于乙醇，然后将两者混合均匀，涂刷在纤维织物上(或将玻纤或碳纤浸入胶液)，凉干，放入约110℃烘箱内，烘到手感不黏、冷后发硬为止。挥发份控制在2%~3%，含胶量控制在45%左右。将烘干料放入80~90℃模具内，逐渐升温到110~120℃加半压，再升温到120℃加全压，继续加热到190~200℃，保温保压，冷却到<90℃时，卸压脱模。

3. 性能

在 110 ~ 115℃、30% 盐酸的溶液中，经 500h 腐蚀后的结果，试样表面完好光洁。

参 考 文 献

[1] 新酚树脂的合成及其玻璃钢[J]. 塑料工业，1978，05：30 – 35.

[2] 李郁忠，周竞民，王露丝，张建军，刘益泉. 改性新酚模压塑料的研制[J]. 工程塑料应用，1988，
 03：20 – 23.

[3] 孟龙. 新酚树脂的合成、表征与改性[D]. 西北师范大学，2008.

4.78　改性酚醛树脂玻璃钢

使用聚乙烯醇缩丁醛改性的酚醛树脂玻璃钢，用于改性的聚乙烯醇缩丁醛，可以增加树脂对玻璃纤维的粘接力，在成型温度下能与酚醛树脂分子中羟甲基反应，生成接枝共聚物，起到增加玻璃钢韧性的作用。

1. 工艺配方

苯酚(纯度 >95%)	100
油酸	2.5
甲醛(纯度 36%)	134
乙醇	适量
苯胺(纯度 >97%)	6.3
偶联剂(KH550)	少量
氧化镁	3.3
聚乙烯醇缩丁醛(10% 乙醇溶液)	125

2. 生产方法

先将苯酚、甲醛、苯胺在氧化镁催化下缩合成酚醛树脂，然后加入聚乙烯醇缩丁醛及油酸、偶联剂，混合均匀，用乙醇稀释到一定浓度(黏度)。

3. 用途

使用脱蜡处理过的 0.25mm 厚的无碱玻璃布，机糊加压成型。

4. 质量标准

相对密度	1.85 ~ 1.90
拉伸强度/(MN/m^2)	经向265 ~ 284；纬向152 ~ 167
弯曲强度/(MN/m^2)	221
冲击强度/(kJ/m^2)	经向58.8 ~ 63.7；纬向44.1 ~ 49
体积电阻/Ω·cm	1012

参 考 文 献

[1] 钟亚兰. 改性酚醛树脂的研究进展[J]. 广东化工，2009，10：225 – 227.

[2] 李春华，齐暑华，张剑，王东红，武鹏. 酚醛树脂的增韧改性研究进展[J]. 国外塑料，2006，02：
 35 – 39.

4.79　糠酮－环氧树脂玻璃钢

糠酮－环氧树脂玻璃钢(层压板等)的拉伸强度，比纯糠酮树脂高，达 412～490MN/m²，且耐热性能也好(马氏耐热＞300℃)。

1. 工艺配方

E－42 环氧树脂(63 号)	50	顺丁烯二酸酐	15
糠酮树脂	50	对甲苯磺酸	2

2. 生产方法

先将 E－42 环氧树脂与顺丁烯二酸酐混合加热溶解，糠酮树脂与对甲苯磺酸拌和。然后将两者混合，搅拌均匀。

3. 主要性能指标

相对密度	2.0	马丁耐热/℃	＞30
拉伸强度/(MN/m²)	412～490		

4. 用途

用玻璃布浸取上述胶液，烘干，模压成型。

参 考 文 献

[1]　肖伟梁，焦扬声. 改性糠酮树脂及其玻璃钢的研究[J]. 玻璃钢/复合材料，1987，05：6－12.

4.80　糠酮树脂玻璃钢

糠酮树脂由糠醛(过量)与丙酮在碱性条件下缩合的中间产物，与甲醛缩合形成的体型网状高聚物。对应的玻璃钢具有较高的耐热性能和电性能。

1. 工艺配方

糠酮树脂	100	对甲苯磺酸	4
乙醇	104		

2. 生产方法

将原料混合后搅拌均匀，于 65～75V 下保持 15min，冷却备用。

3. 质量标准

相对密度	1.7	马丁耐热/℃	＞300
拉伸强度/(MN/m²)	209	弯曲强度/(MN/m²)	147
冲击强度/(kJ/m²)	186	体积电阻/Ω·cm	2.03×10¹⁴
击穿电压/(kV/mm)	17.5		

4. 用途

使用 0.1mm 厚的平纹玻璃布。手工浸渍，然后在 100～105℃烘 10～12min，含胶量控制在 45%～50% 之间，根据所需尺寸剪裁，叠合至一定厚度放入模内，逐渐升温，先加接触压，待树脂开始凝胶，加压到 4.90～5.88MN/m²(50～60kgf/cm²)，继续升温到 160℃，保温，待固化完全后卸压脱模。

参 考 文 献

[1] 陈义锋, 谢月圆, 张玉敏. 新型糠酮树脂的研究[J]. 涂料工业, 2007, (02): 15.

[2] 王德堂, 夏先伟, 王峰, 肖先举, 张晓红. 低黏度热固性糠酮树脂的合成新工艺研究[J]. 江苏化工, 2008, 05: 35 – 38.

[3] 肖伟梁, 焦扬声. 改性糠酮树脂及其玻璃钢的研究[J]. 玻璃钢/复合材料, 1987, 05: 6 – 12.

4.81　呋喃树脂玻璃钢

呋喃树脂是指分子结构中含有呋喃环的一类热固性树脂。它是以糠醇和糠醛为基本原料, 经过不同的生产工艺制成的。糠醛来源于农副产品, 如玉米芯、棉籽壳、稻壳等。植物纤维原料在酸性催化剂的作用下水解并进行脱水制得糠醛。呋喃树脂固化前为棕黑色黏稠液体, 与多种树脂有较好的混溶性, 自身缩聚过程缓慢, 贮存期较长, 常温下可贮存 1 ~ 2 年, 黏度变化不大。固化后的呋喃树脂结构上没有活泼的官能团, 不参与和腐蚀介质的反应, 能耐强酸、强碱、电解质溶液和有机溶剂, 但是不耐强氧化性介质; 可耐 180 ~ 200℃ 高温, 是现有耐蚀树脂中耐热性能最好的树脂之一; 具有良好的阻燃性, 燃烧时发烟少; 力学性能良好。但呋喃树脂固化物脆性大、缺乏柔韧性、冲击强度不高, 粘结性差以及施工工艺差, 在很大程度上限制了它的应用, 仅局限于用作胶泥、地坪和浸渍石墨等领域。随着合成技术和催化剂应用技术的进步, 呋喃树脂在防腐领域中得到较大的发展, 并用于耐蚀玻璃钢的制造。呋喃树脂玻璃钢是由防腐蚀纤维材料、呋喃树脂、呋喃树脂玻璃钢粉按照一定的工艺固化而成, 主要用于制作整体玻璃钢槽罐、地沟、设备基础的整体面层和块材面层的隔离层等。

1. 主要原料

呋喃树脂是以糠醇和糠醛为基本原料, 经过不同的生产工艺制成。糠醛和糠醇的 α 位置上分别有醛基和羟甲基, 易发生加成缩聚反应及双键开环反应, 而生成呋喃树脂。国内呋喃树脂玻璃钢用的呋喃树脂有 3 种, 即糠醇型呋喃树脂、糠醇糠醛型呋喃树脂和糠酮复合型呋喃树脂。

2. 生产工艺

(1) 糠酮 – 环氧树脂玻璃钢

糠酮 – 环氧玻璃钢胶液配方 (份)

634 环氧树脂	50
对甲苯磺酸	2
糠酮树脂	50
顺丁烯二酸酐	15

生产工艺: 先将环氧树脂与顺丁烯二酸酐加热溶解, 糠酮树脂与对甲苯磺酸拌和, 然后将两者混合, 搅拌均匀。用玻璃布浸胶, 烘干、模压成型。

糠酮环氧树脂玻璃布层压板 (玻璃钢) 的拉伸强度比单纯糠酮玻璃钢高, 达 412 ~ 490MN/m², 马丁耐热 >300℃, 相对密度 2.0。

(2) 糠酮树脂玻璃钢

糠酮树脂玻璃钢胶液配方 (份)

| 糠酮树脂 | | 100 |
| 对甲苯磺酸(配成50%醇溶液) | | 4 |

生产工艺:将原料混合后搅拌均匀,于65~75℃下保持15min,冷却备用。手工浸渍在平纹玻璃布上(厚0.1mm),然后在100~105℃烘10~12min,含胶量可控制在45%~50%之间,根据所需尺寸裁剪,叠合至一定厚度放入模内,逐渐升温。先加接触压,待树脂开始凝胶,加压到4.90~5.88MN/m²(50~60kgf/cm²),继续升温到160℃左右,保温,待固化完全后卸压脱模。

3. 性能

相对密度	1.7
冲击强度/(kf/m²)	186
吸水率/%	0.1
表面电阻/Ω	1.4×10^{13}
马丁耐热/℃	>300
体积电阻/Ω·cm	2.03×10^{14}
拉伸强度/(MN/m²)	209
击穿电压/(kV/mm)	17.5
弯曲强度/(MN/m²)	147
介质损耗角正切/10^5Hz	0.013
压缩强度/(MN/m²)	349
相对介电常数/10^5Hz	7.9

参 考 文 献

[1] 尤莲华,宋波,徐兰洲. YJ型呋喃树脂玻璃钢及其应用[J]. 玻璃钢/复合材料,1988,05:15-18.
[2] 刘素平. 新型Fu-KF呋喃树脂耐蚀玻璃钢的研制[J]. 油田地面工程,1990,04:43-45+55.
[3] 姒莉莉,孟庆文. CY-4呋喃树脂的研制与应用[J]. 四川化工与腐蚀控制,2000,04:14-17.

4.82 DAP树脂玻璃钢

邻苯二甲酸二烯丙基酯(DAP)中具有两个不饱和双键,用于制玻璃钢时,一般先使其中一个双键打开,聚合成热塑性的线型聚合物,称β-聚合物。β-型聚合物进一步聚合时,打开第二个双键,聚合成三向网络结构的不溶不熔的热固性聚合物,完成固化反应。为了得到热塑性的β-聚合物,第一步反应必须控制在凝胶点之前。DAP玻璃钢具有较宽的温度适用范围,可在-60~200℃温度范围内长期使用,短期使用温度可高达350℃。且具有优越的电性能,高温下几乎不改变电性能;化学稳定性高,能耐强酸、耐强碱和各种有机溶剂;吸湿和吸水率低。具有广泛的用途。

1. 工艺配方

原料	(一)	(二)
DAP(预聚液)	80	55
苯乙烯单体	20	—

聚酯树脂	—	45
过氧化二苯甲酰	1	2
二乙基苯胺/g	—	10~30

2. 生产方法

各自混合均匀即得液胶。

3. 用途

用斜纹玻璃布浸胶后，加热加压成型。

4. 质量标准

项目	（一）	（二）
含胶量/%	37~38	40
拉伸强度/（MN/m²）	333~353	392~490
弯曲强度/（MN/m²）	598~617	330
击穿强度/（kV/mm）	29	30
冲击强度/（kJ/m²）	—	127~147

参 考 文 献

[1] 孔振兴，方文，王继辉. DAP预聚液的研制及其玻璃钢工艺及力学性能[J]. 武汉理工大学学报，2009，21：117-120.
[2] 陈祥俭. DAP树脂的生产、应用和开发[J]. 上海化工，1989，02：29-32.
[3] 方文. DAP树脂的高温制备技术及其玻璃纤维复合材料的研究[D]. 武汉理工大学，2008.

4.83 酚醛－蔗渣复合材料

酚醛树脂与蔗渣加上其他助料混合，经压塑成型后可得到价廉物美的屋顶建筑材料。

1. 工艺配方

成分	（一）	（二）
酚醛树脂	180	300
细蔗渣	80	—
蔗渣（粗块）	—	610
氧化铁（色料）	40	50
干黏土（<20目）	700	—
可溶胀橡胶的油	—	40
五氯苯酚	—	0.5

2. 生产方法

生产配方（一）为屋顶瓦材料。首先将研磨过筛的黏土与酚醛胶液混合，外加适量的水，加入预先切成适当长度的蔗渣和氧化铁粉，混合捏匀后，经压塑、成型、脱模后，在空气中干燥，最后在150℃下熟化15min，即得耐久坚固的屋顶瓦。

生产配方（二）为可锯、可钉、抗水、耐火、防热防潮的屋顶复合材料。先将蔗渣、油、颜料氧化铁和五氯苯酚用强力混炼机混炼，并于鼓风烘箱中，在99℃下干燥至水分为1%以下，再与树脂粉末在简易混料机中混合，最后进行压塑，经切割与修整，即得红色的廉价的屋顶材料。

3. 用途

用于建筑屋顶材料。

参 考 文 献

［1］ 冯彦洪，沈寒知，瞿金平，刘斌，谢小莉，韩丽燕．PBS/蔗渣复合材料的制备与性能［J］．塑料，2010，（02）：65.

［2］ 王艳志．酚醛树脂基复合材料的制备及其热性能研究［D］．兰州理工大学，2009.

第5章　建筑用涂料

5.1　水泥涂料

在混凝土表面施漆前，必须先刷一层水泥涂料（或称抹灰用水泥涂料），以保证漆面光亮且不剥脱。波兰专利117209。

1. 工艺配方

白波特兰水泥	70～90	石棉	0.2～1
色料	1～16	淀粉	3～7
硬脂酸铝	0.3～0.7	脂肪醇聚氧乙烯醚	0.05～0.2
合成硅酸	1～4		

2. 生产方法

将各粉料混合均匀，研磨即得。

3. 用途

用时用60%～80%水（以干物质重计）调合，然后刷涂。

参 考 文 献

[1]　于祖铨. 水泥涂料[J]. 电工技术杂志，1994，03：42－43.
[2]　张丕兴. 墙面水泥涂料[J]. 建材工业信息，1992，14：3.

5.2　水泥地板乳胶涂料

这种涂料具有干燥快、施工简便、无毒、无味、硬度高、耐磨性好等特点。

1. 工艺配方

漆浆	4.2	氧化铁黑	0.4
乳液	4.0	氧化铁红	1.0
增稠乳液	0.5	锌铬黄	0.8
碱性乳液	1.1	碳酸钙	0.35
添加剂	0.5	氧化铁红	1.1
消泡剂	0.01	滑石粉	0.6
漆浆配方		助剂	0.2

2. 生产方法

将漆浆中各组分搅拌混匀，砂磨分散得浆。将乳液、增稠乳液、碱性乳液混合均匀后加入漆浆和添加剂，搅匀、过滤、包装。

3. 用途

与一般的乳胶涂料相同。

参 考 文 献

[1] 齐淑贞，沈春淼. 苯丙乳胶地板涂料试制[J]. 山东化工，1997，03：26-27.
[2] 张东洋. 建筑乳胶涂料的研制及其分散、流变机理的研究[D]. 华南理工大学，2001.

5.3 过氯乙烯建筑涂料

本品具有耐化学腐蚀性、不延燃、抗水防潮、电绝缘、耐寒、防霉等优良性能。是较优的建筑用涂料。但遇高温会放出有毒的氯和氯化氢气体，必须注意。

1. 工艺配方

过氯乙烯树脂	1.3	钛白粉	0.13
邻苯二甲酸二丁脂	0.45	二甲苯	7.25
滑石粉	0.4	松香酚醛改性树脂	0.25
氧化锌	0.65	二盐基亚磷酸铅	0.026
铁青蓝	0.001		

2. 生产方法

将过氯乙烯树脂、增塑剂、稳定剂、填料、颜料等按比例混合搅拌均匀，分批加入双辊炼胶机中加热混炼 30~40 min，混炼出的色片厚度为 1.5~2.0 mm，待色片放凉后，用切粒机切粒，将粒料和二甲苯放入搅拌器内加热搅拌 3 h 至粒料完全熔解均匀，加入已溶于二甲苯中的松香改性酚醛树脂液，搅匀后过滤得产品。

3. 用途

与一般涂料相同。

参 考 文 献

[1] 杜心蕙，毛作民. 过氯乙烯地面涂料的工艺研究和革新[J]. 化学建材通讯，1986，S2：96-97.
[2] 施中信. 过氯乙烯涂料的制造[J]. 今日科技，1995，06：11-12.
[3] 杨守生. 膨胀型过氯乙烯防火涂料[J]. 云南化工，2001，01：6-9.
[4] 李良波，孟平蕊，解竹柏. 废聚苯乙烯泡沫塑料—过氯乙烯涂料的研制[J]. 山东建材学院学报，1994，(01)：116

5.4 建筑用杀菌涂料

该涂料涂在砖上，所形成的涂膜具有很好的物化性能和杀菌作用。日本公开专利昭和89-232153。

1. 工艺配方

丙烯酸乙酯-甲基丙烯酸-甲基丙烯酸甲酯共聚乳液	8.0
碳酸锌-氨络合物(5.6% Zn)	0.05
丁烯二酐-苯乙烯共聚物	0.5

252

一缩二乙二醇单乙醚	0.4
PoLy－Em40	1.5
磷酸三丁氧基乙酯	0.1
含氟表面活性剂（F－120）	0.006
2，2，4′－三氯－2′－羟基二苯醚	0.05

2. 生产方法

先将丙烯酸乙烯30份、甲基丙烯酸5份与甲基丙烯酸甲酯65份，共聚成含固量40%的乳液。然后加入各物料，充分搅拌，分散均匀即得建筑用杀菌涂料。

3. 用途

与一般涂料相同。

参 考 文 献

[1] 杀菌防霉涂料[J]. 涂料技术与文摘，2006，（06）：42.

[2] 许莹. 无机抗菌剂的制备及在建筑用杀菌涂料中的应用[J]. 新型建筑材料，2003，（02）：17.

[3] 董兵海. 高性能防霉杀菌涂料的研究[D]. 武汉理工大学，2002.

5.5　建筑装饰用不燃涂料

该涂料可用于建筑物壁板、地板、天花板等装饰用，具有良好的耐火性能。英国公开专利2139639。

1. 工艺配方

磷酸(85%)	2	壬基苯酚	0.15
异丙醇	1.65	二氧化钛（金红石型）	38.9
三水磷酸铝	57	水	61

2. 生产方法

将由磷酸、三水磷酸铝和61份水组成的混合物加热溶解，冷却至室温，与由异丙醇和壬基苯酚组成的混合物进行搅拌混合，再加入用20份水湿润的二氧化钛，在高速搅拌下拌合，得到不燃涂料。

3. 用途

与一般涂料相同。喷或刷涂于干墙上，该墙暴露在500℃的明火中不着火。

参 考 文 献

[1] 史记，于柏秋，安玉良. 膨胀型防火涂料研制及阻燃机理研究进展[J]. 化学与黏合，2011，01：51－54.

5.6　803 建筑涂料

本涂料主要用于内墙涂饰，它以801建筑胶水为基料，添加填料及其他助剂而成。

1. 工艺配方

| 801建筑胶水（含固量8%～9%） | 10.0 | 添加剂 | 0.8～1.0 |

钛白粉	0.4	分散剂	适量
锌钡白	1.0	尿素	适量
碳酸钙	3.0	水	适量
滑石粉	1.3	甲醛	3.5~4.0

其中，801 建筑胶水生产配方为：

聚乙烯醇	10.0	尿素	适量
甲醛	3.5~4.0	水	80
盐酸	0.83~1.19	氢氧化钠	通过

胶水的配制：先将水加入反应釜内，加热到 70℃，开动搅拌机，然后徐徐加入聚乙烯醇并升温至 90~95℃，使聚乙烯醇完全熔解。冷至 80~85℃，以细流方式加入盐酸，搅拌 20 min，再加入甲醛进行缩合反应，反应 1 h 结束。降温后加入尿素，用氢氧化钠调 pH 值至中性，然后降温至 45~50℃，出料至得 801 建筑胶水。

2. 生产方法

采用球磨或三辊机研磨。先将颜料加入 801 胶中，再加入填料、添加剂。在高速分散机中分散混合，然后进行研磨，低速搅拌机内加入色料配色，搅拌均匀即得成品。

3. 用途

与一般内墙涂料相同。

参 考 文 献

[1] 钱怀，王惠明. 试论 801 胶水的缩醛化度与 803 涂料耐湿擦性之关系[J]. 化学建材，1987，03：15 – 17.

5.7 彩色水泥瓦涂料

这种涂料对水泥瓦的附着力特别优异，形成的涂层在 ≥20 个热循环或在日光老化机内 2000h 试验后，无风化、无开裂或粉化现象。

1. 工艺配方

底层涂料

白水泥	34	石英砂	60
三氧化二铁(颜料)	6	水	10

罩面层涂料

丙烯酸酯 – 苯乙烯共聚物	10	硫酸钡和二氧化硅填料	50
环氧树脂	1	聚酰胺交联剂	1
水	30	添加剂	4
三氧化二铁颜料	4	水	80

2. 生产方法

底层和罩面层分别混合，研磨调匀即成。

3. 用途

将底层涂料涂于未固化的水泥瓦上，形成 1.5 mm 厚的涂层，待涂层干燥后，再涂刷罩面涂料，固化 10 天，将瓦加热至 55℃，喷涂 30 mm 厚丙烯酸丁酯/甲基丙烯酸甲酯/苯乙烯

254

共聚物涂料，再于80℃烘烤15 min即得到彩色水泥瓦。

参 考 文 献

[1] 日本公开特许公报昭和58-32089

5.8 类陶瓷涂层

该涂料可以用于多种物体上，既可采用喷涂工艺，又可用浸涂工艺，形成一种类陶瓷的涂层。涂层具有很好的防水性、抗划伤性、抗表面磨损性和抗褪色性，具有诱人的外观魅力，不但是建筑物及路面的装饰性表面材料，还可作为贴面砖的代用品，用在盥洗室、厨房、浴室及其他需用水洗的装饰场合。中国发明专利申请85103491。

1. 工艺配方

普通硅酸盐水	10
高级脂肪酸盐	0.1~0.5
普通岩石粉(大理石粉或石灰石粉)	12~17
羧甲基纤维素(或乙酸纤维素)	0.007~0.05
天然胶乳(或氯丁胶乳、聚丁胶乳)	4~6
维尼龙(或聚酯纤维)	0.1~0.6
颜料(或染料)	适量

2. 生产方法

将10 kg水泥混以岩石粉末、纤维素衍生物(羧甲基纤维素)及高级脂肪酸金属盐，混合均匀后添加胶乳和适量的水，充分调合均匀，加入维尼龙和色料。维尼龙(或其他纤维材料)的加入，是为了获得具有韧性和抗撕裂的类陶瓷涂层。

3. 用途

采用喷涂工艺或浸涂工艺。

参 考 文 献

[1]孙春玲. 能形成类陶瓷涂层的涂料组成及配制方法[J]. 精细化工信息，1988，08：41-42.

5.9 玻璃涂料

这种玻璃涂料是首先刷涂树脂清漆，使之形成附着力良好的涂膜，再将此涂膜以分散染料染色形成，成品色泽鲜明、外观高雅，可用于宾馆、饭店、展厅等场所装饰和镶嵌，使建筑物华丽大方。

1. 工艺配方

(1)蓝色着色液生产配方

壬二酸	1	分散蓝 ZBLN	0.5
乙二醇	14.5	水	34

(2)红色着色液生产配方

| 癸二酸 | 1 | 分散红 BL – SE | 0.6 |
| 丙二醇 | 13 | 水 | 36 |

（3）黄色着色液生产配方

| 丙二醇 | 14.5 | 分散黄 RGFL | 0.5 |
| 壬二酸 | 1 | 水 | 34 |

2. 生产方法

将二元酸以少量热水溶解后，再加入溶有染料的二元醇和余量水，充分搅拌分散均匀，得到着色液。

3. 用途

玻璃用三氯乙烯洗涤脱脂后，于2%氢氟酸水溶液（或5%氢氧化钠水溶液）中浸渍5 s至5 min，水洗，干燥，然后在玻璃的一面涂布无色透明的（聚酯、环氧树脂或丙烯酸）清漆，干燥固化后，在65～90℃的着色液中浸渍20 s至3 min，取出后用水洗，干燥，得到涂色玻璃。

参 考 文 献

[1] 龚惠仁，杨江丰. 玻璃涂料的研制[J]. 杭州师范学院学报（自然科学版），1990，(03)：56.
[2] 廖阳飞，张旭东，雷贝，曾婷，贺海量. 透明隔热夹层玻璃涂料的合成及应用[J]. 化学建材，2009，02：21 – 23.
[3] 李宁. 建筑玻璃隔热涂料研究[D]. 华南理工大学，2010.
[4] 刘宣国，楼白杨. 新型玻璃防雾涂料的制备与性能[J]. 上海涂料，2005，Z1：31 – 33.
[5] 朱万章，刘学英. 水性玻璃涂料的研制[J]. 上海涂料，2006，(07)：1.
[6] 顾广新，魏勇，武利民. 透明隔热玻璃涂料的研制[J]. 电镀与涂饰，2009，03：49 – 52.

5.10　建筑用硅氧烷涂料

此涂料用于隧道内壁，寿命长、干燥快，制得涂膜耐水性、耐候性和抗污性好，透明度好。日本公开专利89 – 207363。

1. 工艺配方

三甲氧基甲基硅烷	136	硫酸氢钾	0.001
水	27	二氯化锡	5.7
乙醇	25.4		

2. 生产方法

将 MeSi(OMe)$_3$ 136 g、水 27 g、乙醇 14 g、KHSO$_4$ 0.001 g 制成主要组分，与 5.7 g SnCl$_2$ 和 11.4 g 乙醇混合即制得建材用途料。

3. 用途

涂覆后干燥 1 h。

参 考 文 献

[1] 庞启财. 有机聚合物改性聚硅氧烷涂料[J]. 中国涂料，2004，04：30 – 33.
[2] 周树学. 高耐候性聚硅氧烷涂料的研制[J]. 上海涂料，2011，03：5 – 9.

[3] 王嘉颖，王虹，杨海燕. 聚硅氧烷有机无机复合涂料的研究[J]. 化学工程师，1994，02：14－16.

5.11 优质装饰涂料

该涂料具有优异的装饰效果和耐久性。将本涂料在铝或铝合金表面电泳涂漆，再罩涂面漆，即可制得物理和化学综合性能好，光泽理想、耐久的装饰性涂漆制品。

1. 工艺配方

甲基丙烯酸2，2，2－三氟代乙酯	552
甲基丙烯酸丁酯	216
丙烯酸	60
N－环己基马来酰亚胺	180
琥珀酐	3.6
丙烯酸－2－羟乙酯	192
乙二醇单丁醚	187.5
环己基乙烯基醚	11
三乙胺	27.3
乙基乙烯基醚	11
水	7672.7
4－羟丁基乙烯基醚	11
三氟氯乙烯	35
三聚氰胺甲醛树脂（Cymel－238）	187.5

2. 生产方法

将甲基丙烯酸2，2，2－三氟乙酯、甲基丙烯酸丁酯、丙烯酸－2－羟乙酯、N－环己基马来酰亚胺和丙烯酸，在偶氮二异丁腈存在下，于异丙醇－丁醇中聚合，制得50%固体分的丙烯酸聚合物（A）。另将三氟氯乙烯、环己基乙烯基醚、乙基乙烯基醚和4－羟丁基乙烯基醚，在偶氮二异丁腈和碳酸钾存在下，于二甲苯－乙醇中聚合，将所得聚合物100 g在三乙胺存在下用琥珀酐处理，制得60%固体分的含氟聚合物（B，酸值20）。将（A）300、（B）1000、Cymel－238、三乙胺27.3、乙二醇单丁醚和水制成10%固体分优异装饰涂料。

3. 用途

将该涂料电泳涂装在铝合金表面，凝定20 min，于180℃烘烤，形成10 μm厚涂层。然后用New Garnet 3000 Primer罩面，于170℃烘烤20 min，再用New Garnet 300罩面两道，并于170℃，烘烤20 min，即得光泽好、耐久的装饰性涂漆制品。

参 考 文 献

[1] 日本专利公开 JP05－50033.

5.12 过氯乙烯地面涂料

本涂料具有较好的耐水性、耐化学腐蚀性、耐大气稳定性、耐寒性，不易发脆干裂；耐磨性、抗菌性、不燃性也较好。适用于60℃以下的环境，不宜在高温下使用。

1. 工艺配方

过氯乙烯树脂	100	氧化铁红	30
邻苯二甲酸二丁脂	5	炭黑	1
氧化锑	2	溶剂（二甲苯）	705
滑石粉	10	10 号树脂液	75
二盐基性亚磷酸铅	30		

2. 生产方法

先将除溶剂和 10 号树脂液外的其他组分混匀、热混炼 40 min，混炼出的涂料色片1.5 ~ 2 mm 厚，切粒后与溶剂加热搅拌混溶，最后加入 10 号树脂液，搅匀，过滤包装。

3. 用途

该涂料固体含量不高，适于喷涂、刷涂。一般对地面涂层厚度要求达到 0.3 ~ 0.4 mm 时，需要分 3 ~ 4 次涂覆，而不宜一次涂得过厚。

参 考 文 献

[1] 杨守生，李峰. 膨胀型过氯乙烯防火涂料[J]. 消防科学与技术，2000，(03)：43.
[2] 李良波，孟平蕊，解竹柏. 废聚苯乙烯泡沫塑料—过氯乙烯涂料的研制[J]. 山东建材学院学报，1994，(01)：116.

5.13 地板用涂料

该涂料具有良好的抗冲击性和耐候性，由大分子的硅氧烷、丙烯酸酯共聚物、引发剂和石蜡组成，可用于道路或地板的涂装。

1. 工艺配方

大分子硅氧烷（相对分子质量 $M=4200$）	2.0	过氧化苯甲酰	0.1
甲基丙烯酸甲酯	3.6	石蜡	0.2
甲基丙烯酸丁酯	0.2	彩色骨料	10.5
丙烯酸 – 2 – 乙基己酯	0.2	二氧化硅	5.2
丙烯酸异丁酯	4.2		

2. 生产方法

将 4 种丙烯酸酯聚合得到共聚物，与硅氧烷混合，再加入其余物料，经研磨得到地板用涂料。

3. 用法

刷涂。

参 考 文 献

[1] 日本公开专利 JP02 – 269112.

5.14 F80-31 酚醛地板漆

1. 性能

F80-31 酚醛地板漆(F80-31 Phenolic floor paint)又称 306 紫红地板漆、铁红地板漆、F80-1 酚醛地板漆。由中油度松香改性酚醛树脂漆料、颜料、体质颜料、催干剂和 200 号油漆溶剂汽油组成。漆膜坚韧，平整光亮，耐水及耐磨性良好。

2. 工艺配方

(1)配方一(桔黄)

中油度松香改性酚醛树脂漆料	62.0	200 号油漆溶剂汽油	4.6
中铬黄	21.0	环烷酸钴(2%)	0.3
大红粉	0.6	环烷酸锰(2%)	1.0
沉淀硫酸钡	5.0	环烷酸铅(10%)	0.5
轻质碳酸钙	5.0		

注：中油度松香改性酚醛树脂漆料配方：

松香改性酚醛树脂	17.0	乙酸铅	0.5
桐油	34.0	200 号油漆溶剂汽油	42.5
亚、桐聚合油	6.0		

注：松香改性酚醛树脂配方：

松香	69.64	甘油	6.3
苯酚	11.87	氧化锌	0.14
甲醛	11.5	H 促进剂	0.55

将松香投入反应釜中，加热，升温至 110℃，加入苯酚、甲醛和 H 促进剂，于 95~100℃保温缩合 4 h，然后升温至 200℃，加入氧化锌，升温至 260℃，加入甘油，于 260℃保温反应 2 h，升温至 280℃，保温 2 h，再升温至 290℃，至酸价小于 20 mgKOH/g、软化点(环球法)135~150℃即为合格，冷却、包装后得到松香改性酚醛树脂。外观为块状棕色透明固体。颜色(Fe-Co 比色)小于 12 号。

(2)配方二(铁红)

中油度松香改性酚醛树脂漆料	63.0	200 号油漆溶剂汽油	5.2
氧化铁红	14.0	环烷酸锰(2%)	1.0
沉淀硫酸钡	8.0	环烷酸钴(2%)	0.3
轻质碳酸钙	8.0	环烷酸铅(10%)	0.5

(3)配方三(棕色)

中油度松香改性酚醛树脂漆料	63.0	200 号油漆溶剂汽油	4.7
氧化铁红	14.0	环烷酸锰(2%)	1.0
炭黑	0.5	环烷酸钴(2%)	0.3
沉淀硫酸钡	8.0	环烷酸铅(10%)	0.5
轻质碳酸钙	8.0		

3. 生产流程

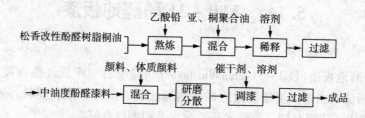

4. 生产工艺

将松香改性酚醛树脂与桐油投入熬炼锅中，混合，加热升温至180℃，加入乙酸铅，继续升温至270~275℃，保温至黏度合格，降温并加入亚、桐聚合油，冷却至160℃，加200号油漆溶剂汽油稀释，过滤，得到中油度酚醛漆料。

将颜料、体质颜料与适量酚醛漆料混合，经磨漆机研磨分散，至细度小于40μm，加入其余漆料，混匀后加入溶剂和催干剂，充分调合均匀，得到酚醛地板漆。

5. 质量标准（沪Q/HG14-250）

漆膜颜色及外观	符合标准样板及色差范围，漆膜平整光滑
黏度（涂-4）/s	60~120
细度/μm	≤40
遮盖力/g	≤60
干燥时间/h	
表干	≤4
实干	≤20
柔韧性（干48h后）/mm	≤3
硬度	≥0.3
光泽/%	≥90

6. 用途

用于木质地板、楼梯、扶栏等涂装。不宜用溶剂将地板漆过分稀释，以免影响耐磨性。

参 考 文 献

［1］ 杨玉珍，杨洪义，朱玉友，张星. 溶剂法酚醛漆的研制［J］. 化学工程师，1993，06：12-14.
［2］ 赵峰. 腰果树脂漆的制备［J］. 上海涂料，2004，06：4-7.

5.15　吸音防腐双层涂料

这种用于汽车车身底板的吸音、耐磨、防腐涂料由内层和外层涂料构成，固化后的内层比外层厚且软。欧洲专利公开说明书EP453917（1991）。

1. 工艺配方

内层涂料

甲基丙烯酸甲/丁酯-乙烯基咪唑共聚物	20	碳酸钙	28
二苄基甲苯	50	氧化钙	2

外层涂料			
聚氧乙烯塑溶胶	30	碳酸钙	38
邻苯二甲酸二壬酯	30	氧化钙	2

2. 生产方法

内层涂料和外层涂料分别调配、研磨和过滤，分别包装。

3. 用途

用于汽车车身底板涂饰保护(具有吸音、减震、防腐功能)，先喷内层，再湿喷涂外层涂料，160℃烘烤 0.5 h，形成吸音减震涂层。其初始抗张强度为 200 N/cm^2，8 周后抗张强度为 277 N/cm^2。

参 考 文 献

[1] 祖庸，林培权，雷闫盈，杜慧泉. 一种水性吸音乳胶涂料的研究[J]. 中国涂料，1992，02：40 – 41.
[2] 邓卫国. 功能性建筑涂料[J]. 化学建材通讯，1986，S2：110 – 111.

5.16   彩色花纹墙纸涂料

这种丙烯酸酯乳液涂料喷涂于纸上，可以制得光泽度良好的装饰墙纸。

1. 工艺配方

丙烯酸酯乳液(固含量50%)	3.5	增黏剂	0.05
纸浆粉	0.05	六偏磷酸钠	0.15
碳酸钙	6.3	色料	0.05
硅溶胶(固含量30%)	0.3		

2. 生产方法

将各物料按比例混匀、高速分散均匀即得。

3. 用途

以 500 g/m^2 左右的量喷涂于黄色纸上，然后以 150 g/m^2 的量涂覆丙烯酸酯水溶胶，干燥后得墙纸。

参 考 文 献

[1] 王晓雯，何玉凤，王荣民，王俊峰，李琛. 功能性丙烯酸酯乳液的制备与应用研究进展[J]. 化工进展，2012，(09)：2011.
[2] 张驰. 丙烯酸酯乳液的合成及膨胀型防火涂料的制备与研究[D]. 湖南工业大学，2012.
[3] 桂强，方荣利，王方流. 高性能改性丙烯酸酯乳液及其涂料的研制[J]. 江苏化工，2004，02：33 – 36.0.

5.17   815 内墙涂料

本品用于内墙的装饰涂层，具有良好的耐磨性。

1. 工艺配方

聚乙烯醇	5.4	硅酸钠(水玻璃)	10.6

轻质碳酸钙	26.6	立德粉	13.4
盐酸（36%）	0.6	甲醛（37%）	1.4
滑石粉	13.4	颜料	适量
水	128.6		

2. 生产方法

将聚乙烯醇在加热条件下溶于水，滴入盐酸、甲醛，搅拌，在50℃以下加入水玻璃，搅拌均匀即得基料。在基料中补加水、水玻璃以及其他物料，在高速搅拌下混合均匀，经砂磨机研磨分散，出料装桶即为成品。

3. 用途

与一般的内墙涂料相同。

参 考 文 献

[1] 梅燕. 水性内墙涂料的制备及其性能研究[D]. 华南理工大学，2012.
[2] 冯艳文，梁金生，梁广川，韩海星，李罡. 健康环保型建筑内墙涂料的研制[J]. 新型建筑材料，2003，(10)：49.

5.18 LT08-1 内墙涂料

本品可用于内外墙、钢木质门窗的涂饰，是一种发展较快的新型涂料。

1. 工艺配方

苯丙乳液	10.0~15.0	乙二醇丁醚	1.0
水溶性纤维素	0.8~1.2	乳化剂 OP-10	0.1~0.2
颜填料（钛白粉等）	28.0~42.0	水	32~36
五氯酚钠	适量	聚丙烯盐	0.4~0.6
消泡剂	0.25~0.35		

LT-苯丙乳液生产配方（质量份）：

苯乙烯	30~50	保护胶	0.1~0.5
丙烯酸丁酯	20~50	缓冲剂	0.2~0.4
甲基丙烯酸	1~5	引发剂	0.2~0.5
甲基丙烯酸甲酯	10~30	水	90~120
乳化剂	1.8~2.5		

乳液的制法：在反应釜中加入脱离子水，搅拌升温至80℃。加入部分引发剂和全部保护胶的水溶液。继续升温至80~90℃时滴加乳化剂、引发剂和缓蚀剂的水溶液及混合单体，约3h加完，保温1h，然后降温出料，即得白色乳掖。其 pH=5~6。固含量48%，黏度为0.2~0.75 Pa·s，无毒不燃。

颜填料可用钛白粉、锌钡白、铁系及酞菁系颜料、碳酸钙、硫酸钡和滑石粉等。

2. 生产方法

在水中加入乳化剂，高速搅拌下加入颜填料，经研磨分散成白色浆。在低速搅拌下加入苯丙乳液、乙二醇丁醚、聚丙烯酸盐、消泡剂、水溶性纤维素、五氯酚钠，分散均匀后得内墙涂料。

3. 用途

与一般内墙涂料相同。

参 考 文 献

[1] 朱怀刚，李明阳. 高性能保温隔热内墙涂料[J]. 广东化工，2012，18：45－46.

[2] 肖文清，尹国强，葛建芳，周新华，蒲侠. 功能性内墙涂料的研究进展[J]. 广州化工，2011，16：42－43.

[3] 崔锦峰，马永强，郭军红，杨保平，周应萍，张鹏飞. 相变储能调温内墙涂料的研制[J]. 涂料工业，2012，03：1－4.

5.19 新型无光内墙涂料

该涂料用于室内装饰，形成的涂膜不掉灰，不起皮，保光性好，表面平整光滑，并具有一定的防霉抗湿性。

1. 工艺配方

A 组分：

顺酐/二异丁烯共聚物钠盐(Tamol 731，25%)	3.12
2－氨基－2－甲基－1－丙醇(AMP95)	1.74
曲拉通 CF－10	0.66
消泡剂	0.6

B 组分：

钛白粉	150
碳酸钙	60
黏土	75

C 组分：

	8.34
2－甲基丙酸－2，2，4－三甲基－1，3－戊二醇酯	
乙二醇	16.74
消泡剂	1.2
煤油	158.16
丙酸钙防腐剂	0.9
水	69.24

2. 生产方法

将 A 组分物料混合均匀后，加入 B 组分的颜填料，混匀后用球磨机研磨至一定粒度，再加入 C 组分原料的预混物，搅拌均匀得内墙涂料。

3. 质量标准

含固量/%	54～56	开始黏度(25℃)/Pa·s	1.30～1.49
颜料体积浓度/%	50	pH 值	9.1
相对密度	1.43		

4. 用途

在预处理的内壁上刷涂。

参 考 文 献

[1] 肖文清，尹国强，葛建芳，周新华，蒲侠．功能性内墙涂料的研究进展[J]．广州化工，2011，16：42-43.
[2] 刘成楼，孟宪存．抗菌环保型干粉内墙涂料的研制[J]．中国建材科技，2009，03：31-35.
[3] 闫爱珍．抗静电内墙涂料的研究[J]．天津化工，2009，06：35-36.

5.20 改性硅溶胶内外墙涂料

该涂料主要通过加入水溶性三聚氰胺和多元醇对硅溶胶进行改性，添加其他助剂后得到耐候、防水性优良的内外墙涂料。

1. 工艺配方

成分	(一)	(二)
硅溶胶	10~20	10~20
水溶性三聚氰胺	0.2~0.5	0.2~0.5
丙二醇	1~2	—
三甘醇	—	0.5~1.5
钛白粉（或轻质碳酸钙）	65~90	65~90
增稠剂	0.05~0.2	0.05~0.2
有机硅消泡剂	2.0	1.5
色料	适量	适量
水	14.4~17.1	14.4~17.1

2. 生产方法

在水中依次加入各物料，高速分散均匀即得涂料。

3. 用途

该涂料可用作内、外墙涂饰，用法与一般涂料相同。

参 考 文 献

[1] 一种用于墙壁装饰的内外墙涂料[J]．广东涂料与胶黏剂，2005，04：36.
[2] 赵军先．乳胶型内外墙涂料的研究[J]．新疆化工，1997，02：26-27.
[3] 郭立凯．低成本耐擦洗内外墙涂料的研制与施工[J]．吉林建材，1997，01：38-39.
[4] 王律，卢荣明．无机硅溶胶外墙涂料的研制[J]．上海涂料，2012，（09）：8 凌建雄．
[5] 董洪亮．有机硅改性硅溶胶复合涂料的制备与性能研究[D]．大连交通大学，2009.

5.21 平光外墙涂料

这种高黏度、高触变性苯丙乳胶涂料，除具有一般苯丙乳胶涂料的性能外，还具有贮存稳定性高、黏度高、触变性高和施工性能好等特点，是水性建筑涂料的一种更新换代产品，具有广阔的应用前景。

1. 工艺配方

乳液配方：

苯乙烯	1.77	甲基丙烯酸	0.25~1.9
MS-1 乳化剂	1.0~2.0	引发剂	0.16~0.24
DZ-1 助剂	1.2~4.8	缓冲剂	0.2~0.3
丙烯酸酯	20.05	水	1.41

平光外墙漆配方：

乳液	28.0	重质碳酸钙	3.20
F-4 分散剂	0.2~0.4	滑石粉	8.0
羟乙基纤维素	0.1~0.25	氨水	0.2
防霉剂	0.2	成膜助剂	1.0
消泡剂	0.2	水	20
钛白	10.0		

2. 生产方法

采用常规的引发体系和乳化体系，将单体进行乳液聚合，其中聚合单体与水质量比为1:1。乳液聚合采用预乳化工艺，即将单体与部分乳化剂及 DZ-1 助剂等，在室温下进行预乳化，然后通过向反应器连续滴加预乳化液及分批加入引发剂的方法，进行乳液聚合反应，乳液制备总耗时约 3~4 h。乳胶涂料的制法与常规乳胶涂料相同。

3. 用途

与一般水性乳胶建筑涂料相同，用于外墙装饰涂刷。

参 考 文 献

[1] 马永强，马宏，杨保平，崔锦峰．硅溶胶-苯丙乳液复合外墙涂料的研制[J]．现代涂料与涂装，2011，03：34-36.

[2] 王律，卢荣明．无机硅溶胶外墙涂料的研制[J]．上海涂料，2012，09：8-10.

[3] 陈中华，张玲．水性建筑隔热保温外墙涂料的研制[J]．电镀与涂饰，2012，12：57-62.

[4] 蔡青青，孔志元，史立平，殷武，何庆迪．水性多彩弹性外墙涂料的制备研究[J]．涂料工业，2013，01：32-35.

5.22　醇酸树脂外墙涂料

外墙涂料经受日晒雨淋和各种恶劣气候的侵袭，必须具有良好的性能。这里介绍的醇酸树脂外墙涂料，具有优异的抗水性、耐候性和防霉性，是一种理想的新型外墙涂料，其质量高，价格便宜。

1. 工艺配方

A 组分：

噁唑羟基聚甲醛(Nuosept 95)	1.32	顺丁烯二酐/二异丁烯共聚物钠盐	3.72
纤维增厚剂	64.08	钛白粉	116.82
防霉剂	3.6	碳酸钙	150.24

| 诺卜扣(表面活性剂) | 0.54 | 乙二醇 | 18.72 |
| 非离子润湿剂 | 1.44 | 去离子水 | 78.72 |

B 组分：

| 水溶性醇酸树脂 | 89.16 |

C 组分：

丙烯酸聚合物	90.3
诺卜扣(Nopco NXZ)	1.26
氨水(28%)	0.3
乳胶防缩孔剂	1.44
2-甲基丙酸-2，2，4-三甲基-1，3-戊二醇酯	3.6
环烷酸锌(6%)	1.38
环烷酸钴(6%)	2.76
去离子水	25.2

2. 生产方法

将 A 组分各物料依生产配方量混合均匀后，经球磨机研磨至细度达 50 μm，加入水溶性醇酸树脂，高速分散 1min。再加入 C 组分的预混合物，调配均匀得外墙淡色涂料。固含量 56%~59%，黏度为 1.20 Pa·s，颜料体积浓度 40.2%。

3. 用途

经处理的外墙，刷涂或喷涂均可。

参 考 文 献

[1] 叶新. 涂料用醇酸树脂的合成及发展方向[J]. 中国新技术新产品，2011，(07)：29.
[2] 刘成楼，隗功祥. 彩色太阳热反射隔热外墙涂料的研制[J]. 现代涂料与涂装，2011，12：15-20.
[3] 黄永辉. 高性能外墙涂料的研制和应用[J]. 科技与企业，2012，12：345.

5.23　环氧树脂外墙涂料

这种涂料作为外墙装饰涂层的主体，在通常情况下，使用寿命在 10 年以上。

1. 工艺配方

610 号环氧树脂	10	乳化剂	2.5
分散剂	0.1	增稠剂	9
石英粉(填充料)	22	着色颜料	8
水	适量

2. 生产方法

将环氧树脂、乳化剂、增稠剂和水混合均匀后，在调整搅拌机内拌成乳液，再加入颜料、石英粉和分散剂进行调整搅拌，研磨即为产品。

3. 用途

与一般外墙涂料相同。

参 考 文 献

[1]　皮中卫. 溶胶—凝胶法制备 SiO_2/环氧树脂涂料的研究[D]. 哈尔滨工业大学, 2007.

[2]　陈中华, 张玲. 水性建筑隔热保温外墙涂料的研制[J]. 电镀与涂饰, 2012, 12: 57-62.

[3]　蔡青青, 孔志元, 史立平, 殷武, 何庆迪. 水性多彩弹性外墙涂料的制备研究[J]. 涂料工业, 2013, 01: 32-35.

[4]　刘成楼, 隗功祥. 彩色太阳热反射隔热外墙涂料的研制[J]. 现代涂料与涂装, 2011, 12: 15-20.

[5]　黄永辉. 高性能外墙涂料的研制和应用[J]. 科技与企业, 2012, 12: 345.

5.24　建筑物顶棚内壁涂料

本涂料以多孔结构的膨胀珍珠岩为填料, 具有一定的吸湿防潮和吸音效果, 装饰效果好, 适用于涂饰各种建筑物顶棚内壁, 也可作为一般建筑物的内墙涂料。

1. 工艺配方

原料	(一)	(二)
聚乙酸乙烯乳液(50%)	15	5
改性聚乙烯醇缩甲醛(10%)	75	25
珍珠岩粉(20~60目)	15	16
二氧化钛	6	10
滑石粉	7	36
沸石	6	—
轻质碳酸钙	7	—
羧甲基纤维素	1.24	1.24
六偏磷酸钠	0.4	0.4
磷酸三丁酯	0.8	0.8
五氯酚钠	0.4	0.4
乙二醇	6	6
水	60.2	100

2. 生产方法

先用少量水将羧甲基纤维素溶解备用。然后, 将余量水加入带搅拌器的反应锅内, 加入六偏磷酸钠, 搅拌溶解后加入部分改性聚乙烯醇缩甲醛胶, 混合均匀后加入其余的改性聚乙烯醇缩甲醛胶和聚乙酸乙烯酯乳溶液。搅拌均匀后, 依次加入二氧化钛、碳酸钙、滑石粉、珍珠岩粉、沸石和乙二醇, 以及磷酸三丁酯、五氯酚钠, 继续搅拌均匀后, 再加入羧甲基纤维素水溶液, 研磨后过滤, 得建筑物顶棚内壁涂料。

3. 用途

可用喷涂法、辊涂法或刷涂法施工。

参 考 文 献

[1]　崔锦峰, 马永强, 郭军红, 杨保平, 周应萍, 张鹏飞. 相变储能调温内墙涂料的研制[J]. 涂料工业, 2012, 03: 1-4.

5.25 Y02－1 各色厚漆

1. 性能

Y02－1 各色厚漆又称甲乙级各色厚漆（Paste Paint Y02－1），价格便宜、容易刷涂，但漆膜柔软、干燥慢、耐久性差。由干性油和半干性植物油、颜料、体质颜料等调制而成。

2. 工艺配方

原料名称	红	绿	黄	蓝	铁红	白	黑
大红粉	9	—	—	—	—	—	—
铬黄	—	21.6	37	—	—	—	—
铁红	—	—	—	—	40	—	—
铁蓝	—	3.0	—	9	—	—	—
群青	—	—	—	—	—	0.2	—
立德粉	—	—	—	10	—	32	—
氧化锌	—	—	—	—	—	48	—
炭黑	—	—	—	—	—	—	5
重质碳酸钙	156	147	137.2	153.8	134	90	157
松香钙皂液	2.0	2.0	3.6	3.0	2.0	1.0	2.0
熟油	33	26.2	22.2	24.2	24	28.8	36

3. 工艺流程

颜料、填料、溶剂　　催干剂、溶剂

聚合油 → 预混合 → 研磨 → 调油 → 包装

4. 生产工艺

将全部原料搅拌预混合均匀，研磨分散，包装。

5. 质量标准（ZBG51012）

原漆外观	不应有搅不开的硬块
遮盖力/（g/m²）	
红色	≤200
绿色、灰色	≤80
黄色	≤180
蓝色	≤100
铁红色	≤70
白色	≤250
黑色	≤40
干燥时间	≤24 h

6. 用途

用于一般要求不高的建筑物或水管接头处的涂覆，也可用于木质物件的打底或油布之类的纺织品涂饰。

使用前加入清油调匀。调配比例为 2 ~ 3 份厚漆、1 份清油加适量催干剂、刷涂。有效贮存期为 2 年。

参 考 文 献

[1]　水性家具面漆和水基白色厚漆[J]. 家具，2005，01：34.

5.26　Y03 –1 各色油性调合漆

1. 性能

Y03 –1 各色油性调合漆又称油性船舱油。由干性植物油炼制后，加入颜料、体质颜料、催干剂、200 号溶剂汽油调制而成。

2. 工艺配方

原料名称	红	绿	白	黑
油性漆料	130	134	82	136
大红粉	12	—	—	—
中铬黄	—	28.6	—	—
铁蓝	—	3.4	—	—
群青	—	—	0.2	—
立德粉	—	—	78	—
氧化锌	—	—	16	—
钛白粉	—	—	6	—
炭黑	—	—	—	6
重质碳酸钙	30	14	—	32
沉淀硫酸钡	10	6	—	8
环烷酸钴（2%）	1	0.6	0.6	1
环烷酸锰（20%）	1	0.6	0.6	1
环烷酸铅（10%）	6	4	4	6
200 号溶剂汽油	10	8.8	10.8	10

3. 工艺流程

颜料、填料、溶剂　　催干剂、溶剂

聚合油 → 预混合 → 研磨 → 调油 → 包装

4. 生产工艺

将全部颜料、填料及部分聚合油、溶剂混合均匀，经研磨机研至细度合格，加入剩余油、溶剂及催干剂，混合调匀，过滤、包装。

5. 质量标准（ZBG51013—87）

漆膜外观	漆膜平整光滑	黏度/s	≥70
细度/μm	≤40	遮盖力/（g/m²）	
红色、黄色	≤180	绿色、灰色	≤80

白色	≤240	黑色	≤40
干燥时间/h			
表干	≤10	实干	≤24
光泽/%	≥70	柔韧性	1mm

6. 用途

用于涂装室内外一般金属、木质对象及建筑物表面，作保护和装饰之用。使用前应搅拌调匀。用200号溶剂汽油调节黏度。有效贮存期1年。

参 考 文 献

[1] 符振丰，孙吾魁. 塔尔油生产酯胶和醇酸调合漆[J]. 涂料工业，1985，03：15 – 17.

5.27 T01 – 1 酯胶清漆

1. 性能

T01 – 1 酯胶清漆也称清凡立水，英文名称 oleoresinous varnish T01 – 1。所形成漆膜光亮，耐水性好，有一定的耐候性。由干性植物油、多元醇松香酯、催干剂和溶剂汽油组成。

2. 生产配方

甘油松香	10.4	桐油	25.6
松香铅皂	1.6	亚、桐聚合油	6.4
200 号溶剂汽油	35.2	环烷酸锰(2%)	0.56
环烷酸钴(2%)	0.24		

3. 工艺流程

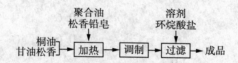

4. 生产工艺

将桐油、甘油松香和配方量 1/2 的亚、桐聚合油、松香铅皂混合加热，升温至 275 ~ 280℃，保温熬炼，至黏度合格，稍降温后加入剩余聚合油，冷却至 150℃，加入溶剂汽油及催干剂，充分混合，调制均匀，再经过滤后即得成品。

5. 质量标准

固体含量/%	≥50
酸价/(mgKOH/g)	≤10
黏度(涂 – 4 黏度计)/s	60 ~ 90
原漆颜色(铁钴比色计)	≤14
透明度	透明，无机械杂质
回黏性/级	≤2
耐水性(24h)	不起泡，不脱落，允许变白，1h 内恢复
柔韧性/mm	1

硬度   ≥0.30

干燥时间/h
  表干   ≤6
  实干   ≤18

6. 用途

适用于木制家具、门窗、板壁等的涂覆及金属制品表面的罩光。

5.28　T03-1 磁性调合漆

1. 性能

T03-1 磁性调合漆又称 T03-1 各色酯胶调合漆。干燥性能比油性调合漆好，漆膜较硬，有一定的耐水性。由干性植物油、多元醇松香酯、颜料、体质颜料、催干剂、200 号溶剂汽油调配而成。

2. 工艺配方

原料名称	红	铁红	绿	黄	蓝	白	黑
大红粉	11.6	—	—	—	—	—	—
氧化铁红	—	28	—	—	—	—	—
中铬黄	—	—	16	30	—	—	—
柠檬黄	—	—	6	4	—	—	—
铁蓝	—	—	5	—	3	—	—
立德粉	—	—	—	—	24	104	—
群青	—	—	—	—	—	0.2	—
炭黑	—	—	—	—	—	—	6
轻质碳酸钙	10	6	10	10	8	—	10
沉淀硫酸钡	40	34	40	40	40	—	40
酯胶调合漆	116.4	109.4	101.4	94.4	103	74.4	120.4
亚、桐聚合油	10	10	10	10	10	10	10
环烷酸钴(2%)	1	1	0.6	0.6	1	0.6	1
环烷酸锰(2%)	1	1.6	1	1	—	1	1
环烷酸铅(10%)	4	5	4	4	4	4	5
200 号溶剂汽油	6	6	6	6	6	6	6

3. 工艺流程

聚合油 → [高速搅拌预混合] ←(填料、溶剂) → [研磨分散] ←(酯胶料、催干剂、溶剂) → [调漆] → 过滤、包装

4. 生产工艺

将全部颜料、填料及聚合油及部分溶剂高速搅拌预混合，经研磨机研磨至细度合格，加入酯胶料、催干剂及溶剂，充分调匀，过滤、包装。

5. 质量标准

漆膜外观	漆膜平整光滑	黏度/s	≥70
细度/μm	≤40	光泽/%	≥80
干燥时间/h		遮盖力/(g/m²)	
表干	≤6	红色、黄色	≤180
实干	≤24	蓝色	≤100
回黏性	≤2 级	黑色	≤40
柔韧性/mm	1	绿色	≤80
		白色	≤200

6. 用途

用于室内外一般金属、木质对象及建筑物表面的涂覆，做保护和装饰之用。使用前必须搅匀，用 200 号溶剂汽油稀释，刷涂。

参 考 文 献

[1] 符振丰. 塔尔油代替植物油制酯胶调合漆[J]. 陕西化工, 1983, 04: 49 – 50.
[2] 宫存孝, 刘克良. 改性酯胶调合漆的试制[J]. 优选与管理科学, 1985, 03: 41 – 44.

5.29　T03 – 82 各色酯胶无光调合漆

1. 性能

T03 – 82 各色酯胶无光调合漆也称磁性平光调合漆，英文名称 Various color oleoresinous flat ready mixed paint T03 – 82。该漆漆膜无光，色彩鲜明，色调柔和，光亮而脆硬，能耐水洗。由酯胶漆料与颜料、体质颜料、溶剂汽油和催干剂组成。

2. 工艺配方

原料名称	一	二	三	四
酯胶漆料	18	18	18	18
沉淀硫酸钡	4	4	4	7
轻质碳酸钙	8	8	8	8
立德粉	59	52	52	55
柠檬黄	—	2	4	—
中铬黄	—	4	2	—
酞菁蓝	—	—	0.5	0.5
环烷酸钴(2%)	0.5	0.5	0.5	0.5
溶剂汽油	10.5	11.5	11	11

注：酯胶漆料配方：

顺丁烯二酸酐树脂	1.2	石灰松香	4.4
甘油松香	2.4	桐油	20
亚、桐聚合油	11.2	松香改性酚醛树脂	3.2
黄丹	0.8	200 号溶剂汽油	36.8

3. 工艺流程

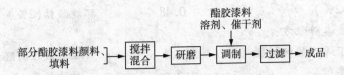

4. 生产工艺

先制备酯胶漆料。将树脂、桐油和部分亚桐聚合油混合加热，升温至 270～275℃，保温热炼至黏度合格，稍降温后加入剩余的聚合油，将物料冷却至 160℃，加入溶剂汽油调制均匀，过滤后即得成品酯胶漆料。

将 2/3 酯胶漆料与颜料、填料混合均匀，投入研磨机中研磨至细度合格，再加入剩余漆料、溶剂汽油和催干剂，充分搅拌，调制均匀，经过滤后即制得成品。

5. 质量标准（沪 Q/HG14 - 060）

漆膜颜色	符合标准样板及色差范围
漆膜外观	平整
光泽/%	≤10
遮盖力/(g/m²)	≤200
黏度(涂 - 4 黏度计)/s	30～60
细度/μm	≤60
干燥时间/h	
表干	≤2
实干	≤14

6. 用途

限用于涂饰室内墙壁及要求不高的木材或钢铁表面。使用时以涂刷为主，可用 200 号溶剂汽油或松节油稀释。

参 考 文 献

[1] 张彦艳. 石油树脂在酯胶调合漆中的应用[J]. 现代涂料与涂装，2000，02：6-7.
[2] 贾清林，郑嘉身. 顺酐化亚麻油一步法生产酯胶漆[J]. 涂料工业，1984，02：11-13.

5.30 T06 - 6 灰酯胶二道底漆

1. 性能

T06 - 6 灰酯胶二道底漆也称二道底漆，英文名称 gray color oleoresinous surfacer T06 - 6。该漆填密性好，易于喷涂和打磨，附着力强。由酯胶底漆料、颜料、体质颜料、溶剂和催干剂组成。

2. 工艺配方

酯胶底漆料	22.8	硫酸钡	8
轻质碳酸钙	16	立德粉	14
滑石粉	10	炭黑	0.08

| 黄丹 | 0.4 | 200 号溶剂汽油 | 7.92 |
| 环烷酸锰(2%) | 0.48 | 环烷酸钴(2%) | 0.32 |

注：酯胶底漆料配方：

甘油顺丁烯二酸酐树脂	1.5	松香改性酚醛树脂	4
石灰松香	5.5	甘油松香	3
亚、桐聚合油	14	桐油	25
黄丹	1	200 号溶剂汽油	46

将树脂、桐油和一部分亚、桐聚合油混合加热，升温至 270～275℃，保温热炼至黏度合格，稍降温后加入剩余的聚合油，冷却至 160℃，加溶剂汽油和黄丹充分调制，过滤后制得酯胶底漆料。

3. 工艺流程

4. 生产工艺

将一部分酯胶底漆料与颜料、体质颜料混合，送入磨漆机中研磨至所需细度，再加入剩余漆料、溶剂和催干剂，调制均匀后过滤，即制得成品。

5. 质量标准（沪 Q/HG14 - 142）

漆膜颜色	灰色，色调不定	漆膜外观	漆膜均匀，平整
干燥时间/h		黏度（涂 - 4 黏度计）/s	70～90
表干	≤4	遮盖力/(g/m²)	≤150
实干	≤20	细度/mm	≤50

6. 用途

适用于已涂有底漆腻子的金属、木材、墙面作中间涂层，可填平腻子上的孔隙及纹路，作要求不高的钢铁、木质表面的底漆。

参 考 文 献

[1] 王家亮，陈俊英. 高填充性聚氨酯二道底漆的研制与应用[J]. 现代涂料与涂装，2004，(05)：25.

5.31 T09 - 3 油基大漆

1. 性能

T09 - 3 油基大漆（prepared natural lacquer T09 - 3）也称 201 透明金漆、901 配色漆、揩漆。由生漆、亚麻仁油、顺丁烯二酸酐树脂和有机溶剂组成。该漆漆膜光亮、透明、附着力强，具有优良的耐腐蚀、耐水、耐烫、耐久和耐候性。

2. 工艺配方

| 亚麻仁油 | 8.4 | 顺丁烯二酸酐树脂 | 10 |
| 生漆 | 56 | 松节油 | 5.6 |

3. 工艺流程

```
        亚麻仁油  松节油    生漆
          ↓      ↓       ↓
树脂→ 溶解 → 稀释 → 调制 →成品
```

4. 生产工艺

将树脂与热亚麻仁油混合溶解，再加入松节油稀释，然后将物料加入生漆中充分搅拌，调制均匀，即制得成品。

5. 质量标准（沪 Q/HG14 - 493）

原漆外观	浅色黏稠液体
固体含量/%	≥60
干燥时间(15℃~35℃，相对湿度 >80%)/h	
表干	≤8
实干	≤12

6. 用途

用于木器家具、门窗、手工艺品的贴金、罩光等，也可调入颜色制成色漆使用。

参 考 文 献

[1] 白世印. 高级多用透明金漆[J]. 建材工业信息，1999，(12)：81.

5.32 T50 - 32 各色酯胶耐酸漆

1. 性能

T50 - 32 各色酯胶耐酸漆，又称 1 号、2 号各色酯胶耐酸漆。由干性植物油、颜料、体质颜料、催干剂及溶剂组成，具有一定的耐酸腐蚀性能，干燥较快。

2. 工艺配方

原料名称	红	绿	白	黑
甲苯胺红	5	—	—	—
中铬黄	—	1	—	—
浅铬黄	—	15	—	—
铁蓝	—	2	—	—
群青	—	—	0.2	—
钛白粉	—	—	13	—
硫酸钡	27	20	25	33
酯胶漆料	60	55	54	55
200 号溶剂汽油	6	5.4	6.4	7
环烷酸钴(2%)	0.5	0.3	0.3	0.5
环烷酸锰(2%)	0.5	0.3	0.3	0.5
环烷酸铅(10%)	1	1	1	1

3. 工艺流程

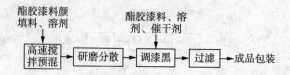

4. 生产工艺

将部分酯胶料和颜料、填料混合，高速搅拌混合均匀。经磨漆机研磨至细度合格，再加入其余酯胶漆料、200号溶剂汽油及催干剂，充分调匀，过滤后即得成品。

5. 质量标准

漆膜颜色和外观 色差范围，漆膜平整	符合标准样板及其
黏度/s	60~90
遮盖力/(g/m²)	
黑色	≤40
灰色	≤80
白色	≤140
干燥时间/h	
表干	≤4
实干	≤24
硬度	≥0.30
细度/μm	≤40
耐酸性(浸于25℃±1℃、40%硫酸溶液中，72h)	不起泡、不脱落，允许颜色变浅

6. 用途

主要用于工厂中需防酸气腐蚀的金属或木质结构表面的涂覆，也可用于耐酸要求不高的工程结构物表面的涂装。施工时，用200号油漆溶剂汽油或松节油作稀释剂，采用刷涂法施工。

参 考 文 献

[1] 田涛. 环保型耐酸防腐涂料的研究[D]. 国防科学技术大学，2005.

5.33　F03-1 各色酚醛调合漆

1. 性能

F03-1各色酚醛调合漆(F03-1 all colors phenolic ready-mixed paint)又称磁性调合漆、磁性调合色漆。由干性植物油、松香改性酚醛树脂、颜料和有机溶剂组成，漆膜光亮、鲜艳，有一定的耐候性。

2. 工艺配方

(1)配方一

原料名称	白	黑	绿

松香改性酚醛调合漆料	25.0	37.0	33.0
亚、桐聚合油	12.0	12.0	12.0
轻质碳酸钙	—	5.0	5.0
沉淀硫酸钡	—	30.0	20.0
钛白	50.0	—	—
柠檬黄	—	—	18.2
炭黑	—	3.0	—
铁蓝	—	—	1.8
200号油漆溶剂汽油	11.0	11.0	8.0
环烷酸钴(2%)	0.5	0.5	0.5
环烷酸锰(2%)	0.5	0.5	0.5
环烷酸铅(10%)	1.0	1.0	1.0

(2)配方二

原料名称	红	黄	蓝
松香改性酚醛调合漆料	34.0	33.0	35.0
亚、桐聚合油	12.0	12.0	12.0
沉淀硫酸钡	30.0	20.0	20.0
轻质碳酸钙	5.0	5.0	5.0
大红粉	6.5	—	—
中铬黄	—	20.0	—
铁蓝	—	—	5.0
立德粉	—	—	12.0
环烷酸钴(2%)	0.5	0.3	0.3
环烷酸锰(2%)	0.5	0.3	0.3
环烷酸铅(10%)	1.0	1.0	1.0
200号油漆溶剂汽油	10.5	8.4	9.4

3. 工艺流程

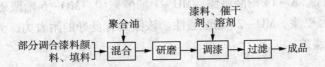

4. 生产工艺

将颜料、填料、部分松香改性酚醛调合漆料和亚、桐聚合油混合均匀，经磨漆机研磨分散，至细度小于35μm，加入其余调合漆料，混匀后加入200号油漆溶剂汽油和催干剂，充分调合均匀，过滤，得酚醛调合漆。

5. 质量标准

指标名称	Q/WST-JC061(武汉)	Q/NQ15(宁波)
漆膜颜色及外观	符合标准样板及色差范围，平整光滑	

黏度/s	≥70	70～105
细度/μm	≤40	≤35
遮盖力/(g/m²)		
白	≤200	≤220
绿	≤80	—
天蓝	≤100	≤140
红、黄	≤180	≤150
黑	≤40	≤50
干燥时间/h		
表干	≤4	≤6
实干	≤24	≤24
光泽/%	≥85	≥90
柔韧性/mm	≤1	≤1
硬度	—	≥0.2

6. 用途

适用于室内、室外木材制品和金属表面涂饰。以刷涂为主，用 X‒6 醇酸稀释剂或 200 号油漆溶剂油稀释。

参 考 文 献

[1] 杨喜，徐永惠. 高固体分石油树脂改性酚醛调合漆[J]. 涂料工业，1992，(03)：14.

5.34　F04‒1 各色酚醛磁漆

1. 性能

F04‒1 各色酚醛磁漆(F04‒1 Phenolic enamel)由干性植物油和松香改性酚醛树脂熬炼后，与颜料、体质颜料研磨，加入催干剂和溶剂调制而成。又称 A‒6 酚醛磁漆、A‒7 酚醛磁漆、A‒8 酚醛磁漆、A‒9 酚醛磁漆、A‒10 酚醛磁漆、A‒11 酚醛磁漆、A‒12 酚醛磁漆、A‒13 酚醛磁漆、A‒14 酚醛磁漆、MO‒1 酚醛磁漆、MO‒6 酚醛磁漆、MO‒21 酚醛磁漆、MO‒23 酚醛磁漆、MO‒24 酚醛磁漆。该漆具有良好的附着力，光泽好，色彩鲜艳，但耐候性比醇酸磁漆差。

2. 工艺配方

(1)配方一(红色)

原料名称	(一)	(二)
酚醛漆料(56%)	91.75	72.0
亚、桐聚合油	8.75	7.0
甲苯胺红	11.0	—
轻质碳酸钙	7.0	5.0
大红粉	—	7.0
200 号油漆溶剂汽油	10.0	7.0

环烷酸锌(3%)	0.7	—
环烷酸钴(2%)	0.18	0.5
环烷酸锰(2%)	0.84	0.5
环烷酸铅(10%)	0.45	1.0

(2)配方二(黄色)

原料名称	(一)	(二)
酚醛漆料(56%)	91.25	65.0
亚、桐聚合油	8.75	7.0
轻质碳酸钙	3.5	3.0
中铬黄	20.0	35.0
环烷酸锌(3%)	0.7	—
环烷酸钴	0.18	0.5
环烷酸锰(2%)	0.84	0.5
环烷酸铅(10%)	—	1.0
200号油漆溶剂汽油	3.0	3.0

(3)配方三(蓝色)

原料名称	(一)	(二)
亚、桐聚合油	7.0	8.75
酚醛漆料(56%)	68.0	91.25
钛白粉	2.0	2.7
立德粉	12.0	—
铁蓝	3.0	10.0
轻质碳酸钙	3.0	3.5
200号油漆溶剂汽油	3.0	5.0
环烷酸钴(2%)	0.5	0.18
环烷酸锰(2%)	0.5	0.84
环烷酸铅(10%)	1.0	—
环烷酸锌(3%)	—	0.7

(4)配方四(黑色)

原料名称	(一)	(二)
酚醛漆料(56%)	91.25	77.7
亚、桐聚合油	8.75	7.0
轻质碳酸钙	7.0	5.0
硬质炭黑	3.5	3.0
环烷酸钴(2%)	0.51	0.5
环烷酸锰(2%)	0.84	0.8
环烷酸铅(10%)	—	1.0
环烷酸锌(3%)	0.7	—

200号油漆溶剂汽油	9.0	5.0

(5)配方五(白色)

原料名称	(一)	(二)
白特酯胶漆料(58%)	100.0	53.0
亚、桐聚合油	—	3
钛白粉	33.0	5.0
立德粉	—	35.0
轻质碳酸钙	3.5	—
群青	—	0.01
环烷酸锌(3%)	0.7	—
环烷酸钴(2%)	0.075	0.5
环烷酸锰(2%)	—	0.5
环烷酸铅(10%)	0.3	1.0
200号油漆溶剂汽油	—	2.0

(6)配方六(绿色)

原料名称	(一)	(二)
酚醛漆料(56%)	68.0	91.25
亚、桐聚合油	7.0	8.75
轻质碳酸钙	5.0	3.5
中铬黄	7.0	—
柠檬黄	6.0	—
铁蓝	2.0	—
中铬绿	—	19.0
环烷酸锌(3%)	—	0.7
环烷酸钴(2%)	0.5	0.18
环烷酸锰(2%)	0.5	0.84
环烷酸铅(10%)	1.0	—
200号油漆溶剂汽油	3.0	5.0

(7)配方七

原料名称	中灰	铁红
酚醛漆料(56%)	91.25	91.25
亚、桐聚合油	8.75	8.75
钛白粉(金红石型)	18.0	—
中铬黄	1.93	—
轻质碳酸钙	3.5	3.5
轻质炭黑	1.35	—
铁红	—	15.0
200号油漆溶剂汽油	6.0	12.0

环烷酸锌(3%)	0.7	0.7
环烷酸钴(2%)	0.18	0.18
环烷酸锰(2%)	0.84	2.16

3. 工艺流程

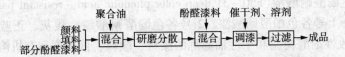

4. 生产工艺

将颜料、填料、聚合油和部分酚醛漆料混合均匀，经磨漆机研磨至细度小于 $30\mu m$，再加入剩余的酚醛漆料，混匀后，加入溶剂油、催干剂，充分调合均匀，过滤，得酚醛磁漆。

5. 质量标准（ZBG51020）

漆膜颜色及外观	符合标准样板及色差范围，平整光滑
黏度(涂−4，25℃)/s	≥70
细度/μm	≤30
遮盖力/(g/m^2)	
黑色	≤40
铁红、草绿	≤60
蓝色	≤70
浅灰	≤100
红、黄	≤160
干燥时间/h	
表干	≤6
实干	≤18
柔韧性/mm	1
冲击强度/kg·cm	50
附着力/级	≤2
光泽/%	≥90
耐水性/h	2
硬度	≥0.25
回黏性/级	≤2

6. 用途

主要适用于建筑、交通工具、机械设备等室内木质和金属表面的涂装，作保护装饰之用。以刷涂为主。用200号油漆溶剂汽油或松节油作稀释剂。

参 考 文 献

[1] 赵玲.《各色酚醛磁漆》等18项化工行业标准修订情况介绍[J].涂料工业，2003，(06)：49.

5.35 F50-31 各色酚醛耐酸漆

1. 性能

F50-31 各色酚醛耐酸漆(F50-31 deep color phenolic acid-resistant paints)又称 F50-1 各色酚醛耐酸漆、1 号各色酚醛耐酸漆、2 号各色酚醛耐酸漆、浅灰、正蓝油基耐酸漆、灰耐酸漆。由松香改性酚醛树脂和干性油熬炼的漆料、颜料、催干剂和有机溶剂组成，干燥较快，具有一定的耐酸性，能抵御酸性气体的腐蚀，但不宜浸渍在酸中。

2. 工艺配方

原料名称	红	白	黑
改性酚醛-干性油漆料	56.0	55.0	55.0
沉淀硫酸钡	31.5	24.5	33.0
甲苯胺红	5.0	—	—
钛白粉	—	13.5	—
炭黑	—	—	3.0
200 号油漆溶剂汽油	4.5	4.0	6.0
环烷酸钴(2%)	0.5	0.5	0.5
环烷酸锰(2%)	0.5	0.5	0.5
环烷酸铅(10%)	2.0	2.0	2.0

3. 工艺流程

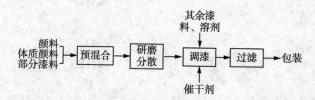

4. 生产工艺

将颜料、体质颜料和部分松香改性酚醛树脂-干性油漆料预混合均匀，投入磨漆机研磨至细度小于 45 μm。然后加入其余漆料、溶剂和催干剂，充分调合均匀，过滤得到酚醛耐酸漆。

5. 质量标准(沪 Q/HG14-076)

漆膜颜色及外观	符合标准样板及其色差范围，漆膜平整光滑
黏度(涂-4)/s	90~120
细度/μm	≤45
遮盖力/(g/m²)	
白、天蓝	≤140
灰色	≤100
黑色	≤50
干燥时间/h	

表干	≤3
实干	≤16
耐酸性(浸渍于50%硫酸中，72h)	允许轻微变色，漆膜不损坏

6. 用途

主要用于化工厂、化学品库房等建筑物内作一般防酸涂层。也用于一般设备保护，以防酸性气体侵蚀。使用量(二层)120～180 g/m²。金属除锈、除油后涂 X06-1 磷化底漆一层，然后涂该漆四层，必须在上层干透后才可涂下一层。可酌加 200 号油漆溶剂汽油或松节油稀释。

5.36 草绿防滑甲板漆

1. 性能

草绿防滑甲板漆由环氧树脂、纯酚醛桐油漆料、颜料、填料、催干剂和溶剂组成。该漆膜具有良好的附着力、耐候性和耐磨性，防滑性能好。

2. 工艺配方

1∶1.5 纯酚醛桐油漆料	20.2
420 号漆料	47.1
石英粉	4.81
重晶粉	3.84
中铬黄	15.12
炭黑	0.45
酞菁蓝	0.02
氧化锌	0.17
氧化铁蓝	0.35
环烷酸钴(2%)	0.4
环烷酸锰(2%)	0.4
环烷酸铅(10%)	1.0
二甲苯	3.91
松节油	2.23

注：1∶1.5 纯酚醛桐油漆料配方：

纯酚醛树脂	20.0
桐油	30.0
二甲苯	25.0
松节油	25.0

注：420 号漆料配方：

604 号环氧树脂	25.0
脱水蓖麻油酸	20.0
桐油酸	5.0
松节油	25.0

二甲苯   25.0

3. 工艺流程

4. 生产工艺

将部分漆料与全部颜料、体质颜料预混合均匀，经磨漆机研磨分散至细度小于 40 μm，加入溶剂和催干剂，充分调合均匀，过滤得草绿防滑甲板漆。

5. 质量标准

漆膜颜色及外观	符合标准样板及其色差范围，漆膜平整光滑
细度	≤40
黏度（涂 -4，25℃）/s	60～120
干燥时间/h	
表干	≤4
实干	≤24
柔韧性/mm	≤1
冲击强度/kg·cm	50
遮盖力/(g/m²)	≤60

6. 用途

用于涂刷船舶甲板、码头、浮桥等防滑部位。可刷涂、滚涂或无空气高压喷涂。

参 考 文 献

［1］ 孙祖信，郭泽亮，陈凯锋. 飞行甲板防滑涂料的研发进展［J］. 上海涂料，2011，（07）：28.
［2］ 方指利. 快干甲板漆的研制［J］. 宁波化工，2003，（Z1）：37.
［3］ 郑劲东. 国外舰载飞机甲板用防滑涂层的研究与进展［J］. 舰船科学技术，2003，（05）：87.

5.37 F53-40 云铁酚醛防锈漆

1. 性能

F53-40 云铁酚醛防锈漆（F53-40 Micaclous iron oxide phenolic anti-rust paint）又称 F53-10 云铁酚醛防锈漆，由长油度酚醛树脂漆料、云母氧化铁、铝粉浆、体质颜料、催干剂和有机溶剂组成，漆膜附着力强，防锈性能好，干燥快，遮盖力好。

2. 工艺配方

长油度酚醛树脂漆料	35.0	云母氧化铁	42.0
氧化铁红	2.0	铝粉浆	3.0
磷酸锌	5.0	滑石粉	5.5
膨润土	0.5	200 号油漆溶剂汽油	5.0

| 环烷酸钴(2%) | 0.5 | 环烷酸锰(2%) | 0.5 |
| 环烷酸铅(10%) | 1.0 | | |

3. 工艺流程

4. 生产工艺

将颜料、体质颜料和部分酚醛漆料混合均匀，研磨分散至细度小于 75 μm，然后加入其余酚醛漆料、铝粉浆，混匀后加入溶剂、催干剂，充分调合均匀，过滤，得到 F53-40 云铁酚醛防锈漆。

5. 质量标准（ZBG51104）

漆膜颜色和外观	红褐色，色调不定，允许略有刷痕
黏度(涂-4)/s	70~100
细度/μm	≤75
干燥时间/h	
表干	≤3
实干	≤20
遮盖力/(g/m²)	≤65
硬度	≥0.3
冲击强度/kg·cm	50
柔韧性/mm	1
附着力/级	1
耐盐水性(浸120h)	不起泡、不生锈

5. 用途

适用于钢铁桥梁、铁塔、车辆、船舶、油罐等户外钢铁结构上作防锈打底涂装。喷涂或刷涂。可用200号油漆溶剂汽油稀释。

参 考 文 献

[1] 孙彩侠. 云母氧化铁在醇酸防锈漆中的应用[J]. 淮北职业技术学院学报，2011，(03)：37.
[2] 林颖施，黄佐进. 磁性氧化铁酚醛防锈漆的研制[J]. 广州化工，2003，(02)：41.

5.38 氯丁酚醛阻燃漆

1. 性能

氯丁酚醛阻燃漆由氯丁乳胶、酚醛树脂、膨胀石墨、氢氧化铝和矿物纤维组成，具有良好的阻燃性。漆膜在膨胀前柔韧性好，膨胀后稳定性好。厚度 2.5 mm，膨胀压力 0.68 MPa，膨胀高度 17 mm。

2. 工艺配方

水性氯丁乳胶(50%水分散液)	72.0	酚醛树脂	9.6
氢氧化铝	26.4	膨胀石墨	127.2
矿物纤维(Inorphil)	4.8		

3. 工艺流程

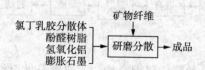

4. 生产工艺

将50%的水性氯丁乳胶、酚酚树脂、氢氧化铝、膨胀石墨和矿物纤维混合后研磨分散
1h，然后用 KOH 调节 pH＝10 即得。

5. 产品标准

黏度(布氏黏度计，7.2 r/min，30℃)/Pa·s   4

pH 值   10.0

6. 用途

用作阻燃涂料。用于墙壁接缝处、房屋夹层或间壁、电缆通道或类似部位作阻燃涂装。

参 考 文 献

[1] 范才德. HB4507 阻燃绝缘漆研制和应用[J]. 浙江化工，1986，02：23-27.

5.39   改性聚苯乙烯系列涂料

这里介绍以废聚苯乙烯塑料为基料的防水装饰涂料、路标涂料、外墙涂料、地板涂料。
每年用于包装的废弃苯乙烯泡沫塑料达10多万吨，利用废聚苯乙烯泡沫塑料生产涂料是一
项投资少、见效快、变废为宝的有效途径。

1. 工艺配方

原料名称	(一)	(二)	(三)	(四)
废苯乙烯塑料	28	25	28	25
二甲苯	7	5	5	—
甲苯	10	13	9	12
乙苯	—	2	5	—
三氯乙烯	2	—	3	2
丁酮	—	3	—	1
乙酸乙酯	8	5	—	6
乙酸丁酯	2	—	5	4
C-7油(溶剂油)	10	12	8	15
C-12油(溶剂油)	15	13	17	10
羧乙基纤维素(CA)	1	1	—	—

聚氯乙烯共聚物(PVCC)	—	—	3	3
酚醛树脂(PF－2)	2	5	1	2
甲苯二异氰酸酯(TDI)	—	1	1	—
邻苯二甲酸二丁酯	0.5	0.5	0.5	0.2
填料	5	5	5	5
钛白	10	10	10	—
氧化铁红	—	—	—	12

2. 生产方法

将废聚苯乙烯洗净晾干后粉碎，加至混合溶剂中，同时加入改性剂(CA、PVCC、PF－2、TDI 均为改性剂)，制备基料，然后加入填料、增塑剂、颜料后在 JTⅡ－20 分散设备中分散均匀，再用 BAS－1 型压滤机过滤得到涂料。配方(一)为防水装饰涂料，配方(二)为路标涂料，配方(三)外墙涂料，配方(四)为地板涂料。

3. 用途

与对应的涂料相同。

参 考 文 献

[1] 韩世涛，唐宝林，李秀成. 复合改性聚苯乙烯乳液防水涂料[J]. 新型建筑材料，1999，(04)：21.

[2] 黄庆荣，黄震东，朱万仁. 改性聚苯乙烯涂料的研制[J]. 玉林师专学报，1997，(03)：49.

[3] 雷闰盈，畅住国，祖庸. 改性聚苯乙烯系列涂料[J]. 涂料工业，1992，(04)：18.

5.40　L40－32 沥青防污漆

1. 性能

L40－32 沥青防污漆(Asphalt anti－fouling paint L40－32，Coal tar pitch anti－fouling paint L40－32)，也称 813 棕色木船船底防污漆、909 热带防虫漆、木船船底漆、L40－2 沥青防污漆，由煤焦沥青、松香、颜料、体质颜料、无机和有机毒料、溶剂汽油、重质苯和煤焦溶剂组成。该漆常温干燥快，具有良好的附着力，能耐海水冲击，并有防止和杀死船蛆及海中附着生物的功效，是性能优良的防污漆。

2. 生产配方

氧化亚铜	14	氧化铁红	12
氧化锌	15	萘酸铜液	9
滴滴涕	3	硫酸铜	3
松香液	16	200 号煤焦溶剂	8
200 号溶剂汽油	4	重质苯	7
煤焦沥青液	5		

3. 工艺流程

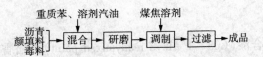

287

4. 生产工艺

将全部原料(除煤焦溶剂)混合,搅拌均匀,送入球磨机中研磨,至细度合格后,加入煤焦溶剂,调制均匀,过滤后即得成品。

5. 质量标准(津 Q/HG2 - 47 , 沪 Q/HG14 - 527)

漆膜颜色	棕黄至棕黑
漆膜外观	光亮,允许略有刷痕
细度/μm	≤80
黏度(涂 - 4 黏度计)/s	30 ~ 60
遮盖力/(g/m²)	≤80
干燥时间/h	
表干	≤3
实干	≤12

6. 用途

用于木质海船的船底和码头、海中木质建筑物水下对象表面的涂覆,可有效防污。

参 考 文 献

[1] 王凯. 新型船体防污漆应用研究[J]. 广东造船,2009,(02):56.
[2] 沥青—有机铅型民用船舶防污漆[J]. 涂料工业,1977,(02):12.

5.41 含烃蜡醇酸涂料

该涂料适用于墙壁和天花板等室内涂饰,其中含有中到长油醇酸树脂、熟油、石蜡和填料,该涂料对涂饰表面的缺陷有良好的遮盖性。德国专利 DD288168(1991)。

1. 工艺配方

豆油(50%)醇酸树脂	40	浓缩干科	8
熟油	190	石蜡乳液(16%)	150
钛白	150	锌钡白	127
方解石粉	322	防结皮剂	5

2. 生产方法

先将醇酸树脂、熟油、浓缩干料和石蜡乳温匀,然后加入粉料和防结皮剂,经球磨研磨过筛得醇酸内装饰涂料。

3. 用途

与一般醇酸树脂涂料相同。

5.42 C03 - 1 各色醇酸调合漆

1. 性能

C03 - 1 各色醇酸调合漆(C03 - 1 Alkyd readymixed paint)由松香改性醇酸树脂等醇酸调合漆料、颜料、填料、催干剂及溶剂经研磨分散调制而成,常温干燥,其光泽、硬度、附着

288

力、耐久性优于酯胶调合漆。

2. 工艺配方

（1）配方一

原料名称	红	绿
醇酸调合漆料	65.0	60.0
大红粉	4.2	—
中铬黄	—	2.0
柠檬黄	—	11.0
铁蓝	—	2.0
沉淀硫酸钡	6.5	5.0
轻质碳酸钙	4.5	5.0
200 号溶剂汽油	14.8	10.0
环烷酸钙（2%）	1.0	1.0
环烷酸钴（2%）	0.5	0.5
环烷酸锰（2%）	0.5	0.5
环烷酸铅（10%）	2.0	2.0
环烷酸锌（4%）	1.0	1.0

（2）配方二

原料名称	白	黑
醇酸调合漆料	55.0	65.0
钛白	5.0	—
立德粉	25.0	—
炭黑	—	2.0
沉淀硫酸钡	—	10.0
轻质碳酸钙	—	6.0
200 号溶剂汽油	10.0	11.5
环烷酸钙（2%）	1.0	1.0
环烷酸钴（2%）	0.5	1.0
环烷酸锰（2%）	0.5	0.5
环烷酸铅（10%）	2.0	2.0
环烷酸锌（4%）	1.0	1.0

3. 工艺流程

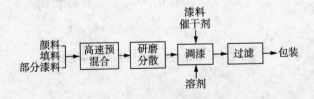

4. 生产工艺

将一部分醇酸调合漆料与颜料、填料经高速搅拌预混合，研磨分散至细度≤35 μm，过

289

滤,加入其余醇酸调合漆料、催干剂、溶剂,充分调匀,过滤,包装。

5. 质量标准(京 Q/H12017)

漆膜颜色及外观	符合标准样板,在色差范围内,漆膜平整光滑
黏度(涂−4)/s	60~90
细度/μm	≤35
遮盖力/(g/m²)	
红	≤180
绿	≤80
白	≤200
黑	≤40
干燥时间/h	
表干	≤6
实干	≤24
柔韧性/mm	1
光泽/%	≥85

6. 用途

适用于一般金属、木材对象及建筑物表面的涂装。

参 考 文 献

[1] 梁建新,陈建峰. C03−1各色醇酸调合漆的研制[J]. 广西化工,1993,04:13−14.

[2] 赵国立,张永利. 利用废涤纶制备醇酸调合漆的研究[J]. 工业技术经济,1999,03:99−100.

[3] 有机硅醇酸调合漆涂料组合物及其制备方法[J]. 有机硅氟资讯,2007,10:38.

5.43 银色脱水蓖麻油醇酸磁漆

1. 性能

该磁漆由中油度脱水蓖麻油醇酸树脂、铝粉浆、催干剂、溶剂调配而成。该漆具有较好的机械强度、耐候性及防锈性。

2. 工艺配方

中油度脱水蓖麻油醇酸树脂	62.0	环烷酸钴(2.0%)	0.7
环烷酸锰(2.0%)	1.3	松节油	10.0
二甲苯	6.0	铝粉浆	20.0

3. 工艺流程

醇酸树脂 催干剂 → 混合 → 调漆 → 过滤 → 包装

4. 生产工艺

将脱水蓖麻油醇酸树脂与干料混合后加入溶剂,搅拌均匀,然后过滤,包装。铝粉浆分开包装,使用时混合均匀。

290

5. 质量标准

漆膜颜色和外观	符合标准色样板及色差范围
黏度(涂-4)/s	≥60
细度/μm	≤20
遮盖力(灰色)/(g/m²)	≤65
干燥时间/h	
表干	≤5
实干	≤15
光泽/%	≥90
硬度	≥0.25
冲击强度/kg·cm	50
附着力/级	≤2
柔韧性/mm	≤1

6. 用途

适用于一般金属表面和建筑物表面,如建筑工程、交通工具、船舶以及机械器材等的涂装。使用量 60~80 g/m²。

参 考 文 献

[1] 赵国志,赵锦毅,赵越. 脱水蓖麻油的制取与应用[J]. 中国油脂,1999,(01): 35.
[2] 符振丰. 松香改性脱水蓖麻油制醇酸调合漆[J]. 陕西化工,1984,(03): 15.
[3] 利用蓖麻油代替胡麻油生产 C04-2 草绿醇酸磁漆[J]. 陕西化工,1977,01: 33.

5.44　C04-4 各色醇酸磁漆

1. 性能

C04-4 各色醇酸磁漆(C04-4 all colors alkyd resin enamel)由长油度醇酸树脂、颜料、催干剂和溶剂组成。该漆膜具有良好的坚韧性和附着力,具有较好的耐候性。

2. 工艺配方

季戊四醇	11.54	豆油(双漂)	24.04
苯酐	11.53	氧化铅	0.055
200 号溶剂汽油	36.59	钛白粉(金红石型)	15.7
铁蓝	0.02	深铬黄	0.1
炭黑(通用)	0.08	环烷酸钙(2%)	0.8
环烷酸钴(3%)	0.4	环烷酸锰(3%)	0.4
环烷酸铅(12%)	1.4	环烷酸锌(3%)	0.4
硅油(1%)	0.2	双戊二烯	3.0

3. 工艺流程

4. 生产工艺

将 11.54 份季戊四醇和 24.04 份豆油投入反应釜中，升温，通入 CO_2，搅拌，于 40min 内升温至 120℃，加入氧化铅 0.005 份，升温于 230 ~ 240℃ 醇解反应。醇解完毕，降温至 200℃，加入 11.53 份苯酐，于 200℃ 下保温反应 1 h，然后升温至 220℃，反应 2 h 后，测定酸价和黏度合格后，立即停止加热。降温至 150℃，加入 30.14 份 200 号溶剂汽油稀释，制得醇酸树脂液。

取部分醇酸树脂液与 15.7 份钛白粉、0.02 份铁蓝、0.1 份深铬黄、0.05 份氧化铅（黄丹）、0.08 份炭黑预混合，研磨分散至细度小于 30 μm，然后加入催干剂、硅油、双戊二烯和 6.45 份 200 号溶剂汽油充分调匀，过滤后得到醇酸磁漆。

5. 质量标准

漆膜颜色及外观	符合标准样板及色差范围漆膜平整光滑
黏度（涂 -4）/s	≥60
细度/μm	≤30
干燥时间/h	
表干	≤8
实干	≤48
柔韧性/mm	1
冲击强度/kg·cm	50

6. 用途

用于大型结构表面的涂装。

5.45　C04 - 45 灰醇酸磁漆（分装）

1. 性能

C04 - 45 灰醇酸磁漆（C04 - 45 gray alkyd enamel）又称 66 灰色户外面漆。由中油度季戊四醇醇酸树脂、催干剂、溶剂和分装的铝锌浆组成，使用时按比例混合。该漆漆膜呈现花纹，内部片状颜料，层层相叠，透水性很低，对紫外线有反射作用。

2. 工艺配方

中油度豆油季戊四醇醇酸树脂（50%）	75.75
环烷酸钙（2%）	1.0
环烷酸钴（2%）	0.5
环烷酸锰（2%）	0.6
环烷酸铅（10%）	2.0
环烷酸锌（4%）	1.0
200 号油漆溶剂汽油	3.0
二甲苯	1.0
金属铝锌浆（分装）	15.15

3. 工艺流程

$$醇酸树脂\ 催干剂 \rightarrow \boxed{调漆} \xleftarrow{溶剂} \rightarrow \boxed{过滤} \rightarrow 醇酸清漆（给分A）$$

4. 生产工艺

将中油度季戊四醇醇酸树脂与催干剂、溶剂混合，充分调匀，过滤得醇酸清漆组分（A组分），包装。铝锌金属浆另外包装（B组分）。使用时按配方比混合均匀。

5. 质量标准（ZBG51096）

漆膜颜色和外观	符合标准样板，在色差范围内，平整光滑
黏度（涂 -4）/s	≥45
遮盖力/（g/m²）	≤45
干燥时间/h	
表干	≤12
实干	≤24
硬度	≥0.25
柔韧性/mm	1
冲击强度/kg·cm	50
附着力/级	≤2 级
耐水性（浸 5h）	允许轻微失光，变白，在 1h 内恢复
水汽渗透率/[mg/（mm²·μm⁻¹·h）]	≤0.28

6. 用途

专供桥梁、高压线铁塔及户外大型钢铁构筑物的表面涂装。使用前，将 A、B 组分混合，过 140 目筛网后即可使用，混合后一周内用完。使用量 120 ~ 140 g/m²。

参 考 文 献

［1］　沈希萍. 丙烯酸改性醇酸磁漆的研制［J］. 安徽化工，2007，06：40 – 43.

5.46　高遮盖力醇酸涂料

这种醇酸树脂涂料，主要用于木材如窗户框架的涂饰和保护，具有良好的耐候性和耐紫外旋光性，且遮盖力强。波兰专利 PLl52031（1990）。

1. 工艺配方

钛白	140	苯二甲酸的醇酸树脂　400	
氧化锌	370	挥发油	28
丁醇	20	添加剂	28
铅干料（20%）	10	锰干料（6%）	3
群青	1		

2. 生产方法

将含菜油 55%、季戊四醇 5.5% 和乙二醇 1% 的醇酸树脂与溶剂、催干剂和填料混合，经球磨过筛后，得到高遮盖力的醇酸树脂漆。

3. 用途

与一般醇酸树脂漆相同，直接涂覆形成 40~50 μm 厚的漆膜。

参 考 文 献

[1] 叶新.水性醇酸树脂涂料的研究及应用[J].黑龙江科技信息，2011，17：20.

[2] 王毅，吕滨，王恩德，王福会.TiO₂ 纳米复合醇酸树脂涂料的性能研究[J].功能材料与器件学报，2011，05：450-453.

[3] 胡涛，陈美玲，高宏，王钧宇.水性醇酸树脂涂料的研究及应用[J].涂料工业，2004，06：48-51.

5.47 银色醇酸磁漆

该磁漆具有优良的耐候性及防锈性能，附着性好，且耐磨，可用于金属表面和建筑物表面的涂装，如船舶、机械器材，房屋及交通工具等。

1. 工艺配方

中油度脱水蓖麻油醇酸树脂	62	环烷酸钴液（25%）	0.70
二甲苯	6	环烷酸钴液（2%）	1.3
铝粉浆	20	松节油	10

2. 生产方法

将脱水蓖麻油醇酸树脂与干料混合后加入溶剂，搅拌均匀，然后过滤包装。铝粉浆另外包装，使用时临时混合。

3. 用途

将铝粉浆加入混合液中，搅拌混合均匀，然后涂刷于对象表面。

参 考 文 献

[1] 沈希萍.丙烯酸改性醇酸磁漆的研制[J].安徽化工，2007，(06)：40.

5.48 带锈防锈涂料

这种涂料可以不将金属表面的锈除去而涂漆，使之转化成为非活性或钝化态的形式，与涂层结合为一体，从而形成具有防锈功能的漆膜。美国专利 US4462829。

1. 工艺配方

（1）配方一

醇酸树脂乳液（按固体分计）	10.0	颜料（其中 Fe₂O₃≥5.0kg）	15~27.5
催干剂（环烷酸钴、锰）	0.05~0.15	三乙醇胺油酸酯	0.1~0.7
石油溶剂	8~10		

（2）配方二

豆油醇酸树脂（100% 固体份，24% 苯酐）	85
甲醇	12

白土(防沉剂)	1.7
大豆卵磷酯(分散剂)	2.8
三氧化二铁	45
碳酸钙	150
环烷酸钴(12%)	1.36
环烷酸锰	1.8
环烷酸锆	1.8
石油溶剂	91
水	94.5
三乙醇胺油酸酯	2

2. 生产方法

配方一为基本生产配方。配方二为具体生产配方。现以配方二为例:将 85 kg 豆油醇酸树脂(100% 固体分,23% ~25% 邻苯二甲酸酐)、1.7 kg 白土防沉剂、12 kg 甲醇和 2.8 kg 大豆卵磷脂颜料分散剂在室温下混合,研磨至赫格曼细度 6 级,与 12% 环烷酸钴 1.36 kg、1.8 kg 6% 的环烷酸锰、1.8 kg 环烷酸锆和 9l kg 石油溶剂相混合,再与 94.5 kg 水和 2 kg 三乙醇胺油酸酯相混合,得到带锈防锈涂料。

3. 用途

在生锈的钢铁件上涂刷 3 mm 厚的该漆,干燥 18 h,所得的漆膜在盐雾中暴露 800 h 之后仍无锈迹。

参 考 文 献

[1] 高微. 环保型密闭高性能带锈防锈涂料制备及其性能研究[D]. 南昌大学,2011.

[2] 肖涛,石雷,徐林霞,袁新强. 水性带锈防锈涂料的研制[J]. 广州化工,2012,23:67-69.

[3] 岳华东. 新型转锈剂及水性带锈防锈涂料的制备[D]. 湖南大学,2012.

[4] 古绪鹏,陈同云,姚文锐. 环保型水溶性带锈防锈涂料的研制[J]. 腐蚀与防护,2002,02:63-64.

5.49 C06 -2 铁红醇酸带锈底漆

1. 性能

C06 -2 铁红醇酸带锈底漆由中油度醇酸树脂、稳锈原料、颜料、体质颜料、催干剂及溶剂调配而成。可以直接涂在已锈蚀钢铁表面,不仅能抑制锈蚀的发展,而且还能逐步转化锈蚀为有益的保护性物质。常温干燥。

2. 工艺配方

氧化铁红	4.0	中油度醇酸树脂(50%)	48.0
轻质碳酸钙	4.0	四盐基锌黄	2.4
磷酸锌	2.4	氧化锌	4.0
滑石粉	0.8	铬酸二苯胍	1.5
重晶石粉	8.0	催干剂	4.64 ~5.62
200 号油漆溶剂汽油	3.1 ~3.38	二甲苯	3.1 ~3.38

亚油酸胺	1.0

3. 工艺流程

```
                                      催干剂、
                                      溶剂
                                        ↓
醇酸树脂（部分）
颜料、填料    ──→ 混合 → 研磨 → 混合 → 调漆 → 过滤 → 包装
                                        ↑
                                      亚油酸胺
```

4. 生产工艺

将部分中油度醇酸树脂与颜料、填料预混合，研磨至细度小于 60 μm，加入其余醇酸树脂，混匀后加入亚油酸胺、催干剂，加入二甲苯和溶剂油，调整黏度至（涂 -4，25℃）60 ~ 90 s，过滤，包装。

5. 质量标准

黏度（涂 -4，25℃）/s	60 ~ 90	细度/μm	≤60
干燥时间/h			
表干	≤4		
实干	≤24	硬度	≥0.3
柔韧性/mm	1	冲击强度/kg·cm	50

6. 用途

用于带锈钢铁表面涂装，供车辆、船舶、桥梁、化工设备等钢铁表面涂饰。

参 考 文 献

［1］ 周宇帆，徐晓鸣，张震. 湿面带锈防锈底漆的研制[J]. 武汉交通科技大学学报，1996，03：349 - 352.

［2］ 袁任绍，黄海诚，付子林. 环氧酯带锈底漆的生产应用研究[J]. 江西化工，1996，02：31 - 33.

［3］ 吕钊，李伟华，宗成中. 一种环氧带锈底漆的研制[J]. 腐蚀与防护，2011，09：728 - 730.

5.50　C06 - 18 铁红醇酸带锈底漆

1. 性能

C06 - 18 铁红醇酸带锈底漆（C06 - 18 iron red alkyd on - rust primer）又称 C06 - 19 铁红醇酸带锈底漆、7108 转化型带锈底漆、稳定型醇酸带锈底漆，由醇酸树酯、稳锈原料、颜料、催干剂和溶剂组成，可直接在已锈蚀的钢铁表面涂覆，干燥快，附着力好，有较好的耐硝基性、耐热性和耐低温性。

2. 工艺配方

	（一）	（二）
氧化铁红	11.0	30.0
铬酸锌	11.0	29.0
磷酸锌	5.5	20.0
氧化锌	3.5	10.0
铬酸钡	2.0	5.0

铝粉浆	2.0	5.0
亚硝酸钠	0.5	1.0
155 号醇酸漆料	—	75.0
中油度亚麻油醇酸树脂	37.0	—
环烷酸铅(10%)	2.0	4.4
环烷酸钴(3%)	0.5	0.08
环烷酸锰(3%)	0.5	0.3
环烷酸锌(4%)	—	1.1
环烷酸钙(2%)	—	1.1
200 号溶剂汽油	14.5	—
二甲苯	10.0	15.0

注：155 号醇酸树脂配方：

胡麻油(双漂)	52.43	甘油(98%)	14.3
黄丹	0.02	苯酐	33.25
200 号油漆溶剂汽油	78.0	二甲苯	12.0

3. 工艺流程

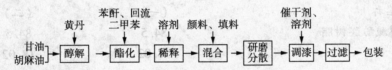

4. 生产工艺

将甘油、胡麻油投入反应釜，160℃加入黄丹，加热至240℃醇解完全，于200℃加入苯酐，在200～230℃酯化至酸价、黏度合格，降温，于150℃加入溶剂稀释，得到50%的醇酸树脂。

将部分醇酸树脂与颜料、填料混合，研磨分散，至细度小于50 μm，加入其余的醇酸树脂，混匀后加入溶剂、催干剂，充分调匀，过滤，包装。

5. 质量标准

指标名称	津 Q/HG3992	黑 G51040
漆膜颜色及外观	铁红色，色调不定，漆膜平整	
黏度(涂 -4，25℃)/s	40～70	50
细度/μm	≤60	≤50
干燥时间/h		
表干	≤4	≤4
实干	≤24	≤24
柔韧性/mm	1	—
冲击强度/kg·cm	50	—
遮盖力	—	≤70
固含量/%	40～60	—

稳锈化锈性	—	漆膜不出现锈斑
附着力/级	≤2	≤1

6. 用途

适用于车辆、船舶、机械、桥梁、化工设备等已锈蚀的钢铁表面作打底涂装（锈厚度在 80 μm 以下）。喷涂或刷涂。用 X-6 醇酸稀释剂调整黏度。

参 考 文 献

[1] 吴贤官. 带锈涂料及其应用[J]. 涂料涂装与电镀, 2003, (01): 34.

[2] 袁任绍, 黄海诚, 付子林. 环氧酯带锈底漆的生产应用研究[J]. 江西化工, 1996, 02: 31-33.

5.51 645 稳定型带锈底漆

1. 性能

该漆可以直接涂覆在已锈蚀的钢铁表面，漆膜干燥快，附着力强，有较好的防锈性、耐硝基性和耐热性。

2. 工艺配方

原料名称	（一）	（二）
645 醇酸酚醛树脂	84.5	84.5
209 锌黄	18.02	18.02
铬酸锌	10.8	10.0
磷酸锌	14.0	14.0
氧化锌	16.02	16.02
碳酸胍	—	2.7
亚硝酸钠	2.0	—
铁红	29.2	28.8
萘酸钴(2.5%)	0.28	0.28
萘酸锰(2%)	0.72	0.72
萘酸锌(3%)	1.26	1.26
促进剂 M	1.0	1.0
二甲苯(或 200 号溶剂汽油)	20.0	20.0

3. 工艺流程

4. 生产工艺

将部分 645 醇酸酚醛树脂与颜料、填料预混合均匀，研磨分散至细度小于 50 μm，然后与其余的醇酸酚醛树脂、催干剂、溶剂、促进剂混合，充分调合，过滤，包装。

298

5. 质量标准

漆膜颜色及外观	铁红色，色调不定，漆膜平整
黏度/s	100～150
干燥时间/h	
表干	≤4
实干	≤24
柔韧性/mm	1
冲击强度/kg·cm	50
附着力(划圈法)/级	≤2

6. 用途

适用于车辆、船舶、机械、桥梁、化工设备等锈蚀的钢铁表面打底。

参 考 文 献

[1] 吴妙卿. MC 型带锈底漆研制[J]. 电机电器技术，1996，(01)：35.
[2] 马雪丽，杜建伟，霍明江. D53 稳定型带锈防锈涂料的研究[J]. 石油工程建设，1995，(01)：48.

5.52　C43-31 各色醇酸船壳漆

1. 性能

C43-31 各色醇酸船壳漆(C43-31 alkyd ship hull paint) 又称 C43-1 各色醇酸船壳漆、867 白醇酸船壳漆。该漆漆膜光亮，耐候性优良，附着力好，并有一定的耐水性。

2. 工艺配方

(1)配方一

原料名称	白1	白2
长油度亚麻油季戊四醇		
醇酸树脂(50%)	60.0	44.54
酚醛树脂液(50%)	7.0	—
043 号厚油		13.80
炼油(熟梓油)	—	0.49
钛白粉(金刚石型)	25.0	22.8
氧化锌(一级)	—	4.55
群青	0.2	0.01
环烷酸钴(2%)	0.5	0.99
环烷酸铅(10%)	2.0	1.23
环烷酸锌(4%)	1.0	—
环烷酸锰(2%)	0.5	—
环烷酸钙(2%)	1.0	—
松香水	—	10.85
双戊烯	—	0.74

| 二甲苯 | 1.8 | — |
| 200 号油漆溶剂汽油 | 1.0 | — |

注：043 号厚油配方：

梓油（双漂）	45.0
桐油	20.0
豆油	35.0

（2）配方二

原料名称	蓝灰	黑
长油度亚麻油季戊四醇醇酸树脂	65.0	70.0
酚醛树脂（50%）	6.5	7.0
炭黑	0.5	3.2
酞菁蓝	0.5	—
钛白粉	17.0	—
环烷酸钙（2%）	1.0	1.0
环烷酸钴（2%）	0.5	0.8
环烷酸锰（2%）	0.5	0.5
环烷酸铅（10%）	2.0	2.5
环烷酸锌（4%）	1.0	1.0
二甲苯	3.5	10
200 号溶剂汽油	2.0	4.0

注：长油度亚麻油季戊四醇醇酸树脂配方：

亚麻油（双漂）	69.6	季戊四醇	10.6
邻苯二甲酸酐	19.8	黄丹	0.035
松节油	12.0	200 号油漆溶剂汽油	80.0

3. 工艺流程

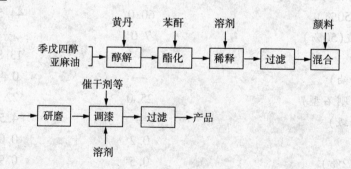

4. 生产工艺

将季戊四醇、亚麻油投入反应釜，搅拌，加热，120℃加入黄丹，加热至240℃，醇解完全后，降温至200℃，加入苯酐，于210~230℃保温酯化，至酸价、黏度合格后，冷却，160℃加入溶剂稀释，制得50%长油度亚油醇酸树脂液。

将部分醇酸树脂与颜料混合，研磨至细度≤30μm，加入醇酸树脂、酚醛树脂及其他物料，混匀，加入催干剂、溶剂，充分调匀，得到醇酸船壳漆。

5. 质量标准

指标名称	重 QCYQG51084	鄂 Q/WST – JC025
漆膜颜色及外观	符合标准样板及色差范围，平整光滑	
黏度(涂 –4)/s	60 ~ 100	≥60
细度/μm	≤30	≤35
遮盖力/(g/m²)		
白色	≤200	≤140
黑色	≤50	≤40
蓝	—	≤80
干燥时间/h		
表干	≤4	≤8
实干	≤20	≤24
附着力/级		≤2
光泽/%	≥80	≥80
耐水性		8h

6. 用途

适用于涂装水线以上的船壳部位，也可用于船舱、房间、桅杆等部位的涂装。刷涂或喷涂。用 X –6 醇酸稀释剂或 200 号油漆溶剂汽油稀释。用量：白色≤150 g/m²，黑色≤50 g/m²。

参 考 文 献

[1] 曹京宜，尹德祥，杨光付，康新征. 舰船防腐涂料与涂装[J]. 中国涂料，2005，08：39 –41.

[2] 王晓，雷剑，郭年华，靳钊. 我国船壳漆的发展概况[J]. 上海涂料，2011，03：30 –33.

5.53　960 氯化橡胶醇酸磁漆

1. 性能

该磁漆施工性能好，表面干燥快，附着力强，具有良好的耐碱性、耐水性。由 $C_{5~9}$ 低碳合成脂肪酸与桐油改性醇酸树脂(960 醇酸树脂)、中度氯化橡胶、颜料和溶剂组成。

2. 工艺配方

原料名称	白	中灰	绿
960 醇酸树脂(50%)	42.0	45.0	46.0
氯化橡胶液(30%)	28.0	34.0	32.0
钛白(R –820)	23.0	16.0	—
美术绿	—	—	17.0
炭黑(滚筒)	—	0.4	
二甲苯	7.0	4.6	5.0

注：960 醇酸树脂配方：

$C_{5~9}$ 合成脂肪酸(酸值 320 ~420)	27.0	桐油	33.0
顺丁烯二酸松香(软化点≥130℃)	10.0	季戊四醇	16.2

| 邻苯二甲酸酐(苯酐) | 13.8 | 二甲苯 | 50.0 |
| 松节油 | 42.0 | | |

3. 工艺流程

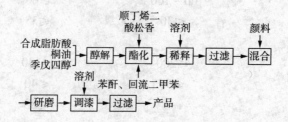

4. 生产工艺

将 $C_{5\sim9}$ 低碳合成脂肪酸、桐油投入反应釜，搅拌，加热，加入季戊四醇，升温至 240 ±
2℃，保温醇解 1.5~2.0 h。取样测定至 1：10(无水乙醇)澄清为醇解终点。降温至 200℃，
停止搅拌，加入顺丁烯二酸松香，待其溶解后，启动搅拌，加入苯酐和回流用二甲苯(8
份)。于 195~210℃保温酯化至酸价、黏度合格，降温，于 160℃加入 42 份二甲苯和 42 份
松节油，用离心机过滤，得到 50% 的 960 醇酸树脂。

将颜料和适量 960 醇酸树脂混合均匀，研磨分散至细度小于 30 μm，再加入其余醇酸树
脂和溶剂，充分调合均匀，过滤，得到 960 氯化橡胶醇酸磁漆。

5. 用途

适用于金属或带碱性的水泥表面涂装。

参 考 文 献

[1] 邓裕朱. J-960 氯化橡胶醇酸磁漆[J]. 涂料工业，1978，04：1-3.
[2] 秦国治，张晓玲. 氯化橡胶防腐涂料及其应用综述[J]. 化工设备与防腐蚀，2000，(02)：52.

5.54   C53-34 云铁醇酸防锈漆

1. 性能

C53-34 云铁醇酸防锈漆(C53-34 micaceous iron oxide alkyd anticorrosive paint)又称云
母氧化铁醇酸维护漆、C53-4 云铁醇酸防锈漆，由长油度季戊四醇醇酸树脂、云母氧化铁
等颜料、体质颜料、催干剂和有机溶剂组成。漆膜坚韧，具有良好的附着力、防潮性和耐
候性。

2. 工艺配方

长油度亚麻油季戊四醇醇酸树脂(50%)	36.0
云母氧化铁	40.0
氧化铁黑	3.0
铝银粉浆	5.0
滑石粉	5.0
环烷酸钴(2%)	0.5
环烷酸锰(2%)	0.5

环烷酸铅（10%）	1.5
环烷酸锌（4%）	0.5
二甲苯	3.0
200 号油漆溶剂汽油	5.0

3. 工艺流程

4. 生产工艺

先将颜料、体质颜料与适量醇酸树脂混合均匀，经磨漆机研磨至细度小于 70 μm，再加入剩余的醇酸树脂，混匀后加入溶剂、催干剂，充分调合均匀，过滤得到云铁醇酸防锈漆。

5. 质量标准

指标名称	鄂 Q/WST－JC065	苏 Q/3201－NQJ－042
漆膜颜色及外观	灰至褐色，色调不定，允许有刷痕	
黏度（涂－4）/s	100～150	60～100
细度/μm	≤70	≤70
干燥时间/h		
表干	≤4	≤3
实干	≤24	≤24
柔韧性/mm	≤2	—
冲击强度/kg·cm	50	50
硬度	—	≥0.3
附着力/级	≤2	—
遮盖力/（g/m²）	≤120	≤70
耐盐水性/d	1	5

6. 用途

适用于户外大型钢铁结构件如桥梁、铁路、交通设备、高压电线铁塔、锅炉、船舶、车辆等表面作防锈打底涂装。以刷涂为主，亦可喷涂。用 X－6 醇酸漆稀释剂或用二甲苯、200 号油漆溶剂汽油、松节油调整黏度。

参 考 文 献

[1] 孙彩侠. 云母氧化铁在醇酸防锈漆中的应用[J]. 淮北职业技术学院学报，2011，(03)：37.
[2] 周立新，程江，杨卓如，张凡. 几种水性防锈漆的性能比较[J]. 合成材料老化与应用，2004，(02)：23.

5.55 氨基耐候涂料

1. 性能

氨基耐候涂料由原油醇酸树脂、氨基树脂、颜料和溶剂组成，具有优良的耐候性和一定的耐酸碱性。

2. 工艺配方

加氢聚合油	20.0	氢氧化锂	0.01
乙二醇	14.0	三羟甲基丙烷	6.67
苯酐	30	二甲苯	47.0
丁/醇醚化三聚氰胺树脂(60%)	50.38	二氧化钛	100.76

注：加氢聚合油的制备：在反应锅中加入 100 份亚麻仁油，用氮气驱尽反应锅内空气，在氮气保护下，于 320℃时，搅拌熬炼 10 h，得到碘值 110 的聚合油。在高压反应釜中，加入 100 份聚合油和 1 份阮氏镍催化剂，于 200℃时通氢气氢化 10 h，至碘值降至 30 以下为终点，得到加氢聚合油。

3. 工艺流程

4. 生产工艺

在反应锅中，加入加氢聚合油、氢氧化锂、三羟甲基丙烷，于氮气保护下，逐渐加热至 250℃，保温醇解 1 h，然后加入乙二醇、邻苯二甲酸酐和 2.7 份二甲苯，于 160~180℃下保温 3 h，再于 2 h 内慢慢升温至 220℃，保温 3 h 酯化。酯化完成后，冷却至 140℃，加入约 44.3 份二甲苯稀释至固含量为 60%(羟值 90、酸值 4.8)，得到醇酸树脂。将适量的醇酸树脂和钛白混合，研磨分散至细度小于 30 μm，加入氨基树脂，充分调合均匀，过滤，得到氨基耐候涂料。

5. 性能

漆膜颜色及外观	白色，漆膜平整光滑
细度/μm	≤30
光泽(60°)/%	96.2
耐冲击性/kg·cm	>50
耐酸性(5% H_2SO_4 浸 24h)	良
耐碱性(5% NaOH 浸 24h)	良
耐温水(70℃温水浸渍)	良
耐腐蚀性(3 天盐水喷雾锈蚀宽)	1.2
耐候性/%	
天然暴晒 1 年保光率	85.0

加速老化1000h，保光率	88.0

6. 用途

可用于金属、木质、水泥等表面的涂装，应用广泛。刷涂或喷涂。

参 考 文 献

[1] 周卫东，张光国，刘秀生，钟萍，刘兰轩.自清洁型桥梁长效防蚀耐候涂料的研究[J].材料保护，2004，10：43-44.

[2] 李震，孙红尧，陈水根.水利水电工程中钢结构耐候涂料的研制[J].水利水运工程学报，2002，02：12-15.

5.56 Q18-31 各色硝基裂纹漆

1. 性能

Q18-31 各色硝基裂纹漆（Q18-31 nitrocellulose crack paint）又称 Q12-1 各色硝基裂纹漆，由硝化棉、颜料、较多的体质颜料和溶剂组成，具有均匀美观的裂纹，但附着力较差。

2. 工艺配方

原料名称	深蓝	中黄	大红
硝化棉(70%)	23.48	23.48	23.48
乙酸乙酯	5.27	5.27	5.27
乙酸丁酯	3.19	3.19	3.19
苯	47.92	47.92	47.92
硬脂酸镁	3.5	3.5	3.5
碳酸镁	15.0	15.0	15.0
绀青(44:56)	2.0	—	—
铬黄浆(7:3)	—	2.0	—
红色浆(4:6)	—	—	2.0

3. 工艺流程

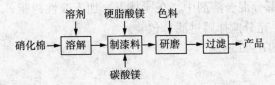

4. 生产工艺

将硝化棉溶于由乙酸乙酯、乙酸丁酯和苯组成的有机溶剂中，然后加入硬脂酸镁和碳酸镁，混合均匀后再加入色料，研磨分散至细度小于 30 μm 以下，过滤得裂纹漆。

5. 质量标准（甘 Q/HG2122）

颜色及外观	色调不定，呈现均匀的裂纹
黏度(涂-4)/s	60~120
干燥时间/min	≤30

固体含量/%

黑色　　　　　　　　　　　　　　　≥16.5

其他色　　　　　　　　　　　　　　≥20.0

6. 用途

用于室内墙壁、仪器、仪表、医疗器械表面涂装，但需罩光。使用量 200～300 g/m²。

参 考 文 献

[1] 王军，孙友军，陈湘奎，王雷. 防盗门用裂纹漆的研制与涂装[J]. 涂料技术与文摘，2004，05：19－20.

[2] 赵永超，魏新庭，管猛，吴爱兵，侯兴港. 弹性乳液制备水性裂纹漆的研究[J]. 上海涂料，2012，07：9－12.

5.57　Q22 - 1 硝基木器漆

1. 性能

该漆光泽好、硬度高、耐热性好，可用砂蜡、光蜡打磨上光。由硝化棉、改性醇酸树脂、松香甘油酯、增韧剂及有机溶剂等调制而成。

2. 工艺配方

松香改性蓖麻油醇酸树脂	60	2 号硝化棉(70%)	43
乙酸丁酯	28	甲苯	28
二丁酯	5	乙酸乙酯	12
丁醇	16	无水乙醇	8

3. 工艺流程

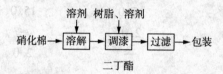

4. 生产工艺

先将硝化棉溶解于部分混合溶剂中，在搅拌下，加入改性树脂、二丁酯(必要时加入松香甘油酯)和剩余溶剂，充分搅拌后过滤、包装。

5. 质量标准(Q/GHTB - 2)

原漆颜色/号	≤8	原漆外观	透明，无机械杂质
漆膜	平整光亮	黏度(落球黏度计)/s	15～25
固体含量/%	≥32	干燥时间/min	
表干	≤10	实干	≤50
光泽/%	≥95	硬度	≥0.65
柔韧性/mm	≤2	附着力/级	≤1
耐沸水(浸10min)	无异常	耐油性(汽油1号浸2h)	无异常

6. 用途

适用于各种高级木器、家具、缝纫机台板、无线电、仪表木壳等表面作装饰保护涂料。

306

用前须充分调匀，如有机械杂质，应进行过滤。被涂物表面应进行预处理。喷涂、刷涂、揩涂均可，用 X-1 稀释剂，有效贮存期为 1 年。

参 考 文 献

[1] 邓朝霞，叶代勇，傅和清，黄洪，陈焕钦. 透明阻燃硝基木器漆的研制[J]. 化学建材，2006，05：4-6.
[2] 许莉. 硝基木器漆[J]. 中国涂料，1998，03：29-34.
[3] 王其富. 香型硝基木器漆[J]. 涂料工业，1985，02：23-25.

5.58　G52-2 过氯乙烯防腐漆

1. 性能

G52-2 过氯乙烯防腐漆（G52-2 chlorinated PVC anti-corrosive paint），也称过氯乙烯防腐漆，由过氯乙烯树脂、磷酸酚酯、增塑剂和有机混合溶剂组成。

该漆具有优良的防腐蚀性能和防火性，可与各色过氯乙烯防腐漆配套使用，也可单独使用，但附着力差，加紫外线吸收剂可用于室外的耐腐蚀设备表面涂装。

2. 工艺配方

过氯乙烯树脂	14.4	五氯联苯	1.5
环氧氯丙烷	0.48	磷酸二甲酚酯	1.2
邻苯二甲酸二丁酯	1.5	混合有机溶剂	101

3. 工艺流程

```
                    混合有机溶剂  其余原料
                        ↓         ↓
过氯乙烯树脂 ──→ 溶解 ──→ 混合调制 ──→ 过滤 ──→ 成品
```

4. 生产工艺

先将过氯乙烯树脂溶于混合有机溶剂中，溶解完后，再加入其余原料，充分搅拌，调制均匀，过滤后即得到成品。

5. 质量标准

原漆外观和透明度	浅黄色透明液体，允许带乳光，无机械杂质溶液
黏度（涂-4 黏度计）/s	20~25
固体含量/%	≥15
干燥时间（实干）/min	≤60
硬度	≥0.5
柔韧性/mm	1
冲击强度/kg·cm	≥40
复合涂层耐酸性（浸30天）	不起泡，不脱落
复合涂层耐碱性（浸20天）	不起泡，不脱落

6. 用途

与各色过氯乙烯防腐漆配套使用，适用于化工机械、设备、管道、建筑物表面的涂饰，以防止酸、碱、盐、煤油等腐蚀性物质的侵蚀，加有紫外线吸收剂的漆料可用于室外设备的防腐蚀涂装。

参 考 文 献

[1] 刘竟凯. 过氯乙烯防腐漆的施工[J]. 中国集体经济, 2011, (10): 205.
[2] 赵书红. 采用轧浆工艺生产过氯乙烯防腐涂料[J]. 山西化工, 1996, (01): 15.

5.59 G52-31 各色过氯乙烯防腐漆

1. 性能

G52-31 各色过氯乙烯防腐漆（various color chlorinated polyvinyl chloride anti-corrosive paint G52-31），也称 52-1 各色过氯乙烯防腐漆，由过氯乙烯树脂、醇酸树脂、各色过氯乙烯色片液、增韧剂和混合有机溶剂组成。该漆漆膜具有优良的耐腐蚀性和耐潮性。

2. 工艺配方

原料名称	红	绿	白	黑
过氯乙烯树脂液(20%)	52	55	30	65
红过氯乙烯树脂色片液	32	—	—	—
白过氯乙烯树脂色片液	—	—	48	—
黑过氯乙烯树脂色片液	—	—	—	22
黄过氯乙烯树脂色片液	—	22	—	—
蓝过氯乙烯色片液	—	7	—	—
中油度亚麻油醇酸树脂	6	5	8	5
邻苯二甲酸二丁酯	2	2	1	2
混合有机溶剂	9	9	13	3

3. 工艺流程

其余原料

过氯乙烯树脂液
醇酸树脂 → 溶解 → 调制 → 过滤 → 成品

4. 生产工艺

将过氯乙烯树脂液与中油度亚麻油醇酸树脂混合溶解，溶解完全后加入其余原料，充分搅拌，调制均匀，过滤后得到成品。

5. 质量标准(ZBG51067)

漆膜颜色和外观	符合标准样板及其色差范围, 平整光滑
黏度(涂-4 黏度计)/s	30~75
固体含量/%	
铝色、红、蓝、黑色	≥20
其他色	≥28
遮盖力(以干膜计)/(g/m²)	
黑色	≤30
深复色	≤50

浅复色	≤65
白色	≤70
红色、黄色	≤90
深蓝色	≤110
干燥时间(实干)/min	≤60
硬度	≥0.4
柔韧性/mm	1
冲击强度/kg·cm	50
附着力/级	≤3
复合涂层耐酸性(浸30天)	不起泡、不脱落
复合涂层耐碱性(浸20天)	不起泡、不脱落(铝色不测)

6. 用途

适用于各种化工机械、管道、设备、建筑等金属或木质对象表面的涂覆，可防止酸、碱及其他化学试剂的腐蚀。

参 考 文 献

[1] 陆琨. 过氯乙烯涂料在建筑防腐上的应用[J]. 浙江化工，1981，03：55.
[2] 杜心蕙，毛作民. 过氯乙烯地面涂料的工艺研究和革新[J]. 化学建材通讯，1986，S2：96-97.

5.60 G60-31 各色过氯乙烯防火漆

1. 性能

G60-31 各色过氯乙烯防火漆(various color chlorinated polyvinyl chloride fire-proof paint G60-31)，也称 G60-31 各色过氯乙烯缓燃漆、G60-1 各色过氯乙烯防火漆，由过氯乙烯、醇酸树脂、锑白过氯乙烯防火色片、增韧剂、稳定剂、混合有机溶剂组成。该漆具有阻止火焰蔓延的作用，可使木材在火源短时间作用下不易燃烧。

2. 工艺配方

过氯乙烯树脂液(20%)	13.5
锑白过氯乙烯防火色片	39
中油度亚麻油醇酸树脂	6
松香改性酚醛树脂液(50%)	2
邻苯二甲酸二丁酯	2
磷酸三甲酚酯	3
混合有机溶剂(苯、酮、酯类)	34.5

3. 工艺流程

过氯乙烯色片 其余原料

混合有机溶剂 → 溶解 → 混合 → 调制 → 过滤 → 成品

4. 生产工艺

先将锑白过氯乙烯防火色片溶解于混合有机溶剂中，剧烈搅拌，使色片完全溶解。再加入其余原料混合，充分搅拌，调制均匀，过滤后即得到成品。

5. 质量标准（QJ/DQ02·G13）

漆膜颜色和外观	符合标准样板
固体含量/%	≥37
黏度（涂 –4 黏度计）/s	≥150
冲击强度/kg·cm	≥30
使用量/(g/m²)	≤600
遮盖力/(g/m²)	≤700
柔韧性/mm	≤1
耐燃烧损失/%	≤20
干燥时间（实干）/h	≤3

6. 用途

适用于露天或室内建筑物板壁、木质结构部位的涂覆，作防火配套用漆。

参 考 文 献

[1] 张勇. 过氯乙烯树脂防火涂料的应用研究[J]. 广东化工，2010，(08)：25.
[2] 杨守生. 膨胀型过氯乙烯防火涂料[J]. 云南化工，2001，(01)：6.
[3] 施中信. 过氯乙烯涂料的制造[J]. 今日科技，1995，(06)：11.

5.61　B04 –11 各色丙烯酸磁漆

1. 性能

B04 –11 各色丙烯酸磁漆（B04 –11 all color acrylic enamels）由甲基丙烯酸酯、丙烯酸酯共聚树脂、过氯乙烯树脂、颜料、增塑剂和溶剂组成，漆膜光泽高，大气耐久性好，并有较好的防湿热、防盐雾、防霉菌性能，保光、保色性好。

2. 工艺配方

丙烯酸酯树脂溶液(50%)	48.0	过氯乙烯树脂	5.8
邻苯二甲酸二丁酯	1.6	金红石型钛白粉	8.0
其他配色颜料	0.6	乙酸丁酯	7.2
丙酮	6.5	甲苯	22.3

3. 工艺流程

```
                                    溶剂
                                     ↓
        颜料
部分丙烯酸树脂液 → 混合 → 研磨分散 → 混合 → 过滤 → 成品
                                     ↑
                              其余树脂、增塑剂
```

4. 生产工艺

将颜料与适量丙烯酸树脂液混合，研磨分散后，加入溶剂、其余的丙烯酸树脂、过氯乙烯树脂、邻苯二甲酸二丁酯，充分调合均匀，过滤，得到丙烯酸磁漆。

310

5. 质量标准(沪 Q/HG14 – 553)

漆膜颜色和外观	符合标准样板及色差范围，平整光滑
黏度(涂 – 4)/s	
白色	80 ~ 160
其他色	30 ~ 160
固体含量/%	
白色	≥38
铝色	≥26
干燥时间/h	
表干	≤0.5
实干	≤2
硬度	≥0.5
附着力/级	≤2
柔韧性/mm	≤3
耐水性(24h)	漆膜无变化
耐机油(24h)	漆膜无变化

6. 用途

主要用于钢铁桥梁、电视塔以及三防要求的轻工、仪表、电器等金属产品、喷涂。

参 考 文 献

[1] 航空工业用热固性丙烯酸磁漆[J]. 涂料工业, 1976, 02: 12 – 15.

[2] 李永华, 王国志, 马宏. 有机硅 – 丙烯酸乳液磁漆的研究[A]. 环保型涂料及涂装技术研讨会论文集[C]. 中国化工学会涂料涂装专业委员会:, 2000: 3.

5.62 聚丙烯酸酯乳胶漆

丙烯酸酯乳液通常是指丙烯酸酯、甲基丙烯酸酯, 有时也有用少量的丙烯酸或甲基丙烯酸等共聚乳液。丙烯酸酯乳液比乙酸乙烯乳液有许多优点: 对颜料的黏结能力大, 耐水性、耐碱性、耐旋光性、耐候性比较好, 施工性能良好。主要用来做外用涂层。这里提供的是用聚苯丙烯乳胶改性的聚丙烯酸酯乳胶漆配方。

1. 工艺配方

聚苯丙烯乳胶(50%)	448
聚丙烯酸铵分散剂	1.0
多聚磷酸钠(10% 水溶液)	4.5
浓氨水	0.5
防霉剂	3.0
高黏度羟乙基纤维素(2% 水溶液)	87.5
丁氧基乙醇	27
200 号溶剂汽油	2.25

金红石型钛白粉	179
碳酸钙	179
松油醇(消泡剂)	4.5
六偏磷酸钠(20%水溶液)	22.5

3. 生产方法

先将颜料(钛白)、碳酸钙、六偏磷酸钠等混合打浆，然后加入乳液和助剂调漆，过筛后即得产品。

4. 用途

与一般乳胶漆相同。

参 考 文 献

[1] 孟晓桥，杨冶. 聚丙烯酸酯乳胶漆的稳定性研究[J]. 化工科技市场，2010，(04)：23.

[2] 崔永亮，杨冶，孟晓桥. 聚丙烯酸酯乳液生产工艺研究[J]. 辽宁化工，2010，(05)：535.

5.63 有光乳胶涂料

本乳胶涂料的光泽优于一般其他乳胶涂料，抗粉化性能也较优异，老化试验经 2000 h 仍保持优良状态。

1. 工艺配方

甲组分

钛白粉 R-820	220	丙烯酸乳液	136
乙酸卡必醇丁酯	7	磷酸三丁酯	7
自来水	18		

乙组分(聚偏氯乙烯-丙烯酸乳液)

共聚物(TD1133)	595	氨水	3
丙烯酸乳液	14		

注：此共聚物是聚偏氯乙烯 100 份与丙烯酸乳液 47.7 份加氨水或 Na_2CO_3 3.3 份混炼而得。

2. 生产方法

先将甲组分中各组分按配方量，投入胶体磨中研磨 30min 后，再加入乙组分共研磨，达到要求细度即可。若泡沫较多，可滴加硅酮和松油以消泡。

3. 用途

与一般乳胶涂料相同，可用于室内外涂刷，其耐水、耐大气腐蚀均比市售聚乙酸乙烯乳胶内墙涂料优良。

参 考 文 献

[1] 杨进元，沈百拴，李新法，李保平. 有光乳胶涂料的研究[J]. 河南化工，1991，(06)：2.

[2] 有光乳胶漆应用试验报告[J]. 广州化工，1981，(01)：17.

[3] HR-1 苯丙有光乳胶涂料生产技术[J]. 建材工业信息，2002，04：35.

5.64 桥梁用涂料

这种涂料具有优良的耐候性，涂饰桥梁，6年无显著变化。

1. 工艺配方

丙烯酸酯树脂溶液	4.8	邻苯二甲酸二丁酯	0.16
乙酸丁酯	0.72	甲苯	2.23
过氯乙烯树脂	0.6	钛白粉	0.8
配色颜料	0.06	丙酮	0.65

2. 生产方法

将各组分混合搅拌均匀，过滤即得。

3. 用途

喷涂或刷涂。与一般丙烯酸酯树脂相同。

参 考 文 献

[1] 李敏风，钱胜杰．我国桥梁涂料发展特点分析[J]．上海涂料，2011，11：36-40.

[2] 杜存山．铁路桥梁用防腐蚀涂料[N]．中国建材报，2004-12-20003.

[3] 李海燕，温立光．新型铁路桥梁防水涂料的研究及应用[J]．中国铁道科学，2001，01：118-122.

5.65 桥梁面漆

该面漆主要用于钢铁、桥梁表面涂装。具有优良的耐水性，耐候性、附着力，漆膜外观平整光滑。

1. 工艺配方

长油度亚桐醇酸树脂(160号)	44.9	环烷酸锌液(4%)	0.5
环烷酸钴液(3%)	0.2	环烷酸钙液(2%)	0.5
环烷酸铅液(15g)	0.7	锌钡白	42
炭黑	0.2	200号溶剂汽油	8

2. 生产方法

将配方中的原料混合搅拌均匀，研磨至细度≤30 μm为止，然后过滤包装。

3. 用途

涂刷于物体表面，干燥时间，表面干8 h，实干20 h。漆膜平整光滑颜色呈灰色。

参 考 文 献

[1] 刘新，王业，倪小战．钢结构桥梁防腐蚀涂料系统设计[A]．第三届中国重庆涂料涂装学术大会论文集[C]．重庆市涂料涂装行业协会，2008：11.

[2] 杜存山．铁路桥梁用防腐蚀涂料[N]．中国建材报，2004-12-20003.

5.66 游泳池用白色氯化橡胶漆

1. 性能

该氯化橡胶漆由中黏度氯化橡胶、增塑剂、黏土凝胶剂、颜料和溶剂组成，具有较好的耐水性。

2. 工艺配方

中黏度氯化橡胶	36.0	氯化石蜡（含氯42%）	24.0
黏土凝胶剂	1.0	二氧化钛（金红石型）	40.0
乙醇	0.4	二甲苯	73.8
200号油漆溶剂油	24.8		

3. 工艺流程

4. 生产工艺

将氯化橡胶溶解于二甲苯和200号油漆溶剂油中，溶解完全后，加入钛白粉，混匀后经磨漆机研磨分散至细度小于40 μm，加入氯化石蜡、黏土凝胶剂（乙醇），充分调合均匀，过滤得到游泳池用白色氯化橡胶漆。

5. 用途

用于游泳池混凝土建筑的涂装。

参 考 文 献

[1] 王家聪. 氯化橡胶的生产工艺研究[D]. 浙江大学，2010.
[2] 秦国治，张晓玲. 氯化橡胶防腐涂料及其应用综述[J]. 化工设备与防腐蚀，2000，(02)：52.

5.67 氯化橡胶建筑涂料

1. 性能

氯化橡胶建筑涂料由氯化橡胶、增塑剂、颜料和有机溶剂组成。该漆漆膜平整，附着力强，具有较好的耐候性。

2. 工艺配方

氯化橡胶（中黏度）	21.0	氯化石蜡	14.25
黏土凝胶剂	0.75	瓷土	24.0
二氧化钛（金红石型）	22.5	甲苯	50.2
乙醇	0.3	200号油漆溶剂油	17.0

3. 工艺流程

溶剂　　　　　　　其余物料

氯化橡胶 → 溶解 → 混合 → 研磨 → 混合 → 过滤 → 成品

颜料、体质颜料

4. 生产工艺

将氯化橡胶溶于混合溶剂中，得到的橡胶溶液与颜料、体质颜料混匀，研磨分散至细度小于 40 μm，然后加入其余物料，充分调合均匀，过滤，得到白色氯化橡胶建筑涂料。

5. 用途

用于混凝土表面涂装。刷涂或喷涂。

参 考 文 献

[1] 王家聪. 氯化橡胶的生产工艺研究[D]. 浙江大学，2010.
[3] 佟丽萍，李健，孙亚君. 氯化橡胶及其涂料的现状与发展[J]. 涂料工业，2003，(04)：39.
[4] 王会昌. 氯化橡胶建筑涂料的配方和工艺[J]. 化学建材，1993，02：78－79.

5.68　氯化橡胶防腐漆

该防腐漆在常温下具有良好的耐酸、耐碱、耐盐类溶液，耐氯化氢和二氧化硫等介质的腐蚀性能，并且具有良好的附着力、弹性和耐晒、耐磨、防延燃等优点，适宜涂刷在金属或木质材料上，也可刷在混凝土等物件上。

1. 工艺配方

氯化橡胶	18.2	苯（或甲苯）	36.4
桐油	9.1	颜料（氧化铁或钛白粉）	12
松节油（或石油）	36.4		

2. 生产方法

将氯化橡胶切碎溶解于松节油或苯组成的混合溶液中，橡胶溶解后，再加入其他组分混匀即得产品。

3. 用途

使用时直接涂刷在材料表面。

参 考 文 献

[1] 吕维华，伍家卫，张远欣，赵立祥，苏晓云. 室温快干氯化橡胶重防腐导静电涂料[J]. 特种橡胶制品，2011，(04)：11.
[2] 佟丽萍，李健，孙亚君. 氯化橡胶及其涂料的现状与发展[J]. 涂料工业，2003，(04)：39.
[3] 龚大春，仇敏，刘正权，陈中. 厚浆型氯化橡胶防腐漆的研制[J]. 湖北化工，1999，(02)：22.

5.69　厚涂层氯化橡胶涂料

1. 性能

厚涂层氯化橡胶涂料由低黏度氯化橡胶、氢化蓖麻油、增塑剂、颜料、体质颜料和溶剂组成。涂膜平整坚韧，附着力好。

2. 工艺配方

低黏度氯化橡胶	28.6	氢化蓖麻油	1.6
氯化石蜡	15.4	云母粉	2.0
沉淀硫酸钡	27.0	轻质碳酸钙	18.4
钛白粉	36.0	α－乙氧基乙酸酯	14.2
二甲苯	56.8		

3. 工艺流程

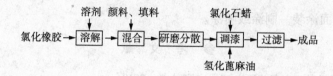

4. 生产工艺

将氯化橡胶溶于二甲苯和 α－乙氧基乙酸酯组成的混合溶剂中，然后加入颜料和填料，混匀后经研磨机研磨至细度小于 40 μm，再加入氯化石蜡和氢化蓖麻油，充分调合均匀，过滤得到厚涂层涂料（白色）。

5. 用途

用作建筑厚涂层涂料。主要用于混凝土表面涂装。

参 考 文 献

［1］吕维华，伍家卫，张远欣，赵立祥，苏晓云．室温快干氯化橡胶重防腐导静电涂料［J］．特种橡胶制品，2011，04：11－15.

［2］李少香，刘光烨，李超勤．氯化橡胶生产技术及在涂料中的应用［J］．中国涂料，2004，(06)：40.

5.70 酚醛防火漆

1. 性能

酚醛防火漆由酚醛漆料、锑白、催干剂等组成，能有效制止火焰蔓延，耐火性强。

2. 工艺配方

酚醛树脂	26.2	顺丁烯酸酐松香甘油树脂	26.2
厚油	13.4	桐油	46.6
松香水	94.6	锑白	529.7
钛白粉	29.4	炼油	1.7
群青	0.33	环烷酸铅(10%)	3.52
环烷酸锰(4%)	0.08	环烷酸钛(3%)	2.37

3. 工艺流程

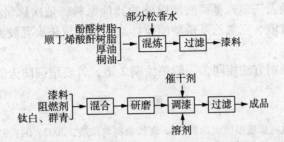

4. 生产工艺

先将酚醛树脂、顺丁烯酸酐甘油松香树脂、厚油、桐油和 43.8 份松香水混合均匀后热炼，过滤后得到漆料。将漆料与阻燃剂、钛白、群青混匀后研磨分散，至细度小于 40 μm，加入炼油、催干剂和其余的松香水，充分调合均匀，过滤得到白色酚醛防火漆。

5. 质量标准

黏度(涂 -4，25℃)/s   75 ~ 120   细度/μm   ≤40

6. 用途

适用于船舶及公共建筑、民房等钢铁、金属及木质结构件的防火涂装。刷涂或喷涂。

参 考 文 献

[1] 赵智. 建筑消防酚醛防火材料研究[J]. 科协论坛(下半月)，2013，(02)：38.
[2] 崔锦峰，杜勇，郭军红，周应萍，杨保平. 超薄型溴碳酚醛环氧钢结构防火涂料的研制[J]. 涂料工业，2010，06：9 - 12 + 17.
[3] 李世荣，曹艳霞. 酚醛清漆防火涂料[J]. 湖北化工，1999，05：18 - 19.

5.71   新型防火乳胶涂料

本涂料为美国研制的一种新型防火乳胶涂料，可用于室内墙壁、顶棚(天花板)上。

1. 工艺配方

聚乙酸乙烯乳液(固体分55%)	190
羟乙基纤维素(高稠度1.25，25%水液)	200
三聚磷酸钾	2
OP - 10(乳化剂)	1
亚硝酸钠：苯甲酸钠(1:10)	0.3
金红石型钛白粉	150
FR - 28 防火剂	30
云母粉(325 目)	25
三氯乙基磷酸酯	26
硼酸	30
滑石粉	250
水	175
水(第二次添加视稠度)	适量

2. 生产方法

除聚乙酸乙烯乳液及三氯乙基磷酸酯以外的其他原料，依次称量加入砂磨机打细浆后，出料浆与聚乙酸乙烯乳液、三氯乙基磷酸酯搅拌均匀即配成防火乳胶涂料。

3. 用途

与一般乳胶涂料涂刷方法相同，一般须涂刷 2 道，若要增强防火能力，可涂刷 3 道。

参 考 文 献

［1］秦国治，田志明．乳液膨胀型防火涂料[J]．现代涂料与涂装，2002，04：9－10.
［2］徐桂芹，贾伟华．FSF－1 水性膨胀型防火涂料[J]．涂料工业，1990，06：17－19.

5.72 氯丁橡胶防火涂料

1. 性能

氯丁橡胶防火涂料属发泡型防火涂料。当涂膜与强热或火焰接触时，形成可膨胀到 100～200 倍的内含阻燃性气体的碳化层，使物体与火焰隔开，从而起到防火作用。本涂料由于在火焰中产生氯气，故不宜在室内使用。

2. 工艺配方

氯丁橡胶	13.64	六次甲基四胺	5.19
淀粉	8.44	氯化橡胶	3.25
磷酸铵	16.23	季戊四醇	7.79
二甲苯	45.46		

3. 工艺流程

4. 生产工艺

将氯丁橡胶、氯化橡胶溶于二甲苯中，然后于搅拌下加入其余物料，混匀后研磨分散，至细度小于 10 μm，过滤后得到氯丁胶防火涂料。

5. 用途

用于建筑物、电线电缆、船舶等的防火涂装。由于在火焰中产生有毒的氯气，故不宜在室内使用。

参 考 文 献

［1］肖新颜，涂伟萍，杨卓如，陈焕钦．J60－N 膨胀型防火涂料及其应用[J]．新型建筑材料，1998，04：7－8.
［2］张廿六，肖新颜，涂伟萍，陈焕钦，杨卓如．J60－71 膨胀型氯化橡胶防火涂料阻燃机理的研究[J]．材料保护，1999，（01）：8.

5.73 防火墙壁涂料

这种防火涂料可用于加油站的混凝土砖墙的涂饰。一般先用水泥砂浆抹面，然后涂饰底漆，最后用罩面涂料。日本公开专利昭和 60 - 72964。

1. 工艺配方

(1) 丙烯酸 - 2 - 乙基己酯 - 丙烯酸丁酯 - 甲基

丙烯酸甲酯 - 苯乙烯共聚物(20∶20∶25∶5)乳液	7
双酚环氧树脂乳液	3
硫酸钡	20
固化剂	2
石英砂	15
二氧化钛	3.5
添加剂	1.5
水泥(425 号)	48
水	32

生产方法：将各固体粉料加入混合乳液中，搅拌均匀即得底漆。

(2) 防火罩面涂料

丙烯酸多元醇树脂	26	二氧化钛	24
添加剂	0.4	溶剂	39.6
多异氰酸酯	10		

生产方法：先将树脂分散于 29.6 份的溶剂中，再加入由多异氰酸酯与 10 份溶剂组成的混合物，然后加入其余组分，高速分散均匀。

2. 用途

先用砂浆将混凝土抹面，然后涂刷底漆厚度为 400 μm，最后用罩面涂料罩面 2 次，罩面厚度为 40 μm，形成的涂层经 2 年后不膨胀不剥落。而同等条件下，聚氯乙烯防火涂料 1 年后就发生膨胀和脱落。

参 考 文 献

[1] 郭铁军，沈大铭，刘青鑫，李金龙. 膨胀型丙烯酸树脂防火涂料的研制[J]. 化工时刊，2005，02：
     41 - 42.

5.74 强力聚氨酯涂料

该涂料对金属、塑料、木材和纤维板等都有很强的良好的附着力。手触摸较软，但其耐磨和抗划伤性良好。日本专利 89 - 129073。

1. 工艺配方

聚(亚丁基己二酸酯) - 甲苯二异氰酸酯 -	
1，4 - 丁二醇共聚物 40% 的溶液	100
乙基溶纤剂乙酸酯	25
甲基异丁基甲酮	165
甲苯	45
月桂酸二丁基锡	0.2

聚丁二烯橡胶液	4
Snmidur N75	3
NipsiLE－220A	8

2. 生产方法

将上述原料按生产配方量混合搅匀，经三辊机或砂磨机研磨打浆，即制得本涂料。

3. 用途

适宜涂刷在丙烯腈/丁二烯/苯乙烯塑料、硬质聚氯乙烯塑料、木材、纤维板及纸张上，有美观装饰及保护底材的作用。

参 考 文 献

[1] 陆刚．聚氨酯涂料现状及发展趋势[J]．化学工业，2013，01：23－26．
[2] 陈菲斐，章奕．水性双组分聚氨酯涂料的研制及性能研究[J]．上海涂料，2012，08：5－10．
[3] 李晓云，姚建春，孙振荣，李万捷．单组分热固化聚氨酯涂料的合成及性能研究[J]．聚氨酯工业，2012，04：23－26．

5.75　聚醚－聚氨酯水性涂料

该涂料具有优良的附着力和耐水浸渍性，主要用于砖石建筑、混凝土、石膏等对象表面的涂饰。欧洲专利公开 EP517043(1992)。

1. 工艺配方

聚 N－醇三羟甲基丙烷醚	83.3
MgO	16.7
马来酸二辛基锡	0.33
颜料浆	16.7
二环己基甲烷二异氰酸酯三聚体	50
聚氧乙烯化丁醇	8.08
水	20
聚氧乙烯化3－乙基3－螺[4,4]二氧己烷甲醇	50

2. 生产方法

先将 MgO(平均粒度 30 μm)混溶于聚丙二醇三羟甲基丙烷醚(3:1，羟值 380)中构成分散体(羟基含量 9.6%，黏度 1.5Pa·s/23℃)。取该分散体 26.7 g 备用。再将二环己基甲烷二异氰酸酯三聚体与聚氧乙烯化丁醇混合后反应。取该反应产物 50 g，与聚氧乙烯化3－乙基3－螺[4,4]二氧己烷甲醇反应，制成多异氰酸酯(NCO 含量 19%)。取其 33.3g 及上述备好的分散体与颜料浆、马来酸二辛基锡和水混合，砂磨分散均匀，制得聚醚－聚氨酯水性涂料(固体分 72%，DIN－4 黏度 180s)。

3. 用法

将涂料在底材上刷涂 2 道，至涂层厚 15 μm。室温下浸渍水中 10 天，涂层无明显变化。

参 考 文 献

[1] 一种以聚醚为基础的聚氨酯涂料[J]．涂料工业，1972，01：16－18．

[2] 李冰. 水性聚氨酯涂料的制备、改性及其性能研究[D]. 天津大学, 2006.

[3] 邱圣军, 吴晓青, 卫晓利. 水性聚氨酯涂料的制备与性能研究[J]. 应用化工, 2005, 12: 760 - 762.

5.76 地下工程用改性聚氨酯涂料

地下工程一般是低温、高湿的环境, 涂刷一般涂料不易固化而起层脱落。本涂料能在地下建筑的墙壁、地板、人防工程、地下商店、隧道、地下油罐内壁使用, 能很快自干固化, 涂膜在较长时间内无变化, 耐酸、碱性强, 耐辐射, 施工方便。

1. 工艺配方

清漆

甲苯二异氰酸酯	230 ~ 240	醇解物	195 ~ 205
环氧树脂	300 ~ 305	二甲苯	160

注: 醇解物生产配方:

蓖麻油	845	甘油	78
环烷酸钙(2%)	1.6 ~ 1.9	二甲苯	480

面漆

甲苯二异氰酸酯	4.8	钛白粉	160
环氧树脂	600	云母粉	30
滑石粉	40 ~ 50		

2. 生产方法

先用醇解物的 4 种原料, 经热混炼制成醇解物。然后按清漆生产配方量, 在有搅拌的反应器或分散机中配制成清漆。制面漆按生产配方量放入三辊机或砂磨机中研磨 2 ~ 3 次, 达到细度为 40 μm 左右后出料即得。

3. 用途

将欲涂刷的底材擦洗干净, 涂本生产配方的清漆 1 ~ 2 度, 干后再涂刷面漆 1 度。施工方便, 使用期长。

参 考 文 献

[1] 湿固化环氧改性单组分聚氨酯涂料[J]. 涂料工业, 1972, 05: 12 - 17.

[2] 王庆国, 陈石, 侯晓萍, 王伯荣. 用 PAPI 与蓖麻油的预聚物生产湿固化型聚氨酯涂料[J]. 沈阳化工学院学报, 1998, 02: 45 - 49.

[3] 胡学飞. 地下工程防水技术的发展[J]. 市政技术, 2010, S1: 179 - 182.

5.77 辐射固化装饰涂料

该涂料用于建筑物内壁、家具和橱等。其涂层具有良好的附着性、耐溶剂、耐磨和抗污损性能。

1. 工艺配方

聚酯丙烯酸酯	60	1, 6 - 己二醇二丙烯酸酯	29

2. 生产方法

将各组分混合均匀，制得涂料。

3. 用途

涂于装饰印刷的纸基上，电子束固化，再用胶黏剂将其层压于中密度纤维板上，制得性能良好的装饰板材。

参 考 文 献

[1] 日本公开专利 JP04－117466.

5.78　伪装涂料

1. 性能

伪装涂料由豆油改性醇酸树脂作成膜基料。对 700～2000 nm 红外线分光反射率在 10%以下，且对 60°镜面光泽度在 2%以下。

2. 工艺配方

豆油改性醇酸树脂 （油度 53%，固含量 50%）	44.40		
含水硅酸微粒子	4.55	氧化铁红	3.89
铁蓝	6.98	铬黄	9.66
滑石粉	15.38	炭黑	0.78
催干剂（固体分 30%）	0.93	烃系溶剂	13.43

3. 工艺流程

4. 生产工艺

将醇酸树脂、固体物料、催干剂和溶剂充分混合，在加玻璃球的油漆分散机中分散，过滤得到军用伪装涂料。

5. 用途

用于舰艇、飞机、各种车辆、武器、地面建筑物、军用设施及装备等的伪装涂饰。刷涂或辊涂、喷涂、轮转凹印涂装。涂布在有防锈底漆的基材上，室温干燥。

参 考 文 献

[1] 张朝阳，程海峰，王茜，曹义. 多波段伪装涂料制备及性能表征[J]. 新技术新工艺，2005，（12）：44.

[2] 邱贞慧，彭著良，孙元宝，费逸伟，魏贤勇. 现代伪装涂料的研究进展[J]. 表面技术，2005，（01）：5.

[3] 何亮，周桂娥，邢宏龙. 热红外伪装涂料的制备研究[J]. 涂料工业，2011，09：24－26.

[4] 孔凡猛. 军用汽车伪装涂料和涂装技术[J]. 现代涂料与涂装，2012，03：48－50.

第6章　建筑用胶黏剂

6.1　土木建筑万用胶

这种胶黏剂对各类建筑基材，都有良好的粘接性，具有良好的耐水性、耐候性，并可在潮湿基材表面黏合，固化快，施工效率高。

1. 工艺配方

原料	（一）	（二）	（三）
丙烯酸丁酯	24	—	20.0
丙烯酸异辛酯	—	18	—
甲基丙烯乙酯	—	2	—
偏氯乙烯	16	—	—
苯乙烯	—	20	20
三甲基十二烷基氯化铵	0.4	0.4	0.4
壬基酚聚氧乙烯醚	0.8	0.8	0.8
偶氮二(2–脒基丙烷)盐酸盐	0.2	0.2	0.2
水	60	60	60
波特兰水泥	1010	—	507
环氧乙烷(相对分子质量 M = 130 万)	2.03	—	—
普通水泥	—	676	—
环氧乙烷(相对分子质量 M = 160 万)	—	—	1.52
聚丙烯酰胺(相对分子质量 M = 1000 万)	—	1.35	—
铝酸钠	5.07	—	1.52
铝酸钾	—	3.38	—
甲基纤维素	3.04	—	—
水	253.5	203	127

2. 生产方法

先将前9种物料配制阳离子聚丙烯酸乳化剂，将三甲基十二烷基氯化铵、壬基酚聚氧乙烯醚加入水中，搅拌均匀后加入单体(丙烯酸酯、苯乙烯、偏氯乙烯)，强烈搅拌，使之均质乳化，得混合单体乳化液。取其1/5量加入反应釜内，再加入1/2量的引发剂(偶氮化合物)，升温至70~72℃，保温至料液呈蓝色，开始滴加其余的混合单体乳化液。在滴加过程中每30min补加一次引发剂，并注意保持反应体系温度稳定。混合单体加料完毕，升温至95℃，保温30 min，减压脱去游离单体，冷却，得到固含量为40%的阳离子聚丙烯酸乳化液。将分散剂(聚环氧乙烷或聚丙烯酰胺)和固化剂(铝酸钾或铝酸钠)加水溶解后，再加入阳离子聚丙烯酸乳化液及其他物料，经充分混炼后得到土木建筑万用胶。

3. 用途

用于各种土木建筑基材的粘接，如用于硬质玻璃、硬质氯乙烯、钢板、屋顶板等的粘接。

参 考 文 献

[1] 陈登龙. 建筑用的新型 SBS 万能胶的研制[J]. 化学与粘合，2003，03：141 - 142.

6.2 玻璃粘接胶

该胶由芳香二异氰酸酯制备的预聚物、固化催化剂、嵌段固化剂及溶剂组成，用于玻璃粘接或密封。欧洲专利申请 EP351728。

1. 工艺配方

聚醚 – MDI 低聚物	524.4	邻苯二甲酸烷基酯	149.7
三丁基二硫代氨基甲酸镍	2.0	二丁基锡马来酸盐	0.4
炭黑	209	碳酸钙	104.5
次甲基二苯胺	7.5	氯化钠	2.5
丁内酯(70% 水溶液)	适量		

2. 生产方法

将 NCO 封端的聚醚与二苯基甲烷二异氰酸酯预聚，得到 NCO 当量为 3400 的低聚物 524.4g，与炭黑 – 碳酸钙混合物、邻苯二甲酸酯、有机镍、锡化合物以及二苯胺、氯化钠配合物混合均匀，再与 70% 丁内酯水溶液混合，得到胶黏剂。

3. 用途

用于玻璃等粘接。

参 考 文 献

[1] 孙会宁，张建. 玻璃用 UV 固化胶黏剂的研究与应用[J]. 粘接，2009，03：67 - 69.
[2] 王大全. SA 系列玻璃密封胶黏剂[J]. 合成橡胶工业，1989，02：103.

6.3 65 – 01 胶

65 – 01 胶为单组分胶，由环氧树脂、丁腈、磷酸三甲酚酯、氧化铝粉、间苯二胺等成分组成。

1. 性能

本胶具有较高的粘接强度，耐水、海水、燃料油、变压器油。适用于多种材料的粘接。使用温度范围较广。

2. 工艺配方

E – 51 环氧树脂	100	磷酸三甲酚酯	15
丁腈 – 40	4	氧化铝粉(300 目)	50
间苯二胺	15		

3. 生产工艺

将各组分按配方量混合后调制均匀。适用期 50g，25℃下为 6 h。

4. 质量标准

使用温度范围/℃		−55 ~ +150		

粘接性能：

材料/℃	−55	室温	80	120
硬铝剪切强度/MPa	20.2	24.3	24.5.	24.1
钢/橡胶拉伸强度/MPa	—	4.2 ~ 9.5	—	—
剥离强度/(N/cm)	—	60 ~ 90	—	—

5. 用途

本胶主要适用于金属、橡胶、塑料、玻璃、陶瓷、水泥、石料、木材等多种材料的粘接，特别适用于金属与橡胶的粘接，在硫化过程中把橡胶固定在金属面上。胶接压力为 0.03 ~ 0.07 MPa；固化条件为室温下 1 天，150℃下 2h。

参 考 文 献

[1] 彭龙贵. 环氧树脂建筑结构胶黏剂研究[D]. 西安建筑科技大学，2004.
[2] 丑纪能，邓飞跃. 室温固化环氧树脂结构胶黏剂的研究[J]. 化工新型材料，2007，03：80 − 82.

6.4　65 − 04 胶

65 − 04 胶的性能与 65 − 01 胶相似，可用于多种材料的粘接。

1. 工艺配方

E − 51 环氧树脂	50	E − 12 环氧树脂	50
丁腈 − 40	8	丁酮	350
氧化铝粉（300 目）	50	间苯二胺	15

2. 生产工艺

先将树脂组分加热熔化后混合均匀，再依次按配方量加入其余组分，充分混合，调制均匀，即得成品。

3. 用途

主要用于未硫化的极性橡胶，丁苯及丁苯 − 天然混炼胶与金属的各种装配件的黏合；还可用于金属、塑料、玻璃、陶瓷、木材、水泥等材料的粘接。使用时涂第一次胶后晾置 5 ~ 15 min，再涂第 2 次胶，继续晾置 5 ~ 15min，然后叠合。固化条件为 150℃下 2h。

参 考 文 献

[1] 虞鑫海，徐永芬，赵炯心，傅菊荪，石安科，刘万章. 耐高温单组分环氧胶黏剂的研制[J]. 粘接，2008，12：16 − 19.
[2] 傅婧. 高弹性环氧胶黏剂的研制[D]. 北京化工大学，2009.

6.5　69 − 01 胶

69 − 01 胶为四组分胶，可用于多种材料的粘接，具有良好的粘接强度。

1. 工艺配方

甲组分:

E-42 环氧树脂	50	E-51 环氧树脂	50
600 号环氧稀释剂	10	B-63 环氧树脂	25
氧化铝粉(300 目)	50	651 号聚酰胺	40

乙组分:

KH-500 偶联剂	3	二甲基苄胺	15

丙组分:

	201 号聚硫橡胶	15

丁组分:

	二乙烯三胺	5

甲组分:乙组分:丙组分:丁组分 = 130:108:15:5

2. 生产工艺

先按配方比例分别配制甲组分和乙组分,然后将甲、乙、丙、丁四组分混合,调制均匀,即可使用。

3. 质量标准

使用温度范围/℃   -40~50

不同材料在不同温度下的剪切强度/MPa:

材料/℃	-40	25	50
钢/玻璃钢	21.1	23.6	17.6
铝/玻璃钢	20.2	23.3	20.6
玻璃钢	20.2	21.1	17.4

4. 用途

可用于金属、塑料、橡胶、陶瓷、玻璃、木材等多种材料的胶接,特别适用于金属与玻璃钢的胶接。固化条件为 25℃下 8h。

参 考 文 献

[1] 段国红,赵玉英,王二兵. 双酚 A 型环氧树脂胶黏剂的合成及配制[J]. 化工时刊, 2011, 12: 12-16.
[2] 费斐,虞鑫海,刘万章. 耐高温单组分环氧胶黏剂的制备[J]. 粘接, 2009, 12: 34-37.

6.6 213 胶

213 胶为单组分胶,由环氧树脂、丁腈橡胶聚酰胺、咪唑衍生物等组分组成。

1. 工艺配方

E-51 环氧树脂	150	D-17 环氧树脂	30
液体羧基丁腈橡胶	30	2-乙基-4-甲基咪唑	3
聚酰胺 H-4	75		

2. 生产工艺

按配方比例将各组分依次混合均匀,即制得成品。

3. 质量标准

经阳极化处理的铝合金粘接件常温下测试强度。

剪切强度/MPa	≥30.0	拉伸强度/MPa	≥55
不均匀扯离强度/(N/cm)	300~400		

4. 用途

本胶主要用于金属、木材、陶瓷的粘接。固化条件为80℃下3~4h。

参 考 文 献

[1] 杨国栋,朱世根,李山山,杨占峰. 丁腈橡胶增韧改性环氧树脂的研究进展[J]. 材料导报,2009,17：67-70.

[2] 魏丽娟,黄鹏程,魏然,刘庆. 中温固化丁腈橡胶改性环氧树脂胶黏剂的研究[J]. 化学与黏合,2010,04：6-9.

6.7 510 胶

1. 工艺配方

509 酚醛环氧树脂	8.0	丁腈混炼胶液	8.0
E-51 环氧树脂	10.0	647 酸酐	14.0
氧化锌	6.0		

2. 生产方法

按配方比混合均匀。

3. 用途

该胶主要用于胶接各种金属、玻璃、陶瓷等。

胶接工艺在0.03MPa压力下,120℃固化3h。其性能：

抗剪强度/(kg/cm²)			
	室温	100℃	120℃
铝合金	228	240	210
H62 铜	216	222	204
不均匀扯离强度/(kg/cm)	21		

耐丙酮、煤油、50%NaOH溶液、天然海水、沸水性能良好。

6.8 715 胶

715胶为单组分胶,由E-44环氧树脂、D-17环氧树脂、环氧稀释剂、三氧化二铝、聚酰胺等成分组成。

1. 性能

本胶可用于多种材料的粘接。用于铝合金粘接时,韧性好,强度高。

2. 工艺配方

E-44 环氧树脂	100	D-17 环氧树脂	28.5
600 号环氧稀释剂	10	203 号聚酰胺	94
三氧化二铝(250~300目)	20		

3. 生产工艺

按配方量先将环氧树脂和环氧稀释剂混合均匀，再加入三氧化二铝搅拌调匀，最后加入聚酰胺充分搅拌，混合均匀，即制得 715 环氧树脂胶黏剂。

4. 质量标准

硬铝胶接件测试强度（室温）：

剪切强度/MPa   32～35   不均匀扯离强度/(N/cm)   600～700

5. 用途

用于粘接金属、陶瓷、木材、水泥等。固化条件为80℃下1h加上150℃下1h。

参 考 文 献

[1] 赵石林，秦传香，张宏波. 聚酰胺酸改性环氧胶黏剂的研究[J]. 中国胶黏剂，2000，01：1－4.
[2] 景惧斌. 建筑物加固用低温水中固化改性环氧胶黏剂的研制[D]. 煤炭科学研究总院，2006.
[3] 虞鑫海，徐永芬，赵炯心，傅菊荪，石安科，刘万章. 耐高温单组分环氧胶黏剂的研制[J]. 粘接，2008，12：16－19.
[4] 钟震，任天斌，黄超. 低放热室温固化环氧胶黏剂的制备及其性能研究[J]. 热固性树脂，2011，(03)：29.

6.9　6201 号环氧树脂胶黏剂

6201 号环氧树脂胶黏剂可粘接在高温下使用的金属与塑料之间的部件，具有良好的耐热性。由环氧树脂、酸酐、甘油组成的单组分胶黏剂。

1. 工艺配方

H－71 环氧树脂   85   647 号酸酐   58～65
甘油   3.1

2. 生产工艺

按配方比例配制，混合后充分搅拌至均匀。

3. 用途

适用于金属和塑料两种材料之间的粘接。固化条件为压力 0.4 MPa，120℃下 1 h 加160℃下 1 h，然后将粘接件冷至60℃，再升温至160℃下 3 h，200℃下 4 h，250℃下 3 h。

参 考 文 献

[1] 孙永成，戎贤，任泽民. 环氧树脂胶技术研究及其工程应用[J]. 化学建材，2008，(01)：29.

6.10　6207 号环氧树脂胶黏剂

6207 号环氧树脂胶黏剂是由环氧树脂、酸酐、甘油组成的单组分胶黏剂。本胶使用范围较广，具有良好的耐热性和耐候性。

1. 工艺配方

R－122 环氧树脂   80   顺丁烯二酸酐   38.4～40

甘油	6

2. 生产工艺

按配方比例配制，混合后充分搅拌至均匀。

3. 用途

用于制造耐热玻璃钢及缠绕法制造玻璃纤维层压塑料，也可用于粘接金属材料。固化条件为 160℃下 6 h 加 200℃下 6 h。

参 考 文 献

[1] 阎睿，虞鑫海，李恩，刘万章. 新型环氧胶黏剂的制备及其性能研究[J]. 绝缘材料，2012，02：12-14.

[2] 高广颖，刘哲，沈镭. 耐热环氧胶黏剂的研究进展[J]. 化工新型材料，2012，09：12-13.

[3] 李子东. 快固环氧胶黏剂[J]. 粘接，2009，09：57.

[4] 费斐，虞鑫海，刘万章. 耐高温单组分环氧胶黏剂的制备[J]. 粘接，2009，12：34-37.

6.11　AFG-80 胶

AFG-80 胶是由环氧树脂、丁腈、酸酐、咪唑衍生物组成的单组分胶黏剂。可用于多种材料的粘接及低温条件下工作部件的粘接。

1. 工艺配方

AFG-80 氨基四官能团环氧树脂	80	647 号酸酐	64
液态丁腈	8	2-乙基-4-甲基咪唑	1.6

2. 生产工艺

将各组分按配方比例依次混合，搅拌至均匀。

3. 质量标准

铝合金粘接件不同温度下的剪切强度/MPa

-196℃	20℃	200℃
15	7.5	8.5

4. 用途

主要用于粘接金属、玻璃、瓷器、玻璃钢等材料。固化条件为压力 0.05 MPa，150℃下 3 h。

参 考 文 献

[1] 员战奎，韩孝族，郭凤春. 丁腈羟预聚法增韧环氧胶黏剂研究[J]. 中国胶黏剂，1994，01：6-9.

6.12　E-3 胶

E-3 胶可用于金属材料胶接点焊，也可胶接、密封、灌注金属和部分非金属材料。

1. 工艺配方

A 组分：

聚丁二烯环氧树脂	3.0	环氧树脂	10.0

聚硫橡胶	1.0		

B 组分：

咪唑	0.3	60%过氧化甲乙酮	0.056
2 - 乙基 - 4 - 甲基咪唑	0.7	邻苯二甲酸二丙烯酸酯	0.5

C 组分：

己二胺	0.4

2. 生产方法

将各组分分别混合熔融均匀，分别包装。使用时取 A 组分：B 组分：C 组分 = 35：39：1 混合均匀得黄色黏性液体。

3. 用途

用于金属和部分非金属材料粘接、密封。

6.13 E - 4 胶

E - 4 胶是由酚醛、聚乙烯醇缩甲乙醛、环氧树脂及咪唑衍生物组成的双组分溶剂型胶黏剂，具有优良的粘接性和耐热性，短时间内可耐 200℃。

1. 工艺配方

甲组分：

E - 44 环氧树脂	18.8	聚乙烯醇缩甲乙醛	50.4
锌酚醛树脂	62.8	溶剂（乙酸乙酯：无水乙醇 = 7：3）	268

乙组分：

2 - 乙基 - 4 - 甲基咪唑	4

2. 生产工艺

按配方比例将甲组分中的各成分加入溶剂中混合溶解，调制均匀。将甲、乙组分分别用铁听包装。本胶为易燃品，贮存和运输时均按易燃品规则处理。贮存期为 1 年，过期胶经测试强度合格后可继续使用。

3. 质量标准

铝合金粘接件的测试强度

	-40℃	+45℃	+180℃
剪切强度/MPa	≥10	≥20	≥5
不均匀扯离强度室温/(N/cm)	≥20		

4. 用途

主要用于铝合金、钢和玻璃钢等材料的粘接。适用于需耐热部件的胶接。使用时按甲组分：乙组分 = 100：(0.5 ~ 1)的比例混合，充分搅拌后放置片刻，待气泡大部分消失后即可使用。甲、乙组分混合后，胶液在室温下可使用时间为 24 h。胶接前，被粘接物表面需作处理，铝合金用 0 号或 2 号砂纸打毛后，经硫酸 - 重铬酸溶液进行化学清洗；钢材料表面先喷砂处理后用丙酮等溶剂去油污；玻璃钢用 0 号砂纸打毛后，用丙酮等溶剂去油污。将配好的胶液均匀地涂刷于已经表面处理过的被黏物表面，室温下露置 10 ~ 15 min 后涂第 2 次胶，共涂刷 3 次后再露置 10 ~ 15 min 后即可胶接。涂胶温度为 20 ~ 25℃，相对湿度≤80%，胶厚度 0.05 ~ 0.1mm，涂胶量约 500 g/m²。固化条件为，固化压力 1.0 ~ 2.0 kg/cm²，温度 80℃下 1 h，再加 130℃下 4 h，待烘箱自然冷却至室温后将被黏物取出。

参 考 文 献

[1] 胡国胜，周秀苗，王久芬. 酚醛－环氧结构胶黏剂的研制[J]. 粘接，2002，02：13 - 14.

6.14　E－5 胶

E－5 胶是由酚醛、聚乙烯醇缩甲乙醛、环氧树脂、丁腈橡胶及咪唑衍生物等组成的双组分溶剂型胶黏剂。本胶黏剂耐水、耐油、耐乙醇等介质性能好，并具有良好的韧性和密封性。

1. 工艺配方

甲组分：

锌醛树脂	43.25	聚乙烯醇缩甲乙醛	35
丁腈橡胶－40	4.5	E－44 环氧树脂	4.5
溶剂(乙酸乙酯：无水乙醇 = 7:3)	162.5		

乙组分：

2－乙基－4－甲基咪唑	2.5

2. 生产工艺

按配方比例将甲组分中的各成分加入溶剂中混合溶解，配制均匀。甲、乙两组分分别包装，配套贮运。贮运时接易燃品处理。

3. 质量标准

	－70℃	室温	180℃
剪切强度/MPa	22.5	22.5	7.2
不均匀扯离强度/(N/cm)	—	245	—
使用温度/℃		－70 ~ +180	

4. 用途

主要用于胶接铝、钢、铜等金属材料和玻璃钢材料。也适用于胶铆方法制造密封的容器。使用时按甲组分:乙组分 = 100:1 的比例将甲、乙两组分混合，充分搅拌至均匀，即可进行胶接。固化条件为，固化压力 0.05 MPa，130℃下 4 h。

6.15　E－10 胶

E－10 胶别名为 JW－1 修补胶，是由环氧树脂、聚醚及混合胺、偶联剂组成的三组分胶黏剂。本胶使用温度范围为 －60 ~ 60℃，具有良好的粘接性，且耐水、耐油、耐气候性好；中温固化，固化时间短，强度高。

1. 工艺配方

甲组分：

E－44 环氧树脂	90	N－330 聚醚	6

乙组分：

650 号聚酰胺	60	间苯二胺 – DMP 30 反应物	15
三乙醇胺	6	高岭土	30

丙组分：

KH – 550 偶联剂	1

2. 生产工艺

将甲、乙两组分分别按配方比例配制，各自混合，搅拌均匀。然后将甲、乙、丙三组分分别用玻璃瓶或马口铁桶包装，配套供应。室温密闭，干燥条件下贮存。贮存期为 1 年。

3. 质量标准

铝合金粘接件在不同温度下的测试强度

测试温度/℃	−60	+25	+60
剪切强度/MPa	≥13	≥18	≥15
不均匀扯离强度/(N/cm)	≥200		

不同材料粘接件的常温剪切强度/MPa

铁	不锈钢	45 号钢	黄铜
~30	25 ~30	~0.5	16.7 ~20.8
紫铜	酚醛玻璃钢	胶木 PVC 板	
16 ~19	8(材料破坏)	断裂	

铝粘接件在不同介质中浸泡 30d 后常温剪切强度/MPa

自来水	海水	煤油	空白
24.8	20.8	24.3	23.8

室外大气老化后的测试强度

老化时间/年		0	1	2
	−60℃	15.1	13.2	13.2
剪切强度/MPa	常温	23.2	19.7	16.1
	+60℃	20.1	18.4	16.3
常温不均匀扯离强度/(N/cm)		460	360	340

4. 用途

主要用于铝、钢、铜等金属及玻璃钢、胶木、陶瓷、玻璃、PVC 板、木材等多种材料的粘接。使用时将甲、乙、丙三组分按甲:乙:丙 = 2:1:0.05 的比例混合，充分搅拌至均匀即可使用。适用期：20g 量，25℃，30min。涂胶时，用玻璃棒将胶涂布于被粘件表面。固化条件为，接触压力，60℃下 2 h，或 80℃下 1 h；也可在常温下预固化，然后再在 80℃下 1h 即可。

6.16 EPHA 胶

本品为建筑防腐胶。胶合强度为水泥砂浆板与水泥砂浆板为 28 kgf/cm²，耐酸瓷砖与耐酸瓷砖为 29 kgf/cm²。此胶最适宜作耐酸块材的胶黏剂，或用于酸碱交替的中和池、容器、地面等建筑防腐面层。

1. 工艺配方

E-44 环氧树脂	70
2124 号酚配合树脂（或 2130 号酚醛树脂）	30
石英粉（或辉绿岩粉 4900 孔/cm²）	适量
丙酮	0～10
乙二胺	3～4

2. 用途

按比例称取配制成糊状，室温固化或 50℃下 32h 固化。

参 考 文 献

[1] 李宗钦.HBL 防腐胶液的试制[J].辽宁化工，1982，02：38-42.

6.17 F-4 胶

F-4 胶为双组分胶，由 E-44 环氧树脂、酚醛树脂、聚乙烯醇缩甲乙醛及咪唑衍生物组成。本胶耐热性优良，适用于高温（150℃）材料的粘接。

1. 工艺配方

甲组分：

E-44 环氧树脂	24	酚醛树脂	80
聚乙烯醇缩甲乙醛	64		

乙组分：

2-乙基-4-甲基咪唑	4

2. 生产工艺

先将甲组分按配方比例混合配制均匀，使用时再将甲、乙两组分混合均匀。

3. 质量标准

不同粘接材料在不同温度下的剪切强度/MPa

	室温	250℃
45 号钢	17.6	5.0
45 号钢/玻璃钢	>11.8	6.8
铝	22.8～2	7.27.1～7.5

4. 用途

用于铝、钢、玻璃钢等材料的粘接。使用时将甲、乙两组分按甲:乙=100:1 的比例混合均匀，即可使用。固化条件为，粘接压力 0.05～0.1 MPa，80℃下 1 h 再加 130℃下 4 h。

6.18 GXA-1 胶

GXA-1 胶主要用于金属材料、玻璃钢、陶瓷的胶接。该胶为乳黄色液体。

1. 工艺配方

环氧树酯-聚酰胺（HT-1）	0.45	F-44 酚醛环氧树酯	3.0

β-萘酚	0.01	4,4′-二氨基二苯砜	0.75
三乙烯四胺	0.1	20%羟甲基尼龙液	1.0
丁酮	5.5		

2. 生产方法

将树脂、HT-1等固体料溶于丁酮,再加20%羟甲基尼龙液,混匀。

3. 用途

接触压,室温24 h后,由150℃升至190℃固化2 h。抗剪强度200 kg/cm(室温);不均匀扯离强度>43.7 kg/cm。该胶具有良好的耐汽油、丙酮和变压器油性能,但耐水性差。

6.19　FHJ-14胶

FHJ-14胶是由环氧树脂、酚醛树脂、氧化铝粉、六亚甲基四胺、喹啉衍生物等组成的单组分体系。本胶耐热性好,最高使用温度150℃,粘接性能良好。

1. 工艺配方

E-44环氧树脂	10	钡酚醛树脂	100
六亚甲基四胺	4	8-羟基喹啉	1.1
氧化铝粉(300目)	50		

2. 生产工艺

按配方比例配制,混合后充分搅拌,调制均匀。

3. 质量标准

不同材料在不同温度下的剪切强度/MPa

铝合金	不锈钢	酚醛玻璃钢	
常温	>9.0	>18.0	30
150℃	>9.0	>16.0	20

4. 用途

主要用于各种金属及玻璃钢等材料的粘接。固化条件为100℃下12 h。

6.20　HC-1胶

HC-1胶是由环氧树脂、缩水甘油醚及聚酰胺树脂、偶联剂、氧化铝粉等组成的双组分胶黏剂。本胶粘接强度高,可用于多种材料的粘接。

1. 工艺配方

甲组分:

634环氧树脂	60	662甘油环氧树脂	12
690苯基缩水甘油醚	6		

乙组分:

650聚酰胺树脂	84	硅烷偶联剂B201	1.8
氧化铝粉(300目)	30		

2. 生产工艺

将甲、乙两组分按配方比例分别配制，各自混合，搅拌均匀。配制完成后分别包装，配套供应。

3. 质量标准

常温下剪切强度/MPa 　　　　　　　　　35

4. 用途

用于金属、陶瓷、硬塑料等多种材料的粘接。使用时，将甲、乙两组分按甲∶乙 = 39∶57.9 的比例混合，充分搅拌，配制均匀。固化条件为 25℃下 24 h 或 80℃下 2 h。

6.21　HC-2 胶

HC-2 胶由环氧树脂、聚硫橡胶、氧化铝粉、聚酰胺、促进剂、偶联剂组成。其剪切强度 > 30MPa。

1. 工艺配方

E-51 环氧树脂	100	JLY-121 聚硫橡胶	20
JLY-124 聚硫橡胶	10	氧化铝粉(300 目)	30
200 号低分子聚酰胺	30	多乙烯多胺	6
DMP-30	3	KH-550	2

2. 生产工艺

按配方比例依次混合，充分搅拌，调制均匀即可。

3. 用途

用于金属、陶瓷、混凝土、胶木、硬塑料、木材等材料的粘接或互粘。固化条件为室温下 24 h 或 80℃下 1 h。

6.22　HY-913 胶

HY-913 胶是双组分胶黏剂，由 E-20 环氧树脂、二缩水甘油醚、多羟基聚醚、铝粉、石英粉和三氟化硼乙醚溶液、四氢呋喃、磷酸等组成。可在 -15℃的低温下固化，也可于常温下固化。使用方便，使用温度范围宽。

1. 工艺配方

甲组分：

600 号二缩水甘油醚	100	E-20 环氧树脂	40
621 号多羟基聚醚	10	铝粉	8
石英粉	40		

乙组分：

三氟化硼乙醚溶液	142	四氢呋喃	72
磷酸	294		

2. 生产工艺

将甲、乙两组分按配方量分别配制，混合均匀后分装。使用时按甲∶乙 = 2∶(2~5)(g)

滴加混合。

3. 质量标准

使用温度	$-15 \sim 60℃$	剪切粘接强度/MPa	
铝合金	$10.7 \sim 12.74$	玻璃钢	$9.8 \sim 11.8$
铜	$13.7 \sim 14.7$	固化条件($0 \sim 20℃$，h)	$6 \sim 24$

4. 用途

适用于粘接金属、硬质塑料、玻璃、陶瓷、木材等材料，还用于冬季野外小型机件的临时急修。适用期 2 g 量 $1 \sim 3$ min（$-10 \sim 20℃$）。

参 考 文 献

[1]　王春飞. 室温快固化环氧胶的制备技术及性能研究[D]. 浙江大学, 2006.

6.23　HY－914 胶

该胶黏剂具有优良的耐老化和耐热性，且耐水性和耐汽油性好，粘接铝合金剪切强度 $23 \sim 25$ MPa；粘接黄铜剪切强度 $15 \sim 17$ MPa；粘接紫铜 $14 \sim 16$ MPa；粘接不锈钢剪切强度 $28 \sim 30$ MPa。

1. 工艺配方

甲组分：

环氧树脂(711)	70	环氧树脂(E－20)	20
气相二氧化硅	2	环氧树脂(712)	52
LP－2 聚硫橡胶	20	石英粉	40

乙组分：

| 703 固化剂 | 36 | KH－550 | 2 |
| K54 促进剂 | 1 | | |

甲组分：乙组分 = $(5 \sim 6)$: 1

2. 生产方法

将甲组分按配方混合至均匀；再将乙组分混合至均匀，分别包装，使用前按甲组分：乙组分 = $(5 \sim 6)$: 1 混合后使用。

3. 用途

用于金属、塑料、陶瓷等器件的胶接。将甲、乙两组分按比例混合后施胶于对象待胶接处，黏合后固化压力 0.05 MPa，固化温度 25℃，固化时间 3 h。黏合处耐大气老化性能，铝合金试样在大气中暴露 1 年，剪切强度为 $18 \sim 23$ MPa。耐热性能，在 120℃ 下经 200 h，剪切强度为 $22 \sim 25$ MPa。耐介质性能，铝合金试样在水中浸泡 1 个月，在汽油中浸泡 3 个月，性能基本不变。T 型剥离强度，铝合金为 2.29 kN/m。

参 考 文 献

[1]　张民杰, 郑建国. 改性 HY－914 环氧树脂胶黏剂的分析应用[J]. 稀有金属, 1992, (02): 148.

6.24 J-02 胶

J-02 胶是由酚醛-丁腈橡胶共聚物，环氧树脂和固化剂组成的双组分低温固化胶。本胶耐介质，耐疲劳，耐持久性良好。

1. 工艺配方

甲组分：

E-42 环氧树脂	80
酚醛-丁腈橡胶共聚物	80
丙酮	80

乙组分：

乙二胺	8

2. 生产工艺

将甲组分中各成分混合后搅拌均匀，甲、乙两组分分别用瓶包装，贮存于阴凉干燥通风处，贮存期 1 年。按一般危险品运输。

3. 用途

可用于不锈钢、铝合金、木质层压塑料、赛璐珞及其他金属和非金属材料的粘接。使用时将甲、乙两组分按甲：乙 =30:1 的比例混合，充分搅拌均匀。涂胶前将铝合金表面经化学氧化或阳极化处理，不锈钢经喷砂处理后涂胶黏合。使用温度范围 -60 ~ 60℃。固化条件为，固化压力≥0.3 MPa，60℃下 9 h 或 80℃下 6 h。

4. 质量标准

不锈钢粘接件的剪切强度/MPa	
室温	≥11
60℃	≥5.8

铝合金粘接件的剪切强度/MPa	
室温	≥21.8
60℃	≥18

弯曲冲击强度(20℃)/(kJ/m²)	2.0 ~ 3.0
抗拉强度 20℃/MPa	30 ~ 33
60℃/MPa	10 ~ 12
不均匀扯离强度(20℃)/(N/cm)	400 ~ 500

铝合金粘接件在不同介质中浸泡 15 天后的剪切强度(20℃)/MPa

空白	自来水	丙酮	乙醇	乙醚	汽油	机油
21.8	24	25.3	25.4	23.4	23.7	24.6

6.25 KH-508 胶

KH-508 胶是由环氧树脂、酸酐、玻璃粉、二氧化钛组成的单组分胶黏剂。本胶具有良好的耐高温性，可长时期耐150℃，短时期耐200℃。适用于金属材料的粘接。

1. 工艺配方

E-44 环氧树脂	80	647 酸酐	52
玻璃粉（200 目）	40	二氧化钛（200 目）	40

2. 生产工艺

将各组分按配方比例在40~50℃下配制，充分搅拌，混合均匀即制得成品。

3. 质量标准

不同材料在不同温度下的剪切强度/MPa

	铝/铝	钢/钢	铝/钢
20℃	19	23.7	13.1
200℃	10.7	20.7	7.4

4. 用途

主要用于铝、钢、钢铝之间，不锈钢、铝合金、铜合金等金属材料的粘接。固化条件为：粘接压力 0.05~0.1 MPa，100℃下 8 h 或 150℃下 3 h。

参 考 文 献

[1] 王春飞. 室温快固化环氧胶的制备技术及性能研究[D]. 浙江大学，2006.

6.26 KH-509 胶

KH-509 胶由 F-44 环氧树脂、647 号酸酐、二氧化钛、玻璃粉组成。本胶使用温度为-40~250℃，配方简单，工艺性能良好，胶层耐烧蚀，耐蠕变，但胶层较脆，韧性差。

1. 工艺配方

F-44 环氧树脂	100	647 号酸酐	80
二氧化钛（200 目）	50	玻璃粉（200 目）	50

2. 生产工艺

将 F-44 环氧树脂和 647 号酸酐于80℃下加热熔融，混合均匀，再加入二氧化钛和玻璃粉，混合后调制均匀即制得 KH-509 环氧胶黏剂。

3. 质量标准

粘接不同材料的粘接性能：

材 料	剪切强度/MPa			接伸强度/MPa	
	20℃	200℃	250℃	20℃	200℃
铝	13.3	10.2	5.8	—	—
钢	12.7	—	8.8	41.3	4.6

耐老化性能：

材料	老化条件 温度	剪切强度/MPa 时间/h			
		0	50	200	400
铝	常温	13.3	14.5	14.2	11.8
	200℃	10.2	11.2	9.6	9.4
	250℃	8.8	5.1	5.5	—
钢	常温	12.7	12.1	12.2	12.5
	200℃	—	13.5	7.5	7.9
	250℃	8	6.9	6.4	—

4. 用途

适用于耐高温结构的胶接和耐烧蚀材料的粘接，可用于 200 ~ 250℃ 高温长期工作的金属零件的粘接或瞬间超高温（1000℃）的密封，也可用于粘贴高温应变片，耐高温传光束及紧固高温螺栓等。主要粘接不锈钢、铝合金。也可粘接陶瓷、玻璃、木材、热固性塑料等材料。固化条件为，接触压力，150℃ 需 3 h 或 150℃ 下 1 h 后，再在 200℃ 下固化 2 h。使用时将胶涂刷在粘接件表面即可。

参 考 文 献

[1] 钟震，任天斌，黄超. 低放热室温固化环氧胶黏剂的制备及其性能研究[J]. 热固性树脂，2011，(03)：29.

6.27　KH – 512 胶

KH – 512 胶是由环氧树脂、酸酐、丁腈、咪唑衍生物组成的单组分粘接剂。本胶黏接性能好，可用于多种材料的粘接。

1. 工艺配方

E – 51 环氧树脂	65	647 号酸酐	52
液体丁腈	13	2 – 乙基 – 4 – 甲基咪唑	1.3

2. 生产工艺

按配方比例配制，充分搅拌，混合均匀。

3. 用途

适用于铝与玻璃钢粘接金属、硬质塑料等。使用温度范围为 – 60 ~ 150℃。固化条件为，120℃ 下 3 ~ 4h。

6.28　KH – 225 胶

KH – 225 胶是由环氧树脂、端羧基丁腈橡胶及咪唑类固化剂、白炭黑组成的三组分粘接剂。使用温度至 100℃。可中温固化，粘接强度高。适用于粘接对热敏感的部件、形状复杂的部件和某些线膨胀系数不匹配的部件。

1. 工艺配方

甲组分：

E-51 环氧树脂	50
端羧基丁腈橡胶-21	15

乙组分：

2-乙基-4-甲基咪唑	5

丙组分：

气相法白炭黑	1

2. 生产工艺

将甲组分按配方比例混合均匀，再将甲、乙、丙三组分分别包装，配套供应。

3. 质量标准

铝合金粘接件常温不均匀扯离强度/(N/cm)	≥600
碳钢粘接件(120℃固化)的剪切强度/MPa	
常温	≥40
100℃	≥15
铝合金粘接件 120℃老化 400h	强度不变
铝合金粘接件在相对湿度为 95%，55℃老化 2000h	
后剪切强度/MPa	25
铝粘接件经沸水煮后的剪切强度/MPa	

100℃水煮/h	0	100	500
常温	>30	24.5	23.7
60℃	27.8	20.2	18.9

4. 用途

用于粘接铝、钢、不锈钢等金属材料，硬塑料、玻璃钢等非金属材料及玻璃、玉石、陶瓷等材料。使用时将甲、乙、丙三组分按甲:乙:丙=65:5:1 的比例混合，充分搅拌至均匀。适用期：常温，4~8 h。涂胶时将胶刮涂在待粘对象表面。固化条件为：接触压力，120℃下 1~3 h 或 80℃下 4~8 h。

6.29 MS-3 胶

MS-3 胶是由环氧树脂、丁腈橡胶、双氰胺、苯基二丁脲、白炭黑等组成的单组分胶黏剂。本胶适用于多种材料的粘接。粘接性能优良，固化温度不高，可在 100℃下使用，且毒性小。

1. 工艺配方

E-51 环氧树脂	120	液体丁腈橡胶-40	24
苯基二丁脲	19.2	双氰胺	12
气相法白炭黑	2.4		

2. 生产工艺

按配方比例先将其中液体成分加热、混合，搅拌均匀，然后加入固体成分混合，充分搅

340

拌至均匀。

3. 质量标准

不同温度下不同粘接件的剪切强度/MPa

	铝	不锈钢	黄铜
室温	23	28	15.5
60℃	25	—	
100℃	18	—	15
不均匀扯离强度/(N/cm)	630		

在不同介质中浸泡 1 个月后的剪切强度/MPa

水	酒精	丙酮	煤油
12	23	21	18

4. 用途

适用于铝、钢、铜等金属材料和陶瓷、玻璃、电木等非金属材料的粘接，也可作密封胶使用。使用前需将胶料充分搅拌均匀后再进行涂胶。固化条件为：90℃下 8 h，或 100℃下 6 h，或 1 30℃下 2 h。

参 考 文 献

[1] 姚兴芳，范时军，张世锋. 丁腈橡胶增韧环氧树脂研究进展[J]. 热固性树脂，2009，03：52-55.

[2] 魏丽娟，黄鹏程，魏然，刘庆. 中温固化丁腈橡胶改性环氧树脂胶黏剂的研究[J]. 化学与粘合，2010，04：6-9.

6.30 XY-921 胶

XY-921 胶是由环氧树脂、环烷酸钴及过氧化环己酮乙醇组成的双组分粘接剂。本胶毒性低，可用于多种材料的粘接。

1. 工艺配方

甲组分：

711 环氧树脂	60	环烷酸钴	0.12

乙组分：

46% 过氧化环己酮乙醇溶液	2.25

2. 生产工艺

先按配方比例配制甲组分，再将甲、乙两组分分别包装，配套供应。

3. 用途

主要用于各种金属材料、硬聚氯乙烯、聚苯乙烯、硬泡沫塑料、有机玻璃等非金属材料的粘接。使用时将甲、乙两组分混合，搅拌均匀后即可进行粘接。固化条件为室温下 1~2 天。

参 考 文 献

[1] 钟震，任天斌，黄超. 低放热室温固化环氧胶黏剂的制备及其性能研究[J]. 热固性树脂，2011，(03)：29.

6.31　Z-11胶

Z-11胶为单组分胶，由环氧树脂、聚硫橡胶、聚酰胺、三氧化二铝组成。具有较强的粘接强度，可用于多种材料的粘接。

1. 工艺配方

E-51环氧树脂	70	JLY-121聚硫橡胶	21
651号聚酰胺	35	三氧化二铝(300目)	35

2. 生产工艺

按配方比例将各成分混合后配制均匀。

3. 质量标准

铝合金粘接件的测试强度剪切强度/MPa　28.5

不均匀扯离强度/(N/cm)　　　　　　450

4. 用途

用于粘接金属、木材、陶瓷等材料。固化条件为100℃下3 h。

6.32　环氧酚醛耐酸碱胶

该制品黏结瓷砖或酸碱池中用于瓷砖勾缝，具有耐酸碱的特性，耐温、耐压性能也比较好。

1. 工艺配方

E-42环氧树脂	70	2130号酚醛树脂液	30
丙酮	10~20	乙二胺	3
邻苯二甲酸二丁酯	10	辉绿岩粉	适量

2. 生产方法

先将环氧树脂和酚醛树脂液混合均匀，再依次加入各组分，搅拌均匀即得成品。

3. 用途

用于化工行业及实验室瓷砖粘接。

6.33　木质素/环氧树脂胶黏剂

这种胶黏剂的粘接力强，抗折断强度好，制作简单、方便，广泛用于金属、木材、陶瓷等的粘接。

1. 工艺配方

木质素	17.3	25.8
E-44环氧树脂	49.5	34.5
邻苯二甲酸酐	32.7	10
水	适量	适量

2. 生产方法

将上述原料按配方量混合搅拌均匀，加热继续搅拌至胶状液出现。

3. 性能

抗折断强度/MPa	抗冲击强度/(kg/m²)	耐水性/%
93.1	0.98	0.04

4. 用途

适于粘接金属、木材及陶瓷。

6.34　环氧树脂水下胶

环氧树脂水下胶由环氧树脂、填料、固化剂等组成，可在水下常温固化。

(1)配方一

E-44 环氧树脂	40	702 号聚酯树脂	4~8
石油磺酸	0~2	生石灰(160 目)	20
二亚乙基三胺	4		

该胶主要用于船尾轴管堵漏、船体裂缝和孔洞临时修补。水下常温固化。粘接钢剪切强度为 16.5 MPa，钢-帆布剥离强度为 43~57 N/cm，纯胶拉伸强度为 13.9~29.8 MPa。

(2)配方二

E-44 环氧树脂	40	生石灰(160~180 目)	20
双丙酮丙烯酰胺/二亚乙基三胺	16	石油磺酸	2

生产工艺：双丙酮丙烯酰胺与二亚乙基三胺以 1:1 摩尔比缩合，得到固化剂。将 E-44 环氧树脂与生石灰、固化剂、石油磺酸混合均匀，得环氧水下胶。

用途：主要用于船舰尾轴管堵漏和船体裂缝修补。水下常温固化 5~24 h，粘接钢剪强度为 4 MPa。

(3)配方三

E-42 环氧树脂	40	聚硫橡胶	8
酮亚胺	16	生石灰	4

该胶主要用于地下工程粘接涂敷用。水下常温吸水固化 28 h。

(4)配方四

E-42 环氧树脂	40	乙二胺氨基甲酸酯	6
熟石灰	8	生石灰	16
石棉粉	8	水	4

该胶可用于船体裂缝粘接和修补。常温吸水固化 24 h。粘接钢剪切强度为 15 MPa。

(5)配方五

E-44 环氧树脂	40	酮亚胺	12
乙二胺	1.2	邻苯二甲酸二丁酯	4
填料(石英砂:水泥=3:2)	200	丙酮	2
水	6		

该胶适用于潮湿和水下混凝土面的粘接。在水中涂胶养护，水温 10~15℃，24 h 固化。

粘接强度：3天为1.5MPa，7天为2.2MPa。50%试件不在原粘接面拉断。

(6)配方六

E-44环氧树脂	40	邻苯二甲酸二丁酯	4
偶联剂KH-560	0.8	810水下环氧固化剂	12
丙酮	2~4	石英砂、滑石粉	适量

该胶用于引水隧洞补裂。水下常温固化。

(7)配方七

E-44环氧树脂	40	酮亚胺	8
填料(水泥:沙=2:3)	200~220	水	2

该胶主要用于水下工程涂敷用。常温吸水固化24h。水泥拉伸强度为3.35MPa。

参 考 文 献

[1] 熊建波，岑文杰，彭良聪，王胜年. 环氧水下粘结剂的水下灌注施工工艺及应用[J]. 水运工程，2012，(02)：138.
[2] 黄月文，刘伟区. 低温潮湿或水下固化改性环氧胶[J]. 新型建筑材料，2006，(06)：67.

6.35　耐火环氧树脂胶黏剂

该胶黏剂由硬和软环氧树脂、填料、添加剂、氢氧化铝组成，剪切强度27.5MPa，具有良好的耐水性。

1. 工艺配方

双酚A环氧树脂	50	聚氨酯改性环氧树脂	50
氢氧化铝	25	三氧化二锑	75
双氰胺	10	咪唑	5
1，6-己二醇二环氧甘油醚	20		

2. 生产方法

依次将各物料投入拌料罐中，分散均匀，即得到耐火环氧树脂胶黏剂。

3. 用途

用于金属、陶瓷、玻璃、木材电木等材料的粘接。

参 考 文 献

[1] 日本公开特许公报JP02-11686.

6.36　化工建筑防腐胶

本制品的胶合抗压强度为1254 kg/cm²，抗拉强度为125 kg/cm²，该胶耐腐蚀性能好，可用于化工建筑防腐工程上，做耐酸耐碱池或槽粘瓷板，瓷砖和勾缝等。

1. 工艺配方

E-44环氧树脂	70	丙酮	0~10

| 呋喃树脂(糠酮树脂或糠醛树脂) | 30 | 石英粉(或辉绿岩粉) | 适量 |
| 乙二胺 | 6~8 | | |

2. 生产方法

将环氧树脂与呋喃树脂加热至40℃混匀,再依次加入其他各料,搅拌均匀后即可施用。

3. 用途

用于化工行业的黏合。将该胶涂于粘接部位或勾缝处,固化温度为(25±5)℃。

参 考 文 献

[1] 张微,李涛,刘永丰. AZ31镁合金表面防腐胶黏涂层的研制[J]. 电镀与涂饰,2009,02:60-62.
[2] 黄月文,刘伟区. 高渗透有机硅改性环氧防腐胶的研制与应用[J]. 化学建材,2007,03:35-37.
[3] 刘文慧. FJ系列防腐胶及其应用[J]. 化工设备与防腐蚀,1999,01:61-63.

6.37 改性聚氨酯2号胶

该胶黏剂适用于金属或金属与非金属之间的胶接。铝胶接件剪切强度5~7MPa,铝-橡胶胶接件剥离强度>2kN/m。

1. 工艺配方

蓖麻油改性甲苯二异氰酸酯	20	聚醚(N204)改性甲苯二异氰酸酯	50
聚醚(N220)改性甲苯二异氰酸酯	30	生石灰	60
甘油	10		

2. 生产方法

将各组分按配方比例混合在一起,进行混炼,调制成胶即可。

3. 用途

用于金属、非金属材料的粘接,施胶黏合后,固化压力0.05MPa,温度20℃,时间24h。

参 考 文 献

[1] 杨燕,沈一丁,赖小娟,王磊,李刚辉. 多羟基化合物改性聚氨酯胶黏剂的制备与应用[J]. 现代化工,2011,01:43-45.
[2] 邓威,黄洪,傅和青. 改性水性聚氨酯胶黏剂研究进展[J]. 化工进展,2011,06:1341-1346.

6.38 101胶黏剂

该胶黏剂有良好的黏附性、柔软性、绝缘性、耐水性和耐磨性,且能耐稀酸、油脂,还具有良好的耐寒性。主要用于粘接金属(铝、铁、钢)、非金属(玻璃、陶瓷、木材、皮革、塑料、泡沫塑料)以及相互粘接,还可用作尼龙等织物、皮革、涤纶薄膜的涂料。

1. 工艺配方

| 甲组分:端羟基线型聚酯型聚氨酯丙酮溶液 | 100 |
| 乙组分:聚酯改性二异氰酸酯乙酸乙酯溶液 | 10~50 |

2. 生产方法

施胶前按甲:乙=100:(10~50)的比例,依不同要求调配均匀。甲液外观为微黄色透明黏稠液体，黏度(涂-4杯，25℃)30~90Pa·s，固含量60%±2%，异氰酸基含量11%~13%。

3. 用途

涂胶2次，第一次涂布后晾置5~10 min，涂第二次后晾置20~30 min，黏合后固化压力0.05 MPa，固化温度20℃，固化时间120 h；固化温度100℃，固化时间2 h。

参 考 文 献

[1] 卫岳. 山东制成船用 TW—101 胶黏剂[J]. 粘合剂，1991，(01)：5.

6.39　长城405胶黏剂

长城405胶黏剂由异氰酸酯和羟基聚酯组成。常温固化，使用方便，可粘接多种材料。使用温度范围-50~105℃。

1. 工艺配方

A 组分：	聚酯型聚氨酯乙酸乙酯溶液	10
B 组分：	端羟基线型聚酯甲苯溶液	20

2. 性能

剥离强度/(N/2.5cm)	橡胶	20~30
冲击强度/(N·cm/cm²)	铁	132
	铝	130
剪切强度/MPa	铝	≥4.7
	铁	≥4.6
	铜	≥4.8
	玻璃	≥2.5(试片断)

3. 用途

适用于金属、玻璃、陶瓷、木材和塑料等粘接。A 组分:B 组分以 1:2 比例配胶，涂胶后晾置 30~40min，叠合，常温固化 24~48h。

6.40　改性聚氨酯热熔胶

这种新型的改性聚氨酯热熔胶黏剂，具有低黏度、高初始黏合力，良好的耐热性，在不加增稠剂或增塑剂的情况下，120℃的黏度为 3~50Pa·s。日本公开特许公报昭和 63-6076。

1. 工艺配方

二苯甲烷二异氰酸酯	131.1	1,6-己二酸新戊二醇酯	118.2
甲基丙烯酸甲酯	63.0	甲基丙烯酸丁酯	111.9
聚丙二醇	275.8	十二烷硫醇	0.68

2. 生产方法

将各物料调配均匀，即得改性聚氨酯热熔胶。

3. 用途

用作金属和非金属材料的热熔胶。

参 考 文 献

[1] 田俊玲.热塑性聚氨酯热熔胶的合成及改性研究[D].广东工业大学,2012.

[2] 高洁,曹有名.硅烷Y9669改性湿固化聚氨酯热熔胶的研制[J].中国胶黏剂,2013,03:39-42.

6.41 聚氨酯密封胶

1. 工艺配方

(1)配方一

聚酯型聚氨酯	50	填料	适量
溶剂	25~60		

该密封胶耐油性较好,耐热温度250℃左右。主要用于法兰盘及机床密封。室温下涂胶,待溶剂挥发后进行密封连接。

(2)配方二

A 组分:

聚醚聚氨酯预聚物	50		

B 组分:

蓖麻油	5	甘油	1
钛白粉	5	邻苯二甲酸二丁酯	1.5
二月桂酸二丁基锡	0.01	生石灰粉	5
颜料	适量		

4. 生产工艺

A、B组分分别配制,分装。使用时混合均匀。

3. 用途

用于船甲板和混凝土建筑物的嵌缝密封。室温固化2~7d。

参 考 文 献

[1] 史小萌,马启元,戴海林.硅烷化聚氨酯密封胶的研究进展[J].新型建筑材料,2003,(02):44.

[2] 李丽娟.国内聚氨酯密封胶研究进展[J].中国胶黏剂,2004,(01):45.

[3] 刘恋.双组分聚氨酯密封胶的制备及性能研究[D].燕山大学,2010.

6.42 聚氨酯厌氧胶黏剂

厌氧胶黏剂又称嫌气性胶黏剂,接触空气时不会固化,一旦与空(氧)气隔绝,就会立即固化。

1. 工艺配方

1号异氰酸酯甲基丙烯酸酯	80	4号聚醚型聚氨酯丙烯酸双酯	60
甲基丙烯酸	4	甲基丙烯酸羟丙酯	60
过氧化异丙苯	8	三甲基苯胺	1

| 三乙胺 | 2 | 糖精 | 1 |
| 对苯二酚 | 0.08 | 促进剂（1%甲基丙烯酸铁的丙酮溶液） | 4～6 |

2. 生产方法

该配方混合均匀后，隔绝空气 1～5min 后凝胶，1～2 天后完全固化。固化后剪切强度为 31.6 MPa。

3. 用途

可用于金属、陶瓷、玻璃、硬塑料粘接。

参 考 文 献

[1] 李和国，刘江歌，李护兵，孟声. 聚氨酯厌氧胶树脂的制备及固化影响因素的研究[J]. 化学与粘合，2003，(05)：220.

[2] 张丽丽，庞小琳，姜繁鼎，徐桂英. 厌氧胶黏剂的合成研究[J]. 辽宁化工，2009，(06)：378.

[3] 张钧，金剑，冯燕，刘占全. 新型厌氧胶黏剂的合成及性能[J]. 天津纺织工学院学报，1992，(Z1)：15.

6.43   耐水耐热的水基胶

这种耐水、耐热的水基胶黏剂，适用于木材、纸品、纤维等的黏合，由烯丙醇－乙烯醇共聚物的水溶液、合成橡胶胶乳及聚异氰酸酯在高沸点有机溶剂中混合而成。日本公开专利 JP02－3488。

1. 工艺配方

烯丙醇－乙烯醇共聚物	5
丁二烯－苯乙烯共聚胶乳(45%固体)	50
甲撑二苯基二异氰酸酯(MDI)	14
水	95
邻苯二甲酸二丁酯	2

2. 生产方法

将共聚物 5 kg 在水 95 kg 混合再与共聚胶乳混合，然后与 MDI、二丁酯混合制得耐水、耐热的水基胶黏剂。

3. 用途

用于木材等纤维基材的黏合，自然固化。

参 考 文 献

[1] 余宏华. 装用 SJ－6－B 型水基胶[J]. 粘合剂，1986，02：44.

[2] 余宏华. 新型水基胶[J]. 粘合剂，1991，01：2.

6.44   防水胶黏剂

该胶黏剂为长适用期的水中防水胶黏剂，其耐水性能优良，室温下适用期为 4h。由含水聚合物分散体、多异氰酸酯和乳化剂组成。

1. 工艺配方

共聚物分散体	100	多异氰酸酯组合物	3
三甲醇乙烷己二异氰酸酯加成物	100		

2. 生产方法

将100 g含水50%（固体）丙烯酸-丙烯酸丁酯-β-丙烯酸羟乙基脂-甲基丙烯酸甲酯共聚物分散体和3 g含有异佛尔酮二异氰酸酯和聚氧乙烯单甲基醚乳化剂的多异氰酸酯组合物，与100 g三甲醇乙烷己二异氰酸酯加成物混合，制得防水胶黏剂。

3. 用途

用于聚氨酯材料、木材、织物等粘接。

参考文献

[1] 日本公开特许公报 JP04-246489.

6.45 玻璃纤维增强用聚酯胶

该胶黏剂可在室温下使用，使用前无需对底物进行预处理。玻璃纤维-聚酯板模塑胶接件剪切强度为8.1 N/mm²。由异氰酸酯预聚物、NCO活性组分及作催化剂的多胺组成。德国专利公开 EP504681。

1. 工艺配方

甲撑二苯基二异氰酸酯（MDI）碳化二亚胺（30% NCO）	750
聚乙二醇-聚丙二醇三羟甲基丙醚（3:1）加合物（羟值28）	204.3
1,4-丁二醇	10
IPDA	2
沸石糊	6
多元醇（羟值28）	100
顺-2-丁烯-1,4-二醇	15
$[(CH_3)_2N(CH_2)_3]_2NCHO$	0.4

2. 生产方法

将甲撑二苯基二异氰酸酯（MDI）碳化二亚胺（30% NCO）与（3:1）聚乙二醇-聚丙二醇三羟甲基丙醚（羟值28）的加合物配成混合物（NCO）（指数为115），再与100 g由（3:1）聚乙二醇-聚丙二醇三羟甲基丙醚加合物5070 g，$N_2H_4 \cdot H_2O$ 380 g及二异氰酸甲苯酯1320 g，制得的多元醇（羟值28）以及配方中的其余组分组成的混合物（羟值269）混合，制得玻璃纤维增用强聚酯黏合胶黏剂。

3. 用途

用于制造玻璃钢。将该胶涂布在玻璃纤维-聚酯板模塑表面，在室温下黏合。

参考文献

[1] 闻荻江. 国外不饱和聚酯胶衣组分剖析[J]. 玻璃钢/复合材料，1991，01：26-30.
[2] 李生琳，刘晔，秦丽丽，刘燕兰. 聚酯胶生产的中控分析及数据处理[J]. 粘合剂，1989，04：46-48.

[3] 张喆. 通用型不饱和聚酯树脂室温潮湿条件下固化体系的研究[J]. 粘接, 1993, 04: 26-27.

6.46 塑料和金属粘接用聚氨酯胶

该胶以聚醚或聚酯多元醇衍生物的聚氨酯为主要黏合基料, 可用于玻璃纤维增强的塑料或金属的粘接, 特别适用于汽车制造工业。澳大利亚专利586960。

1. 工艺配方

二醇聚氧丙烯醚(相对分子质量 $M=3000$)	414	苯乙烯改性的二苯胺	4
亚甲基二(4-苯基异氰酸酯)	300	滑石粉	282

2. 生产方法

将二醇聚氧丙烯醚、苯乙烯改性的二苯胺和滑石粉, 在110℃真空下边搅拌边加热, 再在同样温度下与150 g亚甲基二(4-苯基异氰酸酯)混合2 h, 然后再加150 g异氰酸酯, 在真空状态下混合, 并冷却至30℃得到胶黏剂。

3. 用途

用于塑料、玻璃钢与金属的粘接。

参 考 文 献

[1] 计纲. 我国聚氨酯胶黏剂的市场现状和发展态势[N]. 中国包装报, 2010-08-16005.
[2] 阎利民, 朱长春, 宋文生. 聚氨酯胶黏剂[J]. 化学与粘合, 2009, 05: 53-56.

6.47 灌浆胶黏剂

该胶黏剂由聚氨酯预聚体、增塑剂、填料和溶剂组成。

1. 工艺配方

聚氨酯预聚体	80	聚氧化乙烯山梨醇甘油酯	0.8
邻苯二甲酸二丁酯	8	丙酮	8
水泥	40~64		

2. 生产工艺

将各物料按配方比混合均匀, 得灌浆胶黏剂。

3. 用途

用于建筑业。

参 考 文 献

[1] 刘广建, 陈冲冲, 陈国富. 新型聚氨酯灌浆材料的研制[J]. 塑料, 2012, 04: 38-39+105.
[2] 刘洋, 李娜, 张良均. 环氧/聚氨酯共混灌浆材料的制备及性能[J]. 粘接, 2012, 12: 53-56.
[3] 范兆荣, 吴晓青, 刘运学, 谷亚新. 油溶性单组分聚氨酯灌浆材料的研制[J]. 中国胶黏剂, 2008, 05: 31-33.

6.48 201 胶黏剂

该胶黏剂为橙黄色或棕黄色透明液体，用于金属材料、陶瓷、电木、玻璃等的胶接，也可浸渍玻璃布作层压玻璃钢。耐温范围为 -70 ~ +150℃。

1. 工艺配方

酚醛树脂	12.5	聚乙烯醇缩甲醛	10.0
苯/乙醇(6:4)	适量	对苯二酚(防老剂)	0.2

2. 生产方法

将树脂料溶于溶剂中，加入防老剂，混合均匀。

3. 用途

用于金属、非金属材料的粘接。也可与浸胶玻璃布配合使用。一般在 1 kg/cm² 压力下，160℃固化 3 h。不均匀扯离强度 37 kg/cm；抗拉强度为 333 kg/cm²。

参 考 文 献

[1] 傅平生. GH-201 胶黏剂[J]. 建筑技术，1982，(03)：42.
[2] 谢菊娘. 能在潮湿基层上粘贴软 PVC 板的 GH-201 胶黏剂[J]. 化学通讯，1983，(01)：39.
[3] 徐明蟾. SA-201、202 室温快速固化胶黏剂[J]. 上海化工，1985，(01)：11.

6.49 203 酚醛树脂胶黏剂

该胶黏剂用途广泛，粘接力良好，可用于金属、胶木、陶瓷、木材等的胶接。剪切强度（钢）>8 MPa；剪切强度（胶木）>6 MPa。

1. 工艺配方

酚醛树脂(203)	90	六次甲基四胺	10
乙醇	适量		

2. 生产方法

将各组分加在一起进行混合，然后加入乙醇调制成胶即可。

3. 用途

施胶黏合后固化压力 0.1~0.3 MPa，固化温度 20℃，固化时间 24 h。

参 考 文 献

[1] 范东斌，常建民，林翔. 低成本酚醛树脂胶黏剂研究进展[J]. 林产工业，2008，05：14-17.
[2] 赵临五，王春鹏，刘奕，金立维，王静. 低毒快速固化酚醛树脂胶研制及应用[J]. 林产工业，2000，04：17-21.

6.50 2133 酚醛树脂胶黏剂

该胶黏剂用途广泛，可用于陶瓷、胶木、电木、木材等的胶接。该胶黏剂使用方便，粘接力强，陶瓷剪切强度 >8 MPa；胶木剪切强度 >6 MPa。

1. 工艺配方

酚醛树脂(2133)	100	六次甲基四胺	10~15
乙醇	适量		

2. 生产方法

将各组分加在一起混合成胶。

3. 用途

施胶黏合后，固化压力 0.1~0.5 MPa，固化温度 20℃，固化时间 24 h。

参 考 文 献

[1] 隋月梅. 酚醛树脂胶黏剂改性的研究[J]. 黑龙江科学，2011，02：20 - 22.

[2] 钟树良. 环保型水性酚醛树脂胶的研究[J]. 粘接，2009，04：62 - 65.

[3] 方鲲，刘晓，李军，赵京伟. 环保型改性酚醛树脂胶的制备与性能[J]. 木材工业，2004，02：12 - 14.

6.51 FHJ - 12 胶

FHJ - 12 胶可用于金属、玻璃钢的胶接。该胶在 1500~1700℃ 15 min 内，其胶缝不裂。

1. 工艺配方

酚醛树脂(FQS - 2)	10.0	E - 51 环氧树脂	1.0
8 - 羟基喹啉	0.11	六次甲基四胺	0.4
氧化铝粉	5.0	溶剂	2.0

2. 生产方法

先将两种树脂分散于溶剂中，然后加入其余组分，搅拌均匀。

3. 用途

接触压 100℃ 固化 12 h。抗剪强度：室温下玻璃钢 >300 kg/cm²；不锈钢 >180 kg/cm²；铝合金 >90 kg/cm²。

参 考 文 献

[1] 隋月梅. 酚醛树脂胶黏剂的研究进展[J]. 黑龙江科学，2011，03：42 - 44.

[2] 钟树良. 环保型水性酚醛树脂胶的研究[J]. 粘接，2009，04：62 - 65.

[3] 韩焕梅，张显友，朱永琴. 铸造用酚醛树脂胶黏结剂的研制[J]. 化学与粘合，1996，01：27 - 29.

6.52 FSC - 1 胶

该胶具有优良的耐高温老化性能，粘接力强，弹性好，可作 150℃ 以下长期使用的结构胶。

1. 工艺配方

锌酚醛树脂	125	聚乙烯醇缩甲醛	100
苯：乙醇(60：40)	900		

2. 生产方法

将锌酚醛树脂及聚乙烯醇缩甲醛溶于苯和乙醇的混合溶剂中，搅拌至均匀即可。

3. 用途

用于钢、铝、陶瓷、玻璃、胶木等材料胶接。施胶黏合后固化压力 0.1 MPa，固化温度 160℃，固化时间 2～3 h。

4. 质量标准

(1)剪切强度/MPa

铝	不锈钢	耐热钢	黄铜
22.4	23.5～25	23.2	23.2～24.4

(2)拉伸强度/MPa

铝合金 31.2～35.7

(3)不均匀扯离强度/(kN/m)

铝合金　35～39

(4)不同温度下的剪切强度(铝合金)

温度/℃	-70	20	60	100	150	200
剪切强度/MPa	23	22.4	22	20.6	13.5	3.7

(5)高温老化性能(铝合金)

150℃时老化时间/h	0	100	500	1 000
剪切强度/MPa	21.3～21.4	19.1～21.1	16.3～19.2	12.7～14

6.53　FSC-2 胶

该胶黏接力强，弹性好，用途广泛。可作为 100～120℃下长期使用结构胶。用于钢、铝等金属及陶瓷、玻璃、玻璃钢等胶接。亦称铁锚202胶黏剂。

1. 工艺配方

锌酚醛树脂	100	聚乙烯醇缩甲醛	125
苯：乙醇(60：40)溶剂	900		

2. 生产方法

将锌酚醛树脂和聚乙烯醇缩甲醛溶于苯和乙醇的混合溶剂中，搅拌至均匀即可。

3. 用途

施胶黏合后，固化压力 0.1～0.15MPa，固化温度 160℃，固化时间 2h。

4. 质量标准

(1)剪切强度/MPa

铝合金	不锈钢	耐热钢	黄铜
27	32	>22	25

(2)拉伸强度/MPa

铝合金　　　35

(3)不均匀扯离强度/(kN/m)

铝合金　　　40

(4)不同温度下的剪切强度(铝合金)

温度/℃	-70	20	60	100	120	150
剪切强度/MPa	26.9	26.5	26	24.3	20	10.8

6.54　J-08胶

J-08胶具有良好的耐水、海水、乙醇、丙酮、润滑油、燃油性能,耐盐雾、耐候性好,耐温范围-60~350℃。

1. 工艺配方

苯酚糠醛树脂	10.0	聚有机硅氧烷	2.0
六次甲基四胺	0.5	聚乙烯醇缩丁醛	1.5
没食子酸丙酯	0.3	苯和乙醇恒沸物	27

2. 生产方法

先将树脂和聚合物溶解分散于溶剂中,然后加其余物料搅拌均匀。

3. 用途

用于碳钢、合金钢、铝合金、钛合金、酚醛布板和玻璃的粘接。在 0.5 MPa 压力下,200℃条件下固化 3 h。室温抗剪强度 >110 kg/cm²;不均匀扯离强度 10~14 kg/cm;弯曲冲击强度 1~1.5 kg·cm/cm²。

参 考 文 献

[1]　姚慧琴. 有机硅胶黏剂的发展与应用[J]. 江西科学,2005,03:294-298.

6.55　磺化甲醛共聚胶黏剂

这种缩甲醛树脂胶黏剂贮存稳定,粘接强度高,用于木材等材料的黏合。

1. 工艺配方

磺化甲醛脲共聚物	500	磺化蜜胺甲醛共聚物	400
氯化铵	8	磺化甲醛酚共聚物	100
填料(粉末)	130	水	180

2. 生产方法

先将 3 种共聚物热混溶后,加入填料、水和氯化铵,混匀后即为胶黏剂。

3. 用途

以 28 g/900cm² 量施胶于木材等基质上,以 0.98 MPa 加压 20 min,然后于 120℃/0.98MPa 下固化 2 min。

参 考 文 献

[1]　日本公开特许公报,JP02-141684.

6.56　木材用间苯二酚树脂胶

该胶黏剂含有结构黏度指数为 2 ~ 7 的间苯二酚树脂，适合于喷涂机使用，用于木质层压材料的黏合。

1. 工艺配方

甲醛（37%）	170	乙醇	160
多聚甲醛	10	间苯二酚	440
粉状二氧化硅	2	木粉	5

2. 生产方法

将甲醛、间苯二酚和乙醇投入反应器，在 65 ~ 70℃ 下加热 6 h，加入二氧化硅至半黏度指数为 3.6，再与多聚甲醛和木粉混合，制得胶黏剂。

3. 用途

用于木材及木质材料的粘接，常温固化。

参 考 文 献

[1]　日本公开专利，JP02 - 133485.

6.57　耐火复合材料胶黏剂

该胶黏剂是用环氧基终止的低聚碳酸酯改性的酚醛树脂耐火胶黏剂，其耐火性能优良，粘接力强。前联邦德国公开专利 DE4109053。

1. 工艺配方

CH_2 基团交联的酚醛树脂（聚合度 730）	700
环氧丙基终止的双酚 A 低聚碳酸酯	175
六亚甲基四胺	70
二氯甲烷	适量

2. 生产方法

将酚醛树脂和低聚碳酸酯（环氧基当量 1500、软化点 81 ~ 85℃）以及六亚甲基四胺溶解在加热的 CH_2Cl_2 溶剂中，制成 50% ~ 55% 的树脂溶液。

3. 用途

用 42%（以固体计）这种溶液浸渍玻璃纤维（基本质量 163 g/m^2），在 130℃ 下干燥，然后在 8MPa 下压制 60 min，形成的复合材料，具有极限氧指数 355，UL - 94 可燃性等级 U - 0 和 OSU 释热（HR）40 $kW \cdot min/m^2$。

参 考 文 献

[1]　谢海洋. 环保型耐火材料用酚醛树脂的合成工艺及性能研究[D]. 南京理工大学，2012.
[2]　龙彦辉. 一种新型高温胶黏剂的研制[J]. 重庆工业高等专科学校学报，2001，03：24 - 26.

6.58 脲醛树脂胶黏剂

脲醛树脂是由尿素与甲醛以摩尔比 1:(1.75~2)在碱性催化剂存在下，经加热反应生成的黏稠液体。该树脂添加 1%~5% 的酸性固化剂即得脲醛树脂胶黏剂。该类胶黏剂无色、耐光性好、毒性小，可室温固化，但耐水性差、性脆。通常添加酚醛树脂、三聚氰胺以改善其耐水性；加入聚乙酸乙烯乳液、聚乙烯醇作增黏剂以提高起始粘接力。

（1）配方一

| 脲醛树脂(尿素与甲醛摩尔比1:1.75) | 100 | 氯化铵 | 2.7 |
| 六次甲基四胺 | 0.9 | 水 | 14.4 |

生产方法：先将氯化铵、六次甲基四胺溶于水，制得固化剂，将固化剂与脲醛树脂混合均匀得 GNS-1 脲醛胶黏剂。

用途：主要用于木材、家具和胶合板的粘接，于 0.3~0.5MPa 下常温固化 24 h。木材剪切强度为 3 MPa。

（2）配方二

| 尿素 | 120 | 甲醛(35%) | 200 |
| 三聚甲醛 | 32 | 硫酸钠 | 1 |

生产方法：硫酸钠、三聚甲醛与甲醛水溶液混合，调 pH 值至 7.2，然后加入尿素，于 40~50℃进行缩聚。反应结束后，加入 5 份乙酸钠，4 份蔗糖溶解于 20 份水制成的溶液，在 70~80℃下保持 1 h。然后加入 7 份木屑作填料，拌合得成品。

用途：用作木材胶黏剂。使用时，可用水和酸性固化剂拌和。施胶后，加热至 90~120℃，然后在 0.6 MPa 压力下固化。

（3）配方三

| 脲醛树脂(50%溶液) | 25 |
| 聚乙酸乙烯乳液(40%) | 75 |

生产方法：将 720 份 37% 甲醛与 266.4 份尿素制得浊化点为 5℃的脲醛树脂。然后与固体含量 40% 的聚乙酸乙烯乳液混合，制得兼容性良好的胶黏剂。

用途：用于胶合板黏合，用作木材、纸的胶黏剂。引自日本公开特许 JP07-11221。

（4）配方四

| 尿素(98%) | 408~464 | 甲醛(37%) | 800 |
| 三聚氰胺(99.6%) | 8.7~20.4 | | |

生产工艺：将甲醛加入反应釜，搅拌下加入 40% 氢氧化钠调溶液 pH 值至 8.0~8.2。

按尿素与甲醛摩尔比 1:(1.30~1.47)计算尿素用量。尿素分 4 次加入。若甲醛加入量为 800 份，则尿素的 4 次投入量分别为 300~320 份、35~50 份、50~65 份、23~34 份。在加第一次尿素同时，加入三聚氰胺，并通入蒸汽加热至 50℃，自然升温至 88~92℃，于 90℃左右保温 30 min。加入第二次尿素 35~50 份，并用 40% 甲酸调 pH 值至 5.5±0.1，保温 15~25 min。再加 40% 甲酸调 pH=4.8~5.0，当黏度达 14~16s(涂-4 杯)时，加入第三次尿素。当黏度达 19~21 s(涂-4 杯)时，用 40% 氢氧化钠调 pH=7.0~7.2，冷至 60℃，加入第四次尿素 23~34 份。搅拌 30 min 后继续冷却到 35℃，调整 pH=7.0~7.2，得脲醛树脂胶黏剂。

（5）配方五

尿素	60	甲醛（37%）	126
聚乙烯醇	3	乙酸	0.3
氨水	0.1	氢氧化钠	0.1
氯化铵	0.3	三聚氰胺	10
羧甲基纤维素	0.2	面粉	17.5
骨胶	17.5	血粉	10
添加树脂	5		

生产工艺：将甲醛加入反应釜中，加入第一批尿素和未改性聚乙烯醇，升温至 60℃，加入乙酸，保温反应。加入氨水和氢氧化钠溶液，维持碱性条件下继续升温至 90～92℃，保温缩聚 70～100 min，加入第二批尿素，再保温 30 min，然后加入氯化铵至反应物出现不溶性物质。用 40% 氢氧化钠调 pH=7.0，温度继续维持 90～92℃，加入三聚氰胺和第三批尿素，反应 0.5 h。用 30% 氢氧化钠调 pH=7.5，降温至 60℃，补加适量尿素，反应 20 min。降温至 30℃，加入羧甲基纤维素，搅拌 30 min，过滤出料，制得游离醛含量≤0.35% 的脲醛树脂。

将面粉、骨胶、血粉、添加树脂（AB 浸润树脂）加入上述脲醛树脂中，混合均匀后得低毒复合脲醛树脂胶。

用途：主要用于胶合板黏合。

（6）配方六

脲醛树脂	200	小麦粉	46
氯化铵	1	水	34

生产工艺：先将 73 份 37% 甲醛、30 份尿素和 1.03 份烯丙磺酸钠/乙酸乙烯加入反应釜中，用氨水调 pH=8.0。搅拌下于 0.5 h 内升温至 90℃，反应 1.5 h，然后用 20% 碳酸钠溶液调 pH=7.5，得脲醛树脂。

加入小麦粉和氯化铵水溶液得耐水木材用脲醛胶黏剂。

用途：用于木材黏合。该胶制成的胶合板在 60℃下浸泡 3h，其剪切强度为 2.04 MPa。施胶后室温下 0.1 MPa 固化 8 h。

（7）配方七

563 脲醛树脂	100	固化剂（20% 氯化铵水溶液）	1～4

该胶黏剂主要用于粘接木器、农具和竹器等。20℃/0.05 MPa 下固化 8 h；或 110℃/0.05 MPa 下固化 5～7 min。木材剪切强度 2.5～2.8 MPa。

（8）配方八

甲醛（37%）	54.2	尿素	6.0
三聚氰胺	21.0	氢氧化钠（50%）	0.3
甲醇	2.84	聚乙烯醇	1.0

生产工艺：先制脲醛树脂，然后加入三聚氰胺，搅拌后加入聚乙烯醇，于 90℃反应 3h。当 pH 值降至 7.4，即达反应终点，得改性脲醛树脂。

另将 48.6 份甲醛、28.2 份苯酚和 1.44 份 50% 氢氧化钠于 80℃下反应 3.5h，制得酚醛树脂。

将700份改性脲醛树脂与350份酚醛树脂在30℃下混合均匀，得到黏度1 Pa·s的胶黏剂。

用途：用于木材、竹器等粘接。黏合柳桉木剪切强度为1.97 MPa，72 h煮沸后剪切强度仍可达到1.97MPa。

参 考 文 献

[1] 任树梅. 脲醛树脂胶黏剂的发展及现状[J]. 山东电大学报，2005，(04)：55.
[2] 毛安，李建章，雷得定，林翔，欧亚男. 脲醛树脂胶黏剂研究进展[J]. 粘接，2007，(01)：51.
[3] 柳一鸣. 环保型脲醛树脂胶黏剂的合成研究[J]. 化工环保，2004，(01)：58.
[4] 郭嘉，郑治超，舒伟. 绿色环保型脲醛树脂胶黏剂的研究与展望[J]. 中国胶黏剂，2006，(02)：40.

6.59　低毒脲醛胶黏剂

该胶黏剂用于粘接碎料板、胶合板和家具，其甲醛释出量只有7.5 mg/100g，粘接强度为17.3 MPa，抗拉强度为0.45 MPa，是一种高粘接强度的低毒脲醛胶黏剂。捷克专利CS262629。

工艺配方：

A 组分：

甲醛(37%)	6350	脲	4600
蜜胺	375	水	2100

B 组分：

甲醛	6850	脲	2256
氨水(28%)	287		

生产方法：将6400 L 37%甲醛水溶液的pH值调节到4~4.5，与2500 kg脲和375 kg蜜胺混合，使pH值达到6.5~7.5，再与2100 kg脲和2100 L水作用，得到A组分。由6600 L甲醛(pH=4.5)和2256 kg脲制备的加合物，与325 L 37%甲醛和320 L 28%氨水溶液作用制备的加合物混合，在80~105℃、pH=7.5~13下缩合，调节pH=6.5~7.5，使脲的水溶液改性得到B组分。然后，以A组分和B组分=3∶2混合，在60℃真空蒸发，得到含65%固体和3.1%蜜胺的胶黏剂。

用途：与一般脲醛树脂胶黏剂相同，用于胶合板、家具等木质材料的黏合。

参 考 文 献

[1] 周文瑞，李建章，李文军，于志明，张德荣，赵俊杰，陈欣，赵楠. 脲醛树脂胶黏剂及其制品低毒化研究新进展[J]. 中国胶黏剂，2004，(01)：54.

6.60　低游离醛脲醛树脂胶

该胶黏剂摘自中国发明专利申请公开说明书CN1047879。通过对脲醛树脂胶的改性，得到的胶黏剂游离醛<0.05%，pH值为6.8~7.5，固含量(51±2)%。

1. 工艺配方

脲素	239	甲醛	460
淀粉	66		

2. 生产方法

在35℃下，将173 kg脲素加入甲醛和淀粉中，此时控制pH = 7.5，然后在80℃，pH = 6.4～6.6下加热30 min，再提高反应温度至94～97℃，并加热至产物与冷水混合时无颗粒出现。再于pH = 7.5和80℃下加入66 kg脲素，制得改性脲醛树脂胶黏剂。

3. 用途

用于制层压板、胶合板及竹、木质材料的粘接。常温下固化24 h。

6.61　木材通用胶黏剂

木材最常用的胶黏剂是脲醛树脂胶黏剂。因其生产脲醛树脂的配方、工艺及助剂的不同，则胶黏剂的性能价格比不同。这里介绍几例木材通用胶黏剂配方。

工艺配方

(1)配方一

泡沫脲醛树脂	200	氯化铵	0.4～1.0
豆粉	1.0	血粉	1.0

生产工艺：泡沫脲醛树脂制备时尿素与甲醛的摩尔比为1∶1.8。用于该配方的树脂含量为44%～46%。将各物料与树脂混合均匀即得木材用胶黏剂。

用途：用于黏合三层椴木胶合板。在1.2 MPa压力下，115℃固化12 min。黏合强度1.3～1.4 MPa。

(2)配方二

GNS－65脲醛树脂	500	尿素	5.8
乌洛托品	2.3	氯化铵	2.3
水	9.6		

生产工艺：先制备GNS－65脲醛树脂，尿素与甲醛的摩尔比为1∶1.8。用于该配方的树脂含量为58%～60%。将尿素、乌洛托品、氯化铵溶于水，然后与GNS－65脲醛树脂混合均匀。

用途：用于三层板的胶合，在1.2 MPa压力下，110～115℃下固化8 min。粘接椴木三层板粘接强度(63℃，3h)为1.8～1.9 MPa。

(3)配方三

尿素(含氮量46%)	45.6	甲醛(37%)	123.3
水	31.1	甲酸(2mol/L)	调pH值用
氢氧化钠(4mol/L)	调pH值用		

生产工艺：将甲醛和7.1份水加入反应釜中，搅拌下加入浓度为4 mol/L氢氧化钠调pH = 4.5～5.5(或用2mol/L甲酸调pH = 4.5～5.5)。加热至80～85℃。在60～90 min内，缓慢加入已用24份水溶解完全的尿素溶液，由于反应放热，物料会自动升温至95～100℃，控制加料速度，使体系温度不超过100℃。抽样测pH值应在4.7～5.5，若pH值过高，用

甲酸进行调整。每隔 10~20 min 抽样测定浑浊度，直到浑浊度达到 25~32℃ 时，即为反应终点。

到达反应终点时，立即用 4 mol/L 氢氧化钠调 pH = 7.5~8.5 左右，进行真空脱水。真空度以不溢釜为前提。当黏度达到要求时，停止脱水，降温至 40℃ 以下，放料，得木材胶黏剂用脲醛树脂。

(4)配方四

| 甲醛(36%) | 95.0 | 尿素(97%) | 37.12 |
| 氯化铵(20%) | 调 pH 值用 | 氢氧化钠(30%) | 调 pH 值用 |

生产工艺：将 95 份 36% 甲醛加入反应釜，搅拌下，用 30% 氢氧化钠溶液，调 pH = 7.5~8.0，加热至 40℃，加 27.84 份尿素，于 30 min 内升温至 80℃，保温反应 3 h。然后加入 9.28 份尿素，在 80℃ 保温反应 0.5 h，此时 pH = 6.0~6.5。立即用 20% 氯化铵溶液调 pH = 5.0~5.3，在此 pH 值下继续保温反应 60~90 min。在保温约 20~30 min 时，反应液开始混浊。当反应物料黏度达 5×10^{-3} Pa·s 时，立即用 30% 氢氧化钠调 pH = 6.0，同时降温至 60℃。开始真空脱水，真空脱水温度不宜高于 65℃。

当脱水量达甲醛水溶液含水量的 70% 时，停止脱水。通水冷却，并用 30% 氢氧化钠调 pH = 6.8~7.0。降温至 40℃ 以下，放料，得木材胶黏剂用脲醛树脂。

(5)配方五

尿素(97%)	56	甲醛(37%)	132
水	8	氯化铵(20%)	调 pH 值用
氢氧化钠(15%)	调 pH 值用		

生产工艺：将 132 份 37% 甲醛水溶液加入反应釜中，搅拌下，用 15% 氢氧化钠溶液调 pH = 6.9~7.1。加入 42 份尿素，于 1 h 内升温至 93~96℃，保温反应 0.5 h 后，用 20% 氯化铵溶液调 pH = 4.7~4.9，继续保温 0.5 h。缓慢地在 0.5 h 内加入 11.2 份尿素和 8 份水组成的尿素水溶液，用氯化铵溶液调 pH = 4.5~4.7，于 94~96℃ 下反应 30~60 min，至黏度合格。

待黏度合格后，通水冷却，用 15% NaOH 调 pH = 6.8~7.0，降内温至 80℃，开始真空脱水。待物料沸腾正常后，使真空度逐渐上升到 83.2~84.4 kPa。在脱水过程中，内温应控制在 70℃ 以下，外温控制不高于 110℃。当达到合格黏度时，立即停止脱水，并通冷水冷却。内温降至 60℃ 时，加入 2.8 份尿素，待尿素溶解后，调 pH = 7.0~7.5。内温降至 40℃ 以下，放料，得木材用胶黏剂。

质量标准：

外观	乳白色黏稠液体
固体含量/%	58~62
游离甲醛/%	<2.5
黏度/Pa·s	$3 \sim 5 \times 10^{-1}$
pH 值	7.0~7.5

用途：该胶黏剂具有固含量高、黏度低和加热固化快等特点。主要用于刨花板黏合。

(6)配方六

| NQ-64 脲醛树脂 | 500 | 氯化锌 | 6 |

氯化铵	2.5

生产工艺：先将甲醛与尿素以 1:1.6 摩尔比制得 NQ-64 脲醛树脂，树脂含量 63% ~ 65%。将 NQ-64 脲醛树脂与其余物料混合均匀，得木材用胶黏剂。

用途：用于椴木三层胶合板黏合。在 1.0 MPa 压力下，104 ~ 110℃固化 12 min。黏合强度 1.8 ~ 1.9 MPa。

（7）配方七

脲醛树脂	200	氯化铵	3.2
水	12.8		

生产工艺：将氯化铵溶于水，然后与脲醛树脂混合均匀，得木材用胶黏剂。

用途：用于木材、家具的粘接。于 0.1 ~ 0.3 MPa 下，20℃固化 20 h。粘接木材剪切强度为 3.0 MPa。

（8）配方八

甲醛(37%)	74.4	尿素(97%)	20.0
乌洛托品	1.04	氯化铵(40%)	调 pH 值
氢氧化钠(10%)	调 pH 值		

生产工艺：将 37% 甲醛溶液和乌洛托品加入反应釜中，搅拌溶解后，加入尿素，加热，使尿素全部溶解。将物料加热至 60℃，保温 15 min，再加热至 94℃，于 94 ~ 96℃下保温反应，每隔 10 min 取样测定一次 pH 值，当 pH = 6.0 时，每隔 5 min 测一次 pH 值。直至树脂由橙黄色变为红色时（以 1 份树脂液与 2 份水混合后，混合液不呈现混浊）。继续反应 40 min，当样品冷却至 20℃后，透明而无沉淀，则缩合反应停止。降温至 60℃，加入 10% 氢氧化钠溶液，调 pH = 7。此时树脂相对密度为 1.15，黏度为 $6 \times 10^{-3} ~ 8 \times 10^{-3}$ Pa·s。于 42 ~ 55℃，真空脱水（真空度 84.4 ~ 96.6 kPa）至相对密度 1.29 ~ 1.30 为止，冷却至 40℃以下，出料，得 RC-1 脲醛树脂。

用途：用于配制木材、胶合板粘接的 RC-1 脲醛胶黏剂：

参 考 文 献

[1] 晁中彝，李仲谨，马柏林，梁淑芳，武苏里. WAB-8901 木材胶黏剂的研制[J]. 西北林学院学报，1994，02：87-90.

[2] 翁显英. 低温固化低毒脲醛树脂胶的研制[D]. 福建农林大学，2008.

[3] 杨明平，彭荣华，李国斌. 环保型脲醛树脂胶合成工艺的探讨[J]. 中国胶黏剂，2004，(01)：7.

6.62 湿用木材粘合胶

一般湿润木材粘接工艺只在木材纤维的饱和点（即含水率）低于 28% 时使用，实际黏合时只限于含水率 5% ~ 15% 时进行。而当含水率高于 15% 时，只得待木材干燥使含水率降至 15% 以下再进行粘接，或者在胶黏剂中使用大量的增塑剂，或使用价格高的胶黏剂。这里介绍的是以廉价的脲醛树脂为基料，并配以其他乳胶和水性树脂，制得湿润木材胶黏剂，对含水 40% 的杉、松、杨、柳以及其他混合材质进行粘接，其黏合强度可达到木材破坏以前贴合面不被破坏。

1. 工艺配方

原料名称	（一）	（二）	（三）
脲醛树脂胶黏剂	12	11	14
三聚氰胺树脂胶黏剂	4	—	—
苯酚树脂胶黏剂	—	5.0	—
乙酸乙烯乳胶	4	4.0	—
间苯二酚胶黏剂	—	—	2
丙烯酸酯乳胶	—	—	4
豆粉	2	2	2
氯化铵（20%）	4	4	4

2. 生产方法

将配方中3种胶黏剂混匀后，加入豆粉和20%的氯化铵，混匀制得湿润木材胶黏剂。

3. 用途

可用于木材材料、装饰板、多层板的黏合。

参 考 文 献

[1] 晁中彝，李仲谨，马柏林，梁淑芳，武苏里．WAB-8901木材胶黏剂的研制[J]．西北林学院学报，1994，02：87-90.

6.63　胶合板胶黏剂

该胶黏剂具有粘接力强、成本低等特点，主要用于胶合板及竹胶板等的层压黏合。

1. 工艺配方

脲醛树脂	25.0	氯丹（60%）	0.67
聚乙二醇	1.0	尿素	0.5
面粉	3.5	氯化铵	0.2
对甲苯亚磺酸胺	0.5	水	4.0

2. 生产方法

将脲醛树脂溶于水中，加热后加入面粉，熟化后加入其余物料，均匀后得到胶黏剂。

3. 用途

用于制造胶木板。涂胶后，经120℃、1 MPa加压60 s，即制得胶合板。

参 考 文 献

[1] 日本公开特许昭和JP57-66905.

6.64　胶合板用聚醚脲醛树脂胶黏剂

1. 工艺配方

烷基酚聚氧乙烯醚	0.5	脲醛树脂（100%计）	500

362

| 小麦粉 | 200 | 氯化铵 | 适量 |
| 水 | 130 | | |

2. 生产方法

先将聚醚与尿醛树脂混合，然后加入小麦粉、水和氯化铵，搅拌 0.5h 即得。

3. 用途

用于胶合板生产。

参 考 文 献

[1] 郑云武，朱丽滨，顾继友，郑志锋，黄元波. 环境友好型胶合板用脲醛树脂胶黏剂的研究[J]. 西南林业大学学报，2011，(02)：66.

[2] 郑云武，朱丽滨，顾继友. E-0级胶合板用脲醛树脂胶黏剂的研究[J]. 林产工业，2010，(06)：14.

6.65 改性脲醛树脂胶黏剂

脲醛树脂胶黏剂是由尿素与甲醛以摩尔比 1:(1.75~2.0)，在碱性催化剂存在下，经加热反应生成的黏稠液体树脂，使用于添加 1%~5% 的酸性固化剂。改性脲醛树脂胶黏剂通过加入改性剂以提高其使用性能，如添加三聚氰胺或酚醛树脂以改善其耐水性；加入淀粉、聚醋乙烯乳液、聚乙烯醇等以提高起始粘接力。

1. 工艺配方

（1）配方一

| 尿素 | 100 | 甲醛(40%) | 322 |
| 三聚氰胺 | 66 | 液碱(40%) | 适量 |

生产方法：在反应釜中，加入 161 份 40% 甲醛溶液，搅拌下加入液碱调 pH 值至 6~8，然后加入 50 份尿素、33 份三聚氰胺。加热至 45~50℃，停止加热，开始反应并自动升温至 80℃，每隔 5 min 取样分析，直至 1 mL 样品加入 5 mL 冷水中不出现混浊，开始保温进行缩聚反应；若 pH=6 时，80℃保温 40~50 min；pH 6.5~7.0 时，保温 60~70℃；pH=7.5~8.0 时，保温 70~90 min。缩聚完毕，树脂的 pH 值约为 6.5~7.5，于 65~70℃真空(余压 20.8kPa)脱水，得黏度(3.7~7.0)×10^{-1}Pa·s 的改性脲醛树脂胶。

（2）配方二

| 甲醛(40%) | 100 | 尿素 | 30 |
| 糠醇 | 25 | 氯化铵 | 4~6 |

生产方法：将 100 份甲醛投入反应釜中，用 40% 液碱调 pH=8.0，然后加入 30 份尿素，快速升温至 95~97℃，反应约 30 min。加入 25 份糠醇，搅拌，当温度回升至 95~97℃时，慢慢加入甲酸，调 pH=4~5，继续加热至检验合格。用液碱调 pH=8~9，再加热 5 min 得糠醇改性脲醛树脂，加入 4%~6% 氯化铵得糠醇改性脲醛树脂胶。

（3）配方三

A 组分：

| 聚乙烯醇(1799) | 100 | 氯化铵 | 10 |

水	适量		
B 组分:			
脲醛树脂	150	聚乙烯醇	75
水	适量		

生产方法：将 A、B 组分分别配制，分别包装，得聚乙烯醇改性脲醛胶，又名长城 751 胶。使用时，按 A∶B = 1∶1 配胶，室温下固化 24 h。

该胶起始粘接强度大，耐油脂、耐溶剂性能好。可用于苯乙烯泡沫塑料、聚氯乙烯泡沫塑料的粘接。

(4) 配方四

| 脲醛树脂 | 50 | 聚乙酸乙烯乳液 | 15 |
| 氯化铵水溶液(10%) | 5 | | |

生产方法：将各物料混合均匀即得。室温下，0.3 ~ 0.5 MPa 固化 4 h。

2. 用途

主要用于装饰板与基板的胶黏。

参 考 文 献

[1] 李璐，王晓立，王茹，张颖. 改性脲醛树脂胶黏剂合成的研究[J]. 当代化工，2006，(02)：87.
[2] 陈连清. 改性脲醛树脂胶黏剂合成的研究[J]. 粘接，2007，(04)：12.
[3] 吕守茂，丁亚玲. 改性脲醛树脂新进展[J]. 化学与粘合，2000，(03)：130.

6.66　苯酚改性脲醛树脂胶

该胶游离甲醛含量 <0.48%，游离酚含量 <0.45%，25℃ 可贮存 2 ~ 3 个月。粘接试样在 60℃ 浸泡 15 h，其浸泡前后的静曲强度分别为 16.25 N/mm² 和 8.17 N/mm²。

1. 工艺配方

| 甲醛(37%) | 250 | 苯酚 | 20 |
| 尿素 | 80 | 氨水 | 3 ~ 4 |

2. 生产方法

将 230 mL 37% 甲醛用 50% NaOH 调 pH = 8.5，加入尿素搅拌 30 min，温度升至 90℃，再反应 35 min 后，加入 20 g 苯酚、20 mL 37% 甲醛及 3 ~ 4 mL 氨水，反应 1 min 后用甲酸调 pH = 4，搅拌 20 ~ 25 min 后，降温至 58℃，抽真空加入稀释剂(20% ~ 25% 的 40∶60 无水乙醇与甲苯溶液)，制得乳白色液体树脂胶。

3. 用途

用于制造层压板、胶合板，也用于竹、木质材料、天然纤维质的黏合。常温下固化 24 h。

参 考 文 献

[1] 杨建洲，徐亮. 苯酚改性脲醛树脂合成工艺及性能的研究[J]. 中国胶黏剂，2006，(05)：31.
[2] 王蕾，苗宗成，陈德凤. 苯酚改性脲醛树脂在造纸工业中的应用前景[J]. 湖南造纸，2006，(04)：23.

[3] 曾黎明，周祖福，孙巍. 苯酚改性脲醛树脂[J]. 玻璃钢/复合材料，1990，(01)：22－23.

6.67 改性脲醛树脂胶

该胶黏剂摘自中国发明专利申请公开说明书 CN1047879(1990)。通过对脲醛树脂胶的改性，得到的胶黏剂游离醛＜0.05%，pH 值为 6.8～7.5，固含量 51%±2%。

1. 工艺配方

尿素	239	淀粉	66
甲醛	460		

2. 生产方法

在 35℃下，将 173 kg 尿素加入甲醛和淀粉中，此时控制 pH＝7.5，然后在 80℃、pH＝6.4～6.6 下加热 30 min，再提高反应温度至 94～97℃，并加热至产物与冷水混合时无颗粒出现。再于 pH 值为 7.5 和 80℃下加入 66 kg 尿素，制得改性脲醛树脂胶黏剂。

3. 用途

用于制层压板、胶合板及竹、木质材料的粘接。常温下固化 24 h。

参 考 文 献

[1] 王飚，滕桢，李照远. 改性脲醛树脂胶的研制及其应用[J]. 林产工业，2011，02：31－33.
[2] 张运明，刘幽燕. 强酸工艺下改性脲醛树脂胶的合成原理及应用[J]. 中国人造板，2013，01：17－19.
[3] 韩书广，周兆兵，崔举庆. 改性脲醛树脂胶原料配比和成本计算系统的开发[J]. 南京林业大学学报（自然科学版），2012，04：165－167.

6.68 氧化淀粉改性脲醛树脂胶

该胶由粉状氧化淀粉和脲醛树脂等组成。

1. 工艺配方

氧化淀粉配方：

硫酸镁	0.5	氧氧化钠	12.5
过氧化氢(30%)	18	水	480
玉米淀粉	1000		

脲醛树脂配方：

尿素	8510	甲醛(37%)	17250
氨水(28%)	调 pH 值用	氢氧化钠(15%)	调 pH 值用

2. 生产工艺

将 480 份水加入配制锅中，加入 12.5 份氢氧化钠和 0.5 份硫酸镁，溶解后加入 18 份 30% 双氧水，得氧化液。将 1000 份干基精玉米淀粉放入搪瓷浅盘中，搅拌下喷洒上述制得的氧化液，充分混匀后，置于浅盘中约 1.5 cm 厚，于 (64±2)℃ 恒温干燥箱反应 2 h。冷却研细得氧化淀粉。将尿素与甲醛按摩尔比 1：1.5 计量。先将 37% 甲醛加入反应器中，用 28% 氨水调 pH＝7.5～8.0，然后一次性加入全部尿素，稍加热使尿素全部溶解后，升温至 60～75℃ 保温反应 15～20 min，再升温至 90℃ 以上，在 90～100℃ 下反应。每隔 10 min 取样测试反应液 pH 值 1 次。当 pH = 6 时，每隔 5 min 取样测试反应液与水的混溶情况，当 2 份水与 1 份反应液混合后不呈浑浊时，再反应 30 min，至反应液黏度达 40~120 Pa·s（涂 -4 杯）。降温至 70~75℃，用 15% 氢氧化钠调 pH 值 7.5~8.0。

将脲醛树脂液降温至 65℃，在控制体系温度 62~65℃条件下，加入脲醛树脂量的 5%~10% 的粉状氧化淀粉，边加边搅拌，加毕于 60~65℃反应 30 min。用 15% 氢氧化钠调 pH 值至 7.5~8.0。降温出料。

3. 用途

用于木材及夹合板粘接。

参 考 文 献

[1] 孙丽丽，邱凤仙，杨冬亚，钟爱民．氧化淀粉改性脲醛树脂的研究[J]．化工时刊，2007，(09)：14.
[2] 刘毅．淀粉胶黏剂用改性脲醛树脂防水剂的制备[D]．南昌大学，2012.
[3] 李启辉，何惠东，赵世师．用草木灰和氧化淀粉改性脲醛树脂胶黏剂的研究 [J]．粘接，1996，(05)：12-14.
[4] 李来丙．氧化淀粉改性脲醛树脂胶的研制[J]．化学与粘合，2001，06：256-258.
[5] 马文伟．氧化淀粉改性脲醛树脂胶的制备[J]．化学与粘合，1995，03：147-148.

6.69 耐水混凝土胶黏剂

该胶黏剂由甲醛-脲素树脂和填料组成。引自波兰专利 162797。

1. 工艺配方

甲醛-脲素树脂-丙酮（含固量 42%~60%）	50
水合石灰（氢氧化钙）	5~40
水泥	5~30
沙（粒径 0.1~0.4mm）	100~170

2. 用途

用于建筑业材料、构件的粘接、修补、防漏等。

参 考 文 献

[1] 沈世郁．SC-Ⅰ型混凝土胶黏剂简介[J]．华东公路，1985，01：77-80.
[2] 新型混凝土胶黏剂[J]．化工文摘，2001，02：59.

6.70 胶合板用 UF 树脂胶

1. 工艺配方

尿素（含 N≥46%）	150~180	甲醛（37%）	300
氯化铵（20%）	适量	烧碱（30%）	适量

2. 生产工艺

将甲醛加入反应器中，搅拌下加入 30% 的烧碱，调 pH = 7.0~8.0。通入蒸汽加热升温，至 40℃，加第一次尿素（为尿素总量的 80%），边搅拌边升温，于 30~40min 内升温至

90~94℃，保温1h，然后用氯化铵溶液调 pH 值至 4.8~5.2。继续加热反应，至胶液黏度至 50 mPa·s 以上，用 30% 液碱中和至 pH 值 7.5~8.0，加剩余尿素。保温 10 min，冷却至 40℃以下，检测合格后出料。

3. 质量标准

外观	乳白色液体	树脂含量/%	50±2
pH 值	7.5~8.0	黏度(20℃)/mPa·s	50~100

4. 用途

用作杨木胶木板胶黏剂。

参 考 文 献

[1] 于红卫，刘启明. 脲醛(UF)树脂胶的新秀——粉状 UF 树脂胶[J]. 国外林产工业文摘，2001，01：13-17.

[2] 刘启明. 预压性优良的胶合板用 UF 树脂胶的研制[J]. 林业科技开发，1994，04：23-24.

[3] 刘启明，卢晓宁. 杨木胶合板专用 UF 树脂胶的研究[J]. 粘接，1994，04：9-12.

6.71 3 号丙烯酸树脂胶黏剂

该胶黏剂粘接力强，有机玻璃剪切强度 >8 MPa，铝合金剪切强度 >20 MPa，聚碳酸酯剪切强度 >15 MPa。

1. 工艺配方

甲基丙烯酸甲酯	80	甲基丙烯酸	10
丙烯酸	5	环烷酸钴(6%)	0.05
过氧化甲乙酮	0.1	二乙基苯胺	0.1
聚甲基丙烯酸甲酯模塑粉末	30		

2. 生产方法

将各组分加在一起进行混炼，调制成胶即可。

3. 用途

主要用于金属、有机玻璃等材料的胶接。施胶黏合后固化压力 0.1~0.2 MPa，固化温度20℃，固化时间 24 h。

参 考 文 献

[1] 陈振耀，金解民，孙芙蓉. 丙烯酸树脂胶黏剂[J]. 化学建材，1996，(03)：111.

[2] 蔡永源. 丙烯酸系树脂胶黏剂[J]. 化工新型材料，1990，(09)：19.

6.72 反应型丙烯酸酯胶黏剂

单纯的丙烯酸酯胶黏剂因受热软化，不耐有机溶剂。近几年研制出紫外光固化或电子束固化的反应型丙烯酸胶黏剂，称为改性的第二代、第三代丙烯酸酯胶黏剂，具有优良的粘接性能，抗冲击性能好，抗剥离强度高，耐老化、耐候性、耐水性都很好。

1. 工艺配方

A 组分：

	（一）	（二）	（三）	（四）	（五）
甲基丙烯酸甲酯	51	51	54	34	—
甲基丙烯酸	1	10	10		10
甲基丙烯酸茚酯	—	—	—	—	49
甲基丙烯酸丁酯	10	8			
苯乙烯	35				
二甲基丙烯酸二醇酯	—	—		1	15
氯磺化聚乙烯	—	—		35	26
氯丁橡胶	3				
丁腈橡胶		8	33		
MMA – BA – EA 共聚物		21	0.5		0.5
异丙烯过氧化氢			0.5		0.5
过氧化苯甲酰	3	1.5		5	
对苯二酚	0.015	0.3		0.5	
2,6 – 二叔丁基 –4 – 甲基苯酚			0.15		
阻聚剂	—	0.005	—	—	—
石蜡	0.2				
二氧化硅	0.7				

B 组分：

二异羟丙基对甲苯胺	0.5				
活化剂 808	—	—	刷	底	层
光敏剂		配制紫外光固化胶黏剂用			
增感剂		制电子束固化胶配粘剂用			

2. 生产方法

将上述促进剂二异羟丙基对甲苯胺，活化剂 808 配成单独的 B 组分。将其余组分原料混合混炼，配方（一）、配方（二）加有机溶剂调到一定黏度配成 A 组分。

3. 用途

广泛用于金属，非金属材料的胶接。先将 B 组分涂刷在被粘接材料的两表面作底层，然后再刷 A 组分，稍待片刻将两表面贴合，就牢牢黏着。配方（三）、配方（四）、配方（五）为无溶剂型胶黏剂，固化时间非常快，常温只需数分钟即可达 100 kg/cm² 以上的粘接强度。对于有油表面也具有良好的粘接性能。

参 考 文 献

[1] 陈振耀，金解民，孙芙蓉. 丙烯酸树脂胶黏剂[J]. 化学建材，1996，(03)：111.
[2] 蔡永源. 丙烯酸系树脂胶黏剂[J]. 化工新型材料，1990，(09)：19.

6.73 耐冲击丙烯酸共聚物胶

该胶以多种丙烯酸衍生物单体聚合物为主要成分，具有很好的耐冲击性。

1. 工艺配方

乙烯/顺酐/甲基丙烯酸甲酯(80：4：16)共聚物	18
甲基丙烯酸异冰片基酯	40
三羟甲基丙烷三甲基丙烯酸酯	3
甲基丙烯酸	10
氯磺化聚乙烯	12
叔丁基过氧新戊酸酯	7

2. 生产方法

将甲基丙烯酸异冰片基酯、三羟甲基丙烷三甲基丙烯酸酯、甲基丙烯酸，在叔丁基过氧新戊酸酯引发下产生聚合，将该聚合物乳液与氯磺化聚乙烯、乙烯/顺酐/甲基丙烯酸甲酯共聚物混合均匀，得到耐冲击性良好的胶黏剂。

3. 用途

用于金属、陶瓷、塑料等材料的黏合。

参 考 文 献

[1] 日本公开专利 JP02 - 22373.

6.74 苯乙烯 - 丙烯酸防水胶

该胶黏剂含有苯乙烯和多种丙烯酸及衍生物，胶乳稳定，黏合力强，防水性能好。法国专利 FR2627499。

1. 工艺配方

苯乙烯	492	丙烯酸丁酯	425
甲基丙烯酰胺	24	丙烯酸	10
甲基丙烯酸	20	N - 烯丙基乙酰乙酰胺	29
水	适量		

2. 生产方法

将苯乙烯、丙烯酸、丙酸烯丁酯、甲基丙烯酸、甲基丙烯酰胺和 N - 烯丙基乙酰乙酰胺的混合水溶液，于 83 ~ 87℃加热 30 min，得到黏度 830 mPa·s，pH = 4.4 的胶黏剂。

3. 用途

用于建筑行业及特殊的防水部位粘接。施胶后黏合，常温接触压下固化 24 h。

参 考 文 献

[1] 蔡娜. 苯乙烯/丙烯酸系单体的微滴乳液聚合[D]. 天津大学，2007.
[2] 李德贵. 碱溶性苯乙烯 - 丙烯酸树脂的合成及应用[D]. 华南理工大学，2011.

6.75 丙苯建筑乳胶

该乳液胶黏剂主要由苯乙烯和丙烯酸丁酯共聚物组成，具有良好的使用性能和粘接强度。

1. 工艺配方

丙烯酸丁酯	15	苯乙烯	15
丙烯酸	1.2	十二烷基硫酸钠（乳化剂）	0.2 ~ 0.4
乳化剂 OP - 10	0.5 ~ 0.7	亚硫酸钠	0.06 ~ 0.1
过硫酸钾水溶液（10%）	1.2 ~ 2.0		

2. 生产工艺

将 15 份苯乙烯和 15 份丙烯酸丁酯投入反应锅中，依次用 5% 氢氧化钠和软水将其洗至中性，得到纯化的混合单体。将 32 份软水、1.2 份丙烯酸、0.5 份十二烷硫酸钠、0.6 份乳化剂 OP - 10 和 0.08 份亚硫酸钠加入配料锅中，加入上述纯化的混合单体，搅拌得乳化单体混合液。

将乳化的单体混合液总量的 2/3 打入高位槽，剩余的 1/3 的单体混合液加入反应釜中。加温至 30 ~ 40℃，加入总量 1/3 的过硫酸钾水溶液。加热，回流反应 0.5 h 后，见回流减弱时，开始滴加高位槽的乳化单体混合液，同时滴加剩余的过硫酸钾水溶液，于 1 h 内加完。于 40 ~ 45℃聚合 1 h，再升温至 60 ~ 70℃，补加微量过硫酸钾水溶液，保温反应 30 min。降温至 30℃，加氨水中和至 pH = 8 ~ 9，过滤出料，得丙苯建筑乳胶。

3. 质量标准

外观	带蓝光的白色胶液	固含量/%	≥46
pH 值	8 ~ 9		

4. 用途

用作建筑行业和装修用粘接剂。

参 考 文 献

[1] 崔玉珍. 生产丙苯建筑乳胶新方法[J]. 精细化工信息，1987，(04)：39.
[2] 曲勃燕，袁才登，邢竞男，许涌深，曹同玉. 水溶性聚合物存在下的苯乙烯/丙烯酸丁酯乳液共聚合[J]. 弹性体，2012，05：14 - 18.

6.76 陶瓷用水溶胶

这种陶瓷砖及其他制品用水溶胶黏剂，具有良好的黏着性和耐水性，在 23℃ 和 50% 相对湿度下，7 d 和 14 d 后粘接瓷砖的黏着力分别为 0.16 N/mm² 和 0.28 N/mm²。德国专利 DE3835041。

1. 工艺配方

乳液配方：

巯基硅氧烷/乙烯基单体聚合物	3 ~ 30

增塑剂	~15
无机填料	40~90
水	5~40
丙烯酸	3
苯乙烯	47.8
丙烯酸丁酯	48.8
$(CH_3O)_3Si(CH_2)_3SH(I)$	0.4

胶黏剂配方：

乳液	10.0
$C_4H_9(OCH_2CH_2)_2OCH_3$	0.5
甲基羟丙基纤维素(5%水液)	4.5
石英粉(164μm)	17.2
石英粉(32μm)	17.25

2. 生产方法

先将聚合物、无机填料、增塑剂和水混合乳化，另将丙烯酸及酯、苯乙烯在硫基硅氧烷存在下进行乳液聚合物。将两种乳化混合液混合，制得玻璃化温度为 20℃ 的共聚物的 60.1% 的乳液。

将乳液与醚衍生物、甲基羟丙基纤维素水溶液混合，在高速搅拌下加入石英粉，混合制得胶黏剂。

3. 用途

用于瓷砖及其他陶瓷制品的黏合，常温接触压下固化。

参 考 文 献

[1] 王佳，彭兵，柴立元，王云燕，马登峰. 稳定纳米二氧化钛水溶胶的制备研究[J]. 中国陶瓷工业，2007，02：12–17.

6.77 木地板用胶黏剂

该胶黏剂粘接性能好，使用方便，在用于木制地板胶接时可防止地板发出"嘎嘎"声。

1. 工艺配方

丙烯酸及酯混合物	120	苯乙烯–二乙烯基苯混合物	80
黏土	20	碳酸钙	80
滑石	20	聚丙烯酸钠	0.5
乙基卡必醇	5	羟乙基纤维素	1

2. 生产方法

将 120 份 75：23：2 的 2–乙基己基丙烯酸酯–乙酸乙烯酯–丙烯酸混合物，加入水乳液聚合体系 20 min(总加料时间为 2 h)后，将 80 份 95：5 苯乙烯–二乙烯基苯混合物滴加进上述单体混合物进料器，用此方式使两种单体混合物的进料同时完成，连续聚合 1 h，用氨水处理聚合混合物达到 pH=7，得到固体含量 50.4% 的乳液，取该乳液 100 份(以固体计)

与剩余组分混合后，加水至固体含量65%，即制得木地板用水稀释胶黏剂。

3. 用途

用于木地板的黏合。

参 考 文 献

[1]　日本公开特许公报 JP04-198386.

6.78　木料胶黏剂

这种木料胶黏剂具有良好的防水性和黏合强度，且生产成本低。该胶黏剂是以羧酸或酸酐作催化剂，使聚乙烯醇与甲醛缩合而成的。中国发明专利申请 CN1039033(1990)。

1. 工艺配方

聚乙烯醇	50	草酸	5
甲醛(36%)	45	硫酸铝水溶液(20%)	20
水	300		

2. 生产方法

在反应器中加入水，加热至 90~95℃ 使聚乙烯醇溶解，然后添加草酸和甲醛，在 60℃ 下反应直至其黏度达到 4.5Pa·s，加入 20% 的 $Al_2(SO_4)_3$ 溶液，用 $Ca(OH)_2$ 中和至 pH=7，在 40℃/5.9kPa 下用热水喷淋除去未反应的甲醛，制得木料胶黏剂。

3. 用途

施胶于木质基材上，常温接触压固化。

参 考 文 献

[1]　郭本辉，邹向菲，田端正，王敏. 改性水溶性 PUF 木材胶黏剂合成与研究[J]. 浙江化工，2013，03：36-39.
[2]　俞丽珍，孙才，周健，龚颖，刘璇. 脲醛树脂木材胶黏剂的改性研究[J]. 新型建筑材料，2013，01：30-33.

6.79　木材用氨基胶黏剂

该胶黏剂使用方便，具有优良的利用喷嘴可喷性。用作胶合板的胶黏剂。

1. 工艺配方

脲醛树脂	100	甲醇(CH_3OH)	10
小麦粉	15		

2. 生产方法

将甲醇、小麦粉和脲醛树脂(EsuresinSF-5，固含量48%)在室温下混合 60 min，制得木材用氨基塑料胶黏剂。

3. 用途

喷涂于制备胶合板的木材表面黏合后压固。

参 考 文 献

[1] 日本公开特许公报 JP04 - 239579.

6.80　热塑性酯/聚氨多相共聚物

这种酯/聚胺多相共聚的热熔型共聚物，是一种具有很宽黏合范围的黏合材料。美国专利4004960。

1. 工艺配方

壬二酸	450	对苯二甲酸	240
间苯二甲酸	310	1，4 - 丁二醇	680
1，6 - 己二胺	30.4	己二酸 - 1，6 - 己二胺盐	130

2. 生产方法

将壬二酸、间苯二甲酸、对苯二甲酸和丁二醇在 180 ~ 230℃ 下，以二丁基锡二月桂酸酯(2.52g)为催化剂，酯化反应 5 h。然后将酯化产物于真空下，加热至 250℃，缩合至相对分子质量为 5000 ~ 10000，再加入己二酸 1，6 - 己二胺盐，熔化为清澈的溶液，再添加 1，6 - 己二胺，并在 150℃ 连续搅拌 25 min，最后得到熔化黏度为 1000 ~ 1500P 的共聚物。

3. 用途

用作金属材料和金属 - 非金属材料的热熔胶。

6.81　人造大理石胶

该胶由 191 号聚酯树脂、过氧化物和铸石粉等组成。用于人造大理石生产中的黏合，其工艺性能好，成本低。

1. 工艺配方

191 号聚酯树脂	50	过氧化环己酮	2
苯酸钴(10%)	2	铸石粉(或白云石粉)	168

2. 用途

用于制造人造大理石。铸石粉的巴氏硬度为 50 ~ 55，且耐盐酸、磷酸和 5% 氢氧化钠。先制成 16 mm 厚、含胶量 12% ~ 14% 的芯材，固化后置于模具中，进行二次整体浇铸，固化后脱模。

参 考 文 献

[1] 李顺如，邹春林. 活性碳酸钙粉改性 AB 胶制备大理石/陶瓷胶黏剂的研究[J]. 石材，2005，09：18 - 21.
[2] 于浩. 大理石胶的研制[A]. 第七次全国环氧树脂应用技术学术交流会论文集[C]. 中国环氧树脂应用技术学会：，1997：3.

6.82 不饱和聚酯胶黏剂

由饱和二元酸和不饱和二元酸的混合酸与二元醇缩聚得到的主链上含有不饱和键的聚酯称不饱和聚酯。不饱和聚酯胶黏剂具有黏度小、常温固化、使用方便、价格低廉等特点，耐酸耐碱性较好。但收缩性大，性脆，一般通过加玻璃布、填料及热塑性高分子来增加韧性。主要用作制造玻璃钢，也用于粘接玻璃钢材料、金属、混凝土、陶瓷等。

（1）配方一

不饱和聚酯树脂	70	苯乙烯	30
环烷酸钴	1～3	过氧化环己酮	2～6

该配方为纸塑料板制备用胶黏剂。于 60～80℃下固化 10～15min。剪切强度 >15MPa。

（2）配方二

306 不饱和聚酯	50
过氧化苯甲酰糊(含50%DBP)	1
二甲苯胺溶液(10%苯乙烯溶液)	0.5～2

该胶黏剂用于有机玻璃、玻璃钢粘接，室温固化。

（3）配方三

异酞型不饱和聚酯	100	二丙酮丙烯酰胺	20
过氧化苯甲酰溶液(50%)	2.4	二叔丁基对甲苯酚	0.07
胶质二氧化硅	2.4	正磷酸有机酯	3.6
2 – 丁酮	43	丙酮	21

生产工艺：由顺丁烯二酸酐、间苯二甲酸和丙二醇缩聚制得异酞型不饱和聚酯。然后与其余物料混合均匀即得。

用途：用于浸渍纸张以制备聚酯纸质塑料板。具有较高的透明度和光泽。室温固化或 0.05～0.1 MPa/120～140℃下固化 5～15 min。

（4）配方四

顺丁烯二酸酐	39	邻苯二甲酸酐	89
丙二醇	83.5	对苯二酚	0.03
苯乙烯	105		

生产工艺：将 39 份顺丁烯二酸酐、89 份邻苯二甲酸酐和 83.5 份丙二醇投入反应釜中。通入氮气驱尽空气。在 1 h 内加热至 150～160℃，保温 1 h，然后迅速加热至 210℃，并增加通氮速度。测样若酸值 ≤30 mg KOH/g 以下，停止反应，将混合物冷却至 140℃，加入 0.03 份对苯二酚，搅拌后加入 105 份苯乙烯。

加入总物料量 4% 的过氧化环己酮溶液(50%DBP)和总物料量 1%～4% 的环烷酸钴溶液(含0.42%Co)，得不饱和聚酯胶黏剂。

用途：用作玻璃钢制作用胶黏剂。

（5）配方五

反 – 丁烯二酸	216.8	己二酸	21.9

| 邻苯二甲酸酐 | 155.4 | 乙二醇 | 204.6 |
| 对苯二酚 | 0.33 | 苯乙烯 | 156 |

生产工艺：将 3 种酸（酐）和乙二醇投入反应釜中，通入 CO_2 驱尽空气，加热升温至 140℃，并于 140～160℃保温 2 h。然后升温至 190～205℃，保温 2 h。当酸值 ≤56 mg KOH/g 时，停止加热，降温至 70℃加入对苯二酚和苯乙烯，混合均匀得不饱和聚酯。

用途：加入过氧化物引发剂进行固化，用于玻璃钢制造。固化温度不得超过单体的沸点。

(6)配方六

顺丁烯二酸酐	39.2	间苯二甲酸	66.2
戊二醇	43.52	乙二醇	26.14
对苯二酚	0.028	苯乙烯	90.2

生产工艺：将间苯二甲酸、戊二醇、乙二醇和催化量乙酸锌投入反应釜，0.5 h 内升温至 140～160℃，于 160℃保温 2 h，再升温至 180℃。酸值达 80～95 mg KOH/g，加入顺丁烯二酸酐，补加适量醇，于 200～220℃保温，酸值为 50～60 时，开始接通真空系统，真空度保持在 78 kPa，待酸值达 30 mg KOH/g 时，停止加热。于 80℃加入对苯二酚和苯乙烯，混匀后冷至室温过滤。

说明：

①升温过快，会使乙二醇大量馏出，应补加乙二醇。

②反应在 CO_2 气氛下进行。反应生成的水如果带不出去，应加大 CO_2 流量。

③如放置时发生分层现象，相容不好，则应加大饱和酸比例。

④加入苯乙烯后如有白色絮状物生成，说明苯乙烯部分聚合。可加 1% H_2SO_4 重新蒸馏原料苯乙烯。

用途：加入过氧化物、环烷酸钴进行固化，用于粘接金属、混凝土等。

(7)配方七

| 不饱和聚酯树脂 | 100 | 过氧化甲乙酮糊（含 50% DBP） | 2 |
| 环烷酸钴（含 0.42% Co） | 1～4 | | |

用作玻璃钢胶黏剂。

(8)配方八

| 307 号不饱和聚酯树脂 | 100 | 过氧化环己酮（50% DBP） | 3～4 |
| 环烷酸钴（2% 溶液） | 2 | 苯乙烯石蜡液（0.5%） | 2～4 |

用途：用于有机玻璃、玻璃钢、聚苯乙烯、聚碳酸酯、木材、陶瓷等黏合。在 0.05 MPa/20℃下固化 24 h。粘接剪切强度（MPa）：

| 铝 | 8.0 | 有机玻璃 | 6.0 |
| 玻璃钢 | 7.5 | | |

参 考 文 献

[1] 枫轩. 不饱和聚酯树脂胶黏剂[J]. 热固性树脂，1989，(04)：58.

6.83　塑料与金属胶黏剂

这种胶黏剂含有不饱和聚酯和丙烯酸单体，用于塑料与金属的粘接，其剪切强度为 5.3MPa。德国专利284892。

1. 工艺配方

脂肪二醇–马来酸酐–邻苯二甲酸酐聚酯	8.0
甲基丙烯酸甲酯	2.0 ~ 4.0
甲基丙烯酸丁酯	0.3 ~ 1.5
甲基丙烯酸	0.5 ~ 1.5
丁羟基甲苯	0.002 ~ 0.01
无机添加剂	0.2 ~ 8.0
过氧化苯甲酰	0.05 ~ 0.5
二氧化硅	0.01 ~ 0.8
芳胺	0.02 ~ 0.3

2. 生产方法

将丙烯酸及酯在过氧化苯甲酰引发下聚合，然后加入聚酯、二氧化硅、无机添加剂和芳胺，最后加入丁羟基甲苯。

3. 用途

用于塑料、玻璃钢等对金属基质材料的粘接。

6.84　751胶

751胶(Adhesive 751)是聚乙烯醇双组分胶，具有初黏度大、低毒无臭、不易燃及耐各种溶剂等特点，使用温度范围 −30 ~ 100℃。

1. 工艺配方

A 组分：

聚乙烯醇	100	氯化铵	10
水	适量		

B 组分：

聚乙烯醇	75	脲醛树脂	150
水	适量		

2. 生产工艺

将 A、B 组分分别配制，分装。使用时 A：B 以 1：1 比例混合均匀。

3. 用途

可用于聚苯乙烯、聚氯乙烯泡沫塑料、纸制品、木材等粘接。常温固化 24 h。

参 考 文 献

[1] 姚兴芳，郭英，贾堤，廖晓兰. 环保型聚乙烯醇胶黏剂的研制[J]. 山东建材，2005，05：45 – 47.

6.85 装饰用乳液胶黏剂

该胶黏剂由乙烯酯聚合乳液、阴离子聚氨酯乳液和聚乙烯醇混合物及多异氰酸酸酯组成。引自 JP(K)2000-186266。PVC 装饰片与中密度纤维板黏合，最初剥离强度为 4.1 kg/25mm，在 20℃水中浸泡 24 h 后的剥离强度为 2.6 kg/25mm。

1. 工艺配方

乙烯酯聚合乳液(DM×4 000，含固量 55%)	100
阴离子聚氨酯乳液(含固量 45%)	30
聚乙烯醇(PVA-CST，含 PVA10%)	10
异氰酸酯(VX-W)	2

2. 生产方法

先将前三种乳液混合得混合组分，使用时，加入异氰酸酯(固化剂)混合均匀。

3. 用途

用于装饰装修黏合。

参 考 文 献

[1] 王平华，汪倩文，宋功品. 共聚型聚醋酸乙烯酯乳液胶黏剂的研制[J]. 中国胶黏剂，2004，01：33-35.

[2] 韩豫东，顾继友. 刨花板用异氰酸酯乳液胶黏剂的研究[J]. 林产工业，2001，03：22-25.

6.86 装饰板与基板用胶黏剂

将几层牛皮纸与木纹纸通过叠合加压，制成厚 1 mm 左右的木纹装饰板。将它黏合在基板上，制成家具，美观大方。耐热耐用，很受欢迎。

(1)配方一

聚乙酸乙烯乳液	30	脲醛树脂	100
10% 氯化铵(固化剂)	10		

生产方法：将上述物料均匀混合，即成为黏稠状液体。

用途：按照 130~150 g/m² 涂布，用 3~5 kgf/cm² 的压力，加压 4 h 后即成。

(2)配方二

乙二醇-马来酸酐-苯二甲酸酐共聚物(组分比为 2:1:1.02)	50
聚甲基丙烯酸丙二醇酯	10
苯二甲酸二烯丙酯	40
对苯二酚	0.05
陶土粉	30
过氧化苯甲酰	3

生产方法：将上述物料混合均匀，即得成品。

用途：先用苯二甲酸二烯丙酯与其他的预聚物浸渍，然后涂上这种胶黏剂，在130℃以10 kgf/cm² 的压力热压10 min，得到黏合良好的层压装饰板。

参 考 文 献

[1] 王平华，汪倩文，宋功品. 共聚型聚醋酸乙烯酯乳液胶黏剂的研制[J]. 中国胶黏剂，2004，01：33-35.
[2] 王传霞，曹长青，胡正水. 新型丙烯酸酯乳液胶黏剂的应用研究[J]. 中国胶黏剂，2012，09：26-29.
[3] 项尚林，李有兰. 纸塑复合用丙烯酸酯乳液胶黏剂的制备[J]. 粘接，2007，04：16-18.

6.87 超厚型防水胶

该胶由聚乙烯醇、生糯米粉、石灰、滑石粉等组成。引自中国专利 CN1104672A。

1. 工艺配方

聚乙烯醇水溶液（10%）	100	石灰（含水30%）	18
生糯米粉	2	滑石粉	8
大明珠	0.8		

2. 生产方法

将各物料按配方比混合均匀，即得超厚型防水胶。

3. 用途

用于建筑业中的防水处理。

参 考 文 献

[1] 郑国钧，孟宪有，郑玉杰. 新型防水卷材冷施工胶黏剂[J]. 吉林建材，1997，02：42-44.
[2] 李维盈. VAE乳液的复合改性研究[D]. 北京工业大学，2001.

6.88 聚乙酸乙烯乳胶

聚乙酸乙烯乳胶是生产最早、产量最大的胶黏剂品种，具有良好的起始胶接强度，可任意调节黏度，易与各种添加剂混溶，可配制性能多样的品种。

（1）配方一

聚乙烯醇（水解度88%）	8.0	乙酸乙烯酯	88.0
邻苯二甲酸二丁酯	12.0	辛醇	0.4
水	110.0	过硫酸铵适量	

生产方法：在66~69℃下进行乳液聚合。

用途：用于木材、纸张、包装、建筑等。

（2）配方二

乙酸乙烯	100	油酸钠	0.1~0.5
过氧化氢	0.5~1.5	水	100~200

生产方法：于65~75℃下进行聚合，聚合时间为90~120 min。

用途：用于木材、纸张、包装等。

（3）配方三

乙酸乙烯	80	聚乙烯醇（1799）	20
乳化剂 OP-10	1.4~1.6	邻苯二甲酸二丁酯	20
甲醛	28	水	50~26.5

生产方法：将 8%~12% 的聚乙烯醇于 90~95℃，溶于水中，用酸调 pH=2~3，加入甲醛水溶液，保温 1 h，降温至 60℃，用碱调 pH=6~8。加入乳化剂、邻苯二甲酸二丁酯，于 50~60℃保温 1 h。搅拌下滴加 10%~40% 乙酸乙烯，在搅拌下回流 3~4 h。加碱调节 pH=6~8 得胶黏剂。

（4）配方四

聚乙烯醇（水解度99%~100%）	6
聚乙酸乙烯乳液（55%）	110
邻苯二甲酸二丁酯	11
三氯乙烯	18
消泡剂（辛醇）	0.4
防腐剂	0.6

（5）配方五

乙酸乙烯	20	聚乙烯醇	1.8
过硫酸铵	0.04	辛基苯酚聚氧乙烯醇（OP-10）	0.24
碳酸氢钠	0.06	邻苯二甲酸二丁酯	2.26
水	18		

生产方法：于 70~80℃乳液聚合。

用途：用于木材、陶瓷、水泥制件等材料粘接。室温固化 24h。

（6）配方六

乙酸乙烯	200
甲基丙烯酸甲酯	3.75
N-羟甲基丙烯酰胺（10%水溶液）	75
聚乙烯醇	7.5
碳酸钠	0.025
邻苯二甲酸二丁酯	10
水	80

（7）配方七

乙酸乙烯（≥99.8%）	200.0	聚乙烯醇	16.0
丙烯腈（99%）	15.6	甲基丙烯酸缩水甘油酯	6.4
辛醇	0.8	过硫酸铵	0.4
十二烷基磺酸钠	10.8	丙烯酸甲酯	4.0
精制水	360.0		

生产方法：在反应锅中，加入水，搅拌升温，同时加入聚乙烯醇和十二烷基磺酸钠，于 85℃溶解完全。降温至 50℃，加入辛醇，加入总量 1/3 的乙酸乙烯、丙烯腈、丙烯酸酯等

单体，加入总量 1/5 的过硫酸铵，搅拌下升温，当温度升至 62℃，停止加热，反应开始，并自动升温至回流。在物料回流状态下，滴加剩余量的单体混合物和总量 3/5 的过硫酸铵（配成 5% 水溶液）。于 6.5~7.0h 内加完。加料完毕，保温 15 min，加入剩余的过硫酸铵。再于 95℃ 保温 15 min。然后于 >0.08 MPa 真空下，<80℃ 抽真空 40 min 以脱除未反应的单体。冷却至 60℃ 以下，加入二丁酯，搅拌 40min，冷至 30℃，出料得胶黏剂。

（8）配方八

| 乙酸乙烯酯 | 209.4 | 聚乙烯醇（5%） | 209.4 |
| 甲醇 | 0.208 | 过氧化氢 | 0.66 |

生产方法：在聚合反应釜中，先加入总量 14.5% 的乙酸乙烯酯、聚乙烯醇、甲醇和过氧化氢，升温至 70℃，达到 72℃ 后逐渐加入其余的乙酸乙烯酯。2 h 后升温至 92℃，真空脱去单体，得乙酸乙烯胶。

用途：用于木材、纸张、纤维等非金属材料的黏合。

参 考 文 献

[1] 王平华，汪倩文，宋功品. 共聚型聚醋酸乙烯酯乳液胶黏剂的研制 [J]. 中国胶黏剂，2004，01：33 – 35.
[2] 坂户直行，李志生. 聚醋酸乙烯乳胶的制造方法 [J]. 湖南化工，1986，02：56 – 58.

6.89　丙烯酸改性聚乙酸乙烯乳胶

该乳液胶黏剂具有良好初黏性和黏合强度，由乙酸乙烯酯和改性单体丙烯酸酯共聚，制得改性聚乙酸乙烯乳液胶黏剂。

1. 工艺配方

乙酸乙烯酯	100
聚乙烯醇缩甲醛水溶液（10%）	35~55
改性单体（丙烯酸酯）	3~7
乳化剂 A	0.6~1.3
乳化剂 OP – 10	0.6~1.3
过硫酸钾（10% 水溶液）	2.0~5.0
碳酸氢钠水溶液（10%）	2~4
邻苯二甲酸二丁酯	9~11
精制水	50~60

2. 生产方法

将聚乙烯醇缩甲醛水溶液、精制水、乳化剂 A 和乳化剂 OP – 10 加入反应器中，混合均匀。加入总量 15% 乙酸乙烯酯，搅拌 3~5 min，加入占总量 40% 的过硫酸钾水溶液。加热，升温 75~80℃，保温反应，滴加剩余的乙酸乙烯和丙烯酸酯单体的混合溶液，同时滴加剩余的过硫酸钾，于 3~5 h 内加完。然后升温至 90~95℃，保温反应 30 min。冷却至 45℃，加入碳酸氢钠水溶液和邻苯二甲酸二丁酯，搅拌 0.5 h。冷却，出料得丙烯酸改性聚乙酸乙烯乳胶。

3. 用途

用于木材粘接。

6.90 VA/MMA 共聚乳液

乙酸乙烯酯(VA)/甲基丙烯酸甲酯(MMA)共聚乳液是配制优良耐水性胶黏剂的重要共聚物。

1. 工艺配方

乙酸乙烯酯(工业品)	10	甲基丙烯酸甲酯	3~4
邻苯二甲酸二丁酯	0.8~0.9	十二烷基硫酸钠	0.1~0.12
聚乙烯醇	0.7~0.9	过硫酸铵	0.03~0.04
碳酸氢钠	适量	蒸馏水	13~18

2. 生产方法

将蒸馏水和聚乙烯醇同时投入反应器中，搅拌升温至70℃，待聚乙烯醇溶解后加入十二烷基硫酸钠，加入1/5引发剂，在75℃下滴加1/5单体，当观察到有蓝色荧光时，温度开始自动上升，至80℃加入其余单体，并滴加3/5的引发剂，一般4~5 h滴完。然后在80℃保温0.5 h，再升温至90℃，加入余下的1/5的引发剂，在90℃保温0.5 h。降温至65℃，加入增塑剂邻苯二甲酸二丁酯，搅拌均匀，用碳酸氢钠调pH=6，30 min后降温至50℃，出料。

3. 质量标准

外观	乳白色乳液	固含量/%	40
pH 值	6~6.5	黏度(涂-4杯，20℃)/s	50(乳液:水=4:1)

4. 用途

可直接用作胶黏剂，用于制胶合板及木材加工业。

参 考 文 献

[1] 王灏. PVAc乳液的共聚共混改性研究[J]. 广州化工, 2010, (12): 160.

[2] 沈海军, 杨灿, 李绵贵, 赵丹. 碱溶性MAA/VAc共聚乳液的合成与研究[J]. 甘肃石油和化工, 2008, (03): 27.

[3] 陈志明, 陈甘棠. VAc/MMA半连续乳液共聚合的研究 I 种子乳液共聚合[J]. 化学反应工程与工艺, 1996, (02): 113.

6.91 F-4 胶

F-4胶是由酚醛树脂、环氧树脂、聚乙烯醇缩甲醛和咪唑衍生物组成的双组分胶黏剂。本胶可在150℃下长期工作。

1. 工艺配方

甲组分：

酚醛环氧树脂	20
6101号环氧树脂	6
聚乙烯醇缩甲醛	16

乙组分：

2－乙基－4－甲基咪唑　　　　　　　　　　1

2. 生产工艺

将甲组分按配方比例混合，调制均匀。甲、乙两组分分别包装，配套贮运。

3. 质量标准

45 号钢粘接件剪切强度/MPa	室温	18
	250℃	5.1
铜粘接件不均匀扯离强度/(N/cm)		258
铝粘接件剪切强度/MPa	室温	24
	250℃	7.4

4. 用途

用于铝、钢、铜和玻璃钢等材料的粘接。固化条件为，固化压力 0.05～0.1 MPa，80℃下 1 h，再加 130℃下 3～4 h。

6.92　陶瓷用水溶胶

这种陶瓷砖及其他制品用水溶胶黏剂，具有良好的黏着性和耐水性，在 23℃和 50% 相对湿度下，7 天和 14 天后粘接瓷砖的粘着力分别为 0.16N/mm² 和 0.28 N/mm²。德国专利 DE3835041。

1. 工艺配方

乳液配方：

硫基硅氧烷/乙烯基单体聚合物	3～30
无机填料	40～90
外增塑剂	～15
水	5～40
丙烯酸丁酯	48.8
丙烯酸	3
$(CH_3O)_3Si(CH_2)_3SH(I)$	0.4
苯乙烯	47.8

胶黏剂配方：

乳液	10.0
$C_4H_9(OCH_9CH_2)_2OCH_3$	0.5
石英粉(164μm)	17.2
甲基羟丙基纤维素(5% 水溶液)	4.5
石英粉(321μm)	17.25

2. 生产方法

先将聚合物、无机填料、外增塑剂用水乳化，另将丙烯酸丁酯、苯乙烯在硫基硅氧烷存在下进行乳液聚合物。将两种乳化混合液混合，制得玻璃化温度为 20℃的共聚物的 60.1% 的乳液。将乳液与醚衍生物、甲基羟丙基纤维素水溶液混合，在高速搅拌下加入石英粉，混

382

合制得粘胶剂。

3. 用途

用于瓷砖及其他陶瓷制品的粘合，常温接触压下固化。

6.93　发泡型防火胶黏剂

这种发泡型防火胶黏剂可用于制造耐火复合材料，还可用于对防火有特殊要求的场合。国际专利8600915。

1. 工艺配方

三聚氰胺－甲醛树脂	3.8	磷酸二氢铵	4.2
木粉	0.25	季戊四醇	0.8
双氰胺	0.2	水	2.4

2. 生产方法

将各物料混合后即得。

6.94　纤维用胶黏剂

该胶黏剂贮存稳定，黏合力强。将墙纸等纤维材料黏合于基质上，取下材料后基质上不残留胶黏剂。欧洲专利申请EP233685。

1. 工艺配方

羧化丙烯酸辛基酯(70%水分散液)	24
羧化丙烯酸乙基己基酯(45%水分散液)	36
聚乙烯醇(40%水分散液)	9
聚乙烯基吡咯烷酮	4
EP 型聚醚	4
丙二醇	5
水	6
十四碳酸	9
氢氧化钠	3

2. 生产方法

将各物料按配方比于60~90℃混合均匀，得到制纤维用胶黏剂。

3. 用途

用于墙纸及纤维材料的黏合。

6.95　地毯底衬胶黏剂

该胶黏剂可用于毛地毯、纤维地毯底衬的黏合，具有黏着力强防潮性好等特点。

1. 工艺配方

丁二烯	5.5	苯乙烯	4.4

十二烷基苯磺酸钠	0.05	叔十二烷基硫醇	0.05
水	10.0	碳酸钙	35.0
消泡剂	0.05	增塑剂	0.1
聚乙二醇壬基苯基醚	0.1	聚氧乙烯二甲基硅氧烷	0.05
过二硫酸钠	0.08	氢氧化钠	0.015

2. 生产方法

先将丁二烯、苯乙烯、叔十二烷基硫醇、十二烷基苯磺酸钠、过硫酸钠、氢氧化钠和水，经聚合制成胶乳，然后与其他组分混合均匀即得。

3. 用途

用于地毯底衬的黏合。每平方米地毯底衬涂胶 150 g，在 140℃ 黏合 10 min。

6.96　墙纸用改性胶

该胶通过添加羧甲基纤维素，对改性的聚乙烯缩甲醛胶进一步改性，提高了黏合强度，降低了甲醛的气味。原料易得，操作容易，使用方便。凡表面平整光洁、无疏松、不掉粉的墙面，都可使用该胶粘贴墙纸。

1. 工艺配方

| 改性聚乙烯醇缩甲醛胶 | 40 | 羧甲基纤维素(2.5%) | 12 |
| 水 | 20 | | |

其中改性聚乙烯醇缩甲醛胶生产配方：

聚乙烯醇(聚合度1700)	40	甲醛(39%)	16
盐酸(36~37%)	2.4	尿素	适量
氢氧化钠(10%)	8	水	310

2. 生产方法

将水加入反应锅内。加热至 80℃，在搅拌下加入聚乙烯醇，升温至 90~95℃，保温至全溶。然后冷却至 80℃，缓慢加入盐酸，继续搅拌 20~30 min，加入甲醛，混匀后于 70~80℃ 保持 40~60 min，加入 10% 氢氧化钠水溶液，得到聚乙烯醇缩甲醛胶。再加入适量尿素，进行氨基化处理，得到改性胶。（其 pH = 7~8，固含量 10%~12%，密度 1.06 g/cm³）。

混合器内先加入改性胶，在不断搅拌下加入羧甲基纤维素水溶液和水，继续搅拌，随时用手指沾混合液涂于墙纸背面，用手指轻按此胶液感到发黏，当手指离开，有细胶丝提起时，表明已达适宜黏度，停止搅拌即可使用。

3. 用途

一般采用刷涂法，施胶量 0.8 kg/m² 左右。最好于墙面和墙纸背面同时涂胶。

参 考 文 献

[1] 何仕英. 改进型聚乙烯醇缩甲醛胶[J]. 四川师范学院学报(自然科学版)，1995，03：249-251.
[2] 谢国豪，胡军辉，王和生. 聚乙烯醇缩甲醛胶工艺的研究[J]. 上饶师范学院学报，2001，03：50-53.

第7章　其他建筑化学品

7.1　地板抛光油

木制地板先以蜡层打底，然后再涂上抛光油，待溶剂挥发后，擦拭留下的膜即可产生光泽。

（1）配方一

精制蒙旦蜡	0.5	地蜡	0.3
巴西棕榈蜡	1.2	粗晶石蜡（熔点54℃）	1.1
白色溶剂油	6.0	松节油	0.9

生产方法：将4种蜡加热熔混后，与两种溶剂油混合均匀，制得地板抛光油。

用途：用于地板抛光。地板施蜡打底后，涂上抛光油，然后擦试则形成亮光泽。

（2）配方二

粗晶石蜡	12.1	蜂蜡	2
巴西棕榈蜡	4	地蜡	7.5
蒙旦蜡	1.0	本蜡	2.0
蒙旦蜡部分皂化物	0.5	白溶剂油	45.7
松节油	25.2		

生产方法：将各种蜡熔混后与溶剂油混合即得。本生产配方中以较多的石蜡和少量蒙旦蜡基皂物结合，可得到具有良好的溶剂保持能力、并容易胶凝的蜡膏，从而降低了产品成本。

用途：与配方一相同。

（3）配方三

精制巴西棕榈蜡	5	蒙旦蜡基酯化蜡	2
粗晶石蜡（熔点54℃）	9	烷基酚聚氧乙烯（15~20）醚	4
白溶剂油	25	烷基酚聚氧乙烯（3~6）醚	1
水	54		

生产方法：将巴西棕榈蜡、蒙旦蜡基酯化蜡、粗晶石蜡混熔后分散于白溶剂油中；另将两种烷基酚聚氧乙烯醚溶于水中；分别加热至85℃，然后将两相混合乳化，制得水包油型液体乳剂型地板上光油。

用途：本品可适用于木制地板和塑料地板（生产配方一、二不适用于塑料地板），涂上该上光油，稍加擦拭（或根本不擦），表面即有良好的光泽。

参 考 文 献

[1]地板用抛光剂[J]. 涂料文摘，2001，04：84.

[2] 刘亚华, 王洪钟, 杨琦. 乳液型地板蜡的研制[J]. 天津化工, 1995, 04: 6-7.

7.2 木材防腐浸渍剂

这种木材防腐剂渗透性好, 不加压浸渍可渗透 20 mm, 可有效地防止木材的虫蛀、腐变和发霉, 不改变木材原有的色泽。

1. 工艺配方

原料	(一)	(二)	(三)
磷酸二氢钾	5.0	2.2	1.0
硼砂(十水合物)	5.0	0.8	—
硼酸	—	—	1.8
硫酸氢乙酯	—	0.2	—
乙酸乙酯	—	—	0.2
氟化钾	7.0	7.8	6.4
氯化钾	3.0	9.0	—
氯化钠	—	—	7.6

2. 生产方法

将各物料混合均匀即得。生产配方(一)、(二)为干木材用浸渍防腐剂, 生产配方(三)为湿木材浸渍防腐剂。用前用水溶解, 生产配方(一)加水 380 L、生产配方(二)加水 180 L、生产配方(三)加水 135 L。

3. 用途

配成水溶液后, 将干木材置于生产配方(一)或配方(二)中浸渍 6~12 h, 取出水冲洗干燥, 即达到防腐目的。生产配方(三)的水溶液浸渍湿木材 16~24 h 后, 清水冲洗后干燥, 即可达到防虫、防腐、防霉的目的。

参 考 文 献

[1] 姜卸宏, 曹金珍. 新型木材防腐剂的开发和利用[J]. 林产工业, 2008, 02: 10-12.

[2] 陈人望, 李惠明, 张祖雄, 朱昆. ACQ 木材防腐剂的性能改良[J]. 木材工业, 2009, 04: 47-49.

[3] 金重为, 尤纪雪, 何文龙. 新型木材防腐剂的研究[J]. 木材工业, 1990, 04: 22-28.

7.3 木材防虫浸渍液

木材是建筑的一种主要材料, 但因其容易生虫腐朽而失去其使用价值。若在成型加工前经下列浸渍处理后、可防止虫蛀腐朽而延长其使用寿命。

1. 工艺配方

成分	(一)	(二)	(三)	(四)	(五)
五氯酚钠	35	35	—	—	—
氟化钠	60	—	—	60	—
碳酸钠	5				

原料					
硼酸	—	30	40	—	—
硼砂	—	35	40	20	—
重铬酸钠（或钾）	—	—	20	—	45
砷酸钠	—	—	—	20	—
硫酸铜	—	—	—	—	35
砷酸二氢钠	—	—	—	—	20
水	适量	适量	适量	适量	适量

2. 生产方法

按各自生产配方量混合，充分搅拌下溶于一定量的水中，有的要稍加热，使固体盐分充全溶解，混匀即可。

3. 用途

在常温常压下浸渍 12～24 h，或在加压下浸注在木材中，然后再加工成门窗等建筑构件。

7.4　木材抗蚀剂

这种抗蚀剂为乳胶型，易于覆盖润湿木材的表面，并可渗透到木材内部，达到防腐抗蚀作用。

1. 生产配方

原料/kg	（一）	（二）	（三）
羧基聚甲烯 941（Carbop01941）	0.5	6.0	—
羧基聚甲烯 934（Carbop01934）	—	—	2.4
沥青	200	1600	800
杂酚油	—	—	800
氧化乙烯叔胺	0.252	3.0	—
氢氧化钠（10% 水溶液）	1.0	18.0	2.2
水	200	1600	800

2. 生产方法

将羧基聚甲烯缓慢地分散于水中，完全均匀后加入 10% 氢氧化钠水溶液和氧化乙烯叔胺，搅拌均匀，将其加热至 60～75℃，在快速搅拌下，将熔化的 85℃ 的沥青慢慢地加入水凝胶中。加入沥青的速度一定要比沥青的分散速度慢，如果沥青加入速度太快，胶乳便会破坏。加完沥青后，要继续搅拌，使混合物完全分散均匀。停止搅拌后要迅速冷却混合物，使温度降至 30～35℃。

注意：加沥青时（生产配方（三）则是加杂酚油时）适当地快速搅拌可得优质的、颗粒细的乳胶，但搅拌速度过快，则可使乳胶的颗粒增多、粒度增大。

3. 用途

将木材进行热浸渍，可达防腐抗蚀目的。

参 考 文 献

[1]　蒋明衔，陈奶荣，林巧佳．木材防腐的研究进展[J]．福建林业科技，2013，01：207－213．

［2］ 程康华，朱昆，翟炜．一种水载型有机木材防腐剂的制备及其性能研究［J］．林产化学与工业，2011，02：75－81．

7.5　木材防腐剂

这种木材防腐剂含有有机锡和有机铜，能有效地用于木材的防腐和防虫。联邦德国公开专利3743821。

1. 工艺配方

环烷酸三丁基锡	3.3	壬基烷基酚聚氧乙烯醚	21.5
乙酸丁氧基乙酯	8.2	双－(N－环己基二氯二氧化物)铜	16.75
二亚乙基三胺	15.1	氮川三乙酸(NTA)	8.4
水	26.8		

2. 生产方法

先将有机锡、壬基烷基酚聚氧乙烯醚、乙酸酯按比例混合；另将其余组分溶于水得均匀溶液，再将有机锡的混合物加入水溶液中拌匀，即得木材防腐剂。

3. 用途

将该防腐剂喷洒于木材上，可有效地防腐，并可防治白蚁。

参　考　文　献

［1］ 程康华，朱昆，翟炜．一种水载型有机木材防腐剂的制备及其性能研究［J］．林产化学与工业，2011，02：75－81．

［2］ 黄浪，王佳贺，袁海威，于伟明，韩冰，谢季江，许民．新型木材纳米防腐剂的抑菌性研究［J］．林业科技，2011，06：26－29．

［3］ 王雅梅．新型木材防腐剂［J］．技术与市场，2010，08：190．

7.6　木材防腐浸渍油

经本浸渍油处理过的木材，其防腐能力强，也有一定防虫蛀的能力，多用于铁路枕木、货车箱等木材处理用。

1. 工艺配方

成分	（一）	（二）	（三）
五氯酚钠	4	—	3
氯丹	1	—	—
柴油	95	—	—
煤焦油	—	50	52～54
蒽油或杂酚油	—	50	52～54

2. 生产方法

将各自生产配方的成分，依次加入，充分搅拌分散均匀即成。

3. 用途

将木材放入所配的油液中，入热冷槽或加压浸渍处理。油类也可用涂刷的办法，涂刷2～

3 次，即能达到防腐处理的目的。

参 考 文 献

[1] 王雅梅. 新型木材防腐剂[J]. 技术与市场，2010，08：190.
[2] 朱昆. 新型木材防腐剂 DCP 的开发[D]. 南京林业大学，2010.

7.7 防火木材浸渍剂

木材是一种易燃材料，而在建筑和造船工业又必须使用木材。若经本浸渍液处理后，使木材具有难燃性，从而减少火灾的发生，阻滞火势的蔓延。

1. 工艺配方

成分	（一）	（二）	（三）
磷酸	—	30～32	27～29
磷酸二氢铵			
或磷酸氢二铵	25～27	—	—
硫酸铵	60～62	—	—
氟化钠	10～12	—	—
脲醛树脂液	—	46～50	30～32
尿素	5～10	4～8	4～6
双氰胺	—	17～19	4～8
氨水	—	—	30～32

2. 生产方法

将各成分按生产配方量依次加入，研磨细，分散均匀。或将固体先溶于水中，然后配成均匀的浸渍液，充分搅拌均匀。

3. 用途

在常压下加热 12～24 h 浸入木材中，或在加压下注入木材孔隙细胞中，即可增加木材防火能力。

参 考 文 献

[1] 杨守生. 木材浸渍阻燃处理工艺条件研究[J]. 消防科学与技术，2006，(04)：520.
[2] 杨守生，陆金侯. 木材浸渍阻燃处理新配方研究[J]. 消防技术与产品信息，2000，(04)：41.
[3] 陈玉，陈永强. 杉木阻燃浸渍处理工艺的研究[J]. 中国农学通报，2010，(22)：121.

7.8 水溶性防火剂

这种防火剂主要用于纸张防火。文献、资料及室内装饰墙纸经该剂处理后，可有效地防火。

1. 工艺配方

尿素	240	磷酸(85%)	98
水	450		

2. 生产方法

将尿素于 98℃ 加入磷酸中（10～15 min 内），再加热至 120℃（但不能超过 148℃），然后在 145℃ 加热 10 min，加入水搅拌 30 min，即得到水溶性防火剂。

3. 用途

将该剂涂于或浸入纸上，可以有效地防火。

参 考 文 献

［1］ 张杰，王秀玲．一种新型水溶性防火剂［J］．化学教学，1997，（12）：43．

［2］ 张发余，孙玉凤．水溶性防火涂料的制备［J］．电镀与精饰，2008，（07）：26．

7.9　泡沫塑料防火剂

本品为硼化合物与碱和水的混合物，可耐 960℃ 以上的高温，与合成树脂接触性好，适用于作泡沫塑料的防火添加剂。

1. 工艺配方

硼砂	38.0	水	5.0
氢氧化钠	9.0	珍珠岩粒子	5.0

2. 生产方法

将上述组分边热，边搅拌，溶解，然后加入粒径 5 mm 的珍珠岩粒子 5.0，混合搅拌后自然冷却即成。

说明：

①无机多孔粒子可选珍珠岩粒，硅凝胶硅质微球或与这些物质有同样结构和物性的人造石等。

②硼化物可以是氧化硼、正硼酸、焦硼酸、碱金属硼酸盐等无水物或水合物。

3. 用途

作泡沫塑料防火添加剂，加入量为 1%～5%。

参 考 文 献

［1］ 陈勇军，李斌，刘岚，何燕岭，杨正高，罗远芳，贾德民．阻燃型硬质聚氨酯泡沫塑料研究进展［J］．塑料科技，2012，03：103－109．

［2］ 赵秀丽，田春蓉，周秋明．无卤型阻燃聚氨酯泡沫塑料研究［J］．塑料工业，2013，01：123－126．

7.10　建筑用膨胀防火涂料

本涂料系膨胀型防火涂料，可用于建筑材料如木材、钢材及水泥砖墙上。将此涂料涂刷于木板上，在 70℃ 以上烘干 5 h，得到的涂膜在火焰中灼烧时，可发泡 15 mm 厚，有力地阻止木材的燃烧。系波兰专利 144793（1988）。

1. 工艺配方

50% 改性脲甲醛树脂水溶液	17	尿素	1.7

| 50%脲-磷酸缩合物水溶液 | 56 | 水 | 16.6 |
| 羧甲基纤维素 | 1.7 | | |

2. 生产方法

与一般涂料制造方法相同，将各原料混合后，上三辊机研磨 2～3 遍，达到一定细度后出料。

3. 用途

在建材上涂刷 2～3 遍即可。

参 考 文 献

[1] 段晓东. 建筑物用防火涂料的研究现状及进展[J]. 硅酸盐通报，2012，05：1190－1193.

[2] 张凡，赵东林，张磊，马晓娜. 水性膨胀型钢结构防火涂料耐火性能研究[J]. 功能材料，2012，19：2694－2697.

[3] 梁红林，时虎. 膨胀型防火涂料的改性研究[J]. 消防技术与产品信息，2013，01：37－39.

7.11　弹性陶瓷

这种弹性陶瓷在使用过程中，水释出时不丧失（或基本不改变原有）弹性，因而便于实际应用。可广泛应用于无机涂料、无机水泥、无机胶黏剂、无机浇注材料、无机成型品、无机皮革等产品中作为重要的材料组分。

1. 工艺配方

| 含钠水玻璃（工业品） | 500 | 白色波特兰水泥 | 100 |

2. 生产方法

将市售的水玻璃 500 kg 与市售白色水泥 100 kg 搅拌均匀后，在天然条件下放置约 1 天即成黏胶状，继续放置则逐渐呈现耐水性能，20 天后即固化为半透明白色塑料状弹性陶瓷。该弹性陶瓷具有半硬质聚乙烯类似的良好弹性，而且有耐水性。还可掺入胶质二氧化硅、水溶性硅或乳胶等。

3. 用途

用作无机材料。

参 考 文 献

[1] 日本公开特许公报昭和 57－209871.

[2] 袁亚新. 日本研制出弹性陶瓷[J]. 航空制造技术，2002，07：48.

7.12　陶瓷釉

根据不同的配方，可获得美丽的天然釉色。

工艺配方：

	蓝绿	橄榄绿	叶绿
氧化锌	16	15	15
氧化铬	20	24	20

氯化镍	—	6	—
氧化钴	8	32	10
硼砂（Borox）	24	16	20
燧石	32	7	35

说明：

①$ZnO - CuO - Al_2O_3$　体系是主要的陶瓷蓝，较好的配方是：

ZnO	20	CuO	20
Al_2O_3	60		

在这个体系中再加浅棕色的 Al_2O_3 和 CoO，或浅色的 ZnO 和 Al_2O_3 时，即可得到绿色。

②氧化铜可形成红色。典型的红铜釉配方为：

Na_2O	0.123	B_2O_3	0.123
Al_2O_3	0.394	K_2O	0.143
SiO_2	3.170	CuO	0.05
CaO	0.734		

加热还原情况下和熔融氧化情况下灼烧到1266.7℃。

参 考 文 献

［1］ 董秀珍，俞康泰．陶瓷釉用色料的应用和进展［J］．中国陶瓷，2007，10：6 - 10.
［2］ 盛绪敏．陶瓷釉的组成［J］．陶瓷，1977，03：26 - 34.

7.13　铺路沥青乳液

这种乳化沥青铺设的路面，抗水及耐候性能优良，与路基具有很好的结合性。日本公开专利89 - 121367。

1. 工艺配方

沥青	930	亚麻子油	70
煤油菇烯油（94:6）	200	烷基三亚烷基二胺	6
乙酸	3	二水合氯化钙	12
EP 型聚醚	12	水	1200

2. 生产方法

将烷基三亚烷基二胺、乙酸、EP 型聚醚、二水合氯化钙和水配成乳化剂；再将沥青、亚麻油、煤油/萜烯油混合物加热后，与 90℃ 的乳化剂混合即得。

3. 用途

铺路面用。

参 考 文 献

［1］ 余湘屏．乳化沥青的制备［J］．精细化工信息，1986，02：14 - 15.

7.14 石膏纸

这种纸具有纸张性质，还有很高的不透明度、白度、且难燃。由于薄，质量很轻。在不燃性建筑用材料方面有广泛的用途。其主要成分是石膏，制备中添加石膏硬化促进剂（如硫酸盐、氯化钙）和迟缓剂（如明胶、胨、淀粉、磷酸钠、柠檬酸钠、酒石酸钠等）。

1. 工艺配方

烧石膏（$CaSO_4 \cdot 1/2H_2O$）	8.0	天然纸浆	2.0
合成纸浆	2.0	柠檬酸	0.001
聚丙烯酰胺系（絮凝剂）	0.0002		
水	200		

2. 生产方法

将烧石膏、纸浆、柠檬酸、高分子絮凝剂和水混合，搅拌约 1 min 使之形成均一浆态，用常规抄纸法将其制成 1 mm 以下厚的薄纸，待湿薄纸中石膏开始固化，置于热板压布机加热加压。加压条件为：200℃、100 kgf/cm^2、30s。

也可使用纯天然纸浆，这时加热加压条件为 150℃、509 kg/cm^2、30s。

3. 用途

用作不燃性建筑材料。

参 考 文 献

[1] 吴小彬. 石膏纸的制造方法[J]. 化学世界，1991，(04)：191.

7.15 黄色聚酯涂布地面

该涂布料中的成膜物质为不饱和聚酯，可使地面涂层耐磨性提高。

1. 工艺配方

液体物料配方：

不饱和聚酯	5	酮浆	2
钴液（6%）	1.5~2	蜡液	1.5

生产方法：先将钴液、蜡液混合，搅匀后加聚酯、酮液。

固体料配方：

6 号石英砂	2.5	钛白粉	0.25
滑石粉	0.25	氧化铁黄	0.7~0.8

2. 用途

按配方量调合后，涂刷于光洁的室内地面。

参 考 文 献

[1] 姚琪，李玲. 不饱和聚酯树脂涂料的研究进展[J]. 涂料工业，2011，07：75-79.
[2] 黎定标. 整体防蚀地面研究及应用[J]. 南昌大学学报（工科版），1993，01：19-26.

[3]　周菊兴．导静电不饱和聚酯树脂地面的研究[J]．热固性树脂，1988，01：22－26.

7.16　环氧树脂涂布地面

用于室内地面修饰。用户可根据自己的爱好选择颜色。

1. 工艺配方

（1）固体物料

浅蓝色地面配方：

6号石英砂	5	滑石粉	0.5
钛白粉	0.5	群青	0.1～0.15

黄色地面配方：

6号石英砂	5	滑石粉	0.5
钛白粉	0.5	氧化铁黄	0.1～0.15

（2）液体物料

610环氧树脂	5	二甲苯	0.75
邻苯二甲酸二丁酯	0.25	二乙烯二胺	0.45

3. 用途

按比例调合后涂布于干净平光的地面上。

参 考 文 献

[1]　李侠，巨东凯．防静电环氧地面施工工艺[J]．有色矿冶，2006，03：76－77.
[2]　王晓东，侯锐钢．环氧自流平地面涂料[J]．上海涂料，2002，01：41－44.
[3]　江洪申，陈安仁．自流平环氧地面涂料[J]．腐蚀与防护，2003，12：539－541.

7.17　大理石磨光剂

1. 工艺配方

粉状白垩	2	氯化镁	0.4
硅酸钠	2	明胶	0.2
亚麻油	2	水	10

2. 生产方法

将各组分混匀即得磨光剂。

3. 用途

用于大理石打磨工序，可有效增加大理石表面光滑度。

参 考 文 献

[1]　祝晓培．大理石表面高光泽结晶薄膜涂装工艺研究[J]．石材，2004，05：24－25.

7.18 无机装饰板着色浆

这种着色浆以基板同质材料为主体，故与基材附着牢固，永不脱落，装饰效果好。使用本浆制成的无机板材，其性能和外观酷似天然石料，这种板材可用于建筑物的墙体、地面或其他场所的装饰。

1. 工艺配方

原料	（一）	（二）
碳酸钙	10.2	9.6
石棉	0.2	0.2
铁红	0.6	—
喹啉蓝	—	0.4
硬脂酸钙	—	0.2
白水泥	8.8	9.6
水	100	100

2. 生产方法

将各生产配方料混合后，经球磨机研磨，即得着色浆。生产配方（一）为红色。生产配方（二）为天蓝色。

3. 用途

基板尚未固化前，其含水率在40%～70%范围内，以0.49～1.0MPa压力的喷枪，将着色浆喷涂于基板上。然后经吸水、压平、切断、养生。即得无机装饰板。基板浆可参考下列生产配方：

原料	（一）	（二）	（三）
普通水泥（425号）	14.8	14.8	16.4
有机纤维	0.8	0.8	0.4
石棉（短纤维）	2.6	2.6	3.2
硅砂	1.8	—	—
硅酸钙	—	1.8	—
自来水	100	100	100

7.19 硅橡胶防火涂料

这种由硅橡胶、增强材料、有机过氧化物、云母和氧化锌制得的硅橡胶防火涂料，即使在500℃加热后仍然有效，只在3 N/cm² 压力下才破坏。欧洲专利公开 EP467800（1992）。

1. 工艺配方

二甲基硅氧烷（黏度20000 Pa·s/25℃）	10.0
二甲基硅氧烷二醇（黏度50 Pa·s）	0.4
二氧化钛	0.1
二氧化硅	4.9

四氧化三铁	0.03
云母	0.5
六氯合铂酸(H_2PtCl_6)	0.08
氧化锌	0.25
过氧化二氯苯甲酰	0.07

2. 生产方法

将各物料拌合后，经三辊机研磨 2～3 遍，过筛得到防火漆。

3. 用途

涂刷后，115℃硫化 15 min。

参 考 文 献

[1] 紫外光固化硅橡胶涂料[J]. 有机硅材料及应用，1994，04：16.

[2] 贾志东，蒋雄伟，谢恒堃，关志成. 室温硫化硅橡胶涂料的改性研究[J]. 电网技术，1999，02：64－67.

[3] 郭立凯. 硅橡胶弹性涂料的研制与施工[A]. 第 2 届环太平洋地区涂料涂装会议论文集[C]. 中国化工学会、化工部国际合作司：，1997：4.

[4] 硅橡胶建筑防水涂料[J]. 化学建材，1993，06：264.

主要参考书目

[1] 李东光主编. 水泥混凝土外加剂配方与制备. 北京: 中国纺织出版社, 2011.

[2] 沈春林主编. 化学建材配方手册. 北京: 化学工业出版社, 1999.

[3] 陈长明, 刘程. 化学建筑材料手册. 北京: 科学技术出版社, 1997.

[4] 宋小平. 建筑用化学品制造技术. 北京: 科学技术文献出版社, 2007.

[5] 王惠忠等著. 化学建材. 北京: 中国建材工业出版社, 1992.

[6] 缪昌文著. 高性能混凝土外加剂. 北京: 化学工业出版社, 2008.

[7] 葛兆明, 余成行, 魏群, 苗洪滨 等. 混凝土外加剂. 北京: 化学工业出版社, 2012.

[8] 田培, 刘加平, 王玲, 冉千平 等编. 混凝土外加剂手册. 北京: 化学工业出版社, 2010.

[9] 熊大玉, 王小虹编著. 混凝土外加剂. 北京: 化学工业出版社, 2002.

[10] 杨学稳. 化学建材概论. 北京: 化学工业出版社, 2010.

[11] 吴中伟等编著. 高性能混凝土. 中国铁道出版社, 1999.

[12] 刘易明等编. 国内外新型建材配方与制作250例. 成都: 四川科技出版社, 1987.

[13] 顾国芳 浦鸿汀. 化学建材用助剂原理与应用. 北京: 化学工业出版社, 2003.

[14] 姚治邦编著. 建筑材料实用配方手册. 南京: 河海大学出版社, 1991.

[15] 沈春林. 化学建材原材料手册. 北京: 中国标准出版社, 2008.

[16] 李东光. 建筑胶黏剂和防水密封材料配方与制备. 中国纺织出版社, 2010.

[17] 沈春林主编. 防水密封材料手册. 中国建材工业出版社, 2000.

[18] 张泽朋. 建筑胶黏剂标准手册. 北京: 中国标准出版社, 2008.

[19] 周祥兴. 500种化学建材配方. 北京: 机械工业出版社, 2008.

[20] 张开. 粘合与密封材料. 北京: 化学工业出版社, 1996.

[21] 夏寿荣. 实用化学建材产品配方100例. 北京: 化学工业出版社, 2008.

[22] 刘栋, 张玉龙主编. 建筑涂料配方设计与制造技术. 北京: 中国石化出版社, 2011.

[23] 张雄, 张永娟著. 建筑功能砂浆. 北京: 化学工业出版社, 2006.

[24] 沈春林. 建筑涂料手册. 北京: 中国建筑工业出版社, 2002.

[25] 徐勤福, 张玉龙. 建筑涂料配方精选. 北京: 化学工业出版社, 2011.

[26] 陈泽森. 水性建筑涂料生产技术. 北京: 中国纺织出版社, 2010.

[27] 李东光. 装饰装修材料和建筑涂料配方与制备. 北京: 化学工业出版社, 2010.

[28] 韩长日, 宋小平. 涂料制造技术. 北京: 科学技术文献出版社, 1998.

[29] 顾国芳, 浦鸿汀. 化学建材用助剂原理与应用. 北京: 化学工业出版社, 2003.

[30] 侯建华著. 建筑装饰石材. 化学工业出版社, 2011.

[31] 纪士斌, 纪婕编. 建筑装饰装修材料. 中国建筑工业出版社, 2011.

[32] 张书香等编著. 化学建材生产及应用. 北京: 化学工业出版社, 2002.

[33] 高琼英编著. 建筑材料. 武汉: 武汉工业大学出版社, 1995.

[34] 田雁晨. 王文广主编. 塑料配方大全. 北京: 化学工业出版社, 2002.

[35] 吕百龄主编. 实用工业助剂全书. 北京: 化学工业出版社, 2001.

[36] 张英主编. 精细化学品配方大全. 北京: 化学工业出版社, 2001.

[37] 韩长日, 宋小平主编. 实用化学品配方手册(第四册、第五册、第六册、第七册、第八册、第十册). 成都: 四川科技出版社, 1993~1997.

[38] 张智强. 化学建材. 重庆: 重庆大学出版社, 2000.

[39] 陈世霖. 邓钫印主编. 建筑材料手册. 北京: 中国建筑工业出版社, 1997.

[40] 李国莱等编著. 合成树脂及玻璃钢. 北京: 化学工业出版社, 1989.

［41］ 李绍雄，刘益军．聚氨酯树脂及其应用．北京：化学工业出版社，2002.

［42］ 李明源，孙酣经，傅进军编著．聚氨酯塑胶铺面材料．北京：化学工业出版社，2003.

［43］ 孙倩主编．实用化学建材手册 北京：化学工业出版社，2010.

［44］ 化工部合成树脂科技情报中心．化工产品手册合成树脂与塑料．北京：化学工业出版社，1985.

［45］ 翟海潮，李印柏等．实用胶黏剂配方手册．北京：化学工业出版社，1997.

［46］ 杨玉昆等．合成胶黏剂．北京：科学出版社，1980.

［47］ 宋小平，韩长日，瞿平，陈思浩．胶黏剂制造技术．北京：科学技术文献出版社，2003.

［48］ 王德中主编．环氧树脂生产与应用（第二版）．北京：化学工业出版社，2002.

［49］ 谢芳诚，刘国杰主编．最新涂料品种配方和工艺集．北京：中国轻工业出版社，1996.

［50］ 周绍绳主编．化工小商品生产法（第八集）．长沙：湖南科技出版社，1991.

［51］ 赵吉林，段予忠．新型涂料手册——多彩涂料．北京：科学技术文献出版社，1994.

［52］ 张玉祥．刘宗柏．化学建材应用指南．北京：化学工业出版社，2002.

［53］ Lgerald. Schneberger Adhesives in Manufacturing. New York：Marcel Dekker INC. 1983.

［54］ Adams R. D. Wake W. C. Structural Adhesive Jionts in Engineering. London：Elsevier Applied Science Pub. 1984.

［55］ 沈锡华．密封材料手册．北京：中国石化出版社，1991.

［56］ 翟海潮．实用胶黏剂配方及生产技术．北京：化学工业出版社，2000.